YESLAB

异步图书 www.epubit.com

U0236728

# 深入浅出
# 人工神经网络

江永红 著

人民邮电出版社
北京

**图书在版编目（CIP）数据**

深入浅出人工神经网络 / 江永红著. -- 北京 : 人民邮电出版社, 2019.6
ISBN 978-7-115-50666-5

Ⅰ. ①深… Ⅱ. ①江… Ⅲ. ①人工神经网络－教材
Ⅳ. ①TP183

中国版本图书馆CIP数据核字(2019)第022686号

## 内 容 提 要

作为一本讲解人工神经网络原理的图书，本书旨在让读者在最短的时间内对这些原理知识有一个清晰明了的认识和理解。

本书总共分为 3 部分，总计 9 章。第 1 部分讲解了人工神经网络的源头—生物神经网络的基础知识，第 2 部分讲解了学习人工神经网络必备的数学知识，第 3 部分讲解了几种常见而典型的人工神经网络模型，比如感知器、多层感知器、径向基函数神经网络、卷积神经网络、循环神经网络等。

本书写作风格简洁明快，深入浅出，特别适合对人工神经网络/人工智能感兴趣的入门级读者。本书只聚焦原理性知识的讲解，不涉及编程实现，即使对程序编码尚不熟悉的读者也可以轻松阅读理解。本书还可用作高等院校以及相关培训机构的教学或参考用书。

◆ 著　　　　江永红
　责任编辑　傅道坤
　责任印制　焦志炜
◆ 人民邮电出版社出版发行　　北京市丰台区成寿寺路 11 号
　邮编　100164　　电子邮件　315@ptpress.com.cn
　网址　http://www.ptpress.com.cn
　三河市君旺印务有限公司印刷
◆ 开本：800×1000　1/16
　印张：18.75
　字数：389 千字　　　　2019 年 6 月第 1 版
　印数：1 – 2 400 册　　　2019 年 6 月河北第 1 次印刷

定价：69.00 元

**读者服务热线：(010) 81055410　印装质量热线：(010) 81055316**
**反盗版热线：(010) 81055315**
**广告经营许可证：京东工商广登字 20170147 号**

# 序

最近几年，预言新技术影响力的宣传铺天盖地，无孔不入。

就在我利用 2018 年的十一长假，拜读完江永红博士的《深入浅出人工神经网络》并掩卷之际，一则路透社中文网的新闻映入眼帘。这则新闻的大意是世界贸易组织（WTO）总干事 Roberto Azevedo 先生预言，技术与创新会在 2030 年之前带动全球贸易每年增长 1.8~2.0 个百分点。在这篇报道中被明确提到的新技术，就包括了人工智能。此外，Azevedo 先生也提到了区块链、物联网和 3D 打印技术——他认为这些技术会对贸易产生结构性的永久的影响。

我在 2018 年 3 月 30 日出席“2018 区块链技术及应用峰会（BTA）”时，也曾公开提到新技术是“小产业，大变革”。当时，我谈到的新技术固然是区块链，但人工智能等技术也势必会扮演同样的角色。

AlphaGo 与李世石的人机大战把人工智能的学习和研究推向了新一轮的热潮。与以往人工智能热潮的不同之处在于，人类目前所掌握的计算和通信工具在性能上已经产生了质的飞跃，同时藉由这些工具采集和存储的数据规模也早已今非昔比。当曾经制约人工智能发展的因素不再成为瓶颈，人工智能研究和应用的井喷式发展就势在必行。于是在国内，涉及人工智能普及、研究和发展的政策频频出台，这些都预示着人工智能领域未来可期，投身这个领域正当其时。

与近期出版的同类图书相比，江永红博士的新书既没有把大量的笔墨用于挖掘理论深度，也没有尝试为很有可能不具备理论知识的读者搭建应用的空中楼阁，更没有付诸海量的课后练习来强化和检验读者的理解水平。本书把着眼点完全放在了人工神经网络相关的必备知识点上，用不同于一般教材的轻松语气和细致描述，引导读者一一品味这些理论的个中精髓。

如若类比，江博士这本语气轻松、条分缕析、说理透彻、选题简洁的《深入浅出人工神经网络》可以比作一叶轻舟。虽绝不求在广度深度上与楼船艨艟相媲美，但轻舟漾处，可至花深处，可过万重山。

正在寻找人工神经网络领域入门之作的读者，不妨搭江博士这一叶轻舟，以短短几日，既取寻花之趣，又行抵岸之实。

何宝宏博士

中国信息通信研究院云计算与大数据研究所所长

# 自 序

一直想写一本关于人工神经网络的书，如今这本《深入浅出人工神经网络》终于算是圆了我的一个梦。虽然以前也写过书，也审核过不少书稿，但给书作序还是第一次，而且还是给自己的书作序。我知道，给自己的书作序，理应谦虚为妙，但我还是特别提醒自己：千万别去重复“作者水平有限，且时间紧张，错误之处在所难免，敬请读者批评指正”那样的老套话——既然水平有限，时间匆忙，那还写什么书呀，岂不是要成心误人子弟？

大约 30 年前的一天，我正在为选择自己的博士研究方向而感到迷茫时，碰见了学长焦李成先生。在闲聊中他知道了我的困惑，进而非常认真地建议我好好研究一下人工神经网络。我听从了焦李成学长的建议，从此便与这一领域结下了不解之缘，一直至今。如果说在人工神经网络/深度学习领域又现高潮的今天，我对它们还略知一二的话，首先要感谢的就是我的学长焦李成先生。印象中，他写的那本绿色封面的《神经网络系统理论》好像是国内出版的第一本关于人工神经网络的图书。

神经网络/深度学习研究领域的原理知识是一个庞大而复杂的体系，里面有众多模型，很难在一本书中全面而均匀地涵盖，所以本书在选材和编写上采用了“舍全求精”的原则，在各种纷繁凌乱的神经网络/深度学习模型及其变体中，选取了感知器、多层感知器、径向基函数神经网络、卷积神经网络、循环神经网络这 5 种模型。这 5 种模型是非常经典也是最适合初学者学习的模型，相信读者对于这 5 种模型的结构和原理有了一个清晰明了的认识和理解之后，能够具备举一反三、一通百通的能力。例如，读者可能会发现，这 5 种模型采用的都是监督学习方法，而非监督学习方法、半监督学习方法、增强学习方法、迁移学习方法、对抗学习方法等及相应的模型在本书中均未出现。这样做的原因是，大家在理解了监督学习方法之后，再学习理解其他形式的学习方法及相应模型将不再是难事。另外，本书完全不涉及编程实现方面的内容，而是聚焦在了模型原理知识的讲解上。大家如果想了解如何在实战中实现这些模型，敬请关注我后续编写的以神经网络编程实现为主题的图书。

学习神经网络/深度学习，数学基础知识是绕不过去的坎。如果想对神经网络/深度学习有一个最基本的了解，起码应掌握一些线性代数特别是矩阵相关的基础知识；如果想全面提升对神经网络/深度学习的理解，则还应该掌握微积分中有关导数、偏导数、极值、梯度等方面的知识，其中最为关键的知识点是梯度；如果还想继续提升对于神经网络/深度学习的认识和看法，概率统计相关的知识则必不可少。总之，学习和研究神经网络/深度学习，数学是基础，更是强有力的工具。

鉴于大多数人碰到数学就头痛，同时也考虑到本书的读者可能是初次涉足神经网络/深度学习这一领域，所以本书刻意规避了概率统计方面知识的专门介绍，并且对于线性代数和微积分方面的基础知识也是删繁就简，使之恰好能够适配对神经网络/深度学习模型的分析和讲解。

不敢随便自说本书有什么亮点，因为这需要读者去感受。如果现在非要说一个的话，那就是本书包含了大量的图示，总计有 200 多幅图。我深信，文不如表，表不如图。

最后，想提一下我的女儿。她一直期盼着我能早点把本书写完，因为我曾答应过她，等拿到稿费之后，我会从里面拿出 1/10 给她买个礼物。至于能买什么价位的礼物，我现在也不知道。

江永红

2018 年 11 月于重庆

# 作者简介

**江永红博士**，生于 1965 年，1981~1985 年就读于四川大学无线电电子学专业，获学士学位；1985~1988 年就读于中国空间技术研究院通信与电子系统专业，获硕士学位；1988~1992 年就读于西安电子科技大学通信与电子系统专业，获博士学位，主要研究人工神经网络在模糊控制系统中的应用；1992~1995 年于华南理工大学进行博士后研究工作，其间申请并主持了国家自然科学基金项目“基于神经网络的谱估计方法”。

20 世纪 90 年代中后期，江永红博士于新西兰梅西大学首次开设并讲授人工神经网络课程。20 世纪 90 年代末期，入职华为技术有限公司，长期从事技术研发及培训工作，曾担任华为 HCIE 面试主考官，以及华为 ICT 技术认证系列书籍的审稿人。

在他编写的《HCNA 网络技术学习指南》一书中，华为全球培训与认证部部长这样评价：“江永红博士在华为工作近 20 年，现为华为资深技术专家，且之前于国内外高校从事过多年的教学工作，对于知识的学习及传授方法有着深刻的领悟……”

江永红博士目前为 YESLAB 高级讲师，专门致力于人工神经网络、深度学习原理及应用的教学活动和知识普及工作。

# 献辞

谨以此书献给我的母亲，她看到这本书一定会非常高兴。

# 致谢

感谢我的好友曾实和叶建忠，与二位的每次交流都让我收获满满，并能让我做出一些明智的决定。例如，与曾兄下棋之后，我就决定以后不再下棋了；读了叶弟的诗作之后，我就决定以后不再写诗了。

# 前言

现在，我们可以肯定地说，计算机已经普及了，网络也已经普及了。计算机和网络的普及无疑是具有革命性的，它们已经广泛而深刻地改变了社会生活的方方面面。同时，我们现在可以或多或少地感觉到，一场新的技术革命正在到来，这就是人工智能（Artificial Intelligence，AI）。

“普及”牵涉两个方面：一方面是专业技术知识的普及，这需要拥有大量的专业技术人才，目前计算机和网络技术领域已是人才济济；另一方面是应用的普及，现在连几岁的小学生都可以利用网络来抄写作业了，AI 的普及势必也会如此。虽说现在就去遐想和漫谈 AI 的各种可能应用以及它对现实社会及未来的影响未尝不可，但实实在在地多培养出一些 AI 专业技术人才才更是当务之急。

人才的培养离不开书籍的作用。就目前来看，市面上已有不少涉及 AI 主题的书籍，但描述和讲解 AI 技术原理的书籍却是相对匮乏，而以人工神经网络技术原理为主题的书籍尤为不足。人工神经网络是 AI 领域的一个子领域，历史上出现过的以及目前正在经历的 AI 研究热潮其实都是由人工神经网络这个子领域引发的。

近年来，作为国内知名的技术培训机构，YESLAB 一直致力于 AI 人才的培养工作。本书作者是 YESLAB 的一名高级讲师，专门从事 AI 特别是人工神经网络技术原理方面的授课培训工作。作者基于其大量的培训授课讲稿，并综合梳理了学员的大量反馈意见之后，写作了这本《深入浅出人工神经网络》，以期能够对于整个社会的 AI 人才培养工作多添一块砖。

## 本书组织结构

本书作为描述和讲解人工神经网络技术原理的入门图书，旨在让读者在最短的时间内对这些原理知识有一个清晰明了的认识和理解。机器学习是人工智能领域的一个子领域，人工神经网络或深度学习又是机器学习领域的一个子领域。深度学习是深度神经网络采用的学习方法，深度神经网络是深度学习方法的基础架构。目前，人工神经网络和深度学习这两个术语几乎成了同义词，常常混用，并且在只提其一时，实则二者皆指。

从内容组织上讲，本书总共分为3个部分：第1部分为第1章，主要介绍人工神经网络的源头——生物神经网络的一些基础知识；第2部分由第2、3、4章组成，主要讲解学习人工神经网络必备的一些数学基础知识；第3部分由第5、6、7、8、9章组成，对几种常见而典型的人工神经网络模型进行了全面介绍。

## ■ 第1章：背景知识

学习和研究人工神经网络之前，理应了解一些生物神经网络的基础知识。人工神经网络借鉴了生物神经网络的一些原理知识，同时结合了许多数学的方法，这些原理和方法目前仍采用编程方式在传统计算机上进行模拟实现。人工神经网络带有仿生学的影子，但它毕竟不是在复制生物神经网络——如同我们受到鸟儿的启发而发明了飞机一样，我们的飞机上并没有长满羽毛，飞机的翅膀也不会上下扇动。

本章首先对于智能的定义进行了简要的讨论和说明，然后着重介绍了生物神经元和大脑的基础知识，这些知识对于理解第5章中的MCP模型（McCulloch-Pitts Model），也即所谓的人工神经元模型至关重要。简而言之，大脑是由数以千亿的神经元通过数以千万亿的突触相互联系和作用的一个极其复杂的网络系统，而由若干个人工神经元（MCP）互联而成的网络便是所谓的人工神经网络。本章最后还对人工智能、机器学习、神经网络、深度学习这几个常见术语的含义进行了澄清。

## ■ 第2章：函数

人工神经网络模型中经常会用到各种函数。就目前来看，所有这些函数都属于初等函数的范畴。所谓初等函数，就是指由5种基本初等函数（幂函数、指数函数、对数函数、三角函数、反三角函数）和常数经过有限次的四则运算以及有限次的函数复合而得到的函数。

学习和研究人工神经网络，必须要熟悉函数的一些基本属性，如，函数在某一点是否存在极限，函数在某一点是否连续，函数在某一点是否可导。本章除了介绍函数的这些基本属性外，还会进一步地讲解诸多其他的重要概念，如，函数的极值与最值，函数的凹凸性，函数的驻点、拐点、鞍点，多元函数的偏导数等。

熟悉函数的上述基本属性和相关的重要概念，可以为正确地理解“梯度”以及“梯度下降法”打下坚实的基础。毫无疑问的是，在学习关于人工神经网络知识的过程中，最大的困难就是理解各种各样的训练学习算法，而绝大部分的训练学习算法都会涉及梯度及梯度下降的概念和方法。

## ■ 第3章：梯度

在绝大多数人工神经网络的训练学习算法中，梯度以及梯度下降法几乎总是其最为核心的内容。

函数在某一点的梯度是一个矢量，所以本章在讲解有关梯度的知识之前，特地介绍了一些相关的基础知识，如，什么是自由矢量，矢量的模，矢量之间的夹角，矢量的基本运算，矢量的坐标表示法，矢量的方向角与方向余弦，等等。

本章的一个最为重要的知识点是，方向导数是一个标量，而梯度是一个矢量；函数在某一点的方向导数取得最大值的方向就是函数在该点的梯度矢量的方向，函数在某一点的方向导数的最大值就是函数在该点的梯度矢量的模。

## ■ 第4章：矩阵

有人把矩阵基础知识比喻为学习人工神经网络的敲门砖，此话一点不假。在人工神经网络模型中，输入数据、输出数据、模型自身的参数等几乎都是以矩阵的形式来表示的，同时模型所涉及的各种运算也几乎都是一些矩阵运算。就拿人工神经网络编程来说，如果不事先熟悉矩阵相关的一些基础知识，那么就很难看懂相应的程序代码，更别提自己编写代码了。

本章会介绍矩阵的概念，常见的特殊矩阵，矩阵的基本运算，比如矩阵加法、数与矩阵的乘法、矩阵乘法、矩阵转置、矩阵的初等变换等。需要注意的是，矩阵乘法拥有一些特别的性质，这些性质异于我们的思维习惯。例如，矩阵乘法既不满足交换律，也不满足消去律，所以在学习过程中应特别小心。

神经网络计算常常会涉及逆矩阵的概念和求解。求解逆矩阵的方法有很多，本章会介绍其中的一种方法，也即利用矩阵的初等变换来求解逆矩阵。无论求解逆矩阵的方法是怎样的，其计算过程都是非常繁琐的，并且矩阵的阶次越高，计算量会越大，同时也越容易出错。好在各种求解方法的原理并不会因矩阵的阶次不同而不同，而且包括矩阵求逆在内的各种矩阵运算其实都已经有现成的程序软件来实现了，所以我们在学习矩阵的各种运算的过程中，重要的是从概念上理解各种运算的含义，具体的计算工作都可以交给程序软件来完成。

需要重点提及的是，本章的最后一节是第9章中BPTT算法的基础，只有切实掌握这节内容，才能真正理解BPTT算法的推导过程。

## ■ 第5章：MCP模型及感知器（Perceptron）

本章首先描述了MCP模型（McCulloch-Pitts Model），也即所谓的人工神经元模型，它是人工神经网络的基本组成单元。MCP模型加上相应的训练算法之后便是所谓的感知器，它是最为简单的人工神经网络模型。

人们总是将某些实际应用联系在一起来学习和研究人工神经网络，其中一种常见的应用便是模式识别。模式识别有时也称为模式分类。学习人工神经网络及其应用，几乎总是从学习如何利用感知器来解决线性可分的模式识别/分类问题开始，这也是本章的主要学习内容。

模式矢量是模式的数学表现形式，其几何形态就是模式空间中的模式点。不同类别的模式点在模式空间中的分布情形是多种多样的，从理论上讲，我们总是可以利用若干超曲面来对不同类别的模式点进行分隔，从而实现模式分类的目的。如果模式空间中不同类别的模式点是可以利用超平面来进行分隔的，那么相应的模式分类问题就成了简单的线性可分问题。

单个的感知器或由多个感知器并联而成的单层感知器只适合解决线性可分的模式分类问题，这就极大地限制了它的应用范围。为了更好地理解线性可分性，本章还会介绍一些凸集相关的基本知识。

本章最后介绍了著名的 XOR 难题，貌似简单的 XOR 问题竟然成了单层感知器无法逾越的障碍，这因此也催生出了功能强大的多层感知器。

## ■ 第 6 章：多层感知器（MLP）

本章主要讲解 MLP 的结构和工作原理。MLP 是一种堪称经典的人工神经网络模型。很多人认为，懂了 MLP，整个人工神经网络的知识就几乎算懂了一半。之所以这样讲，是因为 MLP 的很多原理和方法广泛地应用于许多其他的人工神经网络模型。

MLP 是单层感知器的纵向扩展形式，它包含了一个输入层、若干个隐含层、一个输出层。从数学角度看，MLP 表达了从输入矢量到输出矢量的某种函数映射关系。从理论上讲，一个含有隐含层的 MLP 便可以成为一个万能的函数生成器，而 XOR 难题在 MLP 面前只是小菜一碟。

监督训练方法是人工神经网络经常采用的一种训练方法，MLP 的训练采用的也是监督训练方法。MLP 所采用的具体训练算法叫做 BP（Back Propagation）算法，它也是一种基于梯度下降原理的算法，所以第 3 章中的梯度知识将在这里派上大用场。

本章还会对 MLP 存在的一些问题和解决方法（这些问题和解决方法具有很大的普遍性，而不是仅仅针对 MLP 网络）进行深入的讨论，主要涉及训练过程中的极小值问题、学习率的选取、批量训练方式、欠拟合与过拟合现象、网络容量问题、网络拓扑选择、收敛曲线特点、训练样本集要求等内容。

## ■ 第 7 章：径向基函数神经网络（RBFNN）

本章主要讲解 RBFNN 的结构和工作原理。从数学角度看，人工神经网络在本质上就是一个函数生成器，所生成的函数映射关系一方面应该尽可能地吻合各个训练样本点，另一方面更应该吻合应用问题本身所隐含的输入-输出函数映射关系。

为了实现上面提到的“吻合”要求，我们可以利用一种称为插值的数学方法。插值方法有很多具体的种类，如线性插值法、多项式插值法、三角插值法等。如果一个人工神经网络所采用的插值函数是若干个径向基函数的线性组合，则这样的人工神经网络就称为径向基函数神经网络。在实际应用中，RBFNN 所使用的径向基函数一般为高斯函数。本章将从插值的基本概念入手，一步一步地引出 RBFNN 的基本结构和工作原理。

RBFNN 体现了 Cover 定理的基本思想：对于一个复杂的、在低维空间表现为非线性可分的模式分类问题，当我们从该低维空间经由某种非线性变换而得到的高维空间来看待时，原来的问题很可能就转化成了一个简单的线性可分的模式分类问题。

本章还会结合 RBFNN 较为深入地讨论一些关于模式分类的问题，如椭圆可分、双曲线可分、抛物线可分，以及模式空间的柔性分割等问题。本章最后对 RBFNN 的训练策略进行了介绍。

## ■ 第 8 章：卷积神经网络（CNN）

本章主要讲解 CNN 的结构和工作原理。CNN 是近些年来享负盛名的一种人工神经网络模型，它在图像识别方面的表现尤其令人惊叹。

CNN 也许是生物学启发人工智能的最为成功的例子，CNN 中的某些基本概念和原理在很大程度上都借鉴了著名的 Hubel-Wiesel 生物学实验的研究成果。

卷积是函数之间的一种运算关系，与卷积运算非常类似的另一种运算是相关运算。需要特别指出的是，在常见的卷积神经网络模型以及软件开发平台的库函数中，所谓的卷积运算其实并非卷积运算，而是相关运算！

卷积、卷积核、卷积窗口、特征映射图、池化运算、池化窗口、卷积级、探测级、池化级等，这些都是 CNN 涉及的重要概念。本章会以面部表情识别为例，一步一步地引出卷积神经网络的一般结构和工作原理。

CNN 体现了三种重要的思想：稀疏连接、权值共享、等变表示。这些思想都会在本章中逐一讲解。

本章最后会讲解一个在现实中得到成功运用的 CNN 实例：LeNet-5。LeNet-5 在手写体字符识别方面表现非常出色，它常被应用在银行系统中，用来识别银行客户在支票上书写的内容。

## ■ 第 9 章：循环神经网络（RNN）

本章主要讲解 RNN 的结构和工作原理。与 CNN 一样，RNN 近年来也非常抢眼，它在自然语言处理（Natural Language Processing, NLP）方面得到了成功且广泛的应用。不同语言之间的自动翻译、人机对话（如著名的图灵测试）等一直就是人工智能研究的热点问题，这些问题统属于 NLP 的范畴。

N-Gram 是 NLP 中常常会使用的一种语言模型，从理论上讲，$N$ 值越大，处理效果就越好。然而，受计算复杂度及存储需求方面的限制，传统人工智能方法只能应付 $N$ 值较小的情况，因此效果大打折扣，而新的方法多是采用循环神经网络。

如果说多层感知器或卷积神经网络像是组合逻辑电路的话，那么循环神经网络就像是时序逻辑电路。循环神经网络有别于其他神经网络的最大特点就是，当前时刻的网络输出不仅与当前时刻的网络输入有关，还与所有过去时刻的网络输入有关。也就是说，循环神经网络是一种有“记忆”的网络，而这种“记忆”在自然语言处理问题中有着举足轻重的作用。

循环神经网络采用的训练算法是 BPTT（Back-Propagation Through Time），它是一种梯度下降法，同时也是一种监督训练算法，每一个训练样本仍是一个<输入，期待输出>二元组，但其最大的特点是，二元组里的输入是一个矢量序列，二元组里的期待输出也是一个矢量序列。

本章会给出循环神经网络的示例，并且会一步一步地讲解如何利用循环神经网络来解决下面所示的这个语言填空问题。

我 上班 迟到了，老板 批评了 （ ）。

在此过程中，我们会系统地学习到许多重要的概念和方法，如，词库、语料库、矢量化、独热矢量、概率分布矢量、softmax 函数、交叉熵误差函数等。

LSTM（Long Short-Term Memory）模型是 RNN 的一种变体形式，它的出现是为了应对所谓的梯度消失问题。本章最后一节会专门讲解 LSTM。

## 本书读者对象

想必各位读者十有八九都已感受到了人工智能的火热现状，如 AlphaGo、刷脸技术、语言自动翻译、医学影像诊断、无人驾驶，如此等等。需要说明的是，本书不是一本渲染人工智能热闹景象的图书，不去述说人工智能的前世今生，也不去讨论人工智能的社会学意义，更不去探究未来社会究竟是人类统治 AI 还是 AI 统治人类这种高深问题。

本书的目的是实实在在、静心地描述和讲解人工智能当今的热点研究领域——神经网络/深度学习技术原理。本书的目标读者为高校理工类学生，或有意及正在从事人工智能技术工作的社会人员。本书特别适合用作高等院校及培训机构的教学或参考用书，也可供对人工神经网络感兴趣的读者自学使用。

# 资源与支持

本书由异步社区出品，社区（https://www.epubit.com/）为您提供相关资源和后续服务。

## 提交勘误

作者和编辑尽最大努力来确保书中内容的准确性，但难免会存在疏漏。欢迎您将发现的问题反馈给我们，帮助我们提升图书的质量。

当您发现错误时，请登录异步社区，按书名搜索，进入本书页面，点击“提交勘误”，输入勘误信息，点击“提交”按钮即可。本书的作者和编辑会对您提交的勘误进行审核，确认并接受后，您将获赠异步社区的 100 积分。积分可用于在异步社区兑换优惠券、样书或奖品。

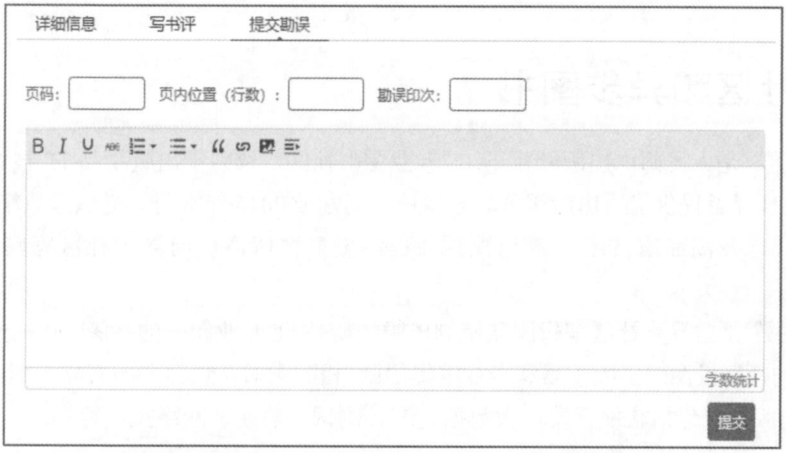


## 扫码关注本书

扫描下方二维码，您将会在异步社区微信服务号中看到本书信息及相关的服务提示。

# 与我们联系

我们的联系邮箱是 contact@epubit.com.cn。

如果您对本书有任何疑问或建议，请您发邮件给我们，并请在邮件标题中注明本书书名，以便我们更高效地做出反馈。

如果您有兴趣出版图书、录制教学视频，或者参与图书翻译、技术审校等工作，可以发邮件给我们；有意出版图书的作者也可以到异步社区在线提交投稿（直接访问 www.epubit.com/selfpublish/submission 即可）。

如果您是学校、培训机构或企业，想批量购买本书或异步社区出版的其他图书，也可以发邮件给我们。

如果您在网上发现有针对异步社区出品图书的各种形式的盗版行为，包括对图书全部或部分内容的非授权传播，请您将怀疑有侵权行为的链接发邮件给我们。您的这一举动是对作者权益的保护，也是我们持续为您提供有价值的内容的动力之源。

# 关于异步社区和异步图书

**“异步社区”**是人民邮电出版社旗下 IT 专业图书社区，致力于出版精品 IT 技术图书和相关学习产品，为作译者提供优质出版服务。异步社区创办于 2015 年 8 月，提供大量精品 IT 技术图书和电子书，以及高品质技术文章和视频课程。更多详情请访问异步社区官网 https://www.epubit.com。

**“异步图书”**是由异步社区编辑团队策划出版的精品 IT 专业图书的品牌，依托于人民邮电出版社近30年的计算机图书出版积累和专业编辑团队，相关图书在封面上印有异步图书的LOGO。异步图书的出版领域包括软件开发、大数据、AI、测试、前端、网络技术等。

异步社区

微信服务号

# 目 录

# 第1章 背景知识

## 1.1 什么是智能

毫无疑问，我们是拥有**智能（intelligence）**的，尽管时至今日我们还无法给智能一个严格而准确的定义。奇妙的是，目前我们正在运用自身的智能来研究和探索自身的智能，这真是一个怪圈！不仅如此，我们还在一直不断努力地物化自身的智能，创生出所谓的**人工智能（Artificial Intelligence, AI）**。人工智能是相对于动物（甚或植物）及人类的**自然智能（Natural Intelligence，NI）**而言的；**人工智能系统（Artificial Intelligence System，AIS）**通常是指能够在某些方面表现出人的智能行为的计算机系统。

关于应该如何定义智能，作者也曾感到非常困惑，同时也查阅了不少资料，总想找到一个唯一而标准的答案，但结果却是没有结果。且不说作者所找到的那十几种关于智能的定义谁优谁劣，单就“植物是否也具有智能”这一问题，各门各派就争论不休。何也？说不清什么是智能，当然也就说不清到底植物是否也具有智能。相信各位读者都看过不少关于捕蝇草、猪笼草的视频，大家觉得这些植物是否算是具有智能呢？

事实上，对于很多的概念，我们都是无法给出严格而准确的定义的，如“智能”“爱情”“幸福”（各位还记得中央电视台记者那几句曾经火遍大江南北的提问吧：你幸福吗？你觉得什么是幸福？）。究其原因，是由于这些概念在本质上就具有**模糊性（fuzziness）**。所幸的是，概念本身的这种模糊性，并不会妨碍我们对这些概念的思考、研究和运用。

对于模糊的概念，我们虽然无法说得清晰明了，但却总能说些什么。在对什么是智能的描述中，我们经常会用到一些本身也很模糊的说法，如：“因果关系和逻辑关系的认知能力”“对环境的反应和适应能力”“分析、判断和决策能力”“学习与理解能力”“解决问题的能力”“经验的获取、存储和泛化能力”“信息的感知与推理能力”“组织与规划能力”“创造能力”等。作者猜测，看了上面这些说法之后，各位应该已经大致明白了智能的含义。倘若如此，这也就够了。

## 1.2　大脑与神经元

我们的智能是我们的思维活动的表现之一，而思维活动的场所主要就集中在我们的**大脑**（**brain**）。我们能够学习，能够思考，能够解决各种问题，能够创造出一个又一个的奇迹，都得益于我们拥有一个美妙绝伦的大脑。下面就来简单地了解一下有关大脑的基本知识。

大脑（brain）的体积约为 1200 立方厘米，重量约为 1300 克。大脑（brain）中包含了**大约 1000 亿个**不同种类的**神经细胞**（**nerve cell**），以及数量大致相当的其他类型的细胞。如图 1-1 所示，大脑（brain）大体上包含了三个部分：解剖学意义上的大脑（cerebrum）、脑干（brainstem）、小脑（cerebellum）。解剖学意义上的大脑（cerebrum）是大脑（brain）中最大的一部分，它又分为左右两个近似半球状的部分，俗称左半脑和右半脑。与知识、智慧和情感最紧密相关的是解剖学意义上的大脑（cerebrum）；与身体运动控制最紧密相关的是小脑。脑干是大脑（brain）与脊髓（spinal cord）之间的连接桥梁，大脑（brain）与脊髓一起共同构成了中枢神经系统（central nervous system）。需要说明的是，图 1-1 只是大脑（brain）组成结构的一个极简示意，忽略了很多的细节内容。

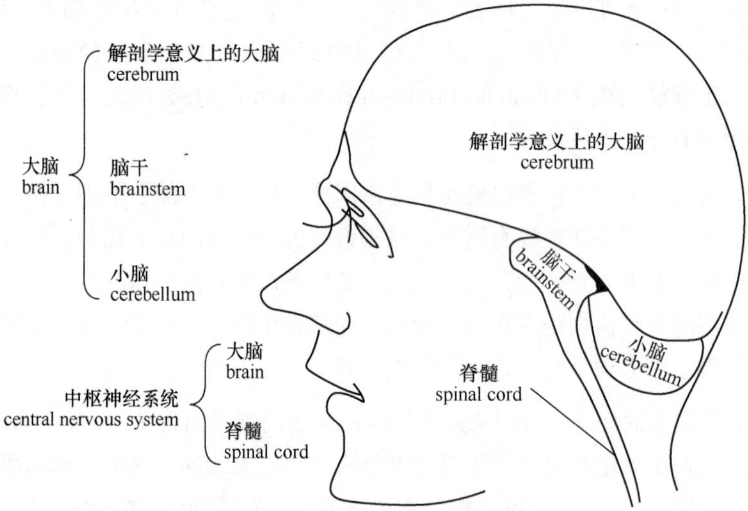


图 1-1　大脑的基本结构

不同人的大脑虽然从整体上看上去都很相似，但在细节上却存在不少的差异。图 1-2 所示的是大家所熟悉的爱因斯坦与其大脑标本。爱因斯坦在 1955 年去世后，科学家解剖了他的大脑并进行了深入的研究。爱因斯坦大脑的体积和重量与常人并无二致，但研究发现其大脑的神经胶质较常人更多，大脑皮层中处理数值和空间信息的区域较大，语言区域较小，等等。

大脑神经系统是指由大脑中海量的神经细胞相互联系和作用而形成的**神经网络**（**neural**

**network**）。神经细胞也称为**神经元**（**neuron**），图 1-3 所示为在光学显微镜下放大了数百倍之后几个神经元的真实模样。图中右下角的物体是一根微电极，人们通常使用微电极来测定神经元的电活动（electrical activity）特点。

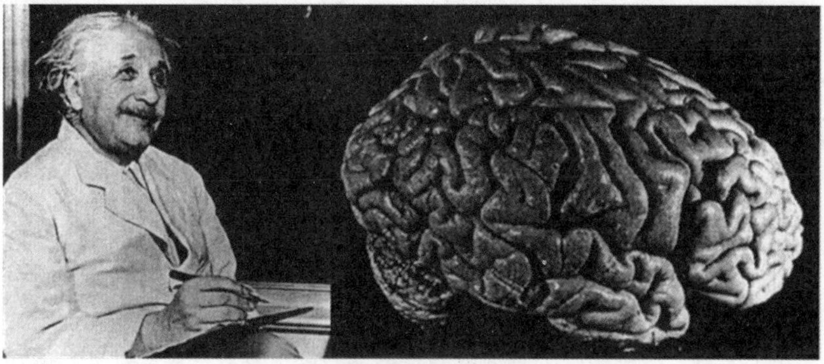

图 1-2 爱因斯坦的大脑标本

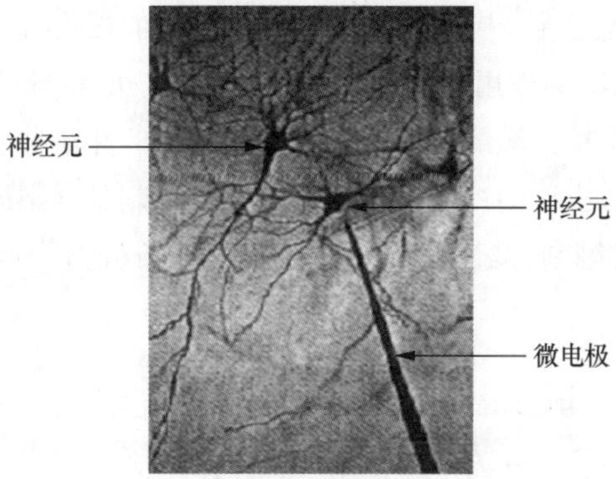


图 1-3 显微镜下的神经元

图 1-4 简约地示意了两个神经元及其相互连接的关系。一个典型的神经元是由一个**神经元包体**（**soma，细胞体**）、一条纤维状的**轴突**（**axon**）以及若干**树突**（**dendrite**）组成的，整个神经元是通过隔膜（membrane，细胞膜）与周围环境隔离。树突的数目众多，其长度通常不到一毫米，但轴突（也就是我们通常所说的神经纤维）只有一条，其长度可以达到几厘米、几十厘米甚至一米左右。轴突从神经元包体延伸出来，并在结尾处分裂成许多分支，每条分支的末端是一个非常重要的部位，称为**突触**（**synapse**）。

神经元上发生着非常复杂的电化学活动（electrochemical activity），这些活动决定了神经元处于什么样的**状态**（**state**）。神经元的状态有两种：**兴奋**（**excitation**）**状态和抑制**（**inhibition**）**状态**。前者也称为开（on）状态，后者也称为关（off）状态。处于关状态时，神经元的轴突的隔膜内外电位差约为-70 毫伏，这一电位差称为**静息电动势**（**resting potential**）。处于开状态时，神经元的轴突的隔膜内外电位差约为+20 毫伏，这一电位差称为**动作电动势**（**action potential**）。

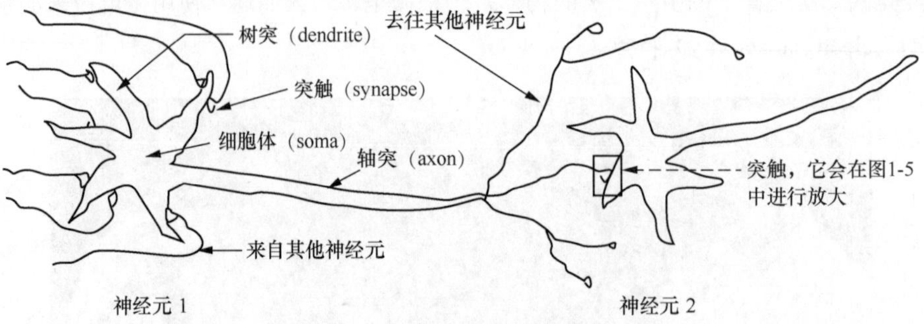


图 1-4　两个神经元的简约示意

神经元与神经元之间的连接并非是一种物理连接，而是一种化学连接。神经元与神经元之间的连接部位称为突触，突触实际上是一个很狭窄的缝隙，神经元之间的联系和影响就发生在这个被称为突触的缝隙中。图 1-5 对图 1-4 中神经元 1 与神经元 2 之间的突触进行了放大显示，突触的轴突一侧是突触的发送端，突触的树突一侧是突触的接收端。当神经元 1 处于兴奋状态（开状态）时，在动作电动势的作用下，发送端会释放出一些特殊的化学物质，这些化学物质称为神经递质。神经递质穿越突触缝隙后，会到达接收端，并在神经元 2 的树突上引起相应的电化学效应，这种电化学效应称为神经元 1 对神经元 2 的**刺激**（**stimulus**）。对于图 1-5 中的突触而言，神经元 1 称为**突触前神经元**（**pre-synaptic neuron**），神经元 2 称为**突触后神经元**（**post-synaptic neuron**）。

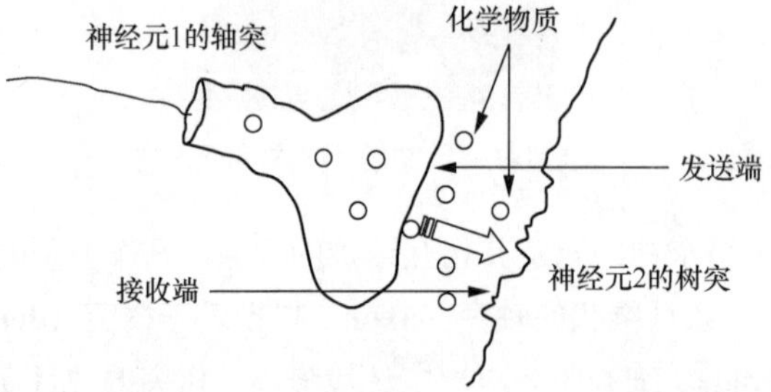


图 1-5　突触的特写（请结合图 1-4 进行观察理解）

突触主要有两种类型：一种是兴奋型；另一种是抑制型。如果突触前神经元处于兴奋状态，并通过突触作用于突触后神经元后，其效果是有助于突触后神经元也达到或保持兴奋状态，则这样的突触称为兴奋型突触；如果突触前神经元处于兴奋状态，并通过突触作用于突触后神经元后，其效果是有助于突触后神经元变成或保持抑制状态，则这样的突触称为抑制型突触。

突触是有强弱之分的，突触的强弱直接决定了突触前神经元对于突触后神经元的影响程度：如果突触越强，则突触前神经元兴奋之后对突触后神经元的刺激作用也越强；如果突触越弱，则突触前神经元兴奋之后对突触后神经元的刺激作用也越弱。我们通常用一个数学意义上的**权值**（**weight**）来表征突触的这种强弱性：权值的绝对值越大，则作用越强；权值的绝对值越小，则作用越弱；权值的绝对值为 0，则表示没有作用；权值为正，则表示突触是兴奋型的；权值为负，则表示突触是抑制型的。**需要特别强调的是，突触的作用强弱（权值）并不是一成不变的。事实上，在大脑的活动过程中，突触的作用强弱（权值）会或快或慢地发生变化，并且这种变化又影响着大脑本身的活动。**

一个神经元的轴突的末端可以带有成千上万个突触，也就是说，一个神经元可以通过突触直接作用于它周围的成千上万个神经元，当然也可以说，一个神经元可以在它的树突位置通过成千上万个突触接受来自成千上万个其他神经元的作用（刺激）。前文提到，大脑中包含了大约 1000 亿个神经元，简单推算可知，大脑中突触的数量可以达到约千万亿个！**简单地讲，大脑神经网络就是一个由数以千亿的神经元通过数以千万亿的突触相互联系和作用的一个极其复杂的网络系统。**

我们已经非常清楚计算机的工作原理。计算机是具有记忆功能的，它通过存储体（内存、磁盘、磁带、光盘等）来记住信息，这些信息在存储体中表现为电位的高低，或电荷的有无，或磁极的不同，或盘面光反射率的不同，如此等等。很自然地，我们不禁要问，信息是如何存储在大脑中的呢？或者说，我们所拥有的各种知识在大脑中是如何体现的呢？**就目前来看，科学家倾向于认为，我们的知识及记忆就主要体现为那数以千万亿个突触的作用强弱，或者说体现为数以千万亿个突触的权值，这些权值就是知识及记忆的微观表征。**

之前提到，突触的权值并非一成不变的；在大脑的活动过程中，突触的权值会或快或慢地发生变化，并且这种变化又影响着大脑本身的活动。**这同时也意味着，权值的变化对应着我们知识及记忆的变化。我们总是通过学习来获取新的知识，实质上，从微观的层面上来讲，学习的过程主要也就是优化改变突触权值的过程。**

计算机不仅需要对信息进行存储记忆，还需要对信息进行计算处理，我们熟知的 CPU（Central Processing Unit，中央处理单元）就是计算机中对信息进行计算处理的核心部件。那么，在我们的大脑中，对信息进行计算处理的部件又是什么呢？研究表明，每一个神经元本身就是一个简单的**信息处理单元**（**information-processing element**）。在大脑中，信息计算处理的过程是高度并行的，海量的信息处理单元（也就是神经元）同时工作，同时并行地计算处理信息；而信息处理的最终结果就是这种海量神经元并行计算处理的集总效应。**简而言之，对于计算机而言，计算与存储是明显分离的，而对于大脑而言，计算与存储是高度融合于神经元及其突触连接之中的。**

**单个神经元对信息的计算处理过程可以简略地描述为：神经元从它的树突处通过突触接收到来自若干其他神经元的刺激（这些刺激相当于该神经元处理单元获得的原始输入信号），然**

后神经元胞体对所收到的来自不同神经元的刺激采用相应的突触权值进行加权后再求和，从而获得一个总的刺激量。如果这个总的刺激量未达到某个内在的阈值，则该神经元就会处于抑制状态；如果这个总的刺激量达到或超过了阈值，则该神经元就会处于兴奋状态，同时产生动作电动势（动作电动势相当于该神经元处理单元的输出信号）。动作电动势将沿着轴突传递到轴突末端的众多突触，使突触的发送端释放出神经递质，从而引起对其他神经元的刺激（这些刺激也就是其他神经元处理单元获得的原始输入信号）。

受生物化学过程的限制，单个神经元计算处理信息的速度相对于 CPU 计算处理信息的速度而言是非常缓慢的。在硅芯片中，基本事件（例如“与”运算、“或”运算、“非”运算等）所需的时间大致在纳秒（$10^{-9}$ 秒）级别，而单个神经元完成一次信息的计算处理所需的时间大致在毫秒（$10^{-3}$ 秒）级别，二者相差了大约 6 个数量级。然而，奇妙的是，大脑中海量神经元的高度并行运作方式竟能够非常有效地弥补单个神经元的慢动作所带来的不利影响，使得我们能够迅速地思考并对环境做出及时的反应。作者写到这里时，不禁想起了迪斯尼电影《疯狂动物城》里那只名叫闪电的树懒。

尽管计算机在完成某些智能型任务方面（特别是数值运算方面）已经远远优胜于大脑，但就目前来看，在更多的方面，大脑的功能仍是不输计算机的：机器保姆尚未真正进入我们的家庭，在人来人往的开放式大街上驾驶汽车的仍然是人，如此等等。AlphaGo 之所以如此神奇，正是在一定程度上借鉴和模拟了大脑的学习方式和学习能力。

下面列举了大脑相对于传统计算机的几个明显特征，这些特征源于大脑与计算机在结构和运作原理上有着根本性的不同；同时，这些特征也正是我们在设计和实现人工智能系统时需要参考借鉴的关键因素。

- **具有强大的学习能力**：大脑能够通过不断地学习以获取关于外部世界的知识，并利用所学的知识来不断提升自己解决问题的能力。相比之下，通过运行预设程序的传统计算机从根本上来讲是不具备这种学习能力和自我优化能力的。目前人工智能的研究热点之一正是要物化这种学习能力，也就是所谓的**机器学习（machine learning）**。值得一提的是，AlphaGo 正是机器学习的一个成功典范。
- **具有很强的健壮性**：大脑中每天都有成千上万的神经元死去并不可再生，但大脑的功能和性能并不会因此受到明显的影响。与之形成鲜明对比的是，即使是程序的一个 bug，或是内存的某一个存储位发生了错误，都有可能导致计算机宕机。
- **精于模糊信息的处理**：大脑在模糊信息处理方面目前是远胜于计算机的。举个例子，你或许会偶尔违反一下交通规则，见缝插针似地横穿一条车来车往、川流不息的马路。当你成功横穿马路后，请不妨问自己几个问题：在准备起步穿越马路时，马路左边总共有几辆车向你驶来？每辆车的速度是多少？马路右边总共有几辆车向你驶来？每辆车的速度是多少？你横穿马路时自己的速度是多少？你的运动速度最快可以达到每秒几米？当你快到马路中央时，每辆车的位置和速度的具体情况是怎样的？如此等等。几乎可以肯定的是，你的回答中会充满着诸如“大概”“好像”“估计”“左右”“可能”之类的表达模糊意义的词汇。尽管什么也说不清楚，但却几乎总是能够安全地横穿马路，这便是大脑的神奇之处：精于处理模糊信息。时至今日，我们还无法实现能够自主安全穿越马路的机器人。安全地横穿马路对人而言是极为容易的事，但对于机器智能来说则是难上加难。

- **具有高度的并行计算能力**：现有的计算机仍是基于冯·诺依曼架构的，程序的执行从本质上讲是串行的。尽管我们一直在探索计算机的并行计算方法，并取得了骄人的成绩，但其并行计算的程度相对于大脑而言仍是相形见绌。

至此，我们已经完成了对神经元的基本特点以及大脑的基本结构和工作方式的介绍，并列举了大脑相对于传统计算机的几个明显特征。需要说明的是，从神经生物学的角度来看，所介绍的这些知识是非常肤浅和片面的。例如，在介绍突触的时候，我们只是描述了最为典型的、相对数量最多的“轴突-树突型突触”（突触前是某个神经元的轴突，突触后是另一个神经元的树突，参见图 1-4 和图 1-5）。实际上，除了“轴突-树突型突触”外，还存在相对数量较少的“轴突-胞体型突触”（突触前是某个神经元的轴突，突触后是另一个神经元的胞体）、“轴突-轴突型突触”（突触前是某个神经元的轴突，突触后是另一个神经元的轴突）、“树突-树突型突触”（突触前是某个神经元的树突，突触后是另一个神经元的树突）。又例如，神经元本身大致可分为 3 种类型：**感觉神经元（sensory neuron）**、**中间神经元（interneuron）**、**运动神经元（motor neuron）**。感觉神经元所接收的输入信号来自外部环境的声音刺激（对应声觉）、压力刺激（对应触觉）、温度刺激（对应温觉）、光刺激（对应视觉）等，其输出的信号通过其他神经元一步一步地传递给脊髓及大脑进行分析处理。运动神经元所接收的输入信号来自大脑及脊髓，其输出信号将直接作用于肌肉细胞并控制肌肉的运动。中间神经元是指脊髓和大脑中的这样一种神经元，即它的输入来自于其他神经元的输出，它的输出是其他神经元的输入。我们之前所描述的神经元，实际上是指中间神经元（参见图 1-4 和图 1-5）。

总之，这里只是从大脑及神经元的生物学知识中抽取了部分与人工智能系统（特别是人工神经网络）紧密相关的内容进行了简单的描述，对生物学知识感兴趣的读者可去查阅相关的专业资料以做深入的了解和学习。

## 1.3 关于人工智能/机器学习/神经网络/深度学习

1956 年夏，在美国汉诺威（Hanover）小镇的达特茅斯学院（Dartmouth College）召开了一次名为"人工智能达特茅斯夏季研讨会（Dartmouth Summer Research Project on Artificial Intelligence）的学术会议，后来简称为**达特茅斯会议（Dartmouth Workshop）**。出席这次会议的人员有许多重量级人物，如 John McCarthy（美国计算机及认知科学家）、Claude Shannon（信息论之父，美国数学家）、Arthur Samuel（美国计算机博弈专家）、Marvin Minsky（美国认知科学家）等。此次会议持续了数周的时间，广泛讨论了关于智能机器的诸多问题和初步设想。**达特茅斯会议被公认为是一个标志性事件，它标志着人工智能作为一个严谨的科学研究领域正式诞生了**。顺便提一下，目前广为流传的说法是，John McCarthy 于 1955 年创造并使用了 Artificial Intelligence 这一术语，但据 John McCarthy 本人的回忆，这一术语他也是先从别人那里听来的。

人工智能研究领域自正式诞生以来，已经发展成为一个庞大而复杂的研究体系，并衍生出许许多多的子领域，如计算机视觉、语音处理、自然语言处理、机器翻译、专家系统、知识推理、数据挖掘等，其中一个子领域称为**机器学习（Machine Learning，ML）**。Machine Learning 这一术语是 Arthur Samuel 于 1959 年创造的。顾名思义，机器学习的研究内容就是如何让机器（计算机）也能够像人一样从外部输入的信息（数据）中学习到有用的知识（而不只是能够单纯地执行预设的程序指令），并利用这些知识来不断地优化自身的结构，从而不断地提升自己的工作表现。也就是说，机器学习领域所研究的内容是适合于机器的学习方法。

**深度学习（Deep Learning，DL）**这一术语无疑是近年来人工智能领域中最为火爆的热词之一。深度学习是机器学习的方法之一，人们也习惯将它说成是机器学习研究领域的一个分支。与深度学习这个热词密不可分的另一个热词是**深度神经网络（Deep Neural Network，DNN）**，深度学习与深度神经网络的关系可简要地描述为：**深度学习是深度神经网络采用的学习方法，深度神经网络是深度学习方法的基础架构**。

深度神经网络也称为深层神经网络，它是指神经网络架构中包含了较多的隐含层；与之相反的一个术语是**浅层神经网络（Shallow Neural Network，SNN）**，它是指神经网络架构中包含了较少的隐含层。然而，深层神经网络与浅层神经网络之间目前尚无一种明确的界定，有一种说法是：至少包含了一个隐含层的神经网络即可称之为深层神经网络，而浅层神经网络则是指不含隐含层的神经网络。更为普遍的说法是：至少包含了两个隐含层的神经网络才可称之为深层神经网络。顺便提一下，现实应用中已经出现了深达上百层的神经网络。各位不妨去百度一下关键词"152 层"，看看能搜索出一些什么信息。

当然，上面提到的神经网络都是指**人工神经网络（Artificial Neural Network，ANN）**，而非**生物神经网络（Biological Neural Network，BNN）**。人工神经网络只是借鉴了生物神经网络的一些原理知识（主要就是 1.2 节、8.8 节中的内容），并结合了许多数学的方法，这些原理和方法目前仍采用编程方式在传统计算机上进行模拟实现。人工神经网络的确带有仿生学的影子，但它毕竟不是在复制生物神经网络——如同我们受到鸟儿飞翔的启发而发明了飞机一样，我们的飞机上并没有长满羽毛，飞机的翅膀也不会上下扇动。

需要指出的是，鉴于深度学习与深度神经网络密不可分，人们现在已习惯于混用深度学习、深度神经网络、人工神经网络、神经网络这几个术语。一般情况下，它们指的其实都是同一回事，即都是指采用深度学习方法的（深度）人工神经网络或基于（深度）人工神经网络的深度学习方法。本书中使用得更多的是人工神经网络这个术语。

关于人工智能/机器学习/神经网络/深度学习的发展历程和前景展望，已有很多的书籍和网文进行了介绍，本书不再赘述。接下来我们就直奔主题，开始学习人工神经网络中数学部分的基础知识。

# 第2章

# 函数

## 2.1 函数的极限

在数学特别是代数中，经常使用**函数**（**function**）来描述各种**变量**（**variable**）之间的关系。函数的一般描述是，如果有两个变量$x$和$y$，且存在某种从$x$到$y$的映射关系$f$，使得对于$x$的每个取值，$y$都有唯一而确定的值与之对应，则称$y$是$x$的函数，记作$y = f(x)$，其中$x$称为**自变量**（**argument** 或 **independent variable**），$y$称为**因变量**（**dependent variable**）。

在上面的描述中，特别需要注意"唯一而确定的值"这几个字。例如，对于$y = f(x)$，当$x$取值为$x_0$时，如果$y$没有任何值与之对应，或者$y$有多个值与之对应，那么我们就认为在$x = x_0$处$f(x)$是没有定义的，或者说$f(x_0)$不存在。又例如，因为$y = f(x) = |1/x|$在$x = 0$处的取值为$+\infty$，但$+\infty$并不是一个确定的值，所以该$f(x)$在$x = 0$处是没有定义的。

17 世纪时，法国数学及哲学家 René Descartes 提出了**直角坐标系**（**Rectangular Coordinate System**）的概念。这一概念的出现和运用，极大地推动了数学本身的发展，它的直接作用就是将**几何**（**Geometry**）与**代数**（**Algebra**）有机地联系在了一起。我们在中学时就知道，几何总是经常跟一些空间的形状（图形图像）打交道，而代数总是跟一些函数、公式、数值打交道，所以简单地说，有了直角坐标系（当然，后来又发展出了球面坐标系、极坐标系等）以后，我们就可以"看"清楚函数的模样了。

现在，就一起来看看我们在中学时代非常熟悉的几种函数的图像，这几种函数分别是幂函数、指数函数、对数函数、三角函数、反三角函数（请见图 2-1）。

接下来，要分析和讨论函数的某些重要属性，比如函数的极限、连续性、可导性等。毫无疑问，从数学的表达式上去正确而精准地理解这些属性才是最为重要的，也是最基本的要求，然而，这也会让很多人觉得数学很难学，学起来非常吃力。所以，接下来我们更注重从函数图像的视觉感受上来简化对这些属性的认识和理解。

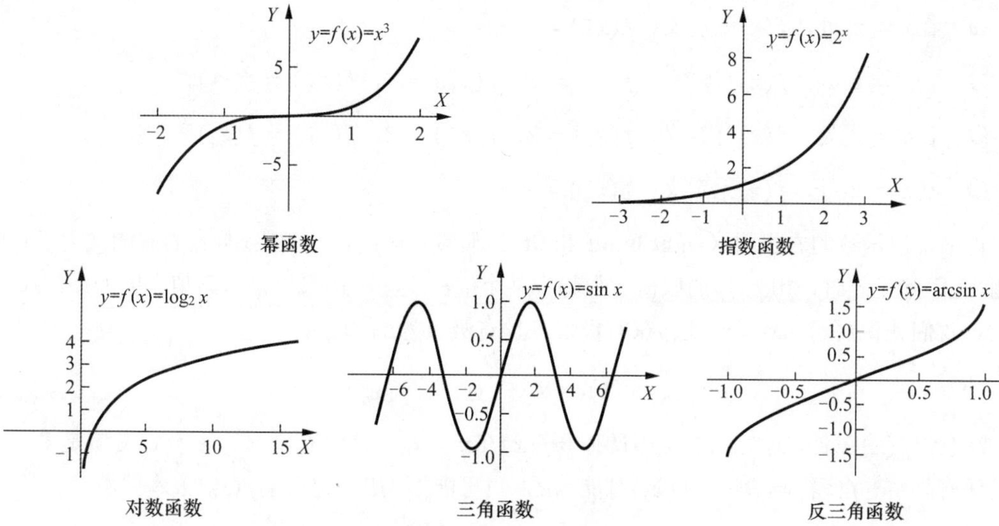


图 2-1　几种常见函数的图像

我们首先要分析和讨论的是函数的**极限（limit）**问题，先从函数的**左极限（left-hand limit）**说起。假设$y=f(x)$，如果$x$从$x_0$的左侧（小于$x_0$的一侧）无限趋于$x_0$时，相应的$y$的取值无限趋于某个值$A$（这里的$A$可以是有限值，也可以是$+\infty$或$-\infty$），我们就说$f(x)$在$x=x_0$处存在左极限，且左极限为$A$，表示为

$$\lim_{x\to x_0^-} f(x)=A \quad \text{或} \quad f(x_0^-)=A \tag{2.1}$$

注意，$f(x)$在$x=x_0$处的左极限的值与$f(x)$在$x=x_0$处是否有定义，以及定义值是多少不存在任何关系。$f(x_0^-)=A$时，$f(x_0)$可能为$A$，也可能不为$A$，也可能$f(x_0)$根本就不存在。

如图 2-2 所示，根据函数$f(x)$的图像，我们可以直观地做出如下判定。

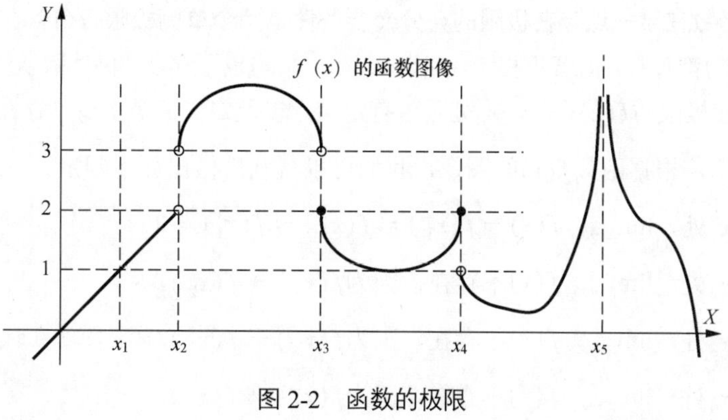


图 2-2　函数的极限

- 在$x=x_1$处，$f(x)$有定义，$f(x_1)=1$；$f(x_1^-)=1$，$f(x_1^-)=f(x_1)$。

- 在$x = x_2$处，$f(x)$无定义；$f(x_2^-) = 2$。
- 在$x = x_3$处，$f(x)$有定义，$f(x_3) = 2$；$f(x_3^-) = 3$，$f(x_3^-) \neq f(x_3)$。
- 在$x = x_4$处，$f(x)$有定义，$f(x_4) = 2$；$f(x_4^-) = 2$，$f(x_4^-) = f(x_4)$。
- 在$x = x_5$处，$f(x)$无定义；$f(x_5^-) = +\infty$。

再来说说函数的**右极限（right-hand limit）**。假设$y = f(x)$，如果$x$从$x_0$的右侧（大于$x_0$的一侧）无限趋于$x_0$时，相应的$y$的取值无限趋于某个值$B$（这里的$B$可以是有限值，也可以是$+\infty$或$-\infty$），我们就说$f(x)$在$x = x_0$处存在右极限，且右极限为$B$，表示为

$$\lim_{x\to x_0^+} f(x) = B \quad 或 \quad f(x_0^+) = B \tag{2.2}$$

注意，$f(x)$在$x = x_0$处的右极限的值与$f(x)$在$x = x_0$处是否有定义，以及定义值是多少不存在任何关系。$f(x_0^+) = B$时，$f(x_0)$可能为$B$，也可能不为$B$，也可能$f(x_0)$根本就不存在。

如图 2-2 所示，根据函数$f(x)$的图像，我们可以直观地做出如下判定。

- 在$x = x_1$处，$f(x)$有定义，$f(x_1) = 1$；$f(x_1^+) = 1$，$f(x_1^+) = f(x_1)$。
- 在$x = x_2$处，$f(x)$无定义；$f(x_2^+) = 3$。
- 在$x = x_3$处，$f(x)$有定义，$f(x_3) = 2$；$f(x_3^+) = 2$，$f(x_3^+) = f(x_3)$。
- 在$x = x_4$处，$f(x)$有定义，$f(x_4) = 2$；$f(x_4^+) = 1$，$f(x_4^+) \neq f(x_4)$。
- 在$x = x_5$处，$f(x)$无定义；$f(x_5^+) = +\infty$。

左极限和右极限统称为**单侧极限（one-sided limit）**。如果$f(x_0^-) = f(x_0^+) = A$，则我们就说$f(x)$在$x = x_0$处存在极限，且极限为$A$，表示为

$$\lim_{x\to x_0} f(x) = A \tag{2.3}$$

**可以证明，函数在某一点存在极限的充分必要条件是两个单侧极限各自存在并且相等。**因此，即使$f(x_0^-)$和$f(x_0^+)$都存在，但若不相等，那么$\lim_{x\to x_0} f(x)$也不存在。仍然需要注意的是，$f(x)$在$x = x_0$处是否存在极限与$f(x)$在$x = x_0$处是否有定义，以及定义值是多少不存在任何关系。

如图 2-2 所示，根据函数$f(x)$的图像，我们可以直观地做出如下判定。

- 在$x = x_1$处，$\lim_{x\to x_1} f(x) = f(x_1^-) = f(x_1^+) = f(x_1) = 1$。
- 在$x = x_2$处，$\lim_{x\to x_2} f(x)$不存在，因为$f(x_2^-) \neq f(x_2^+)$。
- 在$x = x_3$处，$\lim_{x\to x_3} f(x)$不存在，因为$f(x_3^-) \neq f(x_3^+)$。
- 在$x = x_4$处，$\lim_{x\to x_4} f(x)$不存在，因为$f(x_4^-) \neq f(x_4^+)$。
- 在$x = x_5$处，$\lim_{x\to x_5} f(x) = f(x_5^-) = f(x_5^+) = +\infty$，但$f(x)$无定义。

## 2.2 函数的连续性

先说说函数的**左连续性（left continuity）**。通俗地讲，如果在$x = x_0$处，函数的左极限值等于函数值，也就是

$$f(x_0^-) = \lim_{x \to x_0^-} f(x) = f(x_0) \tag{2.4}$$

那么我们就说函数$f(x)$在$x_0$处是左连续的（left continuous）。函数在某一点左连续的充分必要条件是：函数在该点有定义，且左极限值等于函数值。

类似地，如果在$x = x_0$处，函数的右极限值等于函数值，也就是

$$f(x_0^+) = \lim_{x \to x_0^+} f(x) = f(x_0) \tag{2.5}$$

那么我们就说函数$f(x)$在$x_0$处是右连续的（right continuous）。函数在某一点右连续的充分必要条件是：函数在该点有定义，且右极限值等于函数值。

左连续和右连续都是指函数的**单侧连续性（one-sided continuity）**。如果在$x = x_0$处，函数$f(x)$的极限值等于其函数值，也即

$$\lim_{x \to x_0} f(x) = f(x_0) \tag{2.6}$$

那么我们就说函数$f(x)$在$x_0$点（或$x_0$处）是**连续的（continuous）。可以证明，函数在某一点连续的充分必要条件是：函数在该点既是左连续的，又是右连续的**。如果函数$f(x)$在某一区间上处处连续，那么我们就说$f(x)$在该区间上是连续的，或者说$f(x)$是该区间上的一个**连续函数（continuous function）**，否则就说$f(x)$是该区间上的一个**非连续函数（discontinuous function）**。

如图 2-3 所示，根据函数$f(x)$的图像，我们可以直观地做出如下判定。

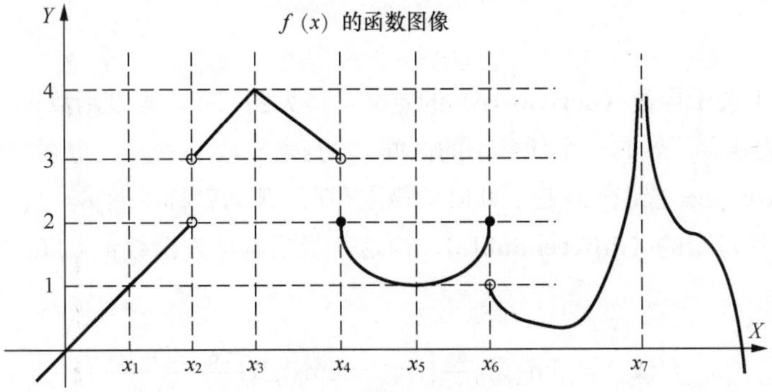


图 2-3 函数的连续性

- 在$x = x_1$处，$f(x)$是连续的，因为函数在该点既是左连续的，又是右连续的。
- 在$x = x_2$处，$f(x)$不是连续的，因为函数在该点既不是左连续的，又不是右连续的。

- 在$x = x_3$处，$f(x)$是连续的，因为函数在该点既是左连续的，又是右连续的。
- 在$x = x_4$处，$f(x)$不是连续的，因为函数在该点不是左连续的。
- 在$x = x_5$处，$f(x)$是连续的，因为函数在该点既是左连续的，又是右连续的。
- 在$x = x_6$处，$f(x)$不是连续的，因为函数在该点不是右连续的。
- 在$x = x_7$处，$f(x)$不是连续的，因为函数在该点既不是左连续的，又不是右连续的。

如果函数在某一点是连续的，则称该点为函数的**连续点**（**point of continuity**），否则称为函数的**间断点**（**point of discontinuity**）。从函数图像上看，函数曲线在间断点处会发生间断（中断）现象。在图 2-3 中，间断点位于$x = x_2$，$x = x_4$，$x = x_6$，$x = x_7$处，其余都是连续点。在图 2-4 中，$x = x_1$，$x = x_3$处是连续点，$x = x_2$，$x = x_4$，$x = x_5$，$x = x_6$处是间断点。

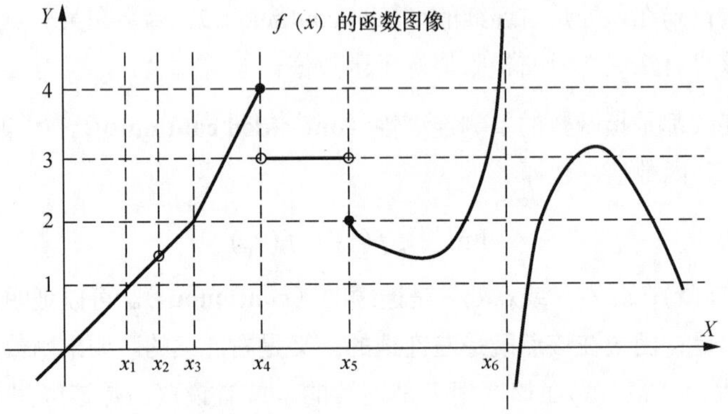


图 2-4 函数的连续点与间断点

## 2.3 导数

首先来看一下关于**导数**（**derivative**）的定义，请见图 2-5。假设函数$y = f(x)$在点$x_0$的某个邻域（可理解为包含了$x_0$的一个任意小的区间）内有定义，当$x$在$x_0$处取得增量$\Delta x$，相应地$y$取得增量$\Delta y$；如果$\Delta y$与$\Delta x$之比在$\Delta x$趋于 0 时的极限存在，那么就称函数$y = f(x)$在点$x_0$处是**可导的**（**derivable**）或**可微的**（**differentiable**），而这个极限就称为函数$y = f(x)$在点$x_0$处的导数，记为$f'(x_0)$，即

$$f'(x_0) = \lim_{\Delta x \to 0} \frac{\Delta y}{\Delta x}\Big|_{x=x_0} = \lim_{\Delta x \to 0} \frac{f(x_0+\Delta x)-f(x_0)}{\Delta x} \tag{2.7}$$

也常记作$y'|_{x=x_0}$、$\frac{dy}{dx}|_{x=x_0}$或$\frac{df(x)}{dx}|_{x=x_0}$。

如果函数$y = f(x)$在某个区间上的每个点都是可导的，那么对于该区间上的任意一点，就存在一个唯一确定的导数值与之相对应，这样就衍生出一个新的函数，这个新的函数称为原来函数$y=f(x)$的导函数（**derivative function**），记作$y'$、$f'(x)$、$\frac{dy}{dx}$或$\frac{df(x)}{dx}$。相应地，$f(x)$称为$f'(x)$的原函数。图 2-6 显示了两个函数与其各自的导函数的图像。

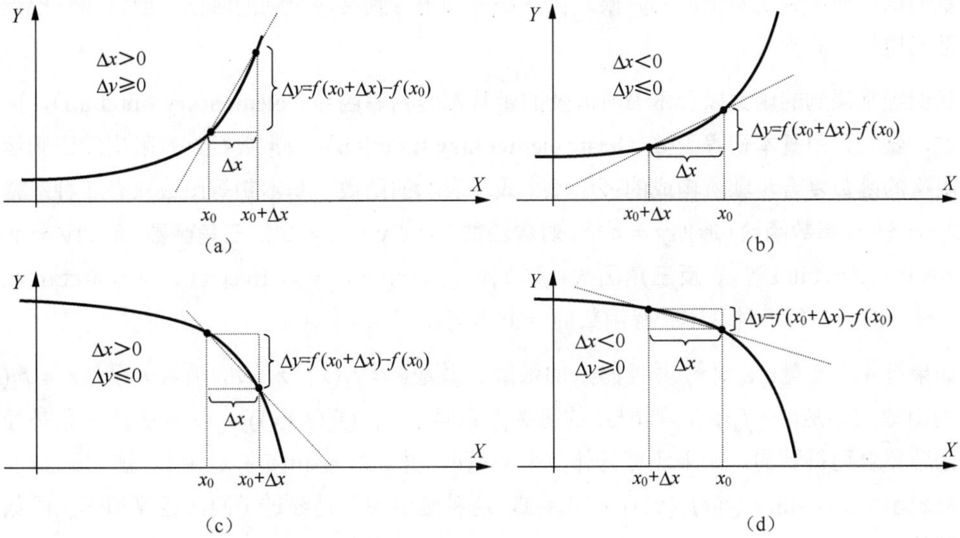


图 2-5　函数的导数

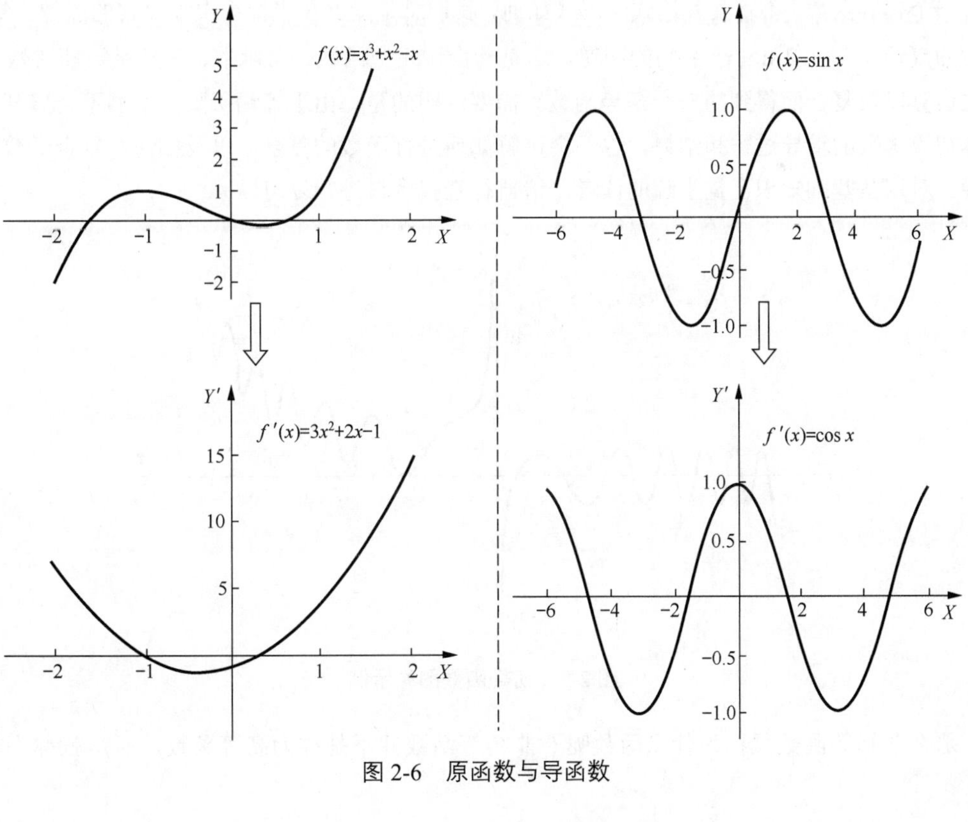


图 2-6　原函数与导函数

注意，导函数与导数本是两个不同的概念：**导函数是一个函数，导数是导函数在某一点的值**。尽管导数与导函数这两个词的意思严格来讲是不一样的，但在实际中人们却常常混用。所以，我们以后在看到这两个词的时候，包括在本书中看到这两个词的时候，应该注意根据上下文来准确地把握其含义。

我们经常碰到的函数以及本书所涉及的函数都是**初等函数**（**elementary function**）。所谓初等函数，就是指由**基本初等函数**（**basic elementary function**）和常数经过有限次的四则运算以及有限次的函数复合步骤所构成的可用一个式子表示的函数。基本初等函数只有 5 种：**幂函数**（形如$y = x^a$）、**指数函数**（形如$y = a^x$）、**对数函数**（形如$y = \log_a x$）、**三角函数**（形如$y = \sin x$、$y = \cos x$、$y = \tan x$等）、**反三角函数**（形如$y = \arcsin x$、$y = \arccos x$、$y = \arctan x$等），图 2-1 显示的正是每一种基本初等函数的一个实例。

如果有 4 个变量$v, z, y, x$，并且$y$与$x$的函数关系是$y = f_1(x)$，$z$与$y$的函数关系是$z = f_2(y)$，$v$与$z$的函数关系是$v = f_3(z)$，则$v$与$x$的函数关系是$v = f_3(f_2(f_1(x)))$，这种函数关系是经过了两次函数复合而得到的。如果还有另外一个变量$u$，并且$u = \sin(v + 2) + 1$，那么$u$与$x$的函数关系可表示为$u = \sin(f_3(f_2(f_1(x))) + 2) + 1$，这种函数关系是经过了两次运算和三次函数复合而得到的。

一个初等函数，不管其表达式的形式如何，我们总是能够在坐标系中画出它的图像。图 2-7 所示为$f(x) = \frac{2^x}{x} + 2\sin(x^2 + 1)$的图像，这是一个由指数函数、幂函数、三角函数和常数经过多次运算以及复合而得到的一个初等函数。需要说明的是，由于篇幅所限，本书不会展开讲解基本初等函数的求导过程和结果，也不会讲解如何进行函数的复合，以及如何对复合函数进行求导。对这些基础知识已觉生疏的读者，请自行查找资料进行复习。

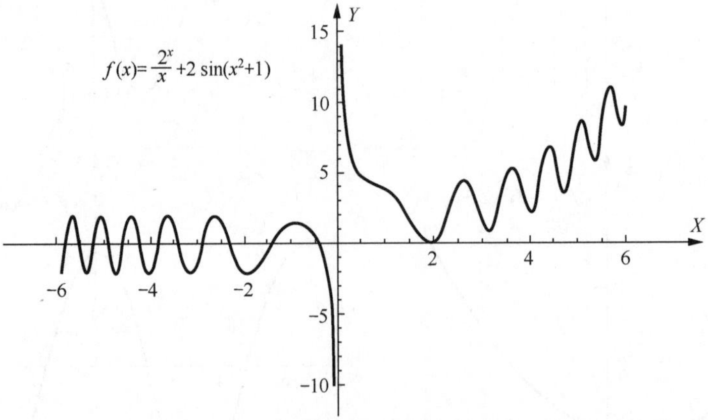


图 2-7 初等函数图像示例

那么非初等函数又称为什么函数呢？非初等函数并不是称为高等函数，而是就称为**非初**

等函数（**non-elementary function**）。非初等函数的种类有很多，但本书完全涉及不到。顺便提一下，我们并不是总能画出非初等函数的图像。例如，有这样一个函数$y = f(x)$，当$x$为有理数时，$y$的取值为 0，当$x$为无理数时，$y$的取值为 1。对于这样一个函数，你能画出其函数图像吗？

函数在某一点的导数，其实就是函数在该点处的变化率（变化率可正可负，可大可小，也可以为零）。从几何上看，函数在某一点的导数，就是函数在该点的**切线**（**tangent line**）的**斜率**（**slope**），请见图 2-8。斜率为正时，切线从左往右是逐渐上升的；斜率为负时，切线从左往右是逐渐下降的；斜率为 0 时，切线是水平的；切线越陡峭，斜率的绝对值越大。另外，从数学上还可以证明，如果两条直线相互垂直，则它们的斜率之积等于−1。

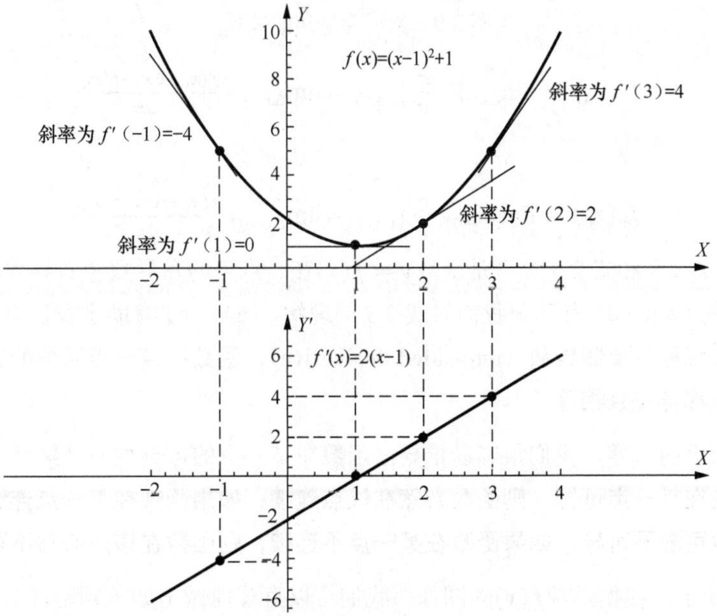


图 2-8　导数的几何含义

一条直线的斜率等于它与 *X* 轴正方向的夹角（仰角）的正切值，请见图 2-9。当仰角趋于 90° 时，斜率趋于+∞；当仰角趋于−90° 时，斜率趋于−∞。

导数也有**左导数**（**left-hand derivative**）和**右导数**（**right-hand derivative**）之分。既然函数$y = f(x)$在$x_0$点的导数的定义

$$f'(x_0) = \lim_{\Delta x \to 0} \frac{\Delta y}{\Delta x}\Big|_{x=x_0} = \lim_{\Delta x \to 0} \frac{f(x_0+\Delta x)-f(x_0)}{\Delta x}$$

是一个极限，而极限存在的充分必要条件是左、右极限都存在且相等，因此$f'(x_0)$存在，也即$y = f(x)$在$x_0$点处可导的充分必要条件是左、右极限

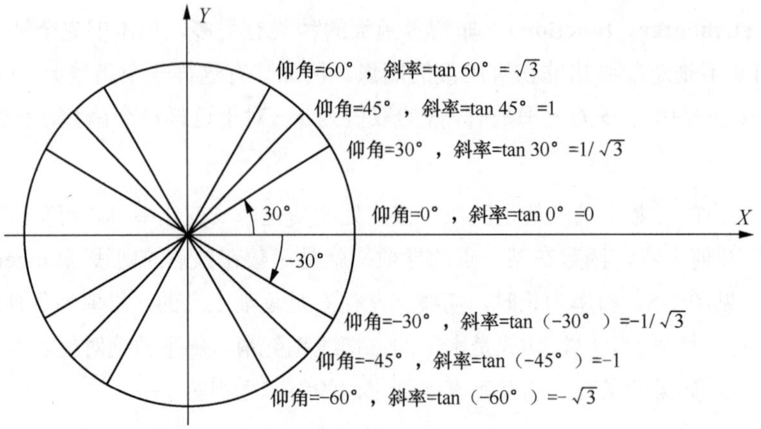


图 2-9　斜率与仰角的关系

$$f'_-(x_0) = \lim_{\Delta x \to 0^-} \frac{\Delta y}{\Delta x}|_{x=x_0} = \lim_{\Delta x \to 0^-} \frac{f(x_0+\Delta x)-f(x_0)}{\Delta x} \quad (2.8)$$

和

$$f'_+(x_0) = \lim_{\Delta x \to 0^+} \frac{\Delta y}{\Delta x}|_{x=x_0} = \lim_{\Delta x \to 0^+} \frac{f(x_0+\Delta x)-f(x_0)}{\Delta x} \quad (2.9)$$

都存在且相等。式 2.8 和式 2.9 分别是函数$y = f(x)$在$x_0$点处的左导数和右导数的定义式。请参见图 2-5，其中的（b）、（d）有助于我们对式 2.8 的理解，（a）、（c）有助于我们对式 2.9 的理解。左导数和右导数统称为**单侧导数（one-sided derivative）**，**函数在某一点可导的充分必要条件是其两个单侧导数都存在且相等。**

根据前面所学的内容，我们很容易推导出函数在某一点的可导性与连续性之间存在这样的关系：**如果函数在某一点可导，则函数必然在该点连续；如果函数在某一点连续，则函数在该点可能可导，也可能不可导；如果函数在某一点不连续，则函数在该点必然不可导。**

如图 2-10 所示，根据函数$f(x)$的图像，我们可以直观地做出如下判定。

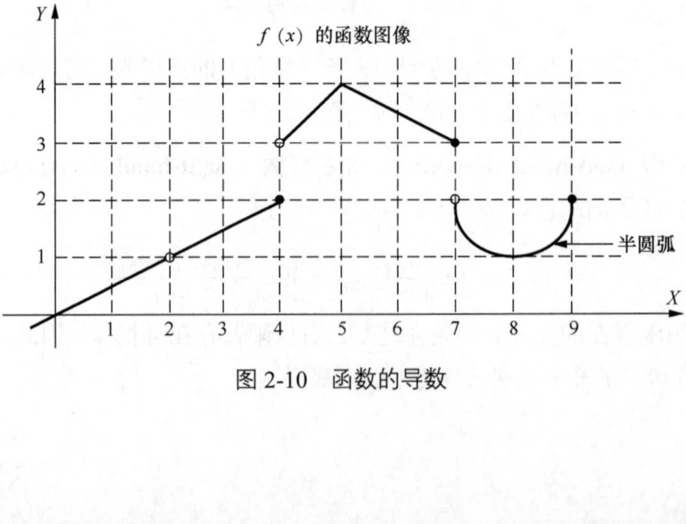


图 2-10　函数的导数

- 在$x=1$处：
  - 函数有定义，函数值为 0.5；
  - 函数的左极限、右极限都存在，且都等于 0.5；函数的极限存在，且等于 0.5；
  - 函数既是左连续的，又是右连续的；函数是连续的；
  - 函数的左导数、右导数都存在，且都等于 0.5；函数是可导的，导数为 0.5。
- 在$x=2$处：
  - 函数无定义，函数值不存在；
  - 函数的左极限、右极限都存在，且都等于 1；函数的极限存在，且等于 1；
  - 函数既不是左连续的，也不是右连续的；函数不是连续的；
  - 函数的左导数、右导数都不存在；函数是不可导的。
- 在$x=4$处：
  - 函数有定义，函数值为 2；
  - 函数的左极限为 2，右极限为 3；函数的极限不存在；
  - 函数是左连续的，但不是右连续的；函数不是连续的；
  - 函数的左导数为 0.5，右导数不存在；函数是不可导的。
- 在$x=5$处：
  - 函数有定义，函数值为 4；
  - 函数的左极限、右极限都存在，且都等于 4；函数的极限存在，且等于 4；
  - 函数既是左连续的，又是右连续的；函数是连续的；
  - 函数的左导数为 1，右导数为–0.5；函数是不可导的。
- 在$x=7$处：
  - 函数有定义，函数值为 3；
  - 函数的左极限为 3，右极限为 2；函数的极限不存在；
  - 函数是左连续的，但不是右连续的；函数不是连续的；
  - 函数的左导数为–0.5，右导数不存在；函数是不可导的。
- 在$x=8$处：
  - 函数有定义，函数值为 1；

- ❑ 函数的左极限、右极限都存在，且都等于 1；函数的极限存在，且等于 1；
- ❑ 函数既是左连续的，又是右连续的；函数是连续的；
- ❑ 函数的左导数、右导数都存在，且都等于 0；函数是可导的，导数为 0。

通过对图 2-10 的观察可以发现，只有在那些连续且光滑的点上，函数才是可导的。这里所说的“光滑”，是指不存在**尖角**（**cusp**）。例如，在图 2-10 中的$x = 5$处，函数虽然是连续的，但不是光滑的，而是存在一个尖角，所以函数在这一点上是不可导的。

我们已经知道，$f'(x)$是$f(x)$的导数（导函数），$f(x)$是$f'(x)$的原函数。一般地，函数$y = f(x)$的导数$y' = f'(x)$仍然是$x$的函数。我们把对函数$y = f(x)$的导数$y' = f'(x)$再次求导而得到的函数叫做函数$y = f(x)$的**二阶导数**（**second-order derivative**），记作$y''$或 $\frac{d^2y}{dx^2}$，即

$$y'' = (y')' \tag{2.10}$$

或

$$\frac{d^2y}{dx^2} = \frac{d}{dx}\left(\frac{dy}{dx}\right) \tag{2.11}$$

相应地，我们把函数$y = f(x)$的导数$y' = f'(x)$叫做函数$y = f(x)$的**一阶导数**（**first-order derivative**）。

除了二阶导数外，类似地还有**三阶导数**（**third-order derivative**），等等。二阶及二阶以上的导数统称为**高阶导数**（**higher-order derivative**）。默认情况下，一个函数的导数是指它的一阶导数。

例如，如果函数$y = f(x) = x^3$，则其一阶导数为$y' = f'(x) = (x^3)' = 3x^2$，其二阶导数为$y'' = f''(x) = (x^3)'' = (3x^2)' = 6x$，请见图 2-11。

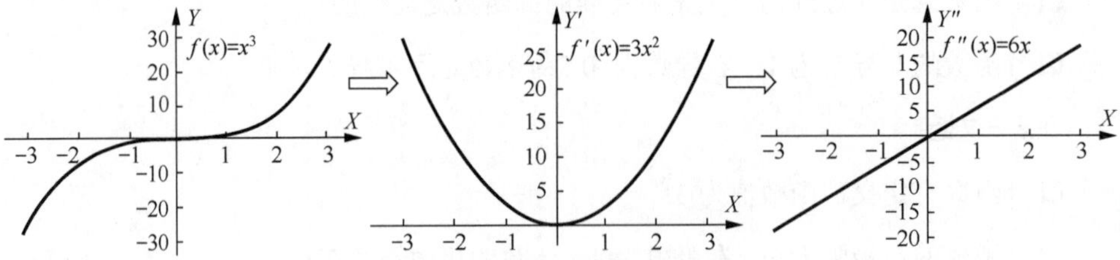


图 2-11　幂函数的各阶导数会逐次降幂

又例如，如果函数$y = f(x) = e^x$，则其一阶导数为$y' = f'(x) = (e^x)' = e^x$，其二阶导数为$y'' = f''(x) = (e^x)'' = (e^x)' = e^x$，请见图 2-12。我们发现，$y = f(x) = e^x$的各阶导数居然总是它自己！之所以如此，是因为这里的$e$是自然常数 2.7182818…，这是一个非常特别的数。自然常数是一个无理数（无限不循环小数），它是瑞士数学家 Jacob Bernoulli 于 1683 年在研究

银行利息的单利复利问题时首次发现的。后来，瑞士科学家 Leonhard Euler 采用了字母$e$来表示它，并对其进行了深入的研究和推广应用，所以自然常数$e$也被称为 Euler's number。自然常数拥有非常多的奇妙属性，这里就不一一细说了。对自然常数感兴趣的读者不妨可以用计算器来计算表达式$(1+1/n)^n$的值，第一次计算时$n$取 1，第二次计算时$n$取 2，第三次计算时$n$取 3，依此类推，看看结果会怎么变化。

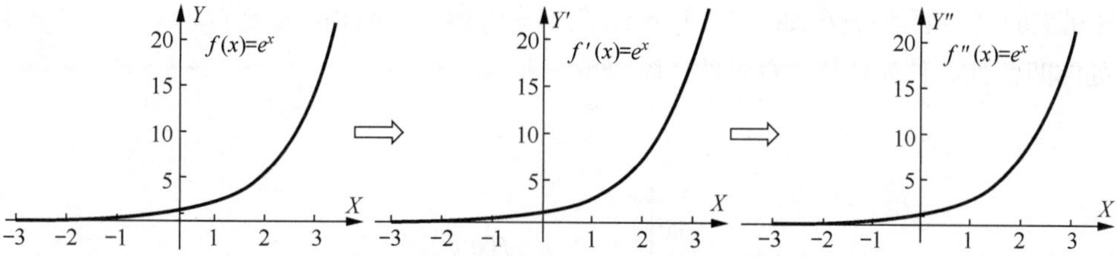


图 2-12　$e^x$的各阶导数均为$e^x$

最后，我们来一起说个绕口令：对于一个函数而言，其一阶导（函）数就是该函数的变化率，其二阶导（函）数就是该函数的变化率的变化率，其三阶导（函）数就是该函数的变化率的变化率的变化率。

## 2.4 凹凸性与拐点

图 2-13 所示为几段曲线。通过仔细观察会直观地发现曲线 a、b、c 都是**上凸的**（**convex upwards**），而曲线 d、e、f 都是**上凹的**（**concave upwards**）。当然也可以说，曲线 a、b、c 都是**下凹的**（**concave downwards**），曲线 d、e、f 都是**下凸的**（**convex downwards**）。在日常语言中，上凸与下凹是同一个意思，上凹与下凸是同一个意思，所以，为了简化起见同时又避免混淆，本节中的“凹”总是指“上凹”，“凸”总是指“上凸”。这样就可以说，图 2-13 中的曲线 a、b、c 都是**凸的**（**convex**），曲线 d、e、f 都是**凹的**（**concave**）。

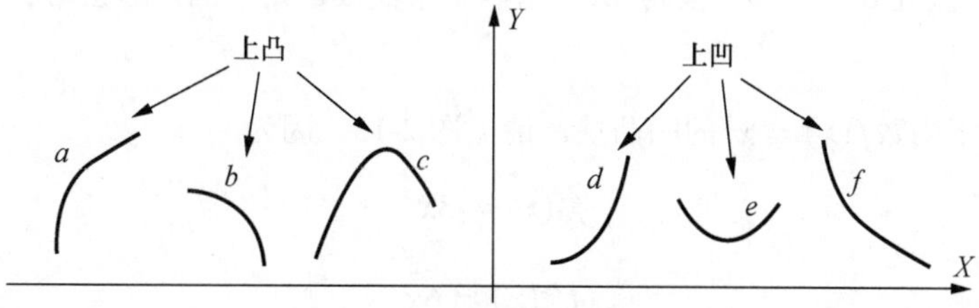


图 2-13　函数曲线的凹凸性

一段曲线是凸（凹）的，意味着该曲线上的每一点都是凸（凹）的。如果一段曲线上的每一点都是凸（凹）的，我们就说该曲线是凸（凹）的。

根据函数（曲线）的形状特点，我们从视觉上很容易就能判断出函数（曲线）的凹凸性。那么，凹凸性的判定有没有数学方法呢？有，并且非常简单：**如果函数$f(x)$在某个区间上的二阶导数$f''(x)$总是大于 0 的，则该函数的曲线在这个区间上就是凹的；如果函数$f(x)$在某个区间上的二阶导数$f''(x)$总是小于 0 的，则该函数的曲线在这个区间上就是凸的。**

现在来验证上面的说法。如图 2-14 所示，我们来考察一下抛物线函数$f(x) = (x-2)^2 + 5$在点 A 处的凹凸性。首先计算出$f(x)$的一阶导数

$$f'(x) = 2(x-2)$$

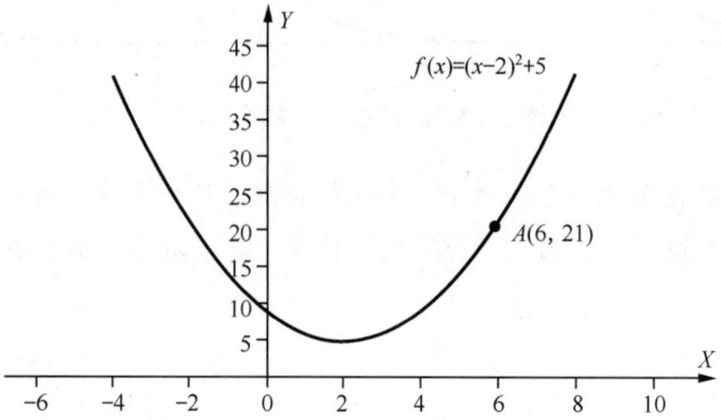


图 2-14　曲线在 A 点的凹凸性

然后计算出$f(x)$的二阶导数

$$f''(x) = 2$$

再计算出$f''(x)$在 A 点的取值

$$f''(x)|_{x=6} = f''(6) = 2$$

因为$f''(6) = 2 > 0$，所以函数曲线在 A 点处是凹的，这与我们的视觉感受是完全一致的。事实上，由于$f''(x)$的值处处大于 0（恒为 2），所以整条曲线都是凹的，这也与我们的视觉感受是完全一致的。

再来考察一下函数$f(x) = x^3$的凹凸性，请见图 2-15。因为

$$f'(x) = 3x^2$$

$$f''(x) = 6x$$

所以，当$x > 0$时，$f''(x)$总是大于 0 的，曲线是凹的；当$x < 0$时，$f''(x)$总是小于 0 的，曲线是凸的。你的视觉感受是否也是这样呢？

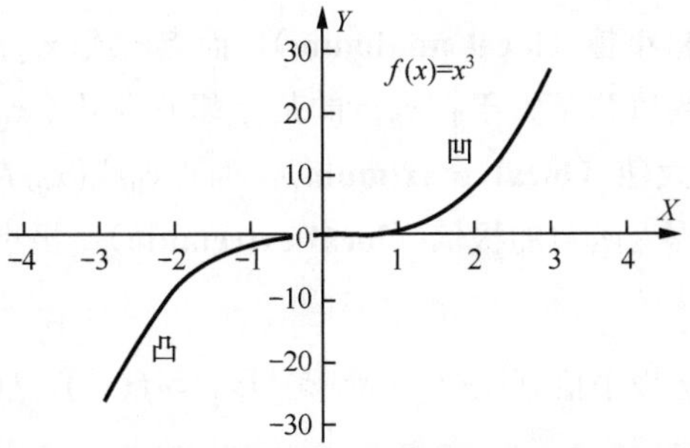


图 2-15　$f(x) = x^3$的凹凸性

下面说说曲线的拐点（**inflection point**）问题。如果曲线上某一点的两侧邻近区域的凹凸性正好相反，则称这样的点为曲线的一个拐点。**从数学上可以证明，对于函数$f(x)$，如果$f''(x_0) = 0$，且$f''(x)$在$x_0$的左、右两侧邻近区域异号，那么点$\left(x_0, f(x_0)\right)$肯定就是一个拐点。**

在图 2-15 中，$f''(x) = 6x$在原点(0,0)处为 0，在原点左侧为负，在原点右侧为正，所以点(0,0)是曲线的一个拐点，这与我们的视觉感受是完全一致的。

在图 2-16 中，因为$f(x) = \sin x$，所以

$$f'(x) = (\sin x)' = \cos x$$

$$f''(x) = (\cos x)' = -\sin x$$

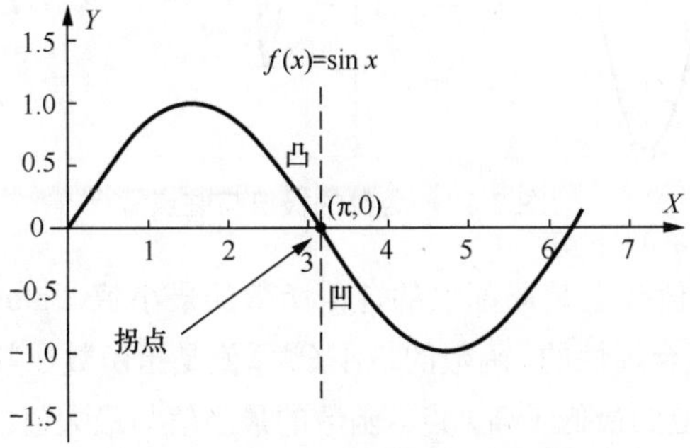


图 2-16　正弦函数的凹凸性与拐点

由于$f''(\pi) = -\sin\pi = 0$，且$f''(x) = -\sin x$在π的左侧邻近区域为负，在π的右侧邻近区域为正，所以点$(\pi, 0)$是曲线的一个拐点，该拐点的左侧邻近区域是凸的，右侧邻近区域是凹的。

## 2.5　极值与驻点

如果函数$f(x)$在$x_0$点的函数值总是小于在$x_0$点的某个邻域内异于$x_0$点处的函数值，我们就

称$f(x_0)$是函数$f(x)$的一个**极小值**（**local minimum**），而点$x_0$或$(x_0, f(x_0))$称为一个极小值点；如果函数$f(x)$在$x_0$点的函数值总是大于在$x_0$点的某个邻域内异于$x_0$点处的函数值，我们就称$f(x_0)$是函数$f(x)$的一个**极大值**（**local maximum**），而点$x_0$或$(x_0, f(x_0))$称为一个极大值点。函数的极小值与极大值统称为函数的**极值**（**local extremum**）；极小值点与极大值点统称为极值点。

很明显，在图 2-17 中，极小值有 3 个，分别是$f(x_1)$、$f(x_4)$、$f(x_6)$；极大值有两个，分别是$f(x_2)$和$f(x_5)$。

注意，函数的极小值和极大值概念是局部性的，并且，一个极大值不一定比一个极小值更大。例如，在图 2-17 中，极大值$f(x_2)$反而小于极小值$f(x_6)$。事实上，一个极小值与一个极大值在大小上是没有任何关系的。

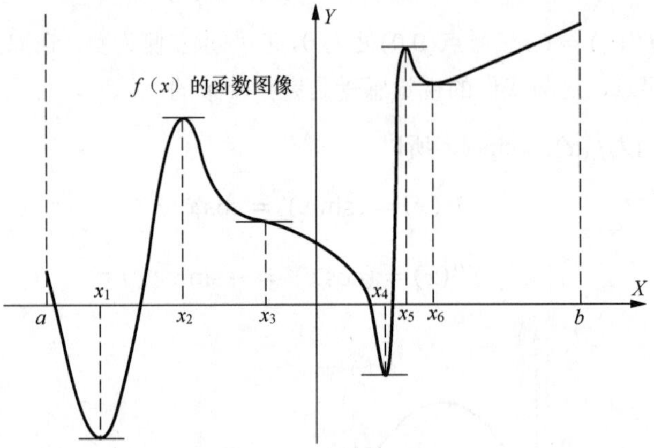


图 2-17　函数的极值与驻点

函数的极小值和极大值概念是局部性的，但函数的**最小值**（**global minimum**）和**最大值**（**global maximum**）概念是全局性的。函数的最小（大）值是指函数在其定义区间上的最小（大）值，体现为函数在该区间上的最低（高）点。函数的最小值与最大值统称为函数的**最值**（**global extremum**）。函数的最小值不一定是一个极小值，函数的最大值不一定是一个极大值。在图 2-17 中，最小值是$f(x_1)$，最大值是$f(b)$。

接下来说说**驻点**（**stationary point**）的问题。函数的驻点，就是指函数的（一阶）导函数取值为 0 的点。显然，驻点处的切线一定是水平的，斜率为 0。**可以证明，可导函数的极值点必定是它的驻点。但是，反过来，函数的驻点可能是极值点，也可能不是极值点**。例如在图 2-17 中，$(x_1, f(x_1))$、$(x_2, f(x_2))$、$(x_3, f(x_3))$、$(x_4, f(x_4))$、$(x_5, f(x_5))$、$(x_6, f(x_6))$都是驻点，但$(x_3, f(x_3))$并非是一个极值点。

注意，函数的极值点不一定是驻点，只能说可导函数的极值点必定是它的驻点，因为函数在它的导数不存在的点也可能取得极值。如图 2-18 所示，因为 A 点处有尖角，所以$f(x)$在 A 点不可导，所以 A 点不是驻点，但 A 点显然是一个极小值点。

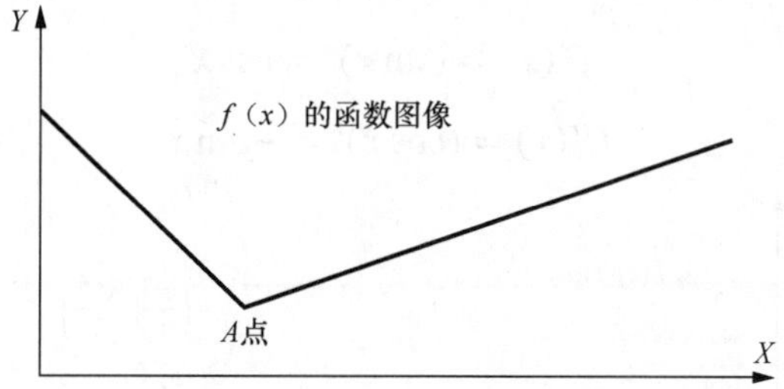


图 2-18　极值点不一定是驻点

在数学上有这样一个定理：如果函数$f(x)$在$x_0$处具有二阶导数且$f'(x_0)=0$，$f''(x_0)\neq 0$，则当$f''(x_0)<0$时，函数$f(x)$在$x_0$处取得极大值，当$f''(x_0)>0$时，函数$f(x)$在$x_0$处取得极小值。这个定理可以形象地理解为：**凸的驻点就是极大值点，凹的驻点就是极小值点。**

如图 2-19 所示，抛物线函数$f(x)=(x-2)^2+5$，$f'(x)=2(x-2)$，$f''(x)=2$，$f'(2)=0$，$f''(2)=2>0$，根据上面的定理可以判定 B 点是一个极小值点。

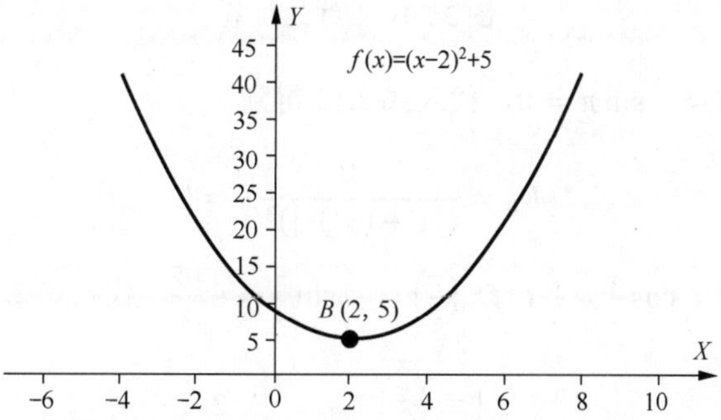


图 2-19　抛物线的极值点

## 2.6　曲率

在图 2-20 中，应该能够直观地发现 C 点处的弯曲程度比 A 点大，A 点处的弯曲程度比 B 点大。数学上，我们用**曲率（curvature）**来定量地描述曲线在某一点的弯曲程度。曲率是一个非负数；曲率越大，表示弯曲程度越大；曲率越小，表示弯曲程度越小；曲率为 0，表示没有弯曲。

通常用大写字母$K$来表示曲率，数学上给出的$K$的计算公式为

$$K = \frac{|y''|}{([1+(y')^2])^{3/2}} \tag{2.12}$$

下面来计算图 2-20 中 A、B、C 三点的曲率。因为$f(x) = \sin x$，所以

$$f'(x) = (\sin x)' = \cos x$$

$$f''(x) = (\cos x)' = -\sin x$$

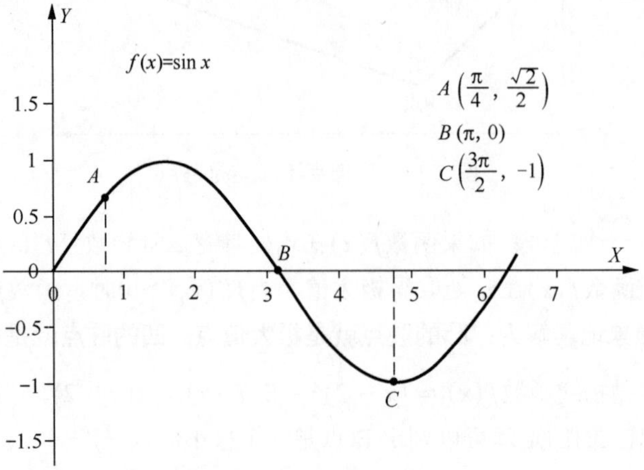


图 2-20　曲线的曲率

对于 B 点，$f''(\pi) = -\sin\pi = 0$，代入式 2.12 得到

$$K_B = \frac{0}{([1+(y')^2])^{3/2}} = 0$$

对于 A 点，$f'\left(\frac{\pi}{4}\right) = \cos\frac{\pi}{4} = \frac{\sqrt{2}}{2}$，$f''\left(\frac{\pi}{4}\right) = -\sin\frac{\pi}{4} = -\frac{\sqrt{2}}{2}$，代入式 2.12 得到

$$K_A = \frac{|-\frac{\sqrt{2}}{2}|}{\left(\left[1+\left(\frac{\sqrt{2}}{2}\right)^2\right]\right)^{3/2=}} = \frac{2}{\sqrt{27}} \approx 0.385$$

对于 C 点，$f'\left(\frac{3\pi}{2}\right) = \cos\frac{3\pi}{2} = 0$，$f''\left(\frac{3\pi}{2}\right) = -\sin\frac{3\pi}{2} = 1$，代入式 2.12 得到

$$K_C = \frac{1}{(1+0)^{3/2}} = 1$$

通过计算，我们得到$K_C > K_A > K_B$，所以 C 点比 A 点的曲率大，A 点比 B 点的曲率大，B 点的曲率为 0，这与我们的视觉观察结果是一致的。

## 2.7 二元函数

前面提到的函数都是**一元函数（one-variate function）**，因为函数只有一个自变量。在一元函数中，通常用$x$表示自变量，用$y$表示因变量，$y$与$x$的函数关系写成$y = f(x)$。

**二元函数（two-variate function）**的二元是指函数有两个自变量。在二元函数中，通常用$x$和$y$表示自变量，用$z$表示因变量，$z$与$x$和$y$的函数关系写成$z = f(x, y)$。注意，二元函数的因变量仍然只有一个。

在一元函数中，常用“区间”一词来表示自变量$x$的取值范围（也就是该一元函数的定义域）；而在二元函数中，常用“区域”一词来表示作为自变量的二元组$(x, y)$的取值范围（也就是该二元函数的定义域）。

显然，从函数图像上看，一元函数的图像可以是 2 维空间中的点（point）、直线（line）或曲线（curve）。由于点和直线均可视为曲线的特殊情况，所以一般就说一元函数的图像是 2 维空间中的曲线。

二元函数的图像可以是 3 维空间中的点、直线、曲线、平面（plane）或曲面（surface）。由于点、直线、曲线、平面均可视为曲面的特殊情况，所以一般就说二元函数的图像是 3 维空间中的曲面。图 2-21 所示为两个二元函数的图像。

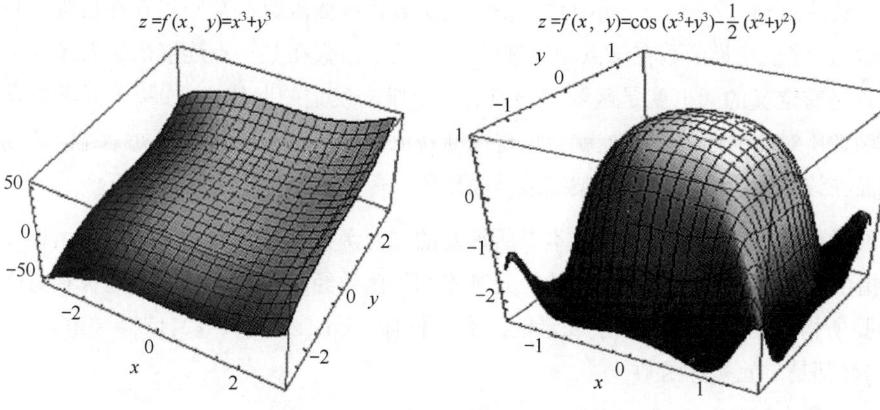


图 2-21　二元函数的图像是 3 维空间中的曲面

与一元函数一样，二元函数也涉及极限问题、连续性问题、可导性问题、极值问题等。二元函数所涉及的这些问题与一元函数有很多相似之处，但也存在一些明显的差异。

如图 2-22 所示，一元函数中，当$x$趋于$x_0$时，$x$可以在 $X$ 轴上从$x_0$的左边趋于$x_0$，也可以从$x_0$的右边趋于$x_0$，相应地我们有了函数$y = f(x)$在$x_0$处的左、右两个单侧极限的概念。在二元函数中，当$(x, y)$趋于$(x_0, y_0)$时，$(x, y)$可以在 $X$-$Y$ 平面上从无穷多个方向趋于$(x_0, y_0)$，所以函数$z=f(x,y)$在$(x_0,y_0)$处涉及无穷多个单侧极限的问题。**二元函数$z=f(x,y)$在$(x_0,y_0)$处的极限$\lim_{(x,y)\to(x_0,y_0)} f(x)$存在的充分必要条件是其任意一个方向的单侧极限都存在，且不同方向的单侧极限值都相等。**

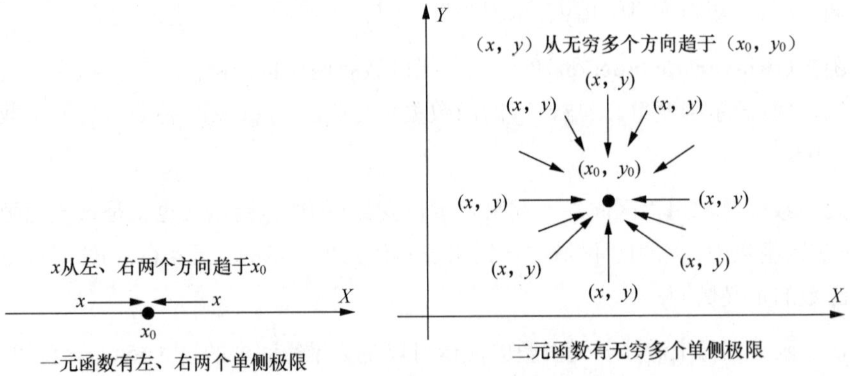


图 2-22 二元函数有无穷多个单侧极限

对于函数$z=f(x,y)$，如果

$$\lim_{(x,y)\to(x_0,y_0)} f(x)=f(x_0,y_0) \tag{2.13}$$

那么就说函数$z=f(x,y)$在$(x_0,y_0)$处是连续的。

我们应该注意到，不管是一元函数还是二元函数，只要函数在某一点存在极限，且极限值等于其函数值，我们就说函数在该点是连续的。当然了，函数在某一点连续的必要条件之一是：函数在该点是有定义的（也就是函数在该点有一个唯一确定的取值）。如果一元函数在某处不连续，则函数所对应的曲线在该处就会出现间断现象。如果二元函数在某处不连续，则函数所对应的曲面在该处就会出现破点、破缝或破面现象。

我们经常碰到的二元函数，以及本书所涉及的二元函数都是二元初等函数。所谓二元初等函数，是指由常数及具有自变量$x$和$y$的一元基本初等函数经过有限次的四则运算和有限次的函数复合步骤所构成的可用一个式子表示的函数。例如，$\cos(x+y)$、$e^{x^2+y^2}$、$\sin(x^2+y^3-1)\cos(x+y)$等都是二元初等函数。

在极限问题和连续性问题上，二元函数与一元函数非常相似，但在导函数问题上，二者的差异却较大，这是因为二元函数存在**偏导数（partial derivative）**的概念。

对于二元函数$z=f(x,y)$，如果只有自变量$x$变化，而自变量$y$固定（把$y$当成常数对待），这时$z=f(x,y)$就成了$x$的一元函数，在这种情况下，$z$对$x$的导数就称为二元函数$z=f(x,y)$对$x$的偏导数。我们用$f'_x(x_0,y_0)$来表示函数$z=f(x,y)$在点$(x_0,y_0)$处对$x$的偏导数，其定义式为

$$f'_x(x_0,y_0)=\lim_{\Delta x\to 0}\frac{f(x_0+\Delta x,y_0)-f(x_0,y_0)}{\Delta x} \tag{2.14}$$

另外，$f'_x(x_0,y_0)$也可写成$\frac{\partial z}{\partial x}|_{\substack{x=x_0\\y=y_0}}$、$\frac{\partial f}{\partial x}|_{\substack{x=x_0\\y=y_0}}$、$\frac{\partial f(x,y)}{\partial x}|_{\substack{x=x_0\\y=y_0}}$或$Z'_x|_{\substack{x=x_0\\y=y_0}}$。

类似地，我们用$f'_y(x_0,y_0)$来表示函数$z=f(x,y)$在点$(x_0,y_0)$处对$y$的偏导数，其定义式为

$$f'_y(x_0,y_0)=\lim_{\Delta y\to 0}\frac{f(x_0,y_0+\Delta y)-f(x_0,y_0)}{\Delta y} \tag{2.15}$$

另外，$f'_y(x_0,y_0)$也可写成$\frac{\partial z}{\partial y}|_{\substack{x=x_0\\y=y_0}}$、$\frac{\partial f}{\partial y}|_{\substack{x=x_0\\y=y_0}}$、$\frac{\partial f(x,y)}{\partial y}|_{\substack{x=x_0\\y=y_0}}$或$Z'_y|_{\substack{x=x_0\\y=y_0}}$。

注意，$z=f(x,y)$在点$(x_0,y_0)$处的偏导数$f'_x(x_0,y_0)$就是偏导函数$f'_x(x,y)$在点$(x_0,y_0)$处的函数值；$z=f(x,y)$在点$(x_0,y_0)$处的偏导数$f'_y(x_0,y_0)$就是偏导函数$f'_y(x,y)$在点$(x_0,y_0)$处的函数值。尽管偏导数与偏导函数这两个词的意思严格来讲是不一样的，但在实际中人们却常常混用这两个词。所以，我们以后在看到这两个词的时候，包括在本书中看到这两个词的时候，应该注意根据上下文来准确地把握其含义。

作为一个例子，我们来求一下函数$z=f(x,y)=x^3+2xy-y^2$在点(1,2)处的两个偏导数，函数的图像如图 2-23 所示。

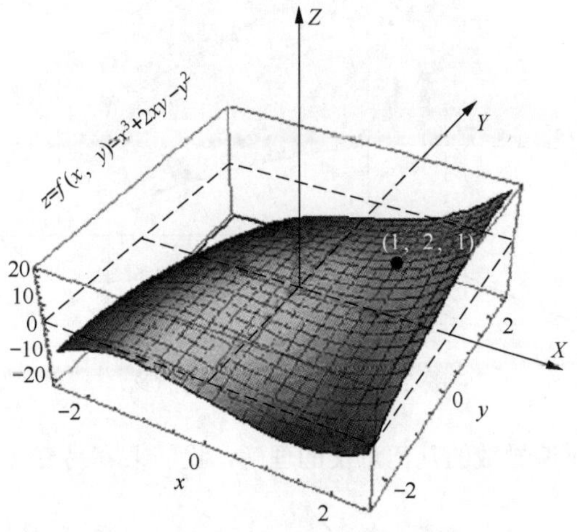


图 2-23　$f(x,y)=x^3+2xy-y^2$的图像

偏导数计算过程如下：

$$f'_x(x,y)=3x^2+2y$$

$$f'_x(1,2)=3\times 1^2+2\times 2=7$$

$$f'_y(x,y)=2x-2y$$

$$f'_y(1,2)=2\times 1-2\times 2=-2$$

需要指出的是，我们不能笼统地说二元函数$z=f(x,y)$在点$(x_0,y_0)$处是否可导，只能说它

在点$(x_0,y_0)$处的两个偏导数的情况分别是怎样的。实际的情况比较复杂：可能$f'_x(x_0,y_0)$存在，但$f'_y(x_0,y_0)$不存在；也可能$f'_y(x_0,y_0)$存在，但$f'_x(x_0,y_0)$不存在；也可能$f'_x(x_0,y_0)$和$f'_y(x_0,y_0)$都不存在；也可能$f'_x(x_0,y_0)$和$f'_y(x_0,y_0)$都存在，且$f'_x(x_0,y_0)=f'_y(x_0,y_0)$；也可能$f'_x(x_0,y_0)$和$f'_y(x_0,y_0)$都存在，但$f'_x(x_0,y_0)\neq f'_y(x_0,y_0)$。最后一种情况正是我们在上面的例子中碰到的情况。

偏导数的几何意义可以通过观察图 2-24 来理解。观察发现，$z=f(x,y)$在点$(x_0,y_0)$处的偏导数$f'_x(x_0,y_0)$的几何意义就是函数曲面被平面$y=y_0$所截得的曲线$z=f(x,y_0)$在$(x_0,y_0,f(x_0,y_0))$点的切线的斜率；偏导数$f'_y(x_0,y_0)$的几何意义就是函数曲面被平面$x=x_0$所截得的曲线$z=f(x_0,y)$在$(x_0,y_0,f(x_0,y_0))$点的切线的斜率。简而言之，$f'_x(x_0,y_0)$就是函数$z=f(x,y)$在点$(x_0,y_0)$处只相对于$x$的变化而变化的变化率；$f'_y(x_0,y_0)$就是函数$z=f(x,y)$在点$(x_0,y_0)$处只相对于$y$的变化而变化的变化率。

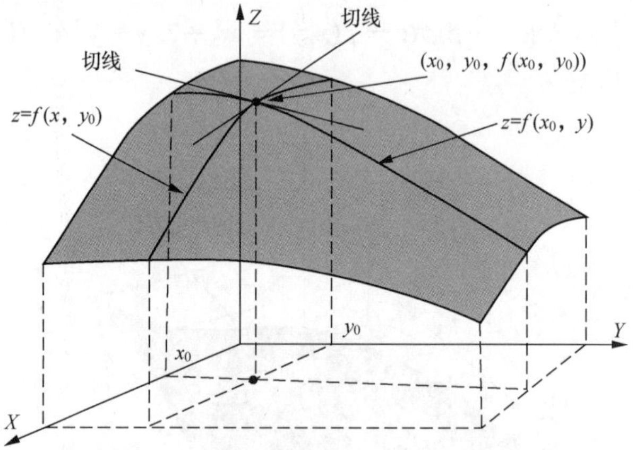


图 2-24 偏导数的几何意义

在图 2-25 中，基于对偏导数的几何意义的理解，我们很容易直观地判定：旋转抛物面的顶

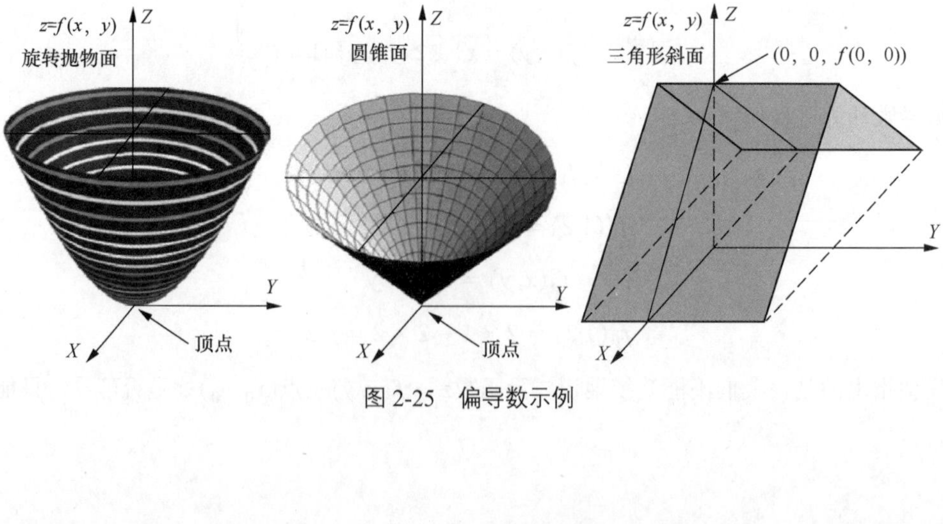


图 2-25 偏导数示例

点处（各个方向都光滑），$f_x'(0,0)$和$f_y'(0,0)$都存在，且都等于 0；圆锥面的顶点处（各个方向都不光滑，存在尖角），$f_x'(0,0)$和$f_y'(0,0)$都不存在；三角形斜面的$(0,0,f(0,0))$点处（只沿 $Y$ 轴方向水平光滑；沿任何其他方向都不光滑，存在尖角），$f_y'(0,0)$存在且等于 0，但$f_x'(0,0)$不存在。

下面说说二阶偏导数（**second-order partial derivative**）。函数$z=f(x,y)$的二阶偏导数共有 4 个，分别如下：

$$f_{xx}''(x,y)=\frac{\partial^2 z}{\partial x^2}=\frac{\partial}{\partial x}\left(\frac{\partial z}{\partial x}\right)=\lim_{\Delta x\to 0}\frac{f_x'(x+\Delta x,y)-f_x'(x,y)}{\Delta x} \quad (2.16)$$

$$f_{yy}''(x,y)=\frac{\partial^2 z}{\partial y^2}=\frac{\partial}{\partial y}\left(\frac{\partial z}{\partial y}\right)=\lim_{\Delta y\to 0}\frac{f_y'(x,y+\Delta y)-f_y'(x,y)}{\Delta y} \quad (2.17)$$

$$f_{xy}''(x,y)=\frac{\partial^2 z}{\partial x\partial y}=\frac{\partial}{\partial y}\left(\frac{\partial z}{\partial x}\right)=\lim_{\Delta y\to 0}\frac{f_x'(x,y+\Delta y)-f_x'(x,y)}{\Delta y} \quad (2.18)$$

$$f_{yx}''(x,y)=\frac{\partial^2 z}{\partial y\partial x}=\frac{\partial}{\partial x}\left(\frac{\partial z}{\partial y}\right)=\lim_{\Delta x\to 0}\frac{f_y'(x+\Delta x,y)-f_y'(x,y)}{\Delta x} \quad (2.19)$$

式 2.18 和式 2.19 所表示的两个二阶偏导数被特别地称为二阶**混合偏导数**（**mixed partial derivative**）。

作为一个例子，我们来求一下函数$z=x^2y^3+2x^3y-xy+2$的 4 个二阶偏导数，如下：

$$\frac{\partial z}{\partial x}=2xy^3+6x^2y-y$$

$$\frac{\partial^2 z}{\partial x^2}=2y^3+12xy$$

$$\frac{\partial^2 z}{\partial x\partial y}=6xy^2+6x^2-1$$

$$\frac{\partial z}{\partial y}=3x^2y^2+2x^3-x$$

$$\frac{\partial^2 z}{\partial y^2}=6x^2y$$

$$\frac{\partial^2 z}{\partial y\partial x}=6xy^2+6x^2-1$$

在这个例子中，我们发现两个二阶混合偏导数是相等的！其实这并非偶然，因为在数学上有这样一个定理：**如果二元函数的两个二阶混合偏导数在某个区域上是连续的，那么在该区域上这两个二阶混合偏导数必然相等**。图 2-26 所示为函数$z=x^2y^3+2x^3y-xy+2$的一阶及二阶偏导数的图像。

最后，来说说二元函数的极值问题。如果函数$z=f(x,y)$在$(x_0,y_0)$点的函数值总是小于在$(x_0,y_0)$点的某个邻域内异于$(x_0,y_0)$点处的函数值，我们就称$f(x_0,y_0)$是函数$f(x,y)$的一个极小值，而点$(x_0,y_0)$或$(x_0,y_0,f(x_0,y_0))$称为一个极小值点；如果函数$z=f(x,y)$在$(x_0,y_0)$点的函数值总是大于在$(x_0,y_0)$点的某个邻域内异于$(x_0,y_0)$点处的函数值，我们就称$f(x_0,y_0)$是函数$f(x,y)$的一个极大值，而点$(x_0,y_0)$或$(x_0,y_0,f(x_0,y_0))$称为一个极大值点。二元函数的极小值与极大值统称为二元函数的极值；极小值点与极大值点统称为极值点。从函数图像上看，二元函数的极值点处的模样类似于旋转抛物面或圆锥面的顶点部分的模样。图 2-27 所示为某个二元函数的两个极小值点和两个极大值点。

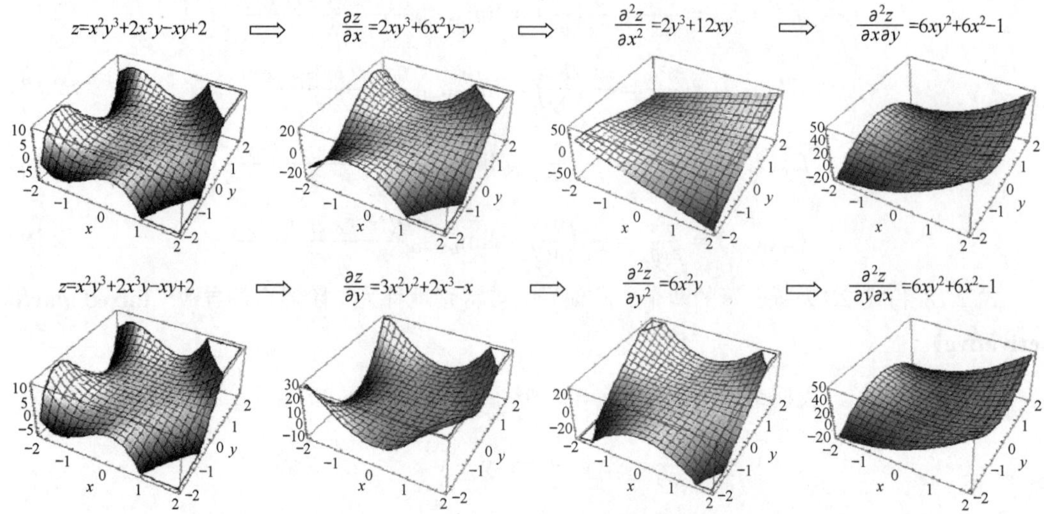


图 2-26　$z=x^2y^3+2x^3y-xy+2$的一阶及二阶偏导数

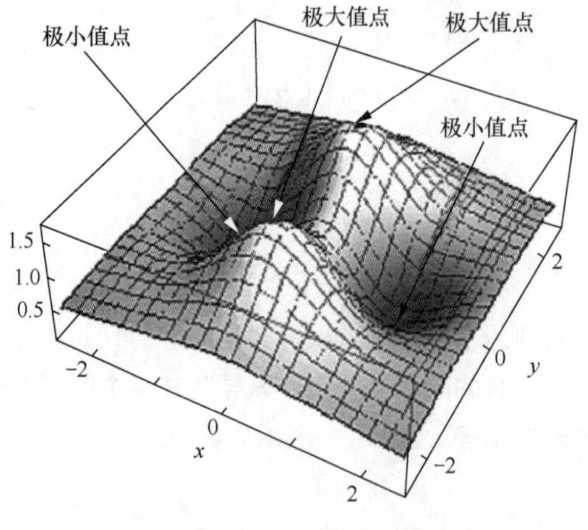


图 2-27　某个二元函数的极值点分布

如果函数$z=f(x,y)$在$(x_0,y_0)$点具有偏导数，且在$(x_0,y_0)$点取得极值，则必定有$f'_x(x_0,y_0)=f'_y(x_0,y_0)=0$。与一元函数类似，如果二元函数$z=f(x,y)$在$(x_0,y_0)$点的两个偏导

数均为 0，则称$(x_0, y_0)$或$(x_0, y_0, f(x_0, y_0))$为$z = f(x, y)$的一个驻点。**因此，对于二元函数来说，具有偏导数的函数的极值点必定是驻点。然而，驻点可能是极值点，也可能不是极值点**。如图 2-28 所示，M 点处的两个偏导数均为 0，所以 M 是一个驻点，但 M 却显然不是极值点。仅从 $X$ 轴方向来看，M 是一个极小值点，但从沿 $Y$ 轴方向来看，M 却是一个极大值点。对于像 M 这样的点，称之为**鞍点**（**saddle point**）。

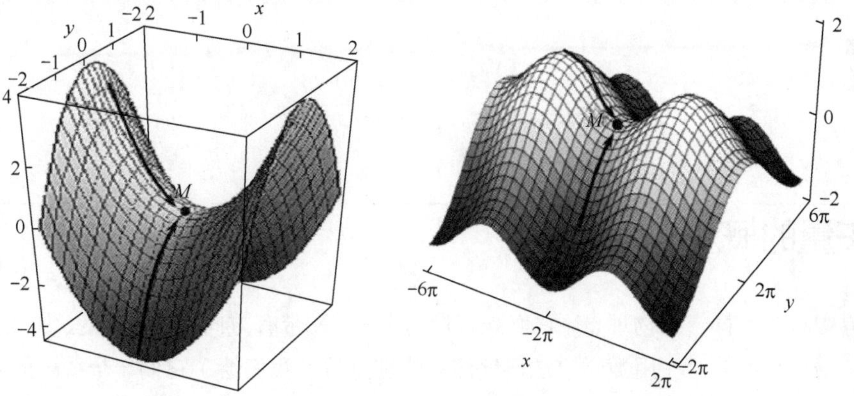


图 2-28　鞍点

**与一元函数类似，对于二元函数来说，函数的极值点并不一定是驻点，只能说两个偏导数都存在的极值点才必定是驻点，因为函数在它偏导数不存在的点也可能取得极值**。例如，对于像圆锥面顶点那样的点，偏导数是不存在的，但它显然是极值点。

前面介绍一元函数的极值问题时，曾给出了这样一个定理：如果函数$f(x)$在$x_0$处具有二阶导数且$f'(x_0) = 0, f''(x_0) \neq 0$，则当$f''(x_0) < 0$时，函数$f(x)$在$x_0$处取得极大值，当$f''(x_0) > 0$时，函数$f(x)$在$x_0$处取得极小值。这个定理可以形象地理解为：**凸的驻点就是极大值点，凹的驻点就是极小值点**。对于二元函数来说，也有类似的定理，但情况要复杂得多（涉及 2 个一阶偏导数和 4 个二阶偏导数），所以这里就不再赘述了。

# 第 3 章

# 梯度

## 3.1 矢量的概念

自然界中存在这样一些物理量，它们既有量的大小，又带有方向，例如速度、加速度、力、电场强度、磁场强度等。在用数学方法研究这些物理量时，我们给了它们一个统一的名称——**矢量**（**vector**）。与矢量相对应的术语叫做**标量**（**scalar**），标量是没有方向概念的，只有量值的大小，例如物体的长度、面积、体积等。vector 一词除了常被翻译为矢量外，也常被翻译为**向量**。矢量也好，向量也好，所指皆为有向之量。

本书中，我们用小写+斜体+黑体字母来表示矢量，如$\boldsymbol{a}$、$\boldsymbol{b}$、$\boldsymbol{c}$、$\boldsymbol{r}$、$\boldsymbol{s}$、$\boldsymbol{x}$、$\boldsymbol{y}$、$\boldsymbol{z}$等。在几何上，我们总是用一条有起点（initial point）、终点（terminal point）、长度（length）、方向（direction）的线段来表示一个矢量（用箭头表示方向），如图 3-1 所示。

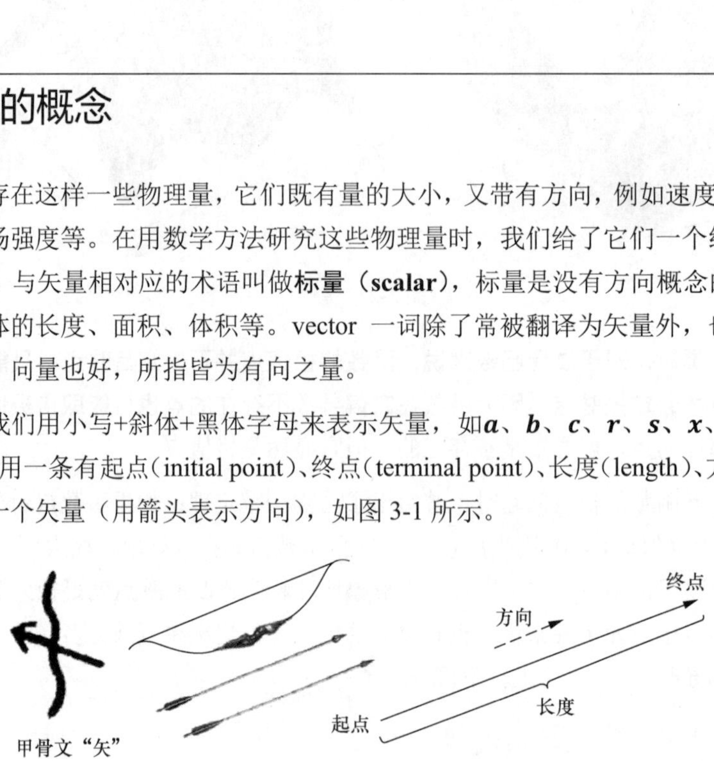


图 3-1 矢量

我们知道，两个大小和方向都相同的作用力，如果作用点的位置不一样，那么它们的作用效果就可能是不一样的，所以像作用力这样的矢量，其矢量的起点位置是不可忽略的重要因素。然而，在数学上研究矢量时，我们一般只关心矢量的长度和方向，而不关心它的起点位置，我们把这种与起点位置无关的矢量称为**自由矢量**。两个自由矢量$\boldsymbol{a}$和$\boldsymbol{b}$，只要它们的长度相等，方向一致，我们就认为它们是同一矢量，或者说这两个矢量是相等的，记为$\boldsymbol{a} = \boldsymbol{b}$。如无特别声明，本书中的矢量一词一律是指自由矢量。在图 3-2 中，所有的矢量可视为同一矢量，或者说它们彼此都是相等的。显然，经过平移后能够完全重合的矢量即是相等的。

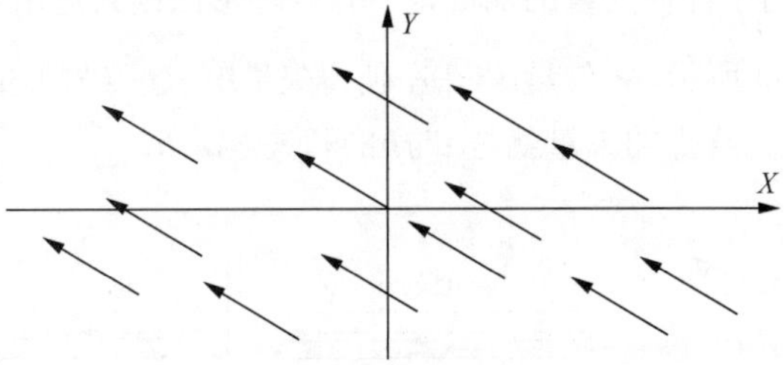


图 3-2　自由矢量

矢量的大小（相当于有向线段的长度）称为**模**（**magnitude**），矢量$\boldsymbol{a}$的模记为$|\boldsymbol{a}|$。模等于 1 的矢量称为**单位矢量**（**unit vector**）；模等于 0 的矢量称为**零矢量**（**zero vector**）。

如图 3-3 所示，矢量$\boldsymbol{a}$和$\boldsymbol{b}$的夹角是指把它们平移后使得起点位置重合时二者之间形成的夹角，记为$(\widehat{\boldsymbol{a},\boldsymbol{b}})$或$(\widehat{\boldsymbol{b},\boldsymbol{a}})$，并规定$0 \leqslant (\widehat{\boldsymbol{a},\boldsymbol{b}}) \leqslant \pi$。如果二者中至少有一个是零矢量，则规定它们的夹角为 0 或π，或 0 到π之间的任意值。

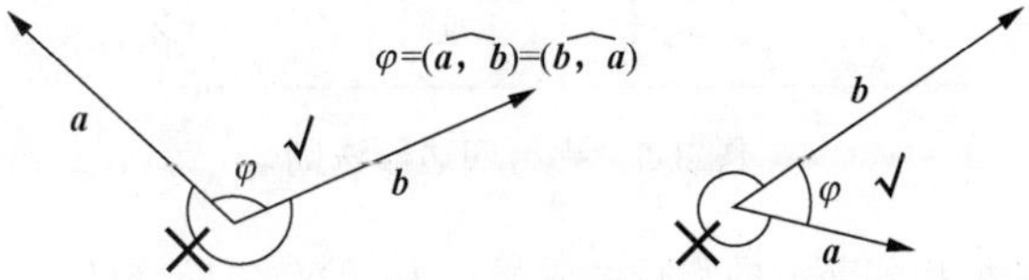


图 3-3　矢量的夹角

如果$(\widehat{\boldsymbol{a},\boldsymbol{b}}) = 0$或 π，就称$\boldsymbol{a}$与$\boldsymbol{b}$平行，记为$\boldsymbol{a} \parallel \boldsymbol{b}$。如果$(\widehat{\boldsymbol{a},\boldsymbol{b}}) = \frac{\pi}{2}$，就称$\boldsymbol{a}$与$\boldsymbol{b}$垂直，记为$\boldsymbol{a} \perp \boldsymbol{b}$。**可以认为零矢量与任何矢量都平行或垂直**。

把若干个平行的矢量进行平移，使得它们的起点重合，这个时候它们的终点和公共起点必然在同一条直线上。因此，矢量是平行的，又称矢量是**共线的**（**collinear**）。把若干个矢量进行平移，使得它们的起点重合，如果这时它们的终点和公共起点在同一个平面上，我们就称这些矢量是**共面的**（**coplanar**）。显然，两个矢量总是共面的，但两个以上的矢量就可能是共面的，也可能是不共面的。

## 3.2　矢量的运算

两个矢量可以进行加法运算，从而得到一个新的矢量，这个新的矢量称为这两个矢量的和矢量。

有两个几何法则定义了矢量的加法应该如何进行，一个叫三角形法则，另一个叫平行四边形法则。三角形法则适用于任何矢量的加法，平行四边形法则只适用于不共线的矢量的加法。

**三角形法则**：如图 3-4 所示，将矢量$\boldsymbol{b}$平移，使得矢量$\boldsymbol{b}$的起点与矢量$\boldsymbol{a}$的终点重合，则以$\boldsymbol{a}$的起点为起点，以$\boldsymbol{b}$的终点为终点的矢量就是$\boldsymbol{a}$与$\boldsymbol{b}$的和矢量$\boldsymbol{a}+\boldsymbol{b}$。

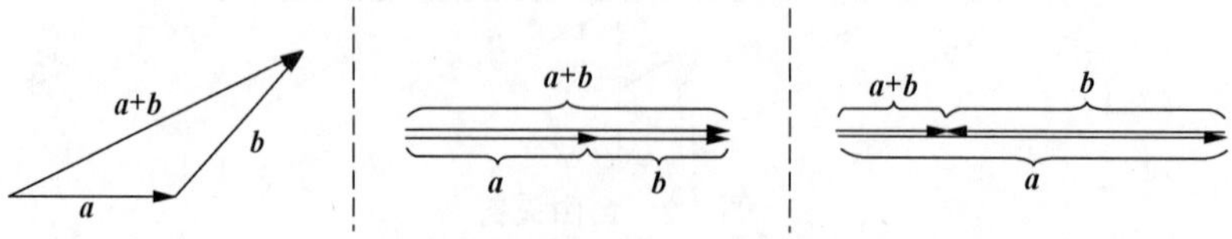


图 3-4 三角形法则

**平行四边形法则**：如图 3-5 所示，将矢量$\boldsymbol{b}$平移，使得矢量$\boldsymbol{b}$的起点与矢量$\boldsymbol{a}$的起点重合，然后以$\boldsymbol{a}$和$\boldsymbol{b}$为两条边作平行四边形，则以$\boldsymbol{a}$和$\boldsymbol{b}$的公共起点为起点，以公共起点所在的平行四边形的对角线的另一端为终点的矢量就是$\boldsymbol{a}$与$\boldsymbol{b}$的和矢量$\boldsymbol{a}+\boldsymbol{b}$。

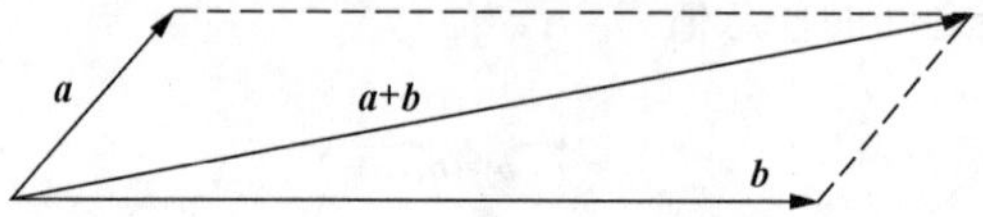


图 3-5 平行四边形法则

如图 3-6 所示，与$\boldsymbol{a}$的模相同而方向相反的矢量称为$\boldsymbol{a}$的负矢量，记作$-\boldsymbol{a}$。我们规定两个矢量$\boldsymbol{b}$与$\boldsymbol{a}$的差为$\boldsymbol{b}-\boldsymbol{a}=\boldsymbol{b}+(-\boldsymbol{a})$。这样一来，就可以利用矢量的加法来进行矢量的减法运算了。

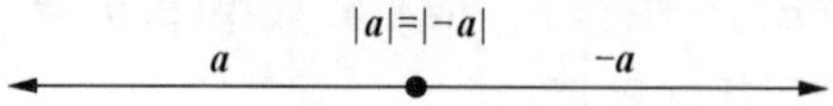


图 3-6 负矢量

矢量的加法满足**交换律**（**commutative law**）和**结合律**（**associative law**），即

$$\boldsymbol{a}+\boldsymbol{b}=\boldsymbol{b}+\boldsymbol{a} \quad \text{（加法交换律）} \tag{3.1}$$

$$(\boldsymbol{a}+\boldsymbol{b})+\boldsymbol{c}=\boldsymbol{a}+(\boldsymbol{b}+\boldsymbol{c}) \quad \text{（加法结合律）} \tag{3.2}$$

矢量$\boldsymbol{a}$与标量$\lambda$的乘积记为$\lambda\boldsymbol{a}$，规定$\lambda\boldsymbol{a}$也是一个矢量，它的模$|\lambda\boldsymbol{a}|=|\lambda|\times|\boldsymbol{a}|$，当$\lambda>0$时，$\lambda\boldsymbol{a}$的方向与$\boldsymbol{a}$相同；当$\lambda<0$时，$\lambda\boldsymbol{a}$的方向与$\boldsymbol{a}$相反，当$\lambda=0$时，$\lambda\boldsymbol{a}$为零矢量（见图 3-7）。

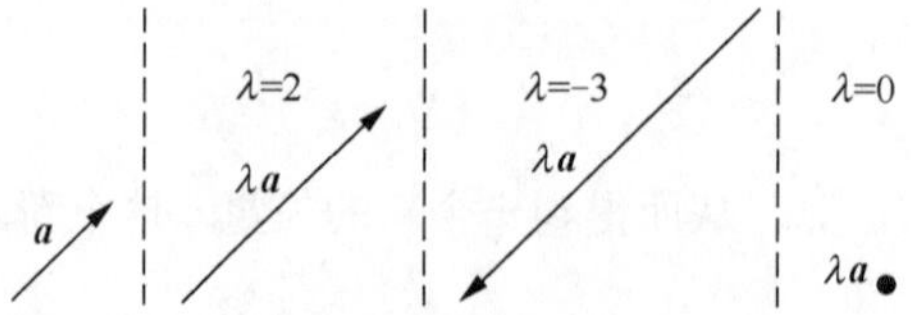


图 3-7 矢量与标量的乘积

矢量与标量的乘积满足结合律和**分配律**（**distributive law**），即

$$\lambda_1(\lambda_2 \boldsymbol{a}) = \lambda_2(\lambda_1 \boldsymbol{a}) = (\lambda_1\lambda_2)\boldsymbol{a} \qquad \text{（乘法结合律）} \tag{3.3}$$

$$(\lambda_1+\lambda_2)\boldsymbol{a} = \lambda_1\boldsymbol{a}+\lambda_2\boldsymbol{a},\ \lambda(\boldsymbol{a}+\boldsymbol{b}) = \lambda\boldsymbol{a}+\lambda\boldsymbol{b} \qquad \text{（乘法分配律）} \tag{3.4}$$

## 3.3 矢量与坐标

图 3-8 中画出了 *X-Y-Z* 三维空间直角坐标系，其中 *X* 轴称为横轴，*Y* 轴称为纵轴，*Z* 轴称为竖轴。如果把一个矢量$\boldsymbol{r}$进行平移，使得$\boldsymbol{r}$的起点与坐标原点重合，那么$\boldsymbol{r}$的终点位置也就相应地确定了（也就是 *M* 点）；反之，对于空间中的一个点 *M*，我们总是可以确定出一个唯一的矢量$\boldsymbol{r}$，$\boldsymbol{r}$的起点位于坐标原点，$\boldsymbol{r}$的终点就是 *M* 点。这样一来，一个矢量就与空间中的一个点（这个点将是矢量的终点，而矢量的起点是在坐标原点）形成了一一对应关系。基于这个一一对应关系，我们就可以用空间中的一个点来代表一个矢量了。因为空间中的点可以用坐标来表示，所以也就可以用空间坐标来表示一个矢量了。如图 3-8 所示，*M* 点代表的是矢量$\boldsymbol{r}$，*M* 点的坐标是（*x, y, z*），所以就可以用坐标（*x, y, z*）来表示矢量$\boldsymbol{r}$，并直接写成$\boldsymbol{r} = (x, y, z)$。**需要特别强调的是，只有当矢量的起点位于坐标原点时，矢量与坐标点的这种对应关系才成立。**

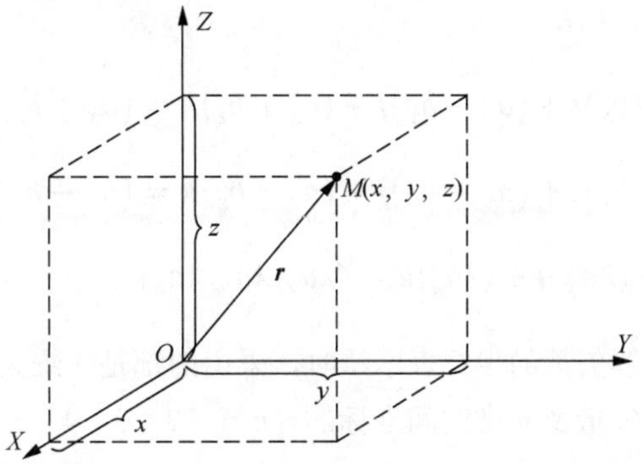


图 3-8　矢量与坐标

再来看看图 3-9。在图 3-9 中，画出了 3 个特殊的矢量$\boldsymbol{i} = (1,0,0)$，$\boldsymbol{j} = (0,1,0)$，$\boldsymbol{k} = (0,0,1)$，这 3 个矢量的模均为 1，方向分别是沿 *X*、*Y*、*Z* 轴的方向。我们把$\boldsymbol{i}$称为 *X* 轴的**单位方向矢量**（**unit direction vector**），把$\boldsymbol{j}$称为 *Y* 轴的单位方向矢量，把$\boldsymbol{k}$称为 *Z* 轴的单位方向矢量。相应地，任何一个矢量$\boldsymbol{r} = (x, y, z)$，都可以表示为这三个单位方向矢量的**线性组合**（**linear combination**），即

$$\begin{aligned}\boldsymbol{r} &= (x, y, z)\\ &= (x, 0, 0) + (0, y, 0) + (0, 0, z)\end{aligned}$$

$$= x(1,0,0) + y(0,1,0) + z(0,0,1)$$

$$= x\boldsymbol{i} + y\boldsymbol{j} + z\boldsymbol{k}$$

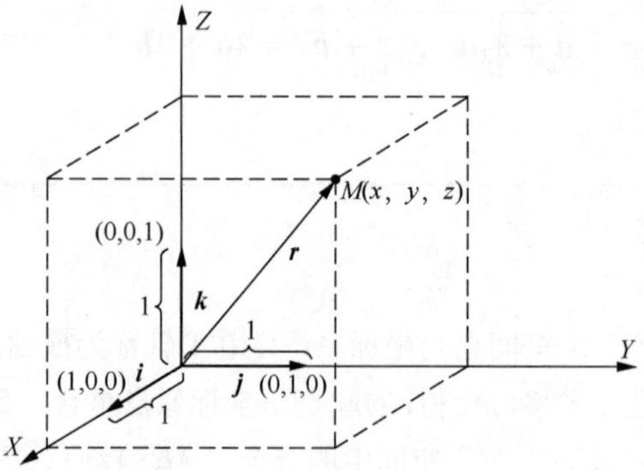


图 3-9 坐标轴的单位方向矢量

之前在讲解矢量的加减运算以及矢量与标量的乘法运算时，采用的都是几何作图法。现在，利用矢量的坐标表示法，我们就可以通过代数的方法来描述和进行这些运算了。假设 $\boldsymbol{a} = (a_x, a_y, a_z)$，$\boldsymbol{b} = (b_x, b_y, b_z)$，则有

$$\boldsymbol{a} = a_x\boldsymbol{i} + a_y\boldsymbol{j} + a_z\boldsymbol{k}$$

$$\boldsymbol{b} = b_x\boldsymbol{i} + b_y\boldsymbol{j} + b_z\boldsymbol{k}$$

$$\boldsymbol{a} + \boldsymbol{b} = (a_x + b_x)\boldsymbol{i} + (a_y + b_y)\boldsymbol{j} + (a_z + b_z)\boldsymbol{k} = (a_x + b_x, a_y + b_y, a_z + b_z)$$

$$\boldsymbol{a} - \boldsymbol{b} = (a_x - b_x)\boldsymbol{i} + (a_y - b_y)\boldsymbol{j} + (a_z - b_z)\boldsymbol{k} = (a_x - b_x, a_y - b_y, a_z - b_z)$$

$$\lambda\boldsymbol{a} = (\lambda a_x)\boldsymbol{i} + (\lambda a_y)\boldsymbol{j} + (\lambda a_z)\boldsymbol{k} = (\lambda a_x, \lambda a_y, \lambda a_z)$$

到此为止，我们在讲解矢量的坐标表示法时，采用的都是 3 维矢量及 3 维空间坐标，实际上，此方法是适用于 $n$ 维矢量及 $n$ 维空间坐标的（$n$=1，2，3，4，5…），这里不再赘述。

作为一个例子，我们现在来解决一个简单的 2 维矢量的运算问题。如图 3-10 所示，已知 $\boldsymbol{a} = (1,2)$，$\boldsymbol{b} = (3,1)$，试求$\boldsymbol{c} = 3\boldsymbol{a} - 2\boldsymbol{b} = ?$

求解过程如下：

$$\boldsymbol{c} = 3\boldsymbol{a} - 2\boldsymbol{b}$$

$$= 3(1,2) - 2(3,1)$$

$$= (3,6) - (6,2)$$

$$= (-3,4)$$

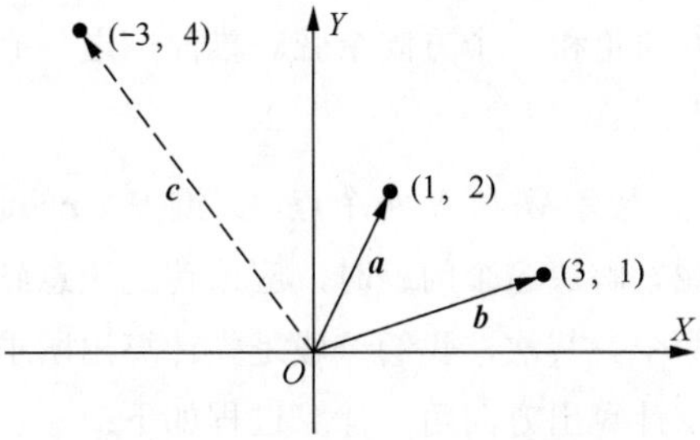


图 3-10 利用坐标法进行矢量运算

## 3.4 方向角与方向余弦

我们刚刚学会了矢量的坐标表示法，现在，让我们利用这种方法来计算矢量的模。如图 3-8 所示，根据模的定义，矢量$\boldsymbol{r}$的模应该就是线段 $OM$ 的长度。因此，如果$\boldsymbol{r}=(x,y,z)$，则

$$|\boldsymbol{r}|=\sqrt{x^2+y^2+z^2} \tag{3.5}$$

接下来说说 3 维矢量的方向角（**direction angle**）与方向余弦（**direction cosine**）。如图 3-11 所示，非零的 3 维矢量$\boldsymbol{r}$分别与 $X$ 轴、$Y$ 轴、$Z$ 轴的夹角 $\alpha$、$\beta$、$\gamma$ 称为矢量$\boldsymbol{r}$的方向角，显然有

$$\cos\alpha=\frac{x}{|\boldsymbol{r}|}=\frac{x}{\sqrt{x^2+y^2+z^2}} \tag{3.6}$$

$$\cos\beta=\frac{y}{|\boldsymbol{r}|}=\frac{y}{\sqrt{x^2+y^2+z^2}} \tag{3.7}$$

$$\cos\gamma=\frac{z}{|\boldsymbol{r}|}=\frac{z}{\sqrt{x^2+y^2+z^2}} \tag{3.8}$$

而$\cos\alpha$、$\cos\beta$、$\cos\gamma$则相应地称为矢量$\boldsymbol{r}$的方向余弦。

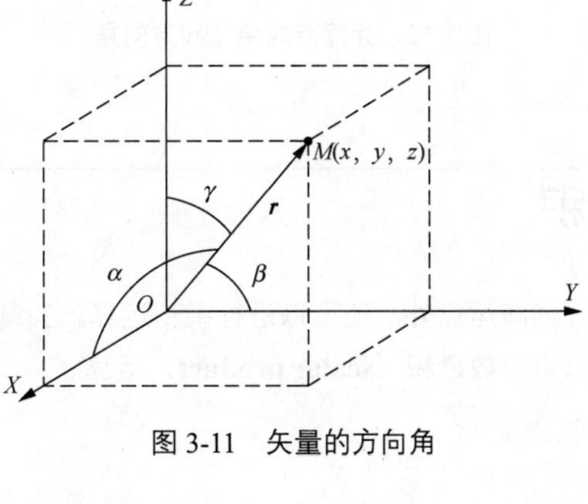


图 3-11 矢量的方向角

注意，3 维矢量有 3 个方向角和 3 个方向余弦。推而广之，$n$ 维矢量有 $n$ 个方向角和 $n$ 个方向余弦（$n$=1，2，3，4，5…）。

如图 3-12 所示，已知平面上有 $M$ 和 $N$ 两个点，2 维矢量$\boldsymbol{r}$的起点为 $M$，终点为 $N$，则$\boldsymbol{r}$的方向角和方向余弦各是多少呢？解决这个问题时，应该首先注意到矢量是 2 维的，所以方向角只有两个，方向余弦也只有两个。其次，我们一般是先计算出所求矢量所对应的坐标，再计算方向余弦，然后根据方向余弦计算出方向角。计算过程如下：

$$\boldsymbol{r} = \left(\sqrt{3}-1,2\right) - (-1,1) = \left(\sqrt{3}-1+1,2-1\right) = (\sqrt{3},1)$$

$$|\boldsymbol{r}| = \sqrt{(\sqrt{3})^2 + 1^2} = 2$$

$$\cos\alpha = \frac{\sqrt{3}}{|\boldsymbol{r}|} = \frac{\sqrt{3}}{2}$$

$$\alpha = \arccos\frac{\sqrt{3}}{2} = 30°$$

$$\cos\beta = \frac{1}{|\boldsymbol{r}|} = \frac{1}{2}$$

$$\beta = \arccos\frac{1}{2} = 60°$$

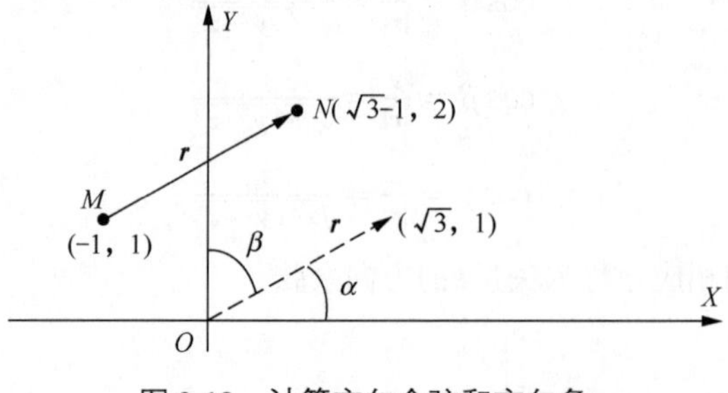


图 3-12　计算方向余弦和方向角

## 3.5　矢量的数量积

两个矢量除了可以进行加减运算外，还可以进行乘积运算。矢量的乘积运算又分为数量积运算和矢量积运算，本书只讲解**数量积**（**scalar product**）运算。

矢量$\boldsymbol{a}$和$\boldsymbol{b}$的数量积运算定义为

$$\boldsymbol{a} \cdot \boldsymbol{b} = |\boldsymbol{a}| \times |\boldsymbol{b}| \times \cos(\widehat{\boldsymbol{a}, \boldsymbol{b}}) \tag{3.9}$$

其中的点号“·”是数量积运算符号，因此数量积也称为**点积**（**dot product**）。注意，两个矢量的数量积的结果是一个标量，该标量可正可负，也可以为 0。显然，如果两个矢量垂直，则它们的数量积必定为 0，这是因为$\cos\frac{\pi}{2} = 0$。

很容易证明，数量积符合下列运算规律：

$$\boldsymbol{a} \cdot \boldsymbol{b} = \boldsymbol{b} \cdot \boldsymbol{a} \qquad \text{（交换律）} \tag{3.10}$$

$$(\boldsymbol{a} + \boldsymbol{b}) \cdot \boldsymbol{c} = \boldsymbol{a} \cdot \boldsymbol{c} + \boldsymbol{b} \cdot \boldsymbol{c} \qquad \text{（分配律）} \tag{3.11}$$

$$(\lambda \boldsymbol{a}) \cdot \boldsymbol{b} = \lambda(\boldsymbol{a} \cdot \boldsymbol{b}) \qquad \text{（结合律）} \tag{3.12}$$

下面我们来推导数量积的坐标表示式。假设$\boldsymbol{a} = (a_x, a_y, a_z)$，$\boldsymbol{b} = (b_x, b_y, b_z)$，则有

$$\boldsymbol{a} = a_x \boldsymbol{i} + a_y \boldsymbol{j} + a_z \boldsymbol{k}$$

$$\boldsymbol{b} = b_x \boldsymbol{i} + b_y \boldsymbol{j} + b_z \boldsymbol{k}$$

$$\begin{aligned}
\boldsymbol{a} \cdot \boldsymbol{b} &= (a_x \boldsymbol{i} + a_y \boldsymbol{j} + a_z \boldsymbol{k}) \cdot (b_x \boldsymbol{i} + b_y \boldsymbol{j} + b_z \boldsymbol{k}) \\
&= (a_x \boldsymbol{i}) \cdot (b_x \boldsymbol{i} + b_y \boldsymbol{j} + b_z \boldsymbol{k}) + (a_y \boldsymbol{j}) \cdot (b_x \boldsymbol{i} + b_y \boldsymbol{j} + b_z \boldsymbol{k}) \\
&\quad + (a_z \boldsymbol{k}) \cdot (b_x \boldsymbol{i} + b_y \boldsymbol{j} + b_z \boldsymbol{k}) \\
&= (a_x b_x)(\boldsymbol{i} \cdot \boldsymbol{i}) + (a_x b_y)(\boldsymbol{i} \cdot \boldsymbol{j}) + (a_x b_z)(\boldsymbol{i} \cdot \boldsymbol{k}) \\
&\quad + (a_y b_x)(\boldsymbol{j} \cdot \boldsymbol{i}) + (a_y b_y)(\boldsymbol{j} \cdot \boldsymbol{j}) + (a_y b_z)(\boldsymbol{j} \cdot \boldsymbol{k}) \\
&\quad + (a_z b_x)(\boldsymbol{k} \cdot \boldsymbol{i}) + (a_z b_y)(\boldsymbol{k} \cdot \boldsymbol{j}) + (a_z b_z)(\boldsymbol{k} \cdot \boldsymbol{k}) \\
&= (a_x b_x)(\boldsymbol{i} \cdot \boldsymbol{i}) + (a_y b_y)(\boldsymbol{j} \cdot \boldsymbol{j}) + (a_z b_z)(\boldsymbol{k} \cdot \boldsymbol{k}) \\
&= a_x b_x + a_y b_y + a_z b_z
\end{aligned} \tag{3.13}$$

式 3.13 就是两个矢量的数量积的坐标表示式。

因为$\boldsymbol{a} \cdot \boldsymbol{b} = |\boldsymbol{a}| \times |\boldsymbol{b}| \times \cos(\widehat{\boldsymbol{a}, \boldsymbol{b}})$，所以当$\boldsymbol{a}$和$\boldsymbol{b}$的都不是零矢量时，有

$$\cos(\widehat{\boldsymbol{a}, \boldsymbol{b}}) = \frac{\boldsymbol{a} \cdot \boldsymbol{b}}{|\boldsymbol{a}| \times |\boldsymbol{b}|} = \frac{a_x b_x + a_y b_y + a_z b_z}{\sqrt{a_x^2 + a_y^2 + a_z^2} \times \sqrt{b_x^2 + b_y^2 + b_z^2}} \tag{3.14}$$

式 3.14 就是两个矢量夹角余弦的坐标表示式。

注意，式 3.13 和式 3.14 针对的是 3 维矢量，对于 *n* 维矢量可推而广之（*n*=1，2，3，4，5…）。

如图 3-13 所示，试求矢量$\boldsymbol{a}$与$\boldsymbol{b}$的夹角$\varphi$。求解过程如下：

$$\cos\varphi = \frac{\boldsymbol{a}\cdot\boldsymbol{b}}{|\boldsymbol{a}|\times|\boldsymbol{b}|} = \frac{a_x b_x + a_y b_y}{\sqrt{a_x^2+a_y^2}\times\sqrt{b_x^2+b_y^2}}$$

$$= \frac{-2\times1.5+3\times1}{\sqrt{a_x^2+a_y^2}\times\sqrt{b_x^2+b_y^2}}$$

$$= \frac{0}{\sqrt{a_x^2+a_y^2}\times\sqrt{b_x^2+b_y^2}} = 0$$

$$\varphi = \arccos 0 = \frac{\pi}{2}$$

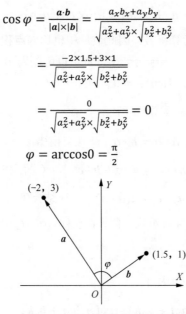

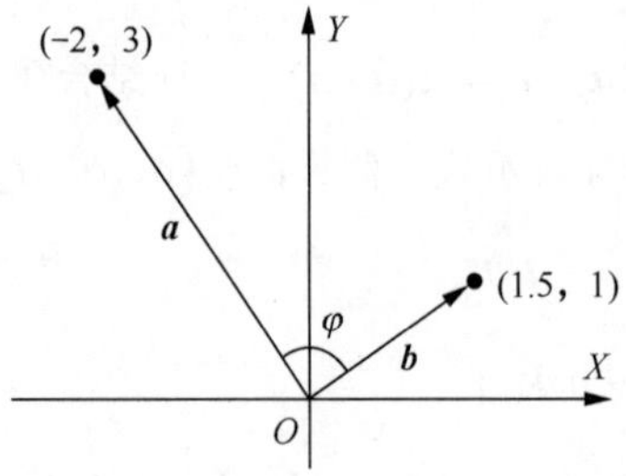


图 3-13 计算两个矢量的夹角

## 3.6 函数的梯度

在 2.7 节讲解了一些关于二元函数的知识。我们已经知道，二元函数$z = f(x,y)$的图像是一个曲面，它的两个偏导数（这里指一阶偏导数）$f_x'(x,y)$和$f_y'(x,y)$分别反映了函数值沿 $X$ 轴方向（横向）和 $Y$ 轴方向（纵向）的变化率（见图 2-24）。现在问题来了，二元函数的函数值沿任一方向（而非只是横向和纵向这两个特定方向）的变化率又该如何描述和计算呢？这个问题将引出**方向导数（direction derivative）**的概念。

图 3-14 画出了函数$z = f(x,y)$的自变量$x$和$y$所在的 $X$-$Y$ 平面，$l$是该平面上以$P_0(x_0,y_0)$点为起始点的一条**射线（ray）**，$l$的方向角分别是$\alpha$和$\beta$。射线 $l$ 的参数方程为

$$\begin{cases} x = x_0 + t\cos\alpha \\ y = y_0 + t\cos\beta \end{cases} \quad (t \geqslant 0)$$

$P(x_0 + t\cos\alpha, y_0 + t\cos\beta)$为$l$上另一点，如果函数（值）增量$f(x_0 + t\cos\alpha, y_0 + t\cos\beta) - f(x_0,y_0)$与$P$到$P_0$的距离$|PP_0| = t$的比值

$$\frac{f(x_0 + t\cos\alpha, y_0 + t\cos\beta) - f(x_0,y_0)}{t}$$

在$P$沿着$l$趋于$P_0$（也就是$t \to 0^+$）时的极限存在，我们就称此极限为函数$z = f(x,y)$在$P_0(x_0,y_0)$

点沿射线$l$方向的方向导数，记作$\frac{\partial f}{\partial l}|_{(x_0,y_0)}$，即

$$\frac{\partial f}{\partial l}|_{(x_0,y_0)} = \lim_{t\to 0^+}\frac{f(x_0+t\cos\alpha,y_0+t\cos\beta)-f(x_0,y_0)}{t} \quad (3.15)$$

从方向导数的定义式 3.15 可知，方向导数$\frac{\partial f}{\partial l}|_{(x_0,y_0)}$其实就是函数$z=f(x,y)$在$P_0(x_0,y_0)$点沿射线$l$方向的变化率。如果$l$的方向与 $X$ 轴的正方向一致，即$\alpha=0,\beta=\frac{\pi}{2}$，则有

$$\frac{\partial f}{\partial l}|_{(x_0,y_0)} = \lim_{t\to 0^+}\frac{f(x_0+t,y_0)-f(x_0,y_0)}{t} \quad (3.16)$$

如果$l$的方向与 $X$ 轴的反方向一致，即$\alpha=\pi,\beta=\frac{\pi}{2}$，则有

$$\frac{\partial f}{\partial l}|_{(x_0,y_0)} = \lim_{t\to 0^+}\frac{f(x_0-t,y_0)-f(x_0,y_0)}{t} \quad (3.17)$$

通过对式 3.16 的仔细分析，并参考式 2.9，我们发现当$l$的方向与 $X$ 轴的正方向一致时，方向导数$\frac{\partial f}{\partial l}|_{(x_0,y_0)}$其实就是函数$z=f(x,y)$在$P_0(x_0,y_0)$点对$x$的右偏导数；通过对式 3.17 仔细分析，并参考式 2.8，我们发现当$l$的方向与 $X$ 轴的反方向一致时，方向导数$\frac{\partial f}{\partial l}|_{(x_0,y_0)}$其实就是函数$z=f(x,y)$在$P_0(x_0,y_0)$点对$x$的左偏导数的相反数。类似地，当$l$的方向与 $Y$ 轴的正方向一致时，方向导数$\frac{\partial f}{\partial l}|_{(x_0,y_0)}$其实就是函数$z=f(x,y)$在$P_0(x_0,y_0)$点对$y$的右偏导数；当$l$的方向与 $Y$ 轴的反方向一致时，方向导数$\frac{\partial f}{\partial l}|_{(x_0,y_0)}$其实就是函数$z=f(x,y)$在$P_0(x_0,y_0)$点对$y$的左偏导数的相反数。

函数$f(x,y)$在$P_0(x_0,y_0)$点沿 $X$ 轴的正方向的方向导数存在，并不能保证$f(x,y)$在$P_0(x_0,y_0)$点对$x$的偏导数存在，因为$f(x,y)$在$P_0(x_0,y_0)$点对$x$的偏导数存在的充分必要条件是其对$x$的左偏导数和右偏导数都存在且相等。然而，如果$f(x,y)$在$P_0(x_0,y_0)$点对$x$的偏导数存在，则说明$f(x,y)$在$P_0(x_0,y_0)$点沿 $X$ 轴的正、反两个方向的方向导数都存在且互为相反数。$Y$ 轴方向的情况也类似，这里不再赘述。

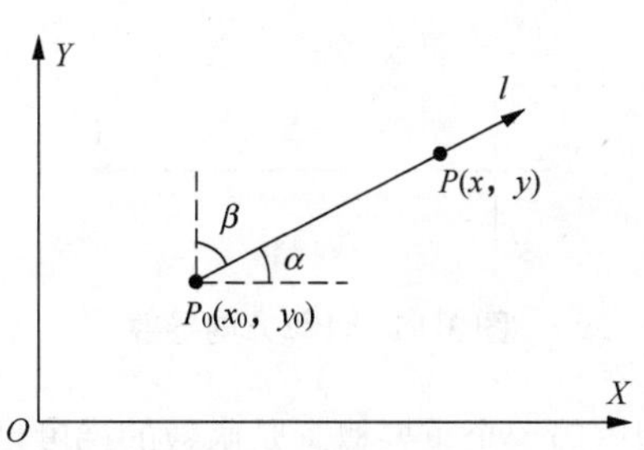


图 3-14 方向导数

数学上有这样一个定理：如果函数$f(x,y)$在$P_0(x_0,y_0)$点可微分，那么函数$f(x,y)$在

$P_0(x_0,y_0)$点沿任一射线$l$方向的方向导数均存在，且

$$\frac{\partial f}{\partial l}\Big|_{(x_0,y_0)}=f_x'(x_0,y_0)\cos\alpha+f_y'(x_0,y_0)\cos\beta \tag{3.18}$$

其中$\alpha$和$\beta$是射线$l$的方向角。

现在举一个计算方向导数的例子。已知函数$z=x^2+y^2$在点(1,2)处是可微分的，试求函数在该点沿着从点(1,2)到点$(2,2+\sqrt{3})$的方向的方向导数。求解过程如下（见图 3-15）：

$$f_x'(1,2)=f_x'(x,y)|_{(1,2)}=2x|_{(1,2)}=2\times 1=2$$

$$f_y'(1,2)=f_y'(x,y)|_{(1,2)}=2y|_{(1,2)}=2\times 2=4$$

$$\cos\alpha=\frac{2-1}{\sqrt{(2-1)^2+(2+\sqrt{3}-2)^2}}=\frac{1}{2}$$

$$\cos\beta=\frac{2+\sqrt{3}-2}{\sqrt{(2-1)^2+(2+\sqrt{3}-2)^2}}=\frac{\sqrt{3}}{2}$$

$$\begin{aligned}\frac{\partial f}{\partial l}\Big|_{(1,2)}&=f_x'(1,2)\cos\alpha+f_y'(1,2)\cos\beta\\&=2\times\frac{1}{2}+4\times\frac{\sqrt{3}}{2}\\&=1+2\sqrt{3}\end{aligned}$$

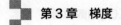

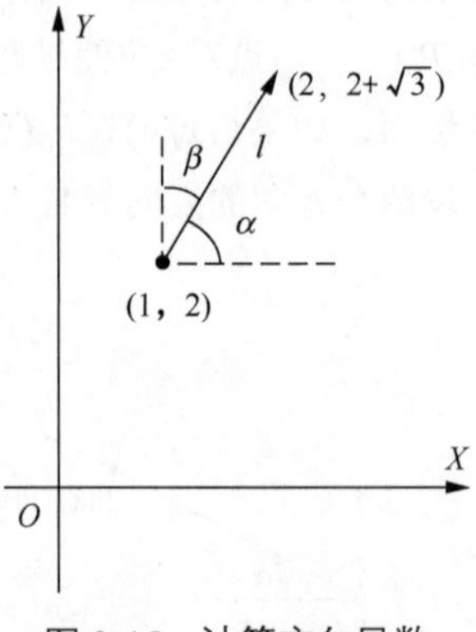


图 3-15 计算方向导数

与函数的方向导数紧密相关的一个重要概念是函数的**梯度**（**gradient**）。首先要强调的是，**方向导数是一个标量，而梯度是一个矢量**。如果函数$f(x,y)$在$P_0(x_0,y_0)$点的两个偏导数$f_x'(x_0,y_0)$和$f_y'(x_0,y_0)$都存在，则把矢量$f_x'(x_0,y_0)\boldsymbol{i}+f_y'(x_0,y_0)\boldsymbol{j}$称为函数$f(x,y)$在$P_0(x_0,y_0)$点的梯度，记作$\mathbf{grad}f(x_0,y_0)$或$\nabla f(x_0,y_0)$，即

$$\mathbf{grad}f(x_0,y_0)=\nabla f(x_0,y_0)=f_x'(x_0,y_0)\boldsymbol{i}+f_y'(x_0,y_0)\boldsymbol{j} \tag{3.19}$$

其中$\nabla=\frac{\partial}{\partial x}\boldsymbol{i}+\frac{\partial}{\partial y}\boldsymbol{j}$称为（2 维的）矢量微分算子，其使用方法为

$$\nabla f=\frac{\partial f}{\partial x}\boldsymbol{i}+\frac{\partial f}{\partial y}\boldsymbol{j} \tag{3.20}$$

可以很容易地证明：如果函数$f(x,y)$在$P_0(x_0,y_0)$点可微分，射线$l$的方向角分别为$\alpha$和$\beta$，则有

$$\begin{aligned}\frac{\partial f}{\partial l}\Big|_{(x_0,y_0)} &= f_x'(x_0,y_0)\cos\alpha+f_y'(x_0,y_0)\cos\beta \\ &= |\mathbf{grad}f(x_0,y_0)|\cos\theta\end{aligned} \tag{3.21}$$

其中$\theta$为$l$与矢量$\mathbf{grad}f(x_0,y_0)$的夹角。

式 3.21 表明：

- 当$\theta=0$时，也就是$l$的方向与$\mathbf{grad}f(x_0,y_0)$的方向相同时，函数$f(x,y)$沿$l$方向增加最快。此时，函数在这个方向的方向导数达到最大值，这个最大值就是梯度$\mathbf{grad}f(x_0,y_0)$的模。这同时也表明，**函数在某一点的梯度是这样一个矢量，该矢量的方向是函数在这点的方向导数取得最大值的方向，该矢量的模就是方向导数的最大值；**
- 当$\theta=\pi$时，也就是$l$的方向与$\mathbf{grad}f(x_0,y_0)$的方向相反时，函数$f(x,y)$沿$l$方向减少最快。此时，函数在这个方向的方向导数达到最小值，这个最小值就是梯度$\mathbf{grad}f(x_0,y_0)$的模的相反数；
- 当$\theta=\frac{\pi}{2}$时，也就是$l$的方向与$\mathbf{grad}f(x_0,y_0)$的方向正交（垂直）时，函数$f(x,y)$沿$l$方向的变化率为 0。

一般来说，二元函数$z=f(x,y)$的图像是 *X-Y-Z* 三维空间中的一个曲面，这个曲面被 3 维空间中的一个水平平面$z=c$（$c$为常数）相交后，应该得到一条 3 维空间中的曲线$L$，$L$在 *X-Y-Z* 坐标系中的方程为

$$\begin{cases}z=f(x,y)\\z=c\end{cases}$$

$L$在 *X-Y* 平面上的投影是 *X-Y* 平面上的曲线$L^*$，$L^*$在 *X-Y* 坐标系中的方程为

$$f(x,y)=c$$

对于曲线$L^*$上的任意一点，二元函数$z=f(x,y)$的取值都是$c$，因此称 *X-Y* 平面上的曲线$L^*$为二元函数$z=f(x,y)$的**等值线（contour line）**。显然，$c$值不同，就可以得到不同的等值线，请见图 3-16。一般来讲，等值线之间是无限致密的，等值线的条数有无穷多，我们所能画出来的只是等值线的一些抽样。

在数学上可以证明，等值线$L^*$上$P_0(x_0,y_0)$点处的梯度$\nabla f(x_0,y_0)$总是与$P_0(x_0,y_0)$点处的法矢

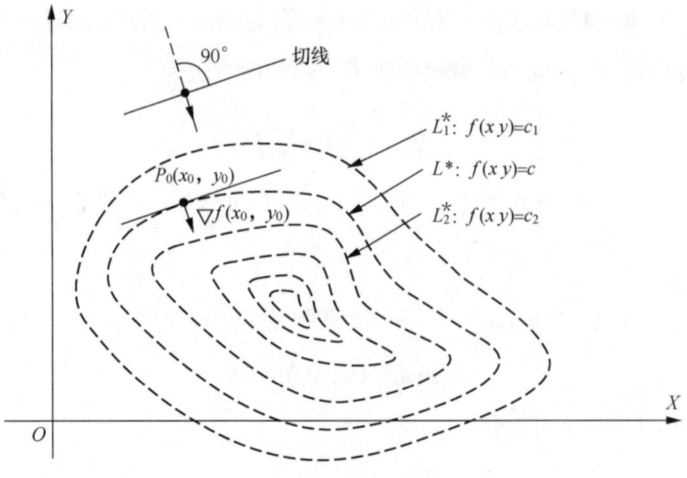


图 3-16 等值线

**量（normal vector）**的方向相同。也就是说，$\nabla f(x_0, y_0)$的方向总是与$L^*$在$P_0(x_0, y_0)$点处的切线垂直，并且指向$c$值增大的一侧（在图 3-16 中，假设越内层的等值线所对应的$c$值越大）。如果用$\boldsymbol{n}$表示等值线$L^*$上$P_0(x_0, y_0)$点处的**单位法矢量（unit normal vector）**，则有

$$\boldsymbol{n} = \frac{\nabla f(x_0, y_0)}{|\nabla f(x_0, y_0)|} \tag{3.22}$$

图 3-17 所示为几个二元函数的函数图像及它们的等值图。在等值图中，灰度越浅（深）的地方代表所对应的二元函数的函数值越大（小）。

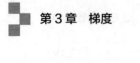

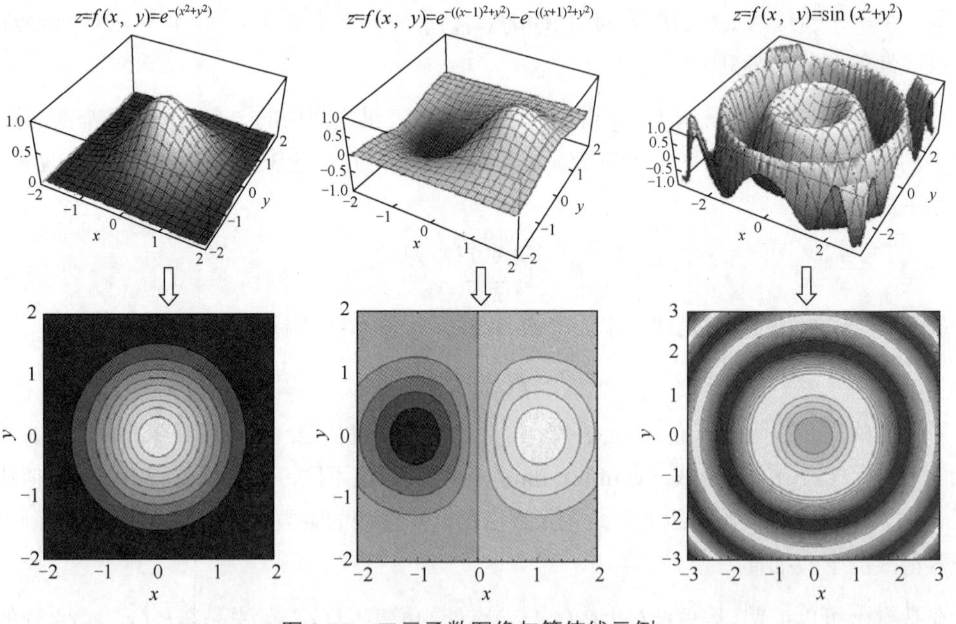


图 3-17 二元函数图像与等值线示例

至此，我们已经讲解完二元函数的梯度的概念和计算方法。梯度的概念和计算方法可以很容易地推广至一元函数及其他 $n$ 元函数的情形（$n$=3，4，5，6 …）。例如，对于三元函数，我们有

$$\begin{aligned}\mathbf{grad}f(x_0,y_0,z_0) &= \nabla f(x_0,y_0,z_0)\\ &= f_x'(x_0,y_0,z_0)\boldsymbol{i} + f_y'(x_0,y_0,z_0)\boldsymbol{j} + f_z'(x_0,y_0,z_0)\boldsymbol{k}\end{aligned} \tag{3.23}$$

作为第一个例子，我们来计算一下三元函数$f(x,y,z) = x^2 + 2y^2 + 3z^2 + xy + 3x - 2y - 6z$在点(0,0,0)处的梯度$\mathbf{grad}f(0,0,0)$。计算过程如下：

$$f_x'(x,y,z) = 2x + y + 3$$

$$f_y'(x,y,z) = 4y + x - 2$$

$$f_z'(x,y,z) = 6z - 6$$

$$f_x'(0,0,0) = 3$$

$$f_y'(0,0,0) = -2$$

$$f_z'(0,0,0) = -6$$

$$\begin{aligned}\mathbf{grad}f(0,0,0) &= f_x'(0,0,0)\boldsymbol{i} + f_y'(0,0,0)\boldsymbol{j} + f_z'(0,0,0)\boldsymbol{k}\\ &= 3\boldsymbol{i} - 2\boldsymbol{j} - 6\boldsymbol{k}\\ &= (3,-2,-6)\end{aligned}$$

作为第二个例子，我们来计算一下二元函数$f(x,y) = -x - y$的梯度情况。如图 3-18 所示，函数$f(x,y) = -x - y$的图像是 3 维空间中的一个平面，其梯度计算过程如下：

$$f_x'(x,y) = -1$$

$$f_y'(x,y) = -1$$

$$\begin{aligned}\mathbf{grad}f(x,y) &= f_x'(x,y)\boldsymbol{i} + f_y'(x,y)\boldsymbol{j}\\ &= -\boldsymbol{i} - \boldsymbol{j}\\ &= (-1,-1)\end{aligned}$$

计算结果表明，函数$f(x,y) = -x - y$的梯度是一个与$x$和$y$无关的常矢量$(-1,-1)$，该矢量的模为$\sqrt{2}$，其方向角$\alpha = 135°$，$\beta = 135°$（见图 3-18）。

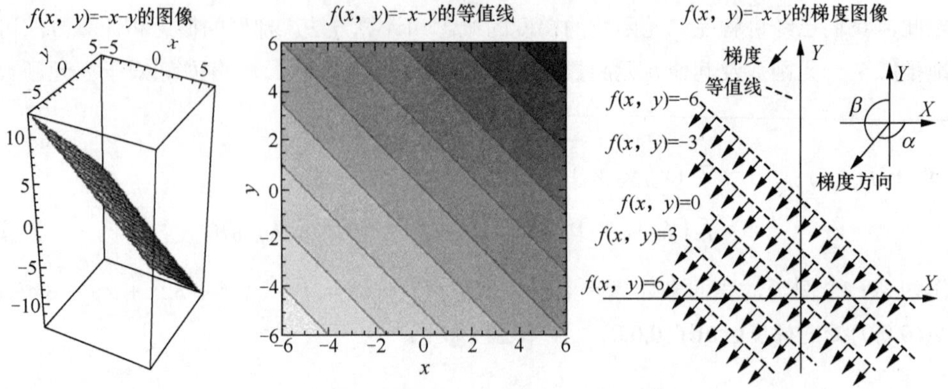


图 3-18 函数$f(x,y) = -x - y$的梯度

作为第三个例子，我们来计算一下二元函数$f(x,y) = \frac{1}{4}(x^2 + y^2)$的梯度情况。如图 3-19 所示，函数$f(x,y) = \frac{1}{4}(x^2 + y^2)$的图像是 3 维空间中的一个旋转抛物面，其梯度计算过程如下：

$$f_x'(x,y) = \frac{1}{2}x$$

$$f_y'(x,y) = \frac{1}{2}y$$

$$\mathbf{grad}f(x,y) = f_x'(x,y)\boldsymbol{i} + f_y'(x,y)\boldsymbol{j}$$

$$= (\frac{1}{2}x, \frac{1}{2}y)$$

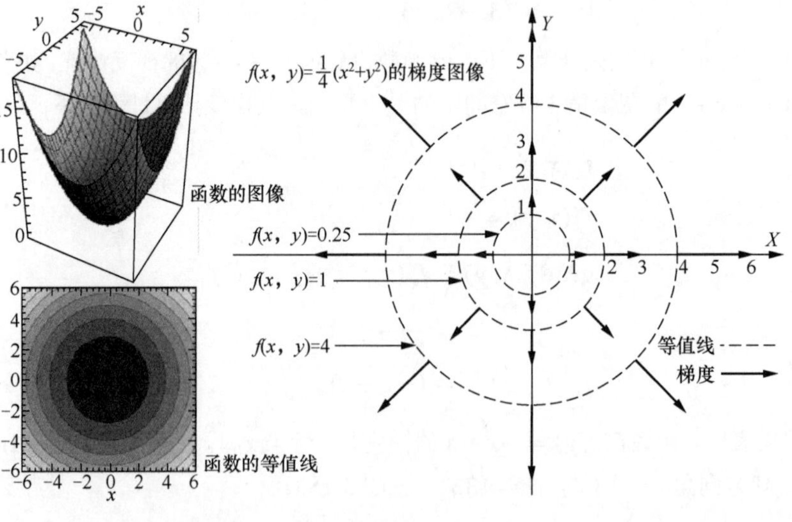


图 3-19 旋转抛物面的梯度

计算结果表明，函数$f(x,y)=\frac{1}{4}(x^2+y^2)$的梯度是$(\frac{1}{2}x,\frac{1}{2}y)$，这个梯度会随着$x$和$y$的变化而变化。例如，$\nabla f(1,0)=(\frac{1}{2},0)$，$\nabla f(0,1)=(0,\frac{1}{2})$，$\nabla f(2,0)=(1,0)$，$\nabla f(0,2)=(0,1)$。稍作分析就会发现，该函数的梯度是以坐标原点为圆心径向发散的，并且离坐标原点越远之处，梯度的模越大（见图 3-19）。

最后，我们来练习一个简单的数学证明。如果$f(x,y,z)=f_1(x,y,z)+f_2(x,y,z)$，试证明$\nabla f(x,y,z)=\nabla f_1(x,y,z)+\nabla f_2(x,y,z)$。证明过程如下：

$\because \quad f(x,y,z)=f_1(x,y,z)+f_2(x,y,z)$

$\therefore \quad f'_x(x,y,z)=f'_{1x}(x,y,z)+f'_{2x}(x,y,z)$（和的偏导数等于偏导数的和）

$f'_y(x,y,z)=f'_{1y}(x,y,z)+f'_{2y}(x,y,z)$（和的偏导数等于偏导数的和）

$f'_z(x,y,z)=f'_{1z}(x,y,z)+f'_{2z}(x,y,z)$（和的偏导数等于偏导数的和）

又 $\nabla f(x,y,z)=f'_x(x,y,z)\boldsymbol{i}+f'_y(x,y,z)\boldsymbol{j}+f'_z(x,y,z)\boldsymbol{k}$

而 $\nabla f_1(x,y,z)=f'_{1x}(x,y,z)\boldsymbol{i}+f'_{1y}(x,y,z)\boldsymbol{j}+f'_{1z}(x,y,z)\boldsymbol{k}$

$\nabla f_2(x,y,z)=f'_{2x}(x,y,z)\boldsymbol{i}+f'_{2y}(x,y,z)\boldsymbol{j}+f'_{2z}(x,y,z)\boldsymbol{k}$

$$\therefore \quad \nabla f(x,y,z)=\nabla f_1(x,y,z)+\nabla f_2(x,y,z) \tag{3.24}$$

证毕。

# 第4章

# 矩阵

## 4.1 矩阵的概念及运算

一个**矩阵**（**matrix**）其实就是一个数表，本书采用大写+斜体+黑体字母来表示矩阵。将$M \times N$个数$a_{ij}(i = 1,2,3,\dots,M; j = 1,2,3,\dots,N)$排成$M$行$N$列后得到的数表就称为一个$M \times N$矩阵（$M$-by-$N$ matrix），记为$\boldsymbol{A} = (a_{ij})_{M\times N}$或$\boldsymbol{A}_{M\times N}$，即

$$\boldsymbol{A}_{M\times N} = \begin{bmatrix} a_{11} & a_{12} & \cdots & a_{1N} \\ a_{21} & a_{22} & \cdots & a_{2N} \\ \vdots & \vdots & \vdots & \vdots \\ a_{M1} & a_{M2} & \cdots & a_{MN} \end{bmatrix} \text{或} \begin{pmatrix} a_{11} & a_{12} & \cdots & a_{1N} \\ a_{21} & a_{22} & \cdots & a_{2N} \\ \vdots & \vdots & \vdots & \vdots \\ a_{M1} & a_{M2} & \cdots & a_{MN} \end{pmatrix}$$

其中$a_{ij}$称为矩阵$\boldsymbol{A}$的第$i$行第$j$列元素。特别地，当$M = N$时，$\boldsymbol{A} = (a_{ij})_{M\times N}$或$\boldsymbol{A}_N$称为$N$阶方阵（square matrix of size $N$）。如果矩阵$\boldsymbol{A} = (a_{ij})_{M\times N}$的每个元素都为零，则称该矩阵为零矩阵（zero matrix 或 null matrix），记为$\boldsymbol{O}_{M\times N}$或$\boldsymbol{O}$。

两个矩阵，如果它们的行数相等，列数也相等，则称这两个矩阵是同型的。两个同型矩阵$\boldsymbol{A} = (a_{ij})_{M\times N}$和$\boldsymbol{B} = (b_{ij})_{M\times N}$，如果它们的每个对应元素都是相等的，即

$$a_{ij} = b_{ij} \quad (i = 1,2,3,\dots,M; j = 1,2,3,\dots,N)$$

则称矩阵$\boldsymbol{A}$与矩阵$\boldsymbol{B}$是相等的，记为$\boldsymbol{A} = \boldsymbol{B}$。

如果一个$N$阶方阵的主对角线（main diagonal）（左上角至右下角的对角线）以下的元素均为零，即形如

$$\begin{bmatrix} a_{11} & a_{12} & \cdots & a_{1N} \\ 0 & a_{22} & \cdots & a_{2N} \\ \vdots & \vdots & \vdots & \vdots \\ 0 & 0 & \cdots & a_{NN} \end{bmatrix}$$

则称该方阵为上三角矩阵（upper triangular matrix）。

如果一个$N$阶方阵的主对角线以上的元素均为零，即形如

$$\begin{bmatrix} a_{11} & 0 & \cdots & 0 \\ a_{21} & a_{22} & \cdots & 0 \\ \vdots & \vdots & \vdots & \vdots \\ a_{N1} & a_{N2} & \cdots & a_{NN} \end{bmatrix}$$

则称该方阵为下三角矩阵（lower triangular matrix）。上三角矩阵和下三角矩阵统称为三角矩阵（triangular matrix）。

如果一个$N$阶方阵的主对角线以外的元素均为零，即形如

$$\begin{bmatrix} a_{11} & 0 & \cdots & 0 \\ 0 & a_{22} & \cdots & 0 \\ \vdots & \vdots & \vdots & \vdots \\ 0 & 0 & \cdots & a_{NN} \end{bmatrix}$$

则称该$N$阶方阵为对角矩阵（diagonal matrix），记为$\boldsymbol{\Lambda}_N$或$\boldsymbol{\Lambda}$。

如果一个$N$阶方阵的主对角线上的元素均为 1，其余元素均为零，即

$$\begin{bmatrix} 1 & 0 & \cdots & 0 \\ 0 & 1 & \cdots & 0 \\ \vdots & \vdots & \vdots & \vdots \\ 0 & 0 & \cdots & 1 \end{bmatrix}$$

则称该方阵为$N$阶单位矩阵（identity matrix），记为$\boldsymbol{I}_N$或$\boldsymbol{I}$。

以上介绍了矩阵的基本概念和几种常见的特殊类型的矩阵，接下来介绍矩阵的基本运算。矩阵的基本运算种类有矩阵的加减法、数与矩阵的乘法、矩阵乘法、矩阵的转置、矩阵的初等变换等。

**矩阵的加法**：假设$\boldsymbol{A}=(a_{ij})_{M\times N}$，$\boldsymbol{B}=(b_{ij})_{M\times N}$为同型矩阵，则$\boldsymbol{A}$与$\boldsymbol{B}$的和$\boldsymbol{A}+\boldsymbol{B}$定义为

$$\boldsymbol{A}+\boldsymbol{B}=(a_{ij}+b_{ij})_{M\times N}=\begin{bmatrix} a_{11} & a_{12} & \cdots & a_{1N} \\ a_{21} & a_{22} & \cdots & a_{2N} \\ \vdots & \vdots & \vdots & \vdots \\ a_{M1} & a_{M2} & \cdots & a_{MN} \end{bmatrix}+\begin{bmatrix} b_{11} & b_{12} & \cdots & b_{1N} \\ b_{21} & b_{22} & \cdots & b_{2N} \\ \vdots & \vdots & \vdots & \vdots \\ b_{M1} & b_{M2} & \cdots & b_{MN} \end{bmatrix}$$

$$=\begin{bmatrix} a_{11}+b_{11} & a_{12}+b_{12} & \cdots & a_{1N}+b_{1N} \\ a_{21}+b_{21} & a_{22}+b_{22} & \cdots & a_{2N}+b_{2N} \\ \vdots & \vdots & \vdots & \vdots \\ a_{M1}+b_{M1} & a_{M2}+b_{M2} & \cdots & a_{MN}+b_{MN} \end{bmatrix} \tag{4.1}$$

很容易证明，矩阵的加法满足如下规则：

$$\boldsymbol{A}+\boldsymbol{B}=\boldsymbol{B}+\boldsymbol{A} \quad \text{（加法交换律）} \tag{4.2}$$

$$\boldsymbol{A}+(\boldsymbol{B}+\boldsymbol{C})=(\boldsymbol{A}+\boldsymbol{B})+\boldsymbol{C} \quad （加法结合律） \tag{4.3}$$

如果$\boldsymbol{A}=(a_{ij})_{M\times N}$，则称$-\boldsymbol{A}=(-a_{ij})_{M\times N}$为$\boldsymbol{A}$的负矩阵。利用负矩阵的概念，矩阵的减法便可转化为矩阵的加法，即

$$\boldsymbol{A}-\boldsymbol{B}=\boldsymbol{A}+(-\boldsymbol{B})=(a_{ij}-b_{ij})_{M\times N} \tag{4.4}$$

**数与矩阵的乘法**：假设$\boldsymbol{A}=(a_{ij})_{M\times N}$，$\lambda$为一个实数，则矩阵$(\lambda a_{ij})_{M\times N}$称为实数$\lambda$与矩阵$\boldsymbol{A}$的乘积，记为$\lambda\boldsymbol{A}$或$\boldsymbol{A}\lambda$，即

$$\lambda\boldsymbol{A}=\boldsymbol{A}\lambda=(\lambda a_{ij})_{M\times N}=\begin{bmatrix}\lambda a_{11} & \lambda a_{12} & \cdots & \lambda a_{1N}\\ \lambda a_{21} & \lambda a_{22} & \cdots & \lambda a_{2N}\\ \vdots & \vdots & \vdots & \vdots\\ \lambda a_{M1} & \lambda a_{M2} & \cdots & \lambda a_{MN}\end{bmatrix} \tag{4.5}$$

很容易证明，数与矩阵的乘法满足如下规则：

$$(\lambda\mu)\boldsymbol{A}=\lambda(\mu\boldsymbol{A}) \quad （乘法交换律） \tag{4.6}$$

$$(\lambda+\mu)\boldsymbol{A}=\lambda\boldsymbol{A}+\mu\boldsymbol{A}，\lambda(\boldsymbol{A}+\boldsymbol{B})=\lambda\boldsymbol{A}+\lambda\boldsymbol{B} \quad （乘法分配律） \tag{4.7}$$

**矩阵乘法**：假设矩阵$\boldsymbol{A}=(a_{ij})_{M\times L}$，$\boldsymbol{B}=(b_{ij})_{L\times N}$，则称矩阵$\boldsymbol{C}=(c_{ij})_{M\times N}$为矩阵$\boldsymbol{A}$与矩阵$\boldsymbol{B}$的乘积，记作$\boldsymbol{C}=\boldsymbol{AB}$，其中

$$\begin{aligned}c_{ij}&=a_{i1}b_{1j}+a_{i2}b_{2j}+\cdots+a_{iL}b_{Lj}\\ &=\textstyle\sum_{k=1}^{L}a_{ik}\,b_{kj}\ \ (i=1,2,3,\dots,M;j=1,2,3,\dots,N)\end{aligned}$$

即

$$\begin{aligned}&\begin{bmatrix}a_{11} & a_{12} & \cdots & a_{1L}\\ a_{21} & a_{22} & \cdots & a_{2L}\\ \vdots & \vdots & \vdots & \vdots\\ a_{M1} & a_{M2} & \cdots & a_{ML}\end{bmatrix}\begin{bmatrix}b_{11} & b_{12} & \cdots & b_{1N}\\ b_{21} & b_{22} & \cdots & b_{2N}\\ \vdots & \vdots & \vdots & \vdots\\ b_{L1} & b_{L2} & \cdots & b_{LN}\end{bmatrix}\\ &=\begin{bmatrix}a_{11}b_{11}+a_{12}b_{21}+\cdots+a_{1L}b_{L1} & \cdots & a_{11}b_{1N}+a_{12}b_{2N}+\cdots+a_{1L}b_{LN}\\ a_{21}b_{11}+a_{22}b_{21}+\cdots+a_{2L}b_{L1} & \cdots & a_{21}b_{1N}+a_{22}b_{2N}+\cdots+a_{2L}b_{LN}\\ \vdots & \vdots & \vdots\\ a_{M1}b_{11}+a_{M2}b_{21}+\cdots+a_{ML}b_{L1} & \cdots & a_{M1}b_{1N}+a_{M2}b_{2N}+\cdots+a_{ML}b_{LN}\end{bmatrix}\end{aligned} \tag{4.8}$$

**关于矩阵的乘法，特别需要注意以下几点：**

- 只有当前一个矩阵$\boldsymbol{A}$的列数与后一个矩阵$\boldsymbol{B}$的行数相等时，两个矩阵才能进行相乘，得到乘积$\boldsymbol{AB}$，否则无法进行相乘（即$\boldsymbol{AB}$不存在）；
- 当$\boldsymbol{AB}$和$\boldsymbol{B}$A都存在时，$\boldsymbol{AB}$与$\boldsymbol{B}$A未必同型；当$\boldsymbol{AB}$与$\boldsymbol{B}$A都存在且同型时，$\boldsymbol{AB}$与$\boldsymbol{B}$A也未必相等（即矩阵乘法不满足交换律）；
- 两个非零矩阵的乘积可能为零矩阵，也就是说，由$\boldsymbol{AB}=\boldsymbol{O}$不能推出$\boldsymbol{A}=\boldsymbol{O}$或$\boldsymbol{B}=\boldsymbol{O}$；

- 当$\boldsymbol{AC}=\boldsymbol{AD}$时，不一定有$\boldsymbol{C}=\boldsymbol{D}$（即矩阵乘法不满足消去律）；
- $\boldsymbol{A}_{M\times N}\boldsymbol{I}_N=\boldsymbol{A}_{M\times N}$，$\boldsymbol{I}_M\boldsymbol{A}_{M\times N}=\boldsymbol{A}_{M\times N}$。特别地，对于$N$阶方阵$\boldsymbol{A}$和$N$阶单位矩阵$\boldsymbol{I}$，有$\boldsymbol{AI}=\boldsymbol{IA}=\boldsymbol{A}$。

矩阵乘法虽然不满足交换律和消去律，但很容易证明，矩阵乘法满足下列规则：

$$\boldsymbol{A}(\boldsymbol{BC})=(\boldsymbol{AB})\boldsymbol{C}\quad（乘法结合律）\tag{4.9}$$

$$\boldsymbol{A}(\boldsymbol{B}+\boldsymbol{C})=\boldsymbol{AB}+\boldsymbol{AC},\ (\boldsymbol{B}+\boldsymbol{C})\boldsymbol{A}=\boldsymbol{BA}+\boldsymbol{CA}\quad（乘法分配律）\tag{4.10}$$

**矩阵的转置（transpose）**：对于矩阵$\boldsymbol{A}=(a_{ij})_{M\times N}\ (i=1,2,3,\dots,M;j=1,2,3,\dots,N)$，定义$\boldsymbol{A}$的转置矩阵为

$$\boldsymbol{A}^{\mathrm{T}}=\begin{bmatrix}a_{11}&a_{12}&\cdots&a_{1N}\\a_{21}&a_{22}&\cdots&a_{2N}\\\vdots&\vdots&\vdots&\vdots\\a_{M1}&a_{M2}&\cdots&a_{MN}\end{bmatrix}^{\mathrm{T}}=\begin{bmatrix}a_{11}&a_{21}&\cdots&a_{M1}\\a_{12}&a_{22}&\cdots&a_{M2}\\\vdots&\vdots&\vdots&\vdots\\a_{1N}&a_{2N}&\cdots&a_{MN}\end{bmatrix}\tag{4.11}$$

所以，如果$\boldsymbol{A}$是一个$M\times N$矩阵，则$\boldsymbol{A}^{\mathrm{T}}$是一个$N\times M$矩阵。

很容易证明，矩阵的转置满足下列规则：

$$(\boldsymbol{A}^{\mathrm{T}})^{\mathrm{T}}=\boldsymbol{A}\tag{4.12}$$

$$(\boldsymbol{A}+\boldsymbol{B})^{\mathrm{T}}=\boldsymbol{A}^{\mathrm{T}}+\boldsymbol{B}^{\mathrm{T}}\tag{4.13}$$

$$(\lambda\boldsymbol{A})^{\mathrm{T}}=\lambda\boldsymbol{A}^{\mathrm{T}}\tag{4.14}$$

$$(\boldsymbol{AB})^{\mathrm{T}}=\boldsymbol{B}^{\mathrm{T}}\boldsymbol{A}^{\mathrm{T}}\tag{4.15}$$

对于$N$阶方阵$\boldsymbol{A}$，如果$\boldsymbol{A}^{\mathrm{T}}=\boldsymbol{A}$，则称$\boldsymbol{A}$为对称矩阵（symmetric matrix）；如果$\boldsymbol{A}^{\mathrm{T}}=-\boldsymbol{A}$，则称$\boldsymbol{A}$为反对称矩阵（anti-symmetric matrix）。显然，对称矩阵中关于主对角线对称位置的元素相等，反对称矩阵中关于主对角线对称位置的元素互为相反数。另外，反对称矩阵中主对角线上的元素一定为0。

下面看一个关于矩阵运算的例子。已知$\boldsymbol{A}=\begin{bmatrix}1&-1&1\\0&1&-2\\1&2&1\end{bmatrix}$，$\boldsymbol{B}=\begin{bmatrix}3&1\\0&-2\\1&-1\end{bmatrix}$，$\boldsymbol{C}=\begin{bmatrix}1&1&1\\0&2&2\end{bmatrix}$，求$2\boldsymbol{B}^{\mathrm{T}}\boldsymbol{A}-\boldsymbol{C}$。计算过程如下：

$$\boldsymbol{B}^{\mathrm{T}}=\begin{bmatrix}3&1\\0&-2\\1&-1\end{bmatrix}^{\mathrm{T}}=\begin{bmatrix}3&0&1\\1&-2&-1\end{bmatrix}$$

$$\boldsymbol{B}^{\mathrm{T}}\boldsymbol{A}=\begin{bmatrix}3&0&1\\1&-2&-1\end{bmatrix}\begin{bmatrix}1&-1&1\\0&1&-2\\1&2&1\end{bmatrix}$$

$$= \begin{bmatrix} 3\times1+0\times0+1\times1 & 3\times(-1)+0\times1+1\times2 & 3\times1+0\times(-2)+1\times1 \\ 1\times1+(-2)\times0+(-1)\times1 & 1\times(-1)+(-2)\times1+(-1)\times2 & 1\times1+(-2)\times(-2)+(-1)\times1 \end{bmatrix}$$

$$= \begin{bmatrix} 4 & -1 & 4 \\ 0 & -5 & 4 \end{bmatrix}$$

$$2\boldsymbol{B}^{\mathrm{T}}\boldsymbol{A} = 2\begin{bmatrix} 4 & -1 & 4 \\ 0 & -5 & 4 \end{bmatrix} = \begin{bmatrix} 8 & -2 & 8 \\ 0 & -10 & 8 \end{bmatrix}$$

$$2\boldsymbol{B}^{\mathrm{T}}\boldsymbol{A} - \boldsymbol{C} = \begin{bmatrix} 8 & -2 & 8 \\ 0 & -10 & 8 \end{bmatrix} - \begin{bmatrix} 1 & 1 & 1 \\ 0 & 2 & 2 \end{bmatrix}$$

$$= \begin{bmatrix} 8-1 & -2-1 & 8-1 \\ 0-0 & -10-2 & 8-2 \end{bmatrix}$$

$$= \begin{bmatrix} 7 & -3 & 7 \\ 0 & -12 & 6 \end{bmatrix}$$

再来看一个关于矩阵运算的例子。已知$\boldsymbol{A} = \begin{bmatrix} 0 & -3 \\ -3 & 1 \end{bmatrix}$，$\boldsymbol{B} = \begin{bmatrix} -1 & 1 \\ 1 & 0 \end{bmatrix}$，求$\boldsymbol{AB}$。计算过程如下：

$$\boldsymbol{AB} = \begin{bmatrix} 0 & -3 \\ -3 & 1 \end{bmatrix}\begin{bmatrix} -1 & 1 \\ 1 & 0 \end{bmatrix} = \begin{bmatrix} 0\times(-1)+(-3)\times1 & 0\times1+(-3)\times0 \\ (-3)\times(-1)+1\times1 & (-3)\times1+1\times0 \end{bmatrix}$$

$$= \begin{bmatrix} -3 & 0 \\ 4 & -3 \end{bmatrix}$$

从上面这个计算例子中可以注意到，$\boldsymbol{A}$是一个对称矩阵，$\boldsymbol{B}$也是一个对称矩阵，但它们的乘积$\boldsymbol{AB}$却不是一个对称矩阵。事实上，可以很容易地验证：**两个对称矩阵相乘，结果可能是一个对称矩阵，也可能是一个非对称矩阵**。对于反对称矩阵，也有完全类似的结论。

## 4.2 矩阵的初等变换

矩阵的**初等变换（elementary transformation）**也是矩阵的基本运算形式之一。矩阵的初等变换分为初等行变换（elementary row transformation）和初等列变换（elementary column transformation）。对一个矩阵进行的如下 3 种基本操作及其组合称为矩阵的初等行变换。

- 行互换操作（row-switching operation）：互换矩阵的第$i,j$两行（该操作记为$r_i \leftrightarrow r_j$）。
- 行乘操作（row-multiplying operation）：将矩阵的第$i$行的每个元素都乘以非零常数$k$（该操作记为$kr_i$）。
- 行加操作（row-addition operation）：将矩阵的第$j$行的每个元素都乘以数$k$后加到第$i$行的对应元素上（该操作记为$r_i + kr_j$）。

初等列变换的内容与初等行变换的内容完全类似，只需将前面描述中的“行”改为“列”即可（列互换操作、列乘操作、列加操作）。另外，列变换的 3 种基本操作分别记为$c_i \leftrightarrow c_j$、$kc_i$、$c_i + kc_j$。

如果矩阵$\boldsymbol{A}$经过有限次的初等行变换能够变成$\boldsymbol{B}$，则称$\boldsymbol{A}$与$\boldsymbol{B}$是**行等价的**（**row equivalent**）；如果矩阵$\boldsymbol{A}$经过有限次的初等列变换能够变成$\boldsymbol{B}$，则称$\boldsymbol{A}$与$\boldsymbol{B}$是**列等价的**（**column equivalent**）。更一般地，如果矩阵$\boldsymbol{A}$经过有限次的初等变换（若干次行变换以及若干次列变换）能够变成$\boldsymbol{B}$，则称$\boldsymbol{A}$与$\boldsymbol{B}$是**等价的**（**equivalent**），记为$\boldsymbol{A} \sim \boldsymbol{B}$。可以证明，如果$\boldsymbol{A} \sim \boldsymbol{B}$，则$\boldsymbol{B} \sim \boldsymbol{A}$。

例如，如果$\boldsymbol{A} = \begin{bmatrix} 1 & 0 \\ 0 & 0 \end{bmatrix}$，$\boldsymbol{B} = \begin{bmatrix} 2 & 6 \\ 1 & 3 \end{bmatrix}$，则通过对$\boldsymbol{A}$进行初等变换后可以发现$\boldsymbol{A} \sim \boldsymbol{B}$，变换过程如下：

$$\boldsymbol{A} = \begin{bmatrix} 1 & 0 \\ 0 & 0 \end{bmatrix} \overset{r_1 \leftrightarrow r_2}{\Longrightarrow} \begin{bmatrix} 0 & 0 \\ 1 & 0 \end{bmatrix} \overset{r_1 + 2r_2}{\Longrightarrow} \begin{bmatrix} 2 & 0 \\ 1 & 0 \end{bmatrix} \overset{c_2 + 3c_1}{\Longrightarrow} \begin{bmatrix} 2 & 6 \\ 1 & 3 \end{bmatrix} = \boldsymbol{B}$$

接下来介绍**初等矩阵**（**elementary matrix**）的概念。所谓初等矩阵，就是单位矩阵$\boldsymbol{I}$经过一次初等变换后得到的矩阵。初等矩阵有 3 种类型：第一种记为$\boldsymbol{I}(i,j)$，它是对$\boldsymbol{I}$进行了$r_i \leftrightarrow r_j$操作或$c_i \leftrightarrow c_j$操作后的结果；第二种记为$\boldsymbol{I}(i(k))$，它是对$\boldsymbol{I}$进行了$kr_i$操作或$kc_i$操作后的结果；第三种记为$\boldsymbol{I}(i,j(k))$，它是对$\boldsymbol{I}$进行了$r_i + kr_j$操作或$c_i + kc_j$操作后的结果。也即

$$\boldsymbol{I}(i,j) = \begin{bmatrix} 1 & & & & & & & & & \\ & \ddots & & & & & & & & \\ & & 1 & & & & & & & \\ & & & 0 & \cdots & \cdots & \cdots & 1 & & \\ & & & \cdots & 1 & \cdots & \cdots & \cdots & & \\ & & & \vdots & \vdots & \ddots & \vdots & \vdots & & \\ & & & \cdots & \cdots & \cdots & 1 & \cdots & & \\ & & & 1 & \cdots & \cdots & \cdots & 0 & & \\ & & & & & & & & 1 & \\ & & & & & & & & & \ddots \\ & & & & & & & & & & 1 \end{bmatrix} \tag{4.16}$$

$$\boldsymbol{I}\big(i(k)\big) = \begin{bmatrix} 1 & & & & & & \\ & \ddots & & & & & \\ & & 1 & & & & \\ & & & k & & & \\ & & & & 1 & & \\ & & & & & \ddots & \\ & & & & & & 1 \end{bmatrix} \tag{4.17}$$

$$I(i,j(k)) = \begin{bmatrix} 1 & & & & & & \\ & \ddots & & & & & \\ & & 1 & \cdots & k & & \\ & & \vdots & \ddots & \vdots & & \\ & & 0 & \cdots & 1 & & \\ & & & & & \ddots & \\ & & & & & & 1 \end{bmatrix} \tag{4.18}$$

现在，我们来研究初等变换与初等矩阵之间的对应关系。首先，将矩阵$A = \begin{bmatrix} 1 & 2 \\ 3 & 4 \\ 5 & 6 \end{bmatrix}$的第 2 行和第 3 行互换，看看得到什么结果：

$$A = \begin{bmatrix} 1 & 2 \\ 3 & 4 \\ 5 & 6 \end{bmatrix} \overset{r_2 \leftrightarrow r_3}{\Longrightarrow} \begin{bmatrix} 1 & 2 \\ 5 & 6 \\ 3 & 4 \end{bmatrix}$$

然后，用 3 阶方阵$I(2,3)$左乘$A$，看看又会得到什么结果：

$$I(2,3)A = \begin{bmatrix} 1 & 0 & 0 \\ 0 & 0 & 1 \\ 0 & 1 & 0 \end{bmatrix} \begin{bmatrix} 1 & 2 \\ 3 & 4 \\ 5 & 6 \end{bmatrix} = \begin{bmatrix} 1\times1+0\times3+0\times5 & 1\times2+0\times4+0\times6 \\ 0\times1+0\times3+1\times5 & 0\times2+0\times4+1\times6 \\ 0\times1+1\times3+0\times5 & 0\times2+1\times4+0\times6 \end{bmatrix}$$

$$= \begin{bmatrix} 1 & 2 \\ 5 & 6 \\ 3 & 4 \end{bmatrix}$$

可以看到，上面两种操作的结果是完全相同的。现在，将矩阵$A = \begin{bmatrix} 1 & 2 \\ 3 & 4 \\ 5 & 6 \end{bmatrix}$的第 1 列和第 2 列互换，看看得到什么结果：

$$A = \begin{bmatrix} 1 & 2 \\ 3 & 4 \\ 5 & 6 \end{bmatrix} \overset{c_1 \leftrightarrow c_2}{\Longrightarrow} \begin{bmatrix} 2 & 1 \\ 4 & 3 \\ 6 & 5 \end{bmatrix}$$

然后，用 2 阶方阵$I(1,2)$右乘$A$，看看又会得到什么结果：

$$AI(1,2) = \begin{bmatrix} 1 & 2 \\ 3 & 4 \\ 5 & 6 \end{bmatrix} \begin{bmatrix} 0 & 1 \\ 1 & 0 \end{bmatrix} = \begin{bmatrix} 1\times0+2\times1 & 1\times1+2\times0 \\ 3\times0+4\times1 & 3\times1+4\times0 \\ 5\times0+6\times1 & 5\times1+6\times0 \end{bmatrix}$$

$$= \begin{bmatrix} 2 & 1 \\ 4 & 3 \\ 6 & 5 \end{bmatrix}$$

可以看到，上面两种操作的结果也是完全相同的。

事实上，**初等变换与初等矩阵之间存在如下的对应关系。**

- 对矩阵$A$进行行操作$r_i \leftrightarrow r_j$，等效于$I(i,j)A$；对矩阵$A$进行列操作$c_i \leftrightarrow c_j$，等效于$AI(i,j)$。
- 对矩阵$A$进行行操作$kr_i$，等效于$I(i(k))A$；对矩阵$A$进行列操作$kc_i$，等效于$AI(i(k))$。

- 对矩阵$\boldsymbol{A}$进行行操作$r_i + kr_j$，等效于$\boldsymbol{I}(i,j(k))\boldsymbol{A}$；对矩阵$\boldsymbol{A}$进行列操作$c_i + kc_j$，等效于$\boldsymbol{AI}(i,j(k))$。

最后，我们给出如下的推论（省去推导过程）：$M \times N$矩阵$\boldsymbol{A}$与$\boldsymbol{B}$等价的充分必要条件是存在$M$阶初等矩阵$\boldsymbol{P}_1$，$\boldsymbol{P}_2$，⋯，$\boldsymbol{P}_L$及$N$阶初等矩阵$\boldsymbol{Q}_1$，$\boldsymbol{Q}_2$，⋯，$\boldsymbol{Q}_K$，使得

$$\boldsymbol{P}_1\boldsymbol{P}_2\cdots\boldsymbol{P}_L\boldsymbol{A}\boldsymbol{Q}_1\boldsymbol{Q}_2\cdots\boldsymbol{Q}_K = \boldsymbol{B} \tag{4.19}$$

## 4.3 矢量的矩阵表示法

从 3.3 节中我们知道，一个矢量可以用坐标法来表示，即一个$N$维矢量$\boldsymbol{a}$可以表示为$\boldsymbol{a} = (a_1, a_2, a_3, \dots, a_N)$，其中$a_i$ $(i = 1,2,3,\dots,N)$为$\boldsymbol{a}$的第$i$个分量。

一个$N$维矢量$\boldsymbol{a}$还可以表示为一个$N \times 1$矩阵或$1 \times N$矩阵，即

$$\boldsymbol{a} = \begin{bmatrix} a_1 \\ a_2 \\ a_3 \\ \vdots \\ a_N \end{bmatrix} \tag{4.20}$$

或

$$\boldsymbol{a} = [a_1 \quad a_2 \quad a_3 \quad \cdots \quad a_N] \tag{4.21}$$

我们把表示为一个$N \times 1$矩阵的矢量称为一个$N$维**列矢量**（**column vector**），表示为一个$1 \times N$矩阵的矢量称为一个$N$维**行矢量**（**row vector**）。例如，$[3 \quad -2 \quad 4 \quad 8 \quad 4]$是一个 5 维行矢量，$[3 \quad -2 \quad 1]^{\mathrm{T}}$是一个 3 维列矢量。**在本书中，当我们说起某个矢量时，如无特别声明，默认是指它是一个列矢量。**

在 3.3 节中，定义了矢量的点积（数量积）运算。采用矢量的矩阵表示法，$N$维矢量$\boldsymbol{a}$和$N$维矢量$\boldsymbol{b}$的点积就可以表示为矩阵乘法，如下：

$$\boldsymbol{a} \cdot \boldsymbol{b} = \boldsymbol{a}^{\mathrm{T}}\boldsymbol{b} = [a_1 \quad a_2 \quad a_3 \quad \cdots \quad a_N] \begin{bmatrix} b_1 \\ b_2 \\ b_3 \\ \vdots \\ b_N \end{bmatrix} \tag{4.22}$$

$$= a_1 b_1 + a_2 b_2 + a_3 b_3 + \cdots + a_N b_N \tag{4.23}$$

顺便提一下，矢量的点积或数量积也称为矢量的**内积**（**inner product**）。

如果

$$\boldsymbol{A}=\begin{bmatrix} a_{11} & a_{12} & \cdots & a_{1N} \\ a_{21} & a_{22} & \cdots & a_{2N} \\ \vdots & \vdots & \vdots & \vdots \\ a_{M1} & a_{M2} & \cdots & a_{MN} \end{bmatrix}$$

并且

$$\boldsymbol{a}_1=\begin{bmatrix} a_{11} \\ a_{21} \\ \vdots \\ a_{M1} \end{bmatrix} \quad \boldsymbol{a}_2=\begin{bmatrix} a_{12} \\ a_{22} \\ \vdots \\ a_{M2} \end{bmatrix} \quad \cdots \quad \boldsymbol{a}_N=\begin{bmatrix} a_{1N} \\ a_{2N} \\ \vdots \\ a_{MN} \end{bmatrix}$$

则矩阵$\boldsymbol{A}$可以表示为$\boldsymbol{A}=[\boldsymbol{a}_1 \quad \boldsymbol{a}_2 \quad \cdots \quad \boldsymbol{a}_N]$。

类似地，如果

$$\boldsymbol{A}=\begin{bmatrix} a_{11} & a_{12} & \cdots & a_{1N} \\ a_{21} & a_{22} & \cdots & a_{2N} \\ \vdots & \vdots & \vdots & \vdots \\ a_{M1} & a_{M2} & \cdots & a_{MN} \end{bmatrix}$$

并且

$$\boldsymbol{a}_1=[a_{11} \quad a_{12} \quad \cdots \quad a_{1N}]$$

$$\boldsymbol{a}_2=[a_{21} \quad a_{22} \quad \cdots \quad a_{2N}]$$

$$\vdots$$

$$\boldsymbol{a}_M=[a_{M1} \quad a_{M2} \quad \cdots \quad a_{MN}]$$

则矩阵$\boldsymbol{A}$可以表示为

$$\boldsymbol{A}=\begin{bmatrix} \boldsymbol{a}_1 \\ \boldsymbol{a}_2 \\ \vdots \\ \boldsymbol{a}_M \end{bmatrix}$$

## 4.4 矩阵的秩

要想清楚理解矩阵的**秩**（**rank**），还得先从矢量组的概念说起。我们把由维数相同的若干个行矢量组成的集合称为一个**行矢量组**，由维数相同的若干个列矢量组成的集合称为一个**列矢量组**，行矢量组和列矢量组统称为**矢量组**。例如，$[1 \quad -1 \quad 0 \quad 6]$，$[3 \quad 7 \quad 2 \quad 1]$，$[2 \quad 2 \quad -5 \quad 9]$这 3 个矢量就构成了一个（行）矢量组，$[4 \quad 2 \quad 1 \quad 3]^{\mathrm{T}}$，$[0 \quad 0 \quad 9 \quad -2]^{\mathrm{T}}$，$[4 \quad -3 \quad 6 \quad 7]^{\mathrm{T}}$这

3 个矢量就构成了一个（列）矢量组，但[3　1　5　9]，[4　8　7]，[8　8　6　4]这 3 个矢量就不能算是一个矢量组，[1　−1　0　6]，$[0\ \ 0\ \ 9\ \ -2]^{\mathrm{T}}$，[2　2　−5　9]这 3 个矢量也不能算是一个矢量组。在本书中，矢量组默认是指列矢量组。

如果$\boldsymbol{a}_1$，$\boldsymbol{a}_2$，…，$\boldsymbol{a}_M$是一个矢量组，$k_1$，$k_2$，…，$k_M$是一组标量，则称

$$k_1\boldsymbol{a}_1+k_2\boldsymbol{a}_2+\cdots+k_M\boldsymbol{a}_M$$

为这个矢量组的一个**线性组合**，其中$k_1$，$k_2$，…，$k_M$称为这个线性组合的系数。例如，如果

$$\boldsymbol{a}_1=[4\ \ 2\ \ 1\ \ 3]^{\mathrm{T}}$$

$$\boldsymbol{a}_2=[2\ \ 1\ \ -1\ \ 3]^{\mathrm{T}}$$

$$\boldsymbol{a}_3=[0\ \ 1\ \ 0\ \ 0]^{\mathrm{T}}$$

那么$\boldsymbol{b}=[6\ \ 1\ \ 0\ \ 6]^{\mathrm{T}}$就是$\boldsymbol{a}_1$，$\boldsymbol{a}_2$，$\boldsymbol{a}_3$的一个线性组合，因为$\boldsymbol{b}=\boldsymbol{a}_1+\boldsymbol{a}_2-2\boldsymbol{a}_3$，这个线性组合的系数为1，1，−2，。另外，$\boldsymbol{c}=[0\ \ 0\ \ -3\ \ 3]^{\mathrm{T}}$也是$\boldsymbol{a}_1$，$\boldsymbol{a}_2$，$\boldsymbol{a}_3$的一个线性组合，因为$\boldsymbol{c}=-\boldsymbol{a}_1+2\boldsymbol{a}_2$，这个线性组合的系数为−1，2，0。特别地，零矢量也是$\boldsymbol{a}_1$，$\boldsymbol{a}_2$，$\boldsymbol{a}_3$的一个线性组合，相应的线性组合的系数全为0。事实上，零矢量是任何一个矢量组的一个线性组合。

假设$\boldsymbol{a}_1$，$\boldsymbol{a}_2$，…，$\boldsymbol{a}_M$是一个矢量组，如果存在一组不全为 0 的标量$k_1$，$k_2$，…，$k_M$，使得等式

$$k_1\boldsymbol{a}_1+k_2\boldsymbol{a}_2+\cdots+k_M\boldsymbol{a}_M=\boldsymbol{O}$$

成立，则称$\boldsymbol{a}_1$，$\boldsymbol{a}_2$，…，$\boldsymbol{a}_M$**线性相关**，否则称**线性无关**。

根据矢量组线性相关和线性无关的定义，很容易推出如下两个结论：如果矢量组只由 1 个矢量组成，则该矢量组线性无关的充分必要条件是该矢量为非零矢量；如果一个矢量组包含有零矢量，则这个矢量组一定是线性相关的。

我们来分析$\boldsymbol{a}=[2\ \ 1]^{\mathrm{T}}$，$\boldsymbol{b}=[4\ \ 2]^{\mathrm{T}}$这两个矢量的线性相关性。由于$-2\boldsymbol{a}+\boldsymbol{b}=\boldsymbol{O}$，所以这两个矢量是线性相关的，$\boldsymbol{a}$和$\boldsymbol{b}$的图像如图 4-1 所示。

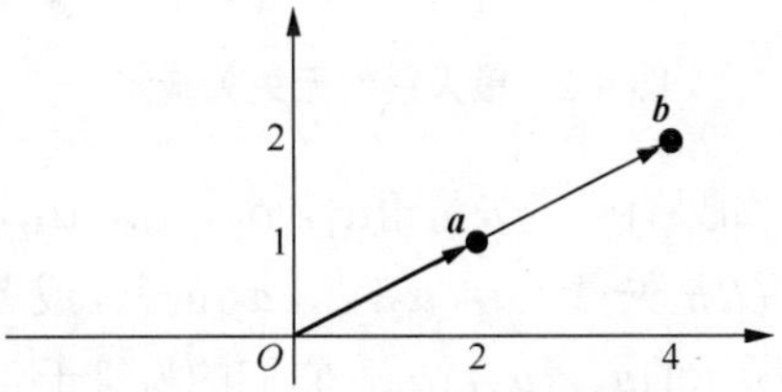


图 4-1　矢量$\boldsymbol{a}$与矢量$\boldsymbol{b}$共线

从图 4-1 中可以看到，矢量$\boldsymbol{a}$和矢量$\boldsymbol{b}$在平面上是共线的。事实上，数学上早有结论：如果两个 2 维矢量是线性相关的，则它们在平面上一定是共线的，反之亦然；如果两个 2 维矢量是线性无关的，则它们在平面上一定是不共线的，反之亦然。注意，零矢量可被视为是与任何一个矢量共线的。关于矢量组的线性相关性和线性无关性，数学上还有很多的定理，这里就不一一介绍了。其中有一个很有意思的定理，在这里不作证明地陈述一下：**如果$\boldsymbol{N > M}$，则$\boldsymbol{N}$个$\boldsymbol{M}$维矢量一定是线性相关的**。例如，3 个 2 维矢量一定是线性相关的，5 个 3 维矢量也一定是线性相关的，如此等等。

现在，我们来说说什么叫做**最大线性无关矢量组**。假设有一个矢量组$\boldsymbol{a}_1$，$\boldsymbol{a}_2$，…，$\boldsymbol{a}_M$，我们从中选出了$R$个矢量$\boldsymbol{a}_{i1}$，$\boldsymbol{a}_{i2}$，…，$\boldsymbol{a}_{iR}$，如果满足条件 1：$\boldsymbol{a}_{i1}$，$\boldsymbol{a}_{i2}$，…，$\boldsymbol{a}_{iR}$线性无关，并且满足条件 2：$\boldsymbol{a}_1$，$\boldsymbol{a}_2$，…，$\boldsymbol{a}_M$中任何$R+1$个矢量都是线性相关的（如果$R=M$，则无须考虑条件 2），则称矢量组$\boldsymbol{a}_{i1}$，$\boldsymbol{a}_{i2}$，…，$\boldsymbol{a}_{iR}$是矢量组$\boldsymbol{a}_1$，$\boldsymbol{a}_2$，…，$\boldsymbol{a}_M$的一个最大线性无关矢量组。注意，一个矢量组是可以有多个最大线性无关矢量组的，但可以证明的是，**不同的最大线性无关矢量组所包含的矢量个数是相等的**。

例如，假定$\boldsymbol{a}_1=[1\quad 0]^{\mathrm{T}}$，$\boldsymbol{a}_2=[1\quad 1]^{\mathrm{T}}$，$\boldsymbol{a}_3=[3\quad 1]^{\mathrm{T}}$（见图 4-2），我们来判断一下$\boldsymbol{a}_1$，$\boldsymbol{a}_2$是不是$\boldsymbol{a}_1$，$\boldsymbol{a}_2$，$\boldsymbol{a}_3$的一个最大线性无关矢量组。显然，从图 4-2 中可以看到$\boldsymbol{a}_1$与$\boldsymbol{a}_2$是不共线的，所以$\boldsymbol{a}_1$，$\boldsymbol{a}_2$是线性无关的，同时，$\boldsymbol{a}_1$，$\boldsymbol{a}_2$，$\boldsymbol{a}_3$又是线性相关的（因为$2\boldsymbol{a}_1+\boldsymbol{a}_2-\boldsymbol{a}_3=\boldsymbol{O}$），所以$\boldsymbol{a}_1$，$\boldsymbol{a}_2$就是$\boldsymbol{a}_1$，$\boldsymbol{a}_2$，$\boldsymbol{a}_3$的一个最大线性无关矢量组。另外，我们发现，$\boldsymbol{a}_1$与$\boldsymbol{a}_3$也是不共线的，所以$\boldsymbol{a}_1$，$\boldsymbol{a}_3$也是线性无关的，同时，$\boldsymbol{a}_1$，$\boldsymbol{a}_2$，$\boldsymbol{a}_3$又是线性相关的，所以$\boldsymbol{a}_1$，$\boldsymbol{a}_3$也是$\boldsymbol{a}_1$，$\boldsymbol{a}_2$，$\boldsymbol{a}_3$的一个最大线性无关矢量组。同理，$\boldsymbol{a}_2$，$\boldsymbol{a}_3$同样是$\boldsymbol{a}_1$，$\boldsymbol{a}_2$，$\boldsymbol{a}_3$的一个最大线性无关矢量组。尽管$\boldsymbol{a}_1$，$\boldsymbol{a}_2$，$\boldsymbol{a}_3$一共有 3 个最大线性无关矢量组，但很容易注意到每个最大线性无关矢量组所包含的矢量个数都是 2。

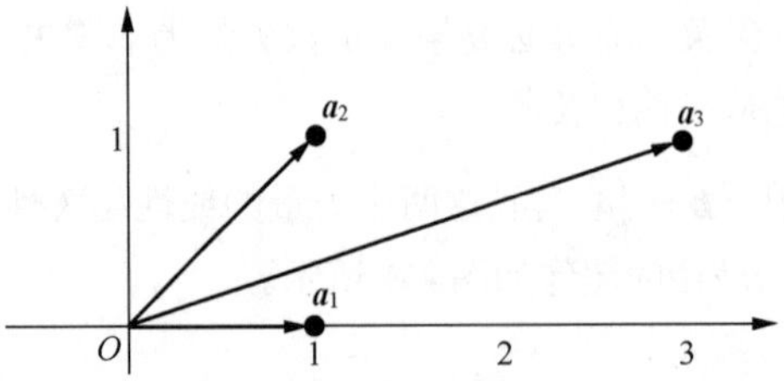


图 4-2 最大线性无关矢量组

现在来说说**矢量组的秩**。如果有一个矢量组$\boldsymbol{a}_1$，$\boldsymbol{a}_2$，…，$\boldsymbol{a}_M$，它的最大线性无关矢量组所包含的矢量个数是$R$，我们就说$R$是矢量组$\boldsymbol{a}_1$，$\boldsymbol{a}_2$，…，$\boldsymbol{a}_M$的秩，或者说矢量组$\boldsymbol{a}_1$，$\boldsymbol{a}_2$，…，$\boldsymbol{a}_M$的秩等于$R$。例如，对于如图 4-2 所示的$\boldsymbol{a}_1$，$\boldsymbol{a}_2$，$\boldsymbol{a}_3$，它们的秩等于 2。

好了，现在我们可以描述**矩阵的秩**了。对于矩阵

$$\boldsymbol{A}=\begin{bmatrix} a_{11} & a_{12} & \cdots & a_{1N} \\ a_{21} & a_{22} & \cdots & a_{2N} \\ \vdots & \vdots & \vdots & \vdots \\ a_{M1} & a_{M2} & \cdots & a_{MN} \end{bmatrix}$$

我们把行矢量$[a_{11} \quad a_{12} \quad \cdots \quad a_{1N}]$称为矩阵$\boldsymbol{A}$的第 1 个行矢量，把行矢量$[a_{21} \quad a_{22} \quad \cdots \quad a_{2N}]$称为矩阵$\boldsymbol{A}$的第 2 个行矢量，依此类推，把行矢量$[a_{M1} \quad a_{M2} \quad \cdots \quad a_{MN}]$称为矩阵$\boldsymbol{A}$的第$M$个行矢量。类似地，我们把列矢量$[a_{11} \quad a_{21} \quad \cdots \quad a_{M1}]^{\mathrm{T}}$称为矩阵$\boldsymbol{A}$的第 1 个列矢量，把列矢量$[a_{12} \quad a_{22} \quad \cdots \quad a_{M2}]^{\mathrm{T}}$称为矩阵$\boldsymbol{A}$的第2个列矢量，依此类推，把列矢量$[a_{1N} \quad a_{2N} \quad \cdots \quad a_{MN}]^{\mathrm{T}}$称为矩阵$\boldsymbol{A}$的第$N$个列矢量。我们把$\boldsymbol{A}$的所有$M$个行矢量组成的矢量组的秩称为矩阵$\boldsymbol{A}$的**行秩**，把$\boldsymbol{A}$的所有$N$个列矢量组成的矢量组的秩称为矩阵$\boldsymbol{A}$的**列秩**。由于**数学上可以证明，$\boldsymbol{A}$的行秩总是等于$\boldsymbol{A}$的列秩的**，因而也就把$\boldsymbol{A}$的行秩和$\boldsymbol{A}$的列秩统称为矩阵$\boldsymbol{A}$的秩，并记为$R(\boldsymbol{A})$。

例如，如果

$$\boldsymbol{A}=\begin{bmatrix} 1 & 1 & 3 \\ 0 & 1 & 1 \end{bmatrix}$$

由于前面说过$\boldsymbol{a}_1=[1 \quad 0]^{\mathrm{T}}$，$\boldsymbol{a}_2=[1 \quad 1]^{\mathrm{T}}$，$\boldsymbol{a}_3=[3 \quad 1]^{\mathrm{T}}$这 3 个矢量组的秩是 2，所以$\boldsymbol{A}$的列秩等于 2（当然其行秩也就等于 2），即$R(\boldsymbol{A})=2$。

在明白了矩阵的秩的含义后，接下来的任务就是要想办法计算出矩阵的秩。计算矩阵的秩有很多方法，我们将要介绍的方法只是其中的一种。在 4.2 节中介绍过矩阵的初等行变换，接下来将要介绍的计算矩阵的秩的方法正是要利用到初等行变换。但是，在介绍这种方法之前，还得先看看两种特殊模样的矩阵，一种称为**行阶梯形矩阵（row-echelon form）**，一种称为**列阶梯形矩阵（column-echelon form）**。

我们把形如图 4-3 中那些矩阵的矩阵称为行阶梯形矩阵。行阶梯形矩阵的特点是，可以画出一条阶梯线，阶梯线的左、下方的元素全为 0，每级阶梯的高度只有一行，且阶梯线的竖线右边的第一个元素为非零元素。由行阶梯形矩阵经过转置后得到的矩阵称为列阶梯形矩阵。行阶梯形矩阵和列阶梯形矩阵统称为阶梯形矩阵，但在本书中，当只说阶梯形矩阵时，默认总是指行阶梯形矩阵。

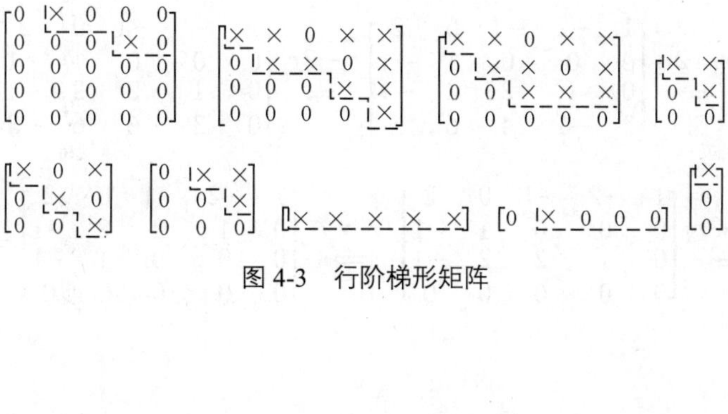

图 4-3　行阶梯形矩阵

数学上有一个结论：**阶梯形矩阵的秩就是阶梯上非零行的个数**（也就是阶梯的级数）。数学上还有一个结论：**如果矩阵$\boldsymbol{A}$与矩阵$\boldsymbol{B}$是等价的**（$\boldsymbol{A} \sim \boldsymbol{B}$），**则矩阵$\boldsymbol{A}$的秩与矩阵$\boldsymbol{B}$的秩相等**（$R(\boldsymbol{A}) = R(\boldsymbol{B})$）。这样一来，对于任意一个矩阵$\boldsymbol{A}$，我们就可以对$\boldsymbol{A}$进行初等行变换，使其化为一个阶梯形矩阵，然后根据阶梯形矩阵的秩（阶梯形矩阵的秩是一眼就可以看出来的）就能知道$\boldsymbol{A}$的秩了。

接下来，我们通过几个例子来展示如何利用初等行变换将一个矩阵化为阶梯形矩阵，从而求出矩阵的秩。

设$\boldsymbol{A} = \begin{bmatrix} 0 & -1 & 1 \\ 0 & 0 & 1 \\ 3 & 1 & 0 \end{bmatrix}$，求$R(\boldsymbol{A}) =$? 求解过程如下：

$$\boldsymbol{A} = \begin{bmatrix} 0 & -1 & 1 \\ 0 & 0 & 1 \\ 3 & 1 & 0 \end{bmatrix} \overset{r_1 \leftrightarrow r_2}{\Longrightarrow} \begin{bmatrix} 0 & 0 & 1 \\ 0 & -1 & 1 \\ 3 & 1 & 0 \end{bmatrix} \overset{r_1 \leftrightarrow r_3}{\Longrightarrow} \begin{bmatrix} 3 & 1 & 0 \\ 0 & -1 & 1 \\ 0 & 0 & 1 \end{bmatrix} = \boldsymbol{B}$$

因为$\boldsymbol{B}$是一个阶梯形矩阵，其非零行的个数是 3，所以$R(\boldsymbol{A}) = R(\boldsymbol{B}) = 3$。

又设$\boldsymbol{A} = \begin{bmatrix} 1 & 2 & 1 \\ 2 & 4 & 3 \\ 3 & 6 & 3 \end{bmatrix}$，求$R(\boldsymbol{A}) =$? 求解过程如下：

$$\boldsymbol{A} = \begin{bmatrix} 1 & 2 & 1 \\ 2 & 4 & 3 \\ 3 & 6 & 3 \end{bmatrix} \overset{r_2 - 2r_1}{\Longrightarrow} \begin{bmatrix} 1 & 2 & 1 \\ 0 & 0 & 1 \\ 3 & 6 & 3 \end{bmatrix} \overset{r_3 - 3r_1}{\Longrightarrow} \begin{bmatrix} 3 & 1 & 0 \\ 0 & -1 & 1 \\ 0 & 0 & 0 \end{bmatrix} = \boldsymbol{B}$$

因为$\boldsymbol{B}$是一个阶梯形矩阵，其非零行的个数是 2，所以$R(\boldsymbol{A}) = R(\boldsymbol{B}) = 2$。

又设$\boldsymbol{A} = \begin{bmatrix} 1 & -2 & -1 & 0 & 2 \\ -1 & 2 & 1 & 1 & -3 \\ 2 & -3 & 0 & 2 & 3 \\ 2 & -1 & 4 & 6 & 1 \end{bmatrix}$，求$R(\boldsymbol{A}) =$? 求解过程如下：

$$\boldsymbol{A} = \begin{bmatrix} 1 & -2 & -1 & 0 & 2 \\ -1 & 2 & 1 & 1 & -3 \\ 2 & -3 & 0 & 2 & 3 \\ 2 & -1 & 4 & 6 & 1 \end{bmatrix} \overset{r_2 + r_1}{\Longrightarrow} \begin{bmatrix} 1 & -2 & -1 & 0 & 2 \\ 0 & 0 & 0 & 1 & -1 \\ 2 & -3 & 0 & 2 & 3 \\ 2 & -1 & 4 & 6 & 1 \end{bmatrix}$$

$$\overset{r_3 - 2r_1}{\Longrightarrow} \begin{bmatrix} 1 & -2 & -1 & 0 & 2 \\ 0 & 0 & 0 & 1 & -1 \\ 0 & 1 & 2 & 2 & -1 \\ 2 & -1 & 4 & 6 & 1 \end{bmatrix} \overset{r_4 - 2r_1}{\Longrightarrow} \begin{bmatrix} 1 & -2 & -1 & 0 & 2 \\ 0 & 0 & 0 & 1 & -1 \\ 0 & 1 & 2 & 2 & -1 \\ 0 & 3 & 6 & 6 & -3 \end{bmatrix}$$

$$\overset{r_4 - 3r_3}{\Longrightarrow} \begin{bmatrix} 1 & -2 & -1 & 0 & 2 \\ 0 & 0 & 0 & 1 & -1 \\ 0 & 1 & 2 & 2 & -1 \\ 0 & 0 & 0 & 0 & 0 \end{bmatrix} \overset{r_2 \leftrightarrow r_3}{\Longrightarrow} \begin{bmatrix} 1 & -2 & -1 & 0 & 2 \\ 0 & 1 & 2 & 2 & -1 \\ 0 & 0 & 0 & 1 & -1 \\ 0 & 0 & 0 & 0 & 0 \end{bmatrix} = \boldsymbol{B}$$

因为$\boldsymbol{B}$是一个阶梯形矩阵，其非零行的个数是 3，所以$R(\boldsymbol{A}) = R(\boldsymbol{B}) = 3$。

## 4.5 矩阵的逆

设矩阵$\boldsymbol{A}$是一个$N$阶方阵，如果存在$N$阶方阵$\boldsymbol{B}$，使得$\boldsymbol{AB} = \boldsymbol{BA} = \boldsymbol{I}$成立，则称$\boldsymbol{A}$为**可逆矩阵**（**invertible matrix**），或简称$\boldsymbol{A}$是**可逆的**（**invertible**）。$\boldsymbol{B}$则称为$\boldsymbol{A}$的**逆矩阵**（**inverse matrix**），记为$\boldsymbol{B} = \boldsymbol{A}^{-1}$。

例如，如果$\boldsymbol{A} = \begin{bmatrix} 2 & 1 \\ 5 & 3 \end{bmatrix}$，$\boldsymbol{B} = \begin{bmatrix} 3 & -1 \\ -5 & 2 \end{bmatrix}$，则

$$\boldsymbol{AB} = \begin{bmatrix} 2 & 1 \\ 5 & 3 \end{bmatrix}\begin{bmatrix} 3 & -1 \\ -5 & 2 \end{bmatrix} = \begin{bmatrix} 2 \times 3 + 1 \times (-5) & 2 \times (-1) + 1 \times 2 \\ 5 \times 3 + 3 \times (-5) & 5 \times (-1) + 3 \times 2 \end{bmatrix}$$

$$= \begin{bmatrix} 1 & 0 \\ 0 & 1 \end{bmatrix} = \boldsymbol{I}$$

$$\boldsymbol{BA} = \begin{bmatrix} 3 & -1 \\ -5 & 2 \end{bmatrix}\begin{bmatrix} 2 & 1 \\ 5 & 3 \end{bmatrix} = \begin{bmatrix} 3 \times 2 + (-1) \times 5 & 3 \times 1 + (-1) \times 3 \\ (-5) \times 2 + 2 \times 5 & (-5) \times 1 + 2 \times 3 \end{bmatrix}$$

$$= \begin{bmatrix} 1 & 0 \\ 0 & 1 \end{bmatrix} = \boldsymbol{I}$$

所以$\boldsymbol{AB} = \boldsymbol{BA} = \boldsymbol{I}$，所以$\boldsymbol{A}^{-1} = \boldsymbol{B} = \begin{bmatrix} 3 & -1 \\ -5 & 2 \end{bmatrix}$。

一个矩阵的逆矩阵也常常简称为该矩阵的**逆**（**inverse**）。矩阵的逆有几个重要的性质（证明过程略去），如下：

- 如果$\boldsymbol{A}$可逆，则$\boldsymbol{A}$的逆是唯一的；
- 如果$\boldsymbol{A}$可逆，则$\boldsymbol{A}^{-1}$，$\boldsymbol{A}^{\mathrm{T}}$也可逆，并且$(\boldsymbol{A}^{-1})^{-1} = \boldsymbol{A}$，$(\boldsymbol{A}^{\mathrm{T}})^{-1} = (\boldsymbol{A}^{-1})^{\mathrm{T}}$；
- 如果$\boldsymbol{A}$可逆，标量$k \neq 0$，则$k\boldsymbol{A}$可逆，且$(k\boldsymbol{A})^{-1} = \frac{1}{k}\boldsymbol{A}^{-1}$；
- 如果$\boldsymbol{A}$，$\boldsymbol{B}$为同阶方阵且均可逆，则$\boldsymbol{AB}$也可逆，并且$(\boldsymbol{AB})^{-1} = \boldsymbol{B}^{-1}\boldsymbol{A}^{-1}$。这个性质可以推广到多个矩阵的情况，即若同阶方阵$\boldsymbol{A}_1$，$\boldsymbol{A}_2$，…，$\boldsymbol{A}_M$均可逆，则$\boldsymbol{A}_1\boldsymbol{A}_2 \dots \boldsymbol{A}_M$也可逆，并且$(\boldsymbol{A}_1\boldsymbol{A}_2 \dots \boldsymbol{A}_M)^{-1} = {\boldsymbol{A}_M}^{-1} \dots {\boldsymbol{A}_2}^{-1}{\boldsymbol{A}_1}^{-1}$；
- 如果$\boldsymbol{A}$，$\boldsymbol{B}$为同阶方阵，且$\boldsymbol{AB} = \boldsymbol{I}$，则$\boldsymbol{A}$，$\boldsymbol{B}$均可逆，且$(\boldsymbol{A})^{-1} = \boldsymbol{B}$，$(\boldsymbol{B})^{-1} = \boldsymbol{A}$。

如果一个方阵的秩就等于这个方阵的阶数，则称这个方阵是**满秩的**，或者说这个方阵是一个**满秩矩阵**（**rull-rank matrix**）。4.5 节中介绍过利用初等行变换求解矩阵的秩的方法，根据这个方法，我们就可以先求出一个方阵的秩，然后根据所求出的秩与该方阵的阶数之间的大小关

系就可以判断该方阵是不是满秩的了：如果秩小于阶数，则该方阵不是满秩的；如果秩等于阶数，则该方阵是满秩的；如果秩大于阶数，那肯定是哪里搞错了。我们之所以要说一说满秩的问题，是因为**只有满秩矩阵才是可逆的**（证明过程略去）。大家不妨自己去证明一下：**初等矩阵总是满秩的，即初等矩阵总是可逆的**。

一个非常现实的问题是，给定一个满秩方阵，该如何求出它的逆矩阵呢？求解逆矩阵的方法有很多，我们将要介绍的方法只是其中的一种，即利用初等行变换的方法来求矩阵的逆。在介绍这种方法之前，先说明一下矩阵的串接表示方法：如果$\boldsymbol{A}$和$\boldsymbol{B}$的行数相等，则$[\boldsymbol{A}|\boldsymbol{B}]$表示$\boldsymbol{A}$和$\boldsymbol{B}$的列串接矩阵。例如，如果$\boldsymbol{A}=\begin{bmatrix}2 & 1\\ 5 & 3\end{bmatrix}$，$\boldsymbol{B}=\begin{bmatrix}3 & -1\\ -5 & 2\end{bmatrix}$，则$[\boldsymbol{A}|\boldsymbol{B}]=\begin{bmatrix}2 & 1 & 3 & -1\\ 5 & 3 & -5 & 2\end{bmatrix}$。如果$\boldsymbol{A}$和$\boldsymbol{B}$的列数相等，则$\begin{bmatrix}\boldsymbol{A}\\ \hline \boldsymbol{B}\end{bmatrix}$表示$\boldsymbol{A}$和$\boldsymbol{B}$的行串接矩阵。例如，如果$\boldsymbol{A}=\begin{bmatrix}2 & 1\\ 5 & 3\end{bmatrix}$，$\boldsymbol{B}=\begin{bmatrix}3 & -1\\ -5 & 2\end{bmatrix}$，则$\begin{bmatrix}\boldsymbol{A}\\ \hline \boldsymbol{B}\end{bmatrix}=\begin{bmatrix}2 & 1\\ 5 & 3\\ 3 & -1\\ -5 & 2\end{bmatrix}$。行串接矩阵和列串接矩阵统称为串接矩阵，但在本书中，串接矩阵默认是指列串接矩阵。

数学上有这样一个定理（证明略去）：$N$阶方阵$\boldsymbol{A}$可逆的充分必要条件是它能表示成有限个初等矩阵的乘积，即

$$\boldsymbol{A}=\boldsymbol{P}_1\boldsymbol{P}_2\cdots\boldsymbol{P}_L$$

其中$\boldsymbol{P}_1$，$\boldsymbol{P}_2$，…，$\boldsymbol{P}_L$均为初等矩阵。根据这个定理，如果$N$阶方阵$\boldsymbol{A}$可逆，就可以把它表示为

$$\boldsymbol{A}=\boldsymbol{P}_1\boldsymbol{P}_2\cdots\boldsymbol{P}_L \tag{4.24}$$

式 4.24 两边左乘$(\boldsymbol{P}_1\boldsymbol{P}_2\cdots\boldsymbol{P}_L)^{-1}$，得到

$$(\boldsymbol{P}_1\boldsymbol{P}_2\cdots\boldsymbol{P}_L)^{-1}\boldsymbol{A}=(\boldsymbol{P}_1\boldsymbol{P}_2\cdots\boldsymbol{P}_L)^{-1}(\boldsymbol{P}_1\boldsymbol{P}_2\cdots\boldsymbol{P}_L) \tag{4.25}$$

进而得到

$$(\boldsymbol{P}_L)^{-1}\cdots(\boldsymbol{P}_2)^{-1}(\boldsymbol{P}_1)^{-1}\boldsymbol{A}=\boldsymbol{I} \tag{4.26}$$

式 4.26 两边右乘$\boldsymbol{A}^{-1}$，得到

$$(\boldsymbol{P}_L)^{-1}\cdots(\boldsymbol{P}_2)^{-1}(\boldsymbol{P}_1)^{-1}\boldsymbol{A}\boldsymbol{A}^{-1}=\boldsymbol{I}\boldsymbol{A}^{-1} \tag{4.27}$$

进而得到

$$(\boldsymbol{P}_L)^{-1}\cdots(\boldsymbol{P}_2)^{-1}(\boldsymbol{P}_1)^{-1}\boldsymbol{I}=\boldsymbol{A}^{-1} \tag{4.28}$$

对比分析式 4.26 与式 4.28，我们会理解，如果$\boldsymbol{A}$经过一系列的初等行变换可以化为单位矩阵$\boldsymbol{I}$，那么$\boldsymbol{I}$经过完全相同的初等行变换就可以化为$\boldsymbol{A}^{-1}$。基于这样的理解，可以将式 4.26 和式

4.28 联合写成

$$(\boldsymbol{P}_L)^{-1}\cdots(\boldsymbol{P}_2)^{-1}(\boldsymbol{P}_1)^{-1}[\boldsymbol{A}|\boldsymbol{I}]=[\boldsymbol{I}|\boldsymbol{A}^{-1}] \tag{4.29}$$

用语言来描述式 4.29 就是（建议大家复习一下 4.2 节中的内容）：当需要计算方阵$\boldsymbol{A}$的逆时，可以对串接矩阵$[\boldsymbol{A}|\boldsymbol{I}]$进行一系列的初等行变换，使得最后得到的串接矩阵中的左边成为一个单位矩阵，那么最后得到的串接矩阵中剩余的部分就是$\boldsymbol{A}$的逆矩阵。这便是利用初等行变换求解矩阵的逆的方法。接下来，我们就通过两个例子来熟悉一下这种方法。

已知$\boldsymbol{A}=\begin{bmatrix}1&2\\2&1\end{bmatrix}$，求$\boldsymbol{A}^{-1}=$？求解过程如下：

$$\begin{bmatrix}1&2&1&0\\2&1&0&1\end{bmatrix}\overset{r_2-2r_1}{\Rightarrow}\begin{bmatrix}1&2&1&0\\0&-3&-2&1\end{bmatrix}\overset{r_1+\frac{2}{3}r_2}{\Rightarrow}\begin{bmatrix}1&0&-\frac{1}{3}&\frac{2}{3}\\0&-3&-2&1\end{bmatrix}$$

$$\overset{-\frac{1}{3}r_2}{\Rightarrow}\begin{bmatrix}1&0&-\frac{1}{3}&\frac{2}{3}\\0&1&\frac{2}{3}&-\frac{1}{3}\end{bmatrix}$$

于是，$\boldsymbol{A}^{-1}=\begin{bmatrix}-\frac{1}{3}&\frac{2}{3}\\\frac{2}{3}&-\frac{1}{3}\end{bmatrix}$。

已知$\boldsymbol{A}=\begin{bmatrix}2&1&-1\\1&1&-1\\-1&-2&3\end{bmatrix}$，求$\boldsymbol{A}^{-1}=$？求解过程如下：

$$\begin{bmatrix}2&1&-1&1&0&0\\1&1&-1&0&1&0\\-1&-2&3&0&0&1\end{bmatrix}\overset{r_1\leftrightarrow r_2}{\Rightarrow}\begin{bmatrix}1&1&-1&0&1&0\\2&1&-1&1&0&0\\-1&-2&3&0&0&1\end{bmatrix}$$

$$\overset{r_2-2r_1}{\Rightarrow}\begin{bmatrix}1&1&-1&0&1&0\\0&-1&1&1&-2&0\\-1&-2&3&0&0&1\end{bmatrix}\overset{r_3+r_1}{\Rightarrow}\begin{bmatrix}1&1&-1&0&1&0\\0&-1&1&1&-2&0\\0&-1&2&0&1&1\end{bmatrix}$$

$$\overset{r_1+r_2}{\Rightarrow}\begin{bmatrix}1&0&0&1&-1&0\\0&-1&1&1&-2&0\\0&-1&2&0&1&1\end{bmatrix}\overset{r_3-r_2}{\Rightarrow}\begin{bmatrix}1&0&0&1&-1&0\\0&-1&1&1&-2&0\\0&0&1&-1&3&1\end{bmatrix}$$

$$\overset{r_2-r_3}{\Rightarrow}\begin{bmatrix}1&0&0&1&-1&0\\0&-1&0&2&-5&-1\\0&0&1&-1&3&1\end{bmatrix}\overset{-r_2}{\Rightarrow}\begin{bmatrix}1&0&0&1&-1&0\\0&1&0&-2&5&1\\0&0&1&-1&3&1\end{bmatrix}$$

于是，$\boldsymbol{A}^{-1}=\begin{bmatrix}1&-1&0\\-2&5&1\\-1&3&1\end{bmatrix}$。

矩阵的逆常用于求解线性方程组。对于如下的线性方程组

$$\begin{cases} a_{11}x_1 + a_{12}x_2 + \cdots + a_{1N}x_N = b_1 \\ a_{21}x_1 + a_{22}x_2 + \cdots + a_{2N}x_N = b_2 \\ \vdots \\ a_{N1}x_1 + a_{N2}x_2 + \cdots + a_{NN}x_N = b_N \end{cases} \tag{4.30}$$

如果记

$$\boldsymbol{A} = \begin{bmatrix} a_{11} & a_{12} & \cdots & a_{1N} \\ a_{21} & a_{22} & \cdots & a_{2N} \\ \vdots & \vdots & \vdots & \vdots \\ a_{N1} & a_{N2} & \cdots & a_{NN} \end{bmatrix}，\boldsymbol{x} = [x_1 \quad x_2 \quad \cdots \quad x_N]^{\mathrm{T}}，\boldsymbol{b} = [b_1 \quad b_2 \quad \cdots \quad b_N]^{\mathrm{T}}$$

则该线性方程组可表示为如下的矩阵形式：

$$\boldsymbol{Ax} = \boldsymbol{b} \tag{4.31}$$

如果$\boldsymbol{A}^{-1}$存在的话，在式 4.31 的两边左乘$\boldsymbol{A}^{-1}$，即得

$$\boldsymbol{x} = \boldsymbol{A}^{-1}\boldsymbol{b} \tag{4.32}$$

因此，如果知道了方程组 4.30 的系数矩阵$\boldsymbol{A}$的逆$\boldsymbol{A}^{-1}$，就可以直接根据式 4.32 方便地计算得到$\boldsymbol{x}$的值，也就是得到方程组 4.30 的解。

例如，对于如下的线性方程组

$$\begin{cases} 2x_1 + x_2 + x_3 = 2 \\ 3x_1 + 2x_2 + x_3 = 1 \\ 2x_1 + x_2 + 2x_3 = 1 \end{cases}$$

其系数矩阵为

$$\boldsymbol{A} = \begin{bmatrix} 2 & 1 & 1 \\ 3 & 2 & 1 \\ 2 & 1 & 2 \end{bmatrix}$$

求解$\boldsymbol{A}$的逆，其过程如下：

$$\begin{bmatrix} 2 & 1 & 1 & 1 & 0 & 0 \\ 3 & 2 & 1 & 0 & 1 & 0 \\ 2 & 1 & 2 & 0 & 0 & 1 \end{bmatrix} \overset{r_3 - r_1}{\Rightarrow} \begin{bmatrix} 2 & 1 & 1 & 1 & 0 & 0 \\ 3 & 2 & 1 & 0 & 1 & 0 \\ 0 & 0 & 1 & -1 & 0 & 1 \end{bmatrix}$$

$$\overset{r_2 - \frac{3}{2}r_1}{\Rightarrow} \begin{bmatrix} 2 & 1 & 1 & 1 & 0 & 0 \\ 0 & \frac{1}{2} & -\frac{1}{2} & -\frac{3}{2} & 1 & 0 \\ 0 & 0 & 1 & -1 & 0 & 1 \end{bmatrix} \overset{2r_2}{\Rightarrow} \begin{bmatrix} 2 & 1 & 1 & 1 & 0 & 0 \\ 0 & 1 & -1 & -3 & 2 & 0 \\ 0 & 0 & 1 & -1 & 0 & 1 \end{bmatrix}$$

$$\overset{r_2 + r_3}{\Rightarrow} \begin{bmatrix} 2 & 1 & 1 & 1 & 0 & 0 \\ 0 & 1 & 0 & -4 & 2 & 1 \\ 0 & 0 & 1 & -1 & 0 & 1 \end{bmatrix} \overset{r_1 - r_3}{\Rightarrow} \begin{bmatrix} 2 & 1 & 0 & 2 & 0 & -1 \\ 0 & 1 & 0 & -4 & 2 & 1 \\ 0 & 0 & 1 & -1 & 0 & 1 \end{bmatrix}$$

$$\overset{r_1-r_2}{\Longrightarrow}\begin{bmatrix}2&0&0&6&-2&-2\\0&1&0&-4&2&1\\0&0&1&-1&0&1\end{bmatrix}\overset{\frac{1}{2}r_1}{\Longrightarrow}\begin{bmatrix}1&0&0&3&-1&-1\\0&1&0&-4&2&1\\0&0&1&-1&0&1\end{bmatrix}$$

所以有

$$\boldsymbol{A}^{-1}=\begin{bmatrix}3&-1&-1\\-4&2&1\\-1&0&1\end{bmatrix},\quad \boldsymbol{b}=\begin{bmatrix}2\\1\\1\end{bmatrix}$$

于是

$$\boldsymbol{x}=\boldsymbol{A}^{-1}\boldsymbol{b}=\begin{bmatrix}3&-1&-1\\-4&2&1\\-1&0&1\end{bmatrix}\begin{bmatrix}2\\1\\1\end{bmatrix}=\begin{bmatrix}4\\-5\\-1\end{bmatrix}$$

故该方程组的解为：$x_1=4, x_2=-5, x_3=-1$。

细心的读者可能已经注意到，我们之前在讨论矩阵的逆的时候，总是要求所讨论的矩阵是方阵（行数等于列数的矩阵），同时还要求所讨论的方阵是满秩的；在求解式 4.30 那样的线性方程组时，其系数矩阵$\boldsymbol{A}$也是一个方阵，并且是满秩的（即$\boldsymbol{A}^{-1}$是存在的）。于是，自然有人会问，如果矩阵不是一个方阵，而是一个长方阵（行数不等于列数的矩阵），或者虽是方阵，但却不满秩，在这样的条件下其逆的情况又是怎样的呢？如果线性方程组的系数矩阵不是一个方阵，而是一个长方阵，我们又该如何求解呢？

我们称满秩的方阵为**非奇异矩阵**（**non-singular matrix**），称不满秩的方阵为**奇异矩阵**（**singular matrix**）。非奇异矩阵是存在唯一的逆矩阵的（之前已经讨论过了），奇异矩阵或长方阵是不存在逆矩阵的。针对奇异矩阵及长方阵，人们定义了**广义逆**（**generalized inverse**）亦即**广义逆矩阵**（**generalized inverse matrix**）的概念。

设矩阵$\boldsymbol{A}$为一个$M\times N$矩阵，如果存在$N\times M$矩阵$\boldsymbol{G}$，使得$\boldsymbol{AGA}=\boldsymbol{A}$，则称$\boldsymbol{G}$为$\boldsymbol{A}$的一个广义逆矩阵或广义逆。$\boldsymbol{A}$的广义逆通常记为$\boldsymbol{A}^-$，即有$\boldsymbol{AA}^-\boldsymbol{A}=\boldsymbol{A}$。一般情况下，一个矩阵的广义逆不是唯一的。另外，我们应该很容易理解，**非奇异矩阵的逆其实只是广义逆的一种特例**。

本书不打算全面地讲解如何计算出任意一个矩阵的所有广义逆，而只是简单描述一下**行满秩长方阵**的其中一个广义逆的求法。所谓行满秩长方阵，就是指列数大于行数，并且行秩等于行数的矩阵。

数学上有这样一个定理：如果$\boldsymbol{A}$是一个行满秩长方阵，则$\boldsymbol{A}^-=\boldsymbol{A}^{\mathrm{T}}(\boldsymbol{AA}^{\mathrm{T}})^{-1}$一定是$\boldsymbol{A}$的一个广义逆。根据这个定理，我们就可以通过直接计算$\boldsymbol{A}^{\mathrm{T}}(\boldsymbol{AA}^{\mathrm{T}})^{-1}$而得到行满秩长方阵的一个广义逆了。

例如，对于行满秩长方阵$\boldsymbol{A}=\begin{bmatrix}1&2&3\\0&1&2\end{bmatrix}$，它的一个广义逆为

$$A^- = A^{\mathrm{T}}(AA^{\mathrm{T}})^{-1} = \begin{bmatrix}1 & 0\\2 & 1\\3 & 2\end{bmatrix}(\begin{bmatrix}1 & 2 & 3\\0 & 1 & 2\end{bmatrix}\begin{bmatrix}1 & 0\\2 & 1\\3 & 2\end{bmatrix})^{-1} = \begin{bmatrix}1 & 0\\2 & 1\\3 & 2\end{bmatrix}\begin{bmatrix}14 & 8\\8 & 5\end{bmatrix}^{-1}$$

$$= \begin{bmatrix}1 & 0\\2 & 1\\3 & 2\end{bmatrix}\begin{bmatrix}\frac{5}{6} & -\frac{4}{3}\\-\frac{4}{3} & \frac{7}{3}\end{bmatrix} = \begin{bmatrix}\frac{5}{6} & -\frac{4}{3}\\\frac{1}{3} & -\frac{1}{3}\\-\frac{1}{6} & \frac{2}{3}\end{bmatrix}$$

注意，所求得的矩阵$\begin{bmatrix}\frac{5}{6} & -\frac{4}{3}\\\frac{1}{3} & -\frac{1}{3}\\-\frac{1}{6} & \frac{2}{3}\end{bmatrix}$只是$A = \begin{bmatrix}1 & 2 & 3\\0 & 1 & 2\end{bmatrix}$的广义逆中的一个。事实上，$A$还存在无穷多个广义逆。例如，$\begin{bmatrix}2 & -1\\-2 & -1\\1 & 1\end{bmatrix}$就是$A$的另外一个广义逆，因为

$$\begin{bmatrix}1 & 2 & 3\\0 & 1 & 2\end{bmatrix}\begin{bmatrix}2 & -1\\-2 & -1\\1 & 1\end{bmatrix}\begin{bmatrix}1 & 2 & 3\\0 & 1 & 2\end{bmatrix} = \begin{bmatrix}1 & 0\\0 & 1\end{bmatrix}\begin{bmatrix}1 & 2 & 3\\0 & 1 & 2\end{bmatrix} = \begin{bmatrix}1 & 2 & 3\\0 & 1 & 2\end{bmatrix}$$

对于线性方程组

$$\begin{cases}a_{11}x_1 + a_{12}x_2 + \cdots + a_{1N}x_N = b_1\\a_{21}x_1 + a_{22}x_2 + \cdots + a_{2N}x_N = b_2\\\vdots\\a_{M1}x_1 + a_{M2}x_2 + \cdots + a_{MN}x_N = b_M\end{cases} \tag{4.33}$$

如果记

$$A = \begin{bmatrix}a_{11} & a_{12} & \cdots & a_{1N}\\a_{21} & a_{22} & \cdots & a_{2N}\\\vdots & \vdots & \vdots & \vdots\\a_{M1} & a_{M2} & \cdots & a_{MN}\end{bmatrix},\ x = [x_1\ \ x_2\ \ \cdots\ \ x_N]^{\mathrm{T}},\ b = [b_1\ \ b_2\ \ \cdots\ \ b_M]^{\mathrm{T}}$$

则该线性方程组可表示为如下的矩阵形式：

$$Ax = b \tag{4.34}$$

根据$M$，$N$，$R(A)$这三者之间的大小关系的不同，该方程组的解可能不存在，可能只有一个，可能有无穷多个。如果$A$是一个满秩方阵，则该方程组存在唯一解$x = A^{-1}b$，这种情况前面已经讨论过了。接下来再简单地看看另外一种情况，即$A$为行满秩长方阵的情况，我们这里想要知道的是，$A$为行满秩长方阵的情况下如何求出方程组的一个特解。

数学上有这样一个定理：对于式 4.33 所示的线性方程组，如果其系数矩阵$A$为一个行满秩长方阵，则该线性方程组有无穷多个解。如果$A$的某个广义逆矩阵为$A^-$，则$A^-b$就是该方程组的一个特解。

例如，对于如下一个线性方程组

$$\begin{cases} x_1 + x_2 + x_3 = 5 \\ x_1 - x_2 + x_3 = -1 \end{cases}$$

其系数矩阵为$\boldsymbol{A} = \begin{bmatrix} 1 & 1 & 1 \\ 1 & -1 & 1 \end{bmatrix}$，对$\boldsymbol{A}$进行初等行变换（$r_2 - r_1$）后可得到一个阶梯型矩阵$\begin{bmatrix} 1 & 1 & 1 \\ 0 & -2 & 0 \end{bmatrix}$，从该阶梯形矩阵可以很容易判断出$R(\boldsymbol{A}) = 2$，因此$\boldsymbol{A}$就是一个行满秩长方阵。$\boldsymbol{A}$的一个广义逆为

$$\boldsymbol{A}^{-} = \boldsymbol{A}^{\mathrm{T}}(\boldsymbol{A}\boldsymbol{A}^{\mathrm{T}})^{-1} = \begin{bmatrix} 1 & 1 \\ 1 & -1 \\ 1 & 1 \end{bmatrix} \left( \begin{bmatrix} 1 & 1 & 1 \\ 1 & -1 & 1 \end{bmatrix} \begin{bmatrix} 1 & 1 \\ 1 & -1 \\ 1 & 1 \end{bmatrix} \right)^{-1} = \begin{bmatrix} 1 & 1 \\ 1 & -1 \\ 1 & 1 \end{bmatrix} \begin{bmatrix} 3 & 1 \\ 1 & 3 \end{bmatrix}^{-1}$$

$$= \begin{bmatrix} 1 & 1 \\ 1 & -1 \\ 1 & 1 \end{bmatrix} \begin{bmatrix} \frac{3}{8} & -\frac{1}{8} \\ -\frac{1}{8} & \frac{3}{8} \end{bmatrix} = \begin{bmatrix} \frac{2}{8} & \frac{2}{8} \\ \frac{4}{8} & -\frac{4}{8} \\ \frac{2}{8} & \frac{2}{8} \end{bmatrix} = \frac{1}{4} \begin{bmatrix} 1 & 1 \\ 2 & -2 \\ 1 & 1 \end{bmatrix}$$

于是，$\boldsymbol{x} = \boldsymbol{A}^{-}\boldsymbol{b} = \frac{1}{4}\begin{bmatrix} 1 & 1 \\ 2 & -2 \\ 1 & 1 \end{bmatrix} \begin{bmatrix} 5 \\ -1 \end{bmatrix} = \begin{bmatrix} 1 \\ 3 \\ 1 \end{bmatrix}$就是该方程组的一个特解。

对于式 4.33 所示的线性方程组，$M$，$N$，$R(\boldsymbol{A})$这三者之间的大小关系不同，其解的结构和求解方法也不同。全面地分析清楚关于该方程组的各种问题已经超出了本书的范围，建议读者找一本线性代数教材自行进行系统的学习或复习。

## 4.6 从标量函数到矩阵函数

先来看看**标量函数**（**scalar function**）。一个函数，如果其函数的值（即因变量的值）是一个标量，我们就称这个函数为一个标量函数。标量函数又有 3 种：**标量的标量函数、矢量的标量函数、矩阵的标量函数**。

标量的标量函数是指函数的因变量是一个标量，函数的自变量也是一个标量。标量的标量函数通常记为

$$y = f(x) \tag{4.35}$$

式 4.35 中，$y$是一个标量，$x$也是一个标量。第 2 章中介绍的一元函数其实就是标量的标量函数。式 4.35 所示的函数的求导问题已在第 2 章中进行了分析和描述，这里不再赘述。

矢量的标量函数是指函数的因变量是一个标量，函数的自变量是一个矢量。矢量的标量函

数通常记为

$$y = f(x_1, x_2, \cdots, x_N) \tag{4.36}$$

或简记为

$$y = f(\boldsymbol{x}) \tag{4.37}$$

其中$\boldsymbol{x} = \begin{bmatrix} x_1 \\ x_2 \\ \vdots \\ x_N \end{bmatrix} = [x_1 \quad x_2 \quad \cdots \quad x_N]^{\mathrm{T}}$为一个列矢量。第 2 章中介绍的多元函数其实就是矢量的标量函数。基于式 4.36 和式 4.37，我们有如下定义：

$$\frac{\partial y}{\partial \boldsymbol{x}} = \begin{bmatrix} \frac{\partial f(\boldsymbol{x})}{\partial x_1} & \frac{\partial f(\boldsymbol{x})}{\partial x_2} & \cdots & \frac{\partial f(\boldsymbol{x})}{\partial x_N} \end{bmatrix} = \begin{bmatrix} \frac{\partial y}{\partial x_1} & \frac{\partial y}{\partial x_2} & \cdots & \frac{\partial y}{\partial x_N} \end{bmatrix} \tag{4.38}$$

式 4.38 定义了如何计算标量对矢量的导数。**注意，在涉及标量对矢量求导时，或者更一般地，在涉及标量、矢量、矩阵之间的求导运算时，有两种标记规则，一种称为分子布局标记（numerator layout notation）规则，一种称为分母布局标记（denominator layout notation）规则。使用不同的标记规则，求导表达式的模样也会不同。本书默认使用的是分子布局标记规则，**式 4.38 也必须是在使用分子布局标记规则时才成立。如果使用分母布局标记规则，则相应的表达式为

$$\frac{\partial y}{\partial \boldsymbol{x}} = \begin{bmatrix} \frac{\partial f(\boldsymbol{x})}{\partial x_1} \\ \frac{\partial f(\boldsymbol{x})}{\partial x_2} \\ \vdots \\ \frac{\partial f(\boldsymbol{x})}{\partial x_N} \end{bmatrix} = \begin{bmatrix} \frac{\partial y}{\partial x_1} \\ \frac{\partial y}{\partial x_2} \\ \vdots \\ \frac{\partial y}{\partial x_N} \end{bmatrix} = \begin{bmatrix} \frac{\partial y}{\partial x_1} & \frac{\partial y}{\partial x_2} & \cdots & \frac{\partial y}{\partial x_N} \end{bmatrix}^{\mathrm{T}} \tag{4.39}$$

我们看到，式 4.38 和式 4.39 的第一个等号的左边是完全一样的，但第一个等号的右边一个是行矢量，一个是列矢量，这种差异就是因为使用了不同的标记规则而导致的。**再次强调，本书默认使用的是分子布局标记规则。另外，分子布局标记规则与分母布局标记规则不能混用，否则在公式的理解和推导过程中就会出现歧义并且出错。**

矩阵的标量函数是指函数的因变量是一个标量，函数的自变量是一个矩阵。矩阵的标量函数通常记为

$$y = f(x_{11}, x_{12}, \cdots, x_{1N}; x_{21}, x_{22}, \cdots, x_{2N}; \cdots; x_{M1}, x_{M2}, \cdots, x_{MN}) \tag{4.40}$$

或简记为

$$y = f(\boldsymbol{X}) \tag{4.41}$$

其中$\boldsymbol{X}=\begin{bmatrix} x_{11} & x_{12} & \cdots & x_{1N} \\ x_{21} & x_{22} & \cdots & x_{2N} \\ \vdots & \vdots & \vdots & \vdots \\ x_{M1} & x_{M2} & \cdots & x_{MN} \end{bmatrix}$。基于式 4.40 和式 4.41，我们有如下定义（使用分子布局标记规则）：

$$\frac{\partial y}{\partial \boldsymbol{X}}=\begin{bmatrix} \frac{\partial f(\boldsymbol{X})}{\partial x_{11}} & \frac{\partial f(\boldsymbol{X})}{\partial x_{21}} & \cdots & \frac{\partial f(\boldsymbol{X})}{\partial x_{M1}} \\ \frac{\partial f(\boldsymbol{X})}{\partial x_{12}} & \frac{\partial f(\boldsymbol{X})}{\partial x_{22}} & \cdots & \frac{\partial f(\boldsymbol{X})}{\partial x_{M2}} \\ \vdots & \vdots & \vdots & \vdots \\ \frac{\partial f(\boldsymbol{X})}{\partial x_{1N}} & \frac{\partial f(\boldsymbol{X})}{\partial x_{2N}} & \cdots & \frac{\partial f(\boldsymbol{X})}{\partial x_{MN}} \end{bmatrix}=\begin{bmatrix} \frac{\partial y}{\partial x_{11}} & \frac{\partial y}{\partial x_{21}} & \cdots & \frac{\partial y}{\partial x_{M1}} \\ \frac{\partial y}{\partial x_{12}} & \frac{\partial y}{\partial x_{22}} & \cdots & \frac{\partial y}{\partial x_{M2}} \\ \vdots & \vdots & \vdots & \vdots \\ \frac{\partial y}{\partial x_{1N}} & \frac{\partial y}{\partial x_{2N}} & \cdots & \frac{\partial y}{\partial x_{MN}} \end{bmatrix} \tag{4.42}$$

式 4.42 定义了如何计算标量对矩阵的导数。

再来看看**矢量函数**（**vector function**）。一个函数，如果其函数的值（即因变量的值）是一个矢量，我们就称这个函数为一个矢量函数。矢量函数又有 3 种：**标量的矢量函数、矢量的矢量函数、矩阵的矢量函数**。

标量的矢量函数是指函数的因变量是一个矢量，函数的自变量是一个标量。标量的矢量函数通常记为

$$\begin{cases} y_1=f_1(x) \\ y_2=f_2(x) \\ \quad\vdots \\ y_M=f_M(x) \end{cases} \tag{4.43}$$

或简记为

$$\boldsymbol{y}=\boldsymbol{f}(x) \tag{4.44}$$

其中$\boldsymbol{y}=\begin{bmatrix} y_1 \\ y_2 \\ \vdots \\ y_M \end{bmatrix}=[y_1 \quad y_2 \quad \cdots \quad y_M]^{\mathrm{T}}$，$\boldsymbol{f}=\begin{bmatrix} f_1 \\ f_2 \\ \vdots \\ f_M \end{bmatrix}=[f_1 \quad f_2 \quad \cdots \quad f_M]^{\mathrm{T}}$。基于式 4.43 和式 4.44，我们有如下定义（使用分子布局标记规则）：

$$\frac{\partial \boldsymbol{y}}{\partial x}=\begin{bmatrix} \frac{\partial f_1(x)}{\partial x} \\ \frac{\partial f_2(x)}{\partial x} \\ \vdots \\ \frac{\partial f_M(x)}{\partial x} \end{bmatrix}=\begin{bmatrix} \frac{\partial y_1}{\partial x} \\ \frac{\partial y_2}{\partial x} \\ \vdots \\ \frac{\partial y_M}{\partial x} \end{bmatrix}=\begin{bmatrix} \frac{\partial y_1}{\partial x} & \frac{\partial y_2}{\partial x} & \cdots & \frac{\partial y_M}{\partial x} \end{bmatrix}^{\mathrm{T}} \tag{4.45}$$

式 4.45 定义了如何计算矢量对标量的导数。

矢量的矢量函数是指函数的因变量是一个矢量，函数的自变量也是一个矢量。矢量的矢量函数通常记为

$$\begin{cases} y_1 = f_1(x_1, x_2, \cdots, x_N) = f_1(\boldsymbol{x}) \\ y_2 = f_2(x_1, x_2, \cdots, x_N) = f_2(\boldsymbol{x}) \\ \vdots \\ y_M = f_M(x_1, x_2, \cdots, x_N) = f_M(\boldsymbol{x}) \end{cases} \tag{4.46}$$

或简记为

$$\boldsymbol{y} = \boldsymbol{f}(\boldsymbol{x}) \tag{4.47}$$

其中$\boldsymbol{y} = \begin{bmatrix} y_1 \\ y_2 \\ \vdots \\ y_M \end{bmatrix} = [y_1 \quad y_2 \quad \cdots \quad y_M]^{\mathrm{T}}$，$\boldsymbol{f} = \begin{bmatrix} f_1 \\ f_2 \\ \vdots \\ f_M \end{bmatrix} = [f_1 \quad f_2 \quad \cdots \quad f_M]^{\mathrm{T}}$，$\boldsymbol{x} = \begin{bmatrix} x_1 \\ x_2 \\ \vdots \\ x_N \end{bmatrix} = [x_1 \quad x_2 \quad \cdots \quad x_N]^{\mathrm{T}}$。基于式 4.46 和式 4.47，我们有如下定义（使用分子布局标记规则）：

$$\frac{\partial \boldsymbol{y}}{\partial \boldsymbol{x}} = \begin{bmatrix} \frac{\partial f_1(\boldsymbol{x})}{\partial \boldsymbol{x}^{\mathrm{T}}} \\ \frac{\partial f_2(\boldsymbol{x})}{\partial \boldsymbol{x}^{\mathrm{T}}} \\ \vdots \\ \frac{f_M(\boldsymbol{x})}{\partial \boldsymbol{x}^{\mathrm{T}}} \end{bmatrix} = \begin{bmatrix} \frac{\partial y_1}{\partial \boldsymbol{x}^{\mathrm{T}}} \\ \frac{\partial y_2}{\partial \boldsymbol{x}^{\mathrm{T}}} \\ \vdots \\ \frac{\partial y_M}{\partial \boldsymbol{x}^{\mathrm{T}}} \end{bmatrix} = \begin{bmatrix} \frac{\partial y_1}{\partial x_1} & \frac{\partial y_1}{\partial x_2} & \cdots & \frac{\partial y_1}{\partial x_N} \\ \frac{\partial y_2}{\partial x_1} & \frac{\partial y_2}{\partial x_2} & \cdots & \frac{\partial y_2}{\partial x_N} \\ \vdots & \vdots & \vdots & \vdots \\ \frac{\partial y_M}{\partial x_1} & \frac{\partial y_M}{\partial x_2} & \cdots & \frac{\partial y_M}{\partial x_N} \end{bmatrix} \tag{4.48}$$

式 4.48 定义了如何计算矢量对矢量的导数。数学上，形如式 4.48 那样的矢量对矢量的求导而得到的矩阵被称为**雅可比矩阵（Jacobian matrix）**。

矩阵的矢量函数是指函数的因变量是一个矢量，函数的自变量是一个矩阵。矩阵的矢量函数通常记为

$$\begin{cases} y_1 = f_1(x_{11}, x_{12}, \cdots, x_{1N}; x_{21}, x_{22}, \cdots, x_{2N}; \cdots; x_{M1}, x_{M2}, \cdots, x_{MN}) = f_1(\boldsymbol{X}) \\ y_2 = f_2(x_{11}, x_{12}, \cdots, x_{1N}; x_{21}, x_{22}, \cdots, x_{2N}; \cdots; x_{M1}, x_{M2}, \cdots, x_{MN}) = f_2(\boldsymbol{X}) \\ \vdots \\ y_P = f_M(x_{11}, x_{12}, \cdots, x_{1N}; x_{21}, x_{22}, \cdots, x_{2N}; \cdots; x_{M1}, x_{M2}, \cdots, x_{MN}) = f_P(\boldsymbol{X}) \end{cases} \tag{4.49}$$

或简记为

$$\boldsymbol{y} = \boldsymbol{f}(\boldsymbol{X}) \tag{4.50}$$

其中$\boldsymbol{y} = \begin{bmatrix} y_1 \\ y_2 \\ \vdots \\ y_P \end{bmatrix} = [y_1 \quad y_2 \quad \cdots \quad y_P]^{\mathrm{T}}, \boldsymbol{f} = \begin{bmatrix} f_1 \\ f_2 \\ \vdots \\ f_P \end{bmatrix} = [f_1 \quad f_2 \quad \cdots \quad f_P]^{\mathrm{T}}, \boldsymbol{X} = \begin{bmatrix} x_{11} & x_{12} & \cdots & x_{1N} \\ x_{21} & x_{22} & \cdots & x_{2N} \\ \vdots & \vdots & \vdots & \vdots \\ x_{M1} & x_{M2} & \cdots & x_{MN} \end{bmatrix}$。

基于式 4.49 和式 4.50，我们有如下定义（使用分子布局标记规则）：

$$\frac{\partial y}{\partial X}=\begin{bmatrix}\frac{\partial y_1}{\partial X}\\\frac{\partial y_2}{\partial X}\\\vdots\\\frac{\partial y_P}{\partial X}\end{bmatrix}=\begin{bmatrix}\begin{bmatrix}\frac{\partial y_1}{\partial x_{11}} & \frac{\partial y_1}{\partial x_{21}} & \cdots & \frac{\partial y_1}{\partial x_{M1}}\\\frac{\partial y_1}{\partial x_{12}} & \frac{\partial y_1}{\partial x_{22}} & \cdots & \frac{\partial y_1}{\partial x_{M2}}\\\vdots & \vdots & \vdots & \vdots\\\frac{\partial y_1}{\partial x_{1N}} & \frac{\partial y_1}{\partial x_{2N}} & \cdots & \frac{\partial y_1}{\partial x_{MN}}\end{bmatrix}\\\begin{bmatrix}\frac{\partial y_2}{\partial x_{11}} & \frac{\partial y_2}{\partial x_{21}} & \cdots & \frac{\partial y_2}{\partial x_{M1}}\\\frac{\partial y_2}{\partial x_{12}} & \frac{\partial y_2}{\partial x_{22}} & \cdots & \frac{\partial y_2}{\partial x_{M2}}\\\vdots & \vdots & \vdots & \vdots\\\frac{\partial y_2}{\partial x_{1N}} & \frac{\partial y_2}{\partial x_{2N}} & \cdots & \frac{\partial y_2}{\partial x_{MN}}\end{bmatrix}\\\vdots\\\begin{bmatrix}\frac{\partial y_P}{\partial x_{11}} & \frac{\partial y_P}{\partial x_{21}} & \cdots & \frac{\partial y_P}{\partial x_{M1}}\\\frac{\partial y_P}{\partial x_{12}} & \frac{\partial y_P}{\partial x_{22}} & \cdots & \frac{\partial y_P}{\partial x_{M2}}\\\vdots & \vdots & \vdots & \vdots\\\frac{\partial y_P}{\partial x_{1N}} & \frac{\partial y_P}{\partial x_{2N}} & \cdots & \frac{\partial y_P}{\partial x_{MN}}\end{bmatrix}\end{bmatrix} \tag{4.51}$$

式 4.51 定义了如何计算矢量对矩阵的导数。注意，式 4.51 的矩阵模样我们之前未曾见过，但不用着急，稍后会作解释。

最后来看看**矩阵函数（matrix function）**。一个函数，如果其函数的值（即因变量的值）是一个矩阵，我们就称这个函数为一个矩阵函数。矩阵函数又有 3 种：**标量的矩阵函数、矢量的矩阵函数、矩阵的矩阵函数**。

标量的矩阵函数是指函数的因变量是一个矩阵，函数的自变量是一个标量。标量的矩阵函数通常记为

$$\begin{cases}y_{11}=f_{11}(x)\\y_{12}=f_{12}(x)\\\quad\vdots\\y_{1N}=f_{1N}(x)\\y_{21}=f_{21}(x)\\y_{22}=f_{22}(x)\\\quad\vdots\\y_{2N}=f_{2N}(x)\\\quad\vdots\\y_{M1}=f_{M1}(x)\\y_{M2}=f_{M2}(x)\\\quad\vdots\\y_{MN}=f_{MN}(x)\end{cases} \tag{4.52}$$

或简记为

$$\boldsymbol{Y}=\boldsymbol{F}(x) \tag{4.53}$$

其中$\boldsymbol{Y}=\begin{bmatrix} y_{11} & y_{12} & \cdots & y_{1N} \\ y_{21} & y_{22} & \cdots & y_{2N} \\ \vdots & \vdots & \vdots & \vdots \\ y_{M1} & y_{M2} & \cdots & y_{MN} \end{bmatrix}$，$\boldsymbol{F}=\begin{bmatrix} f_{11} & f_{12} & \cdots & f_{1N} \\ f_{21} & f_{22} & \cdots & f_{2N} \\ \vdots & \vdots & \vdots & \vdots \\ f_{M1} & f_{M2} & \cdots & f_{MN} \end{bmatrix}$。基于式 4.52 和式 4.53，我们有如下定义（使用分子布局标记规则）：

$$\frac{\partial \boldsymbol{Y}}{\partial x}=\begin{bmatrix} \frac{\partial y_{11}}{\partial x} & \frac{\partial y_{12}}{\partial x} & \cdots & \frac{\partial y_{1N}}{\partial x} \\ \frac{\partial y_{21}}{\partial x} & \frac{\partial y_{22}}{\partial x} & \cdots & \frac{\partial y_{2N}}{\partial x} \\ \vdots & \vdots & \vdots & \vdots \\ \frac{\partial y_{M1}}{\partial x} & \frac{\partial y_{M2}}{\partial x} & \cdots & \frac{\partial y_{MN}}{\partial x} \end{bmatrix} \tag{4.54}$$

式 4.54 定义了如何计算矩阵对标量的导数。

矢量的矩阵函数是指函数的因变量是一个矩阵，函数的自变量是一个矢量。矢量的矩阵函数通常记为

$$\begin{cases} y_{11}=f_{11}(x_1,x_2,\cdots,x_P) \\ y_{12}=f_{12}(x_1,x_2,\cdots,x_P) \\ \qquad\vdots \\ y_{1N}=f_{1N}(x_1,x_2,\cdots,x_P) \\ y_{21}=f_{21}(x_1,x_2,\cdots,x_P) \\ y_{22}=f_{22}(x_1,x_2,\cdots,x_P) \\ \qquad\vdots \\ y_{2N}=f_{2N}(x_1,x_2,\cdots,x_P) \\ \qquad\vdots \\ y_{M1}=f_{M1}(x_1,x_2,\cdots,x_P) \\ y_{M2}=f_{M2}(x_1,x_2,\cdots,x_P) \\ \qquad\vdots \\ y_{MN}=f_{MN}(x_1,x_2,\cdots,x_P) \end{cases} \tag{4.55}$$

或简记为

$$\boldsymbol{Y}=\boldsymbol{F}(\boldsymbol{x}) \tag{4.56}$$

其中$\boldsymbol{Y}=\begin{bmatrix} y_{11} & y_{12} & \cdots & y_{1N} \\ y_{21} & y_{22} & \cdots & y_{2N} \\ \vdots & \vdots & \vdots & \vdots \\ y_{M1} & y_{M2} & \cdots & y_{MN} \end{bmatrix}$，$\boldsymbol{F}=\begin{bmatrix} f_{11} & f_{12} & \cdots & f_{1N} \\ f_{21} & f_{22} & \cdots & f_{2N} \\ \vdots & \vdots & \vdots & \vdots \\ f_{M1} & f_{M2} & \cdots & f_{MN} \end{bmatrix}$，$\boldsymbol{x}=\begin{bmatrix} x_1 \\ x_2 \\ \vdots \\ x_P \end{bmatrix}$。基于式 4.55 和式 4.56，我们有如下定义（使用分子布局标记规则）：

$$\frac{\partial \boldsymbol{Y}}{\partial \boldsymbol{x}}=\begin{bmatrix} \frac{\partial y_{11}}{\partial \boldsymbol{x}} & \frac{\partial y_{12}}{\partial \boldsymbol{x}} & \cdots & \frac{\partial y_{1N}}{\partial \boldsymbol{x}} \\ \frac{\partial y_{21}}{\partial \boldsymbol{x}} & \frac{\partial y_{22}}{\partial \boldsymbol{x}} & \cdots & \frac{\partial y_{2N}}{\partial \boldsymbol{x}} \\ \vdots & \vdots & \vdots & \vdots \\ \frac{\partial y_{M1}}{\partial \boldsymbol{x}} & \frac{\partial y_{M2}}{\partial \boldsymbol{x}} & \cdots & \frac{\partial y_{MN}}{\partial \boldsymbol{x}} \end{bmatrix}$$

$$
= \begin{bmatrix} \begin{bmatrix} \frac{\partial y_{11}}{\partial x_1} & \frac{\partial y_{11}}{\partial x_2} & \cdots & \frac{\partial y_{11}}{\partial x_P} \end{bmatrix} & \begin{bmatrix} \frac{\partial y_{12}}{\partial x_1} & \frac{\partial y_{12}}{\partial x_2} & \cdots & \frac{\partial y_{12}}{\partial x_P} \end{bmatrix} & \cdots & \begin{bmatrix} \frac{\partial y_{1N}}{\partial x_1} & \frac{\partial y_{1N}}{\partial x_2} & \cdots & \frac{\partial y_{1N}}{\partial x_P} \end{bmatrix} \\ \begin{bmatrix} \frac{\partial y_{21}}{\partial x_1} & \frac{\partial y_{21}}{\partial x_2} & \cdots & \frac{\partial y_{21}}{\partial x_P} \end{bmatrix} & \begin{bmatrix} \frac{\partial y_{22}}{\partial x_1} & \frac{\partial y_{22}}{\partial x_2} & \cdots & \frac{\partial y_{22}}{\partial x_P} \end{bmatrix} & \cdots & \begin{bmatrix} \frac{\partial y_{2N}}{\partial x_1} & \frac{\partial y_{2N}}{\partial x_2} & \cdots & \frac{\partial y_{2N}}{\partial x_P} \end{bmatrix} \\ \vdots & \vdots & \vdots & \vdots \\ \begin{bmatrix} \frac{\partial y_{M1}}{\partial x_1} & \frac{\partial y_{M1}}{\partial x_2} & \cdots & \frac{\partial y_{M1}}{\partial x_P} \end{bmatrix} & \begin{bmatrix} \frac{\partial y_{M2}}{\partial x_1} & \frac{\partial y_{M2}}{\partial x_2} & \cdots & \frac{\partial y_{M2}}{\partial x_P} \end{bmatrix} & \cdots & \begin{bmatrix} \frac{\partial y_{MN}}{\partial x_1} & \frac{\partial y_{MN}}{\partial x_2} & \cdots & \frac{\partial y_{MN}}{\partial x_P} \end{bmatrix} \end{bmatrix} \tag{4.57}
$$

式 4.57 定义了如何计算矩阵对矢量的导数。注意，式 4.57 的矩阵模样我们之前也未曾见过，但不用着急，稍后会作解释。

矩阵的矩阵函数是指函数的因变量是一个矩阵，函数的自变量也是一个矩阵。矩阵的矩阵函数通常记为

$$
\begin{cases} y_{11} = f_{11}(x_{11}, x_{12}, \cdots, x_{1Q}; x_{21}, x_{22}, \cdots, x_{2Q}; \cdots; x_{P1}, x_{P2}, \cdots, x_{PQ}) = f_{11}(\boldsymbol{X}) \\ y_{12} = f_{12}(x_{11}, x_{12}, \cdots, x_{1Q}; x_{21}, x_{22}, \cdots, x_{2Q}; \cdots; x_{P1}, x_{P2}, \cdots, x_{PQ}) = f_{12}(\boldsymbol{X}) \\ \vdots \\ y_{1N} = f_{1N}(x_{11}, x_{12}, \cdots, x_{1Q}; x_{21}, x_{22}, \cdots, x_{2Q}; \cdots; x_{P1}, x_{P2}, \cdots, x_{PQ}) = f_{1N}(\boldsymbol{X}) \\ y_{21} = f_{21}(x_{11}, x_{12}, \cdots, x_{1Q}; x_{21}, x_{22}, \cdots, x_{2Q}; \cdots; x_{P1}, x_{P2}, \cdots, x_{PQ}) = f_{21}(\boldsymbol{X}) \\ y_{22} = f_{22}(x_{11}, x_{12}, \cdots, x_{1Q}; x_{21}, x_{22}, \cdots, x_{2Q}; \cdots; x_{P1}, x_{P2}, \cdots, x_{PQ}) = f_{21}(\boldsymbol{X}) \\ \vdots \\ y_{2N} = f_{2N}(x_{11}, x_{12}, \cdots, x_{1Q}; x_{21}, x_{22}, \cdots, x_{2Q}; \cdots; x_{P1}, x_{P2}, \cdots, x_{PQ}) = f_{2N}(\boldsymbol{X}) \\ \vdots \\ y_{M1} = f_{M1}(x_{11}, x_{12}, \cdots, x_{1Q}; x_{21}, x_{22}, \cdots, x_{2Q}; \cdots; x_{P1}, x_{P2}, \cdots, x_{PQ}) = f_{M1}(\boldsymbol{X}) \\ y_{M2} = f_{M2}(x_{11}, x_{12}, \cdots, x_{1Q}; x_{21}, x_{22}, \cdots, x_{2Q}; \cdots; x_{P1}, x_{P2}, \cdots, x_{PQ}) = f_{M2}(\boldsymbol{X}) \\ \vdots \\ y_{MN} = f_{MN}(x_{11}, x_{12}, \cdots, x_{1Q}; x_{21}, x_{22}, \cdots, x_{2Q}; \cdots; x_{P1}, x_{P2}, \cdots, x_{PQ}) = f_{MN}(\boldsymbol{X}) \end{cases} \tag{4.58}
$$

或简记为

$$
\boldsymbol{Y} = \boldsymbol{F}(\boldsymbol{X}) \tag{4.59}
$$

其中

$$
\boldsymbol{Y} = \begin{bmatrix} y_{11} & y_{12} & \cdots & y_{1N} \\ y_{21} & y_{22} & \cdots & y_{2N} \\ \vdots & \vdots & \vdots & \vdots \\ y_{M1} & y_{M2} & \cdots & y_{MN} \end{bmatrix}
$$

$$
\boldsymbol{F} = \begin{bmatrix} f_{11} & f_{12} & \cdots & f_{1N} \\ f_{21} & f_{22} & \cdots & f_{2N} \\ \vdots & \vdots & \vdots & \vdots \\ f_{M1} & f_{M2} & \cdots & f_{MN} \end{bmatrix}
$$

$$
\boldsymbol{X} = \begin{bmatrix} x_{11} & x_{12} & \cdots & x_{1Q} \\ x_{21} & x_{22} & \cdots & x_{2Q} \\ \vdots & \vdots & \vdots & \vdots \\ x_{P1} & x_{P2} & \cdots & x_{PQ} \end{bmatrix}
$$

基于式 4.58 和式 4.59，我们有如下定义（使用分子布局标记规则）：

$$
\frac{\partial Y}{\partial X}=\begin{bmatrix}\frac{\partial y_{11}}{\partial X} & \frac{\partial y_{12}}{\partial X} & \cdots & \frac{y_{1N}}{\partial X}\\ \frac{\partial y_{21}}{\partial X} & \frac{\partial y_{22}}{\partial X} & \cdots & \frac{y_{2N}}{\partial X}\\ \vdots & \vdots & \vdots & \vdots\\ \frac{\partial y_{M1}}{\partial X} & \frac{\partial y_{M2}}{\partial X} & \cdots & \frac{\partial y_{MN}}{\partial X}\end{bmatrix}
$$

$$
=\begin{bmatrix}
\begin{bmatrix}\frac{\partial y_{11}}{\partial x_{11}} & \frac{\partial y_{11}}{\partial x_{21}} & \cdots & \frac{\partial y_{11}}{\partial x_{P1}}\\ \frac{\partial y_{11}}{\partial x_{12}} & \frac{\partial y_{11}}{\partial x_{22}} & \cdots & \frac{\partial y_{11}}{\partial x_{P2}}\\ \vdots & \vdots & \vdots & \vdots\\ \frac{\partial y_{11}}{\partial x_{1Q}} & \frac{\partial y_{11}}{\partial x_{2Q}} & \cdots & \frac{\partial y_{11}}{\partial x_{PQ}}\end{bmatrix} & \begin{bmatrix}\frac{\partial y_{12}}{\partial x_{11}} & \frac{\partial y_{12}}{\partial x_{21}} & \cdots & \frac{\partial y_{12}}{\partial x_{P1}}\\ \frac{\partial y_{12}}{\partial x_{12}} & \frac{\partial y_{12}}{\partial x_{22}} & \cdots & \frac{\partial y_{12}}{\partial x_{P2}}\\ \vdots & \vdots & \vdots & \vdots\\ \frac{\partial y_{12}}{\partial x_{1Q}} & \frac{\partial y_{12}}{\partial x_{2Q}} & \cdots & \frac{\partial y_{12}}{\partial x_{PQ}}\end{bmatrix} & \cdots & \begin{bmatrix}\frac{\partial y_{1N}}{\partial x_{11}} & \frac{\partial y_{1N}}{\partial x_{21}} & \cdots & \frac{\partial y_{1N}}{\partial x_{P1}}\\ \frac{\partial y_{1N}}{\partial x_{12}} & \frac{\partial y_{1N}}{\partial x_{22}} & \cdots & \frac{\partial y_{1N}}{\partial x_{P2}}\\ \vdots & \vdots & \vdots & \vdots\\ \frac{\partial y_{1N}}{\partial x_{1Q}} & \frac{\partial y_{1N}}{\partial x_{2Q}} & \cdots & \frac{\partial y_{1N}}{\partial x_{PQ}}\end{bmatrix}\\
\begin{bmatrix}\frac{\partial y_{21}}{\partial x_{11}} & \frac{\partial y_{21}}{\partial x_{21}} & \cdots & \frac{\partial y_{21}}{\partial x_{P1}}\\ \frac{\partial y_{21}}{\partial x_{12}} & \frac{\partial y_{21}}{\partial x_{22}} & \cdots & \frac{\partial y_{21}}{\partial x_{P2}}\\ \vdots & \vdots & \vdots & \vdots\\ \frac{\partial y_{21}}{\partial x_{1Q}} & \frac{\partial y_{21}}{\partial x_{2Q}} & \cdots & \frac{\partial y_{21}}{\partial x_{PQ}}\end{bmatrix} & \begin{bmatrix}\frac{\partial y_{22}}{\partial x_{11}} & \frac{\partial y_{22}}{\partial x_{21}} & \cdots & \frac{\partial y_{22}}{\partial x_{P1}}\\ \frac{\partial y_{22}}{\partial x_{12}} & \frac{\partial y_{22}}{\partial x_{22}} & \cdots & \frac{\partial y_{22}}{\partial x_{P2}}\\ \vdots & \vdots & \vdots & \vdots\\ \frac{\partial y_{22}}{\partial x_{1Q}} & \frac{\partial y_{22}}{\partial x_{2Q}} & \cdots & \frac{\partial y_{22}}{\partial x_{PQ}}\end{bmatrix} & \cdots & \begin{bmatrix}\frac{\partial y_{2N}}{\partial x_{11}} & \frac{\partial y_{2N}}{\partial x_{21}} & \cdots & \frac{\partial y_{2N}}{\partial x_{P1}}\\ \frac{\partial y_{2N}}{\partial x_{12}} & \frac{\partial y_{2N}}{\partial x_{22}} & \cdots & \frac{\partial y_{2N}}{\partial x_{P2}}\\ \vdots & \vdots & \vdots & \vdots\\ \frac{\partial y_{2N}}{\partial x_{1Q}} & \frac{\partial y_{2N}}{\partial x_{2Q}} & \cdots & \frac{\partial y_{2N}}{\partial x_{PQ}}\end{bmatrix}\\
\vdots & \vdots & \vdots & \vdots\\
\begin{bmatrix}\frac{\partial y_{M1}}{\partial x_{11}} & \frac{\partial y_{M1}}{\partial x_{21}} & \cdots & \frac{\partial y_{M1}}{\partial x_{P1}}\\ \frac{\partial y_{M1}}{\partial x_{12}} & \frac{\partial y_{M1}}{\partial x_{22}} & \cdots & \frac{\partial y_{M1}}{\partial x_{P2}}\\ \vdots & \vdots & \vdots & \vdots\\ \frac{\partial y_{M1}}{\partial x_{1Q}} & \frac{\partial y_{M1}}{\partial x_{2Q}} & \cdots & \frac{\partial y_{M1}}{\partial x_{PQ}}\end{bmatrix} & \begin{bmatrix}\frac{\partial y_{M2}}{\partial x_{11}} & \frac{\partial y_{M2}}{\partial x_{21}} & \cdots & \frac{\partial y_{M2}}{\partial x_{P1}}\\ \frac{\partial y_{M2}}{\partial x_{12}} & \frac{\partial y_{M2}}{\partial x_{22}} & \cdots & \frac{\partial y_{M2}}{\partial x_{P2}}\\ \vdots & \vdots & \vdots & \vdots\\ \frac{\partial y_{M2}}{\partial x_{1Q}} & \frac{\partial y_{M2}}{\partial x_{2Q}} & \cdots & \frac{\partial y_{M2}}{\partial x_{PQ}}\end{bmatrix} & \cdots & \begin{bmatrix}\frac{\partial y_{MN}}{\partial x_{11}} & \frac{\partial y_{MN}}{\partial x_{21}} & \cdots & \frac{\partial y_{MN}}{\partial x_{P1}}\\ \frac{\partial y_{MN}}{\partial x_{12}} & \frac{\partial y_{MN}}{\partial x_{22}} & \cdots & \frac{\partial y_{MN}}{\partial x_{P2}}\\ \vdots & \vdots & \vdots & \vdots\\ \frac{\partial y_{MN}}{\partial x_{1Q}} & \frac{\partial y_{MN}}{\partial x_{2Q}} & \cdots & \frac{\partial y_{MN}}{\partial x_{PQ}}\end{bmatrix}
\end{bmatrix}
\tag{4.60}
$$

式 4.60 定义了如何计算矩阵对矩阵的导数。式 4.60 的矩阵模样我们之前未曾见过，不用着急，我们马上就进行解释。

式 4.51、式 4.57、式 4.60 所显示的矩阵模样我们之前都未曾见过，在对它们进行解释之前，需要先了解一下**张量（tensor）**的概念。在数学上，张量就是指由若干个标量构成的一个**阵列（array）**，每个标量称为这个阵列或张量的一个元素。一个张量，若其任一标量元素在张量（阵列）中的位置只需用到 1 个参数来描述就能确定，就称这样的张量为 **1 阶张量**，或者说该张量的阶数为 1。例如，我们之前学习过的矢量（无论是列矢量还是行矢量）其实就是 1 阶张量，因为一个矢量中的任何一个标量元素的位置只需使用其序号这 1 个参数就能描述并确定。一个张量，若其任一标量元素在张量（阵列）中的位置只需用到 2 个参数来描述就能确定，就称这样的张量为 **2 阶张量**，或者说该张量的阶数为 2。例如，我们之前学习过的矩阵其实就是 2 阶张量，因为一个矩阵中的任何一个标量元素的位置只需使用其行号和列号这 2 个参数就能描述并确定。依此类推，便可理解 **N 阶张量**的概念了。总之，可以形象地认为，1 阶张量就是由若干标量元素在 1 维直线空间上排成的一个阵列，2 阶张量就是由若干标量元素在 2 维平面空间上排成的一个阵列，3 阶张量就是由若干标量元素在 3 维立体空间上排成的一个阵列，$N$ 阶张量就是由若干标量元素在 $N$ 维空间上排成的一个阵列。特别地，0 阶张量是指单个的标量。另外，就像矢量可视为矩阵的特例一样，1 阶张量可视为 2 阶张量的特例，或者更一般地，低阶张量可视为高阶张量的特例。

我们现在来分析式 4.51。在式 4.51 中，要描述某个标量元素的位置，首先需要 1 个参数来指明它所在的子矩阵块的序号，然后还需要 2 个参数（行号和列号）来指明它在该子矩阵块中的位置，因此，式 4.51 所表示的其实是一个 3 阶张量。

再来看看式 4.57。在式 4.57 中，要描述某个标量元素的位置，首先需要 2 个参数（行号和列号）来指明它所在的子矩阵块的位置，然后还需要 1 个参数来表示它在该子矩阵块中的位置，因此，式 4.57 所表示的也是一个 3 阶张量。

最后来看看式 4.60。在式 4.60 中，要描述某个标量元素的位置，首先需要 2 个参数（行号和列号）来指明它所在的子矩阵块的位置，然后还需要 2 个参数（行号和列号）来指明它在该子矩阵块中的位置，因此，式 4.60 所表示的是一个 4 阶张量。

张量与张量（矢量及矩阵都可视为张量的特殊情况）是可以进行各种运算的。全面而系统地描述不同张量之间的各种运算是非常耗费篇幅的，为此，本着用到哪儿学到哪儿的原则，我们这里举几个张量运算的例了，目的是为 9.4 节中推导 BPTT（Back-Propagation Through Time）算法打下基础。

对于式 4.60 所示的 4 阶张量，它的右边可以乘以一个$P \times 1$矩阵，结果将是一个 3 阶张量。相乘的方法是将这个$P \times 1$矩阵去右乘 4 阶张量的每个子矩阵块即可。为了示意这个相乘过程，举例如下：

$$\begin{bmatrix} \begin{bmatrix} 1 & 0 & -1 \\ 2 & 1 & 1 \end{bmatrix} & \begin{bmatrix} 1 & 1 & 0 \\ 1 & -1 & 1 \end{bmatrix} \\ \begin{bmatrix} 1 & -1 & 1 \\ 1 & 1 & 1 \end{bmatrix} & \begin{bmatrix} 0 & 0 & 1 \\ -1 & 0 & 0 \end{bmatrix} \end{bmatrix} \begin{bmatrix} 1 \\ 2 \\ 3 \end{bmatrix} = \begin{bmatrix} \begin{bmatrix} 1 & 0 & -1 \\ 2 & 1 & 1 \end{bmatrix}\begin{bmatrix} 1 \\ 2 \\ 3 \end{bmatrix} & \begin{bmatrix} 1 & 1 & 0 \\ 1 & -1 & 1 \end{bmatrix}\begin{bmatrix} 1 \\ 2 \\ 3 \end{bmatrix} \\ \begin{bmatrix} 1 & -1 & 1 \\ 1 & 1 & 1 \end{bmatrix}\begin{bmatrix} 1 \\ 2 \\ 3 \end{bmatrix} & \begin{bmatrix} 0 & 0 & 1 \\ -1 & 0 & 0 \end{bmatrix}\begin{bmatrix} 1 \\ 2 \\ 3 \end{bmatrix} \end{bmatrix}$$

$$= \begin{bmatrix} \begin{bmatrix} -2 \\ 7 \end{bmatrix} & \begin{bmatrix} 3 \\ 2 \end{bmatrix} \\ \begin{bmatrix} 2 \\ 6 \end{bmatrix} & \begin{bmatrix} 3 \\ -1 \end{bmatrix} \end{bmatrix} \tag{4.61}$$

对于式 4.60 所示的 4 阶张量，它的左边可以乘以一个$1 \times Q$矩阵，结果将是一个 3 阶张量。相乘的方法是将这个$1 \times Q$矩阵去左乘 4 阶张量的每个子矩阵块即可。为了示意这个相乘过程，举例如下：

$$[1\quad 2]\begin{bmatrix}\begin{bmatrix}1 & 0 & -1\\2 & 1 & 1\end{bmatrix} & \begin{bmatrix}1 & 1 & 0\\1 & -1 & 1\end{bmatrix}\\\begin{bmatrix}1 & -1 & 1\\1 & 1 & 1\end{bmatrix} & \begin{bmatrix}0 & 0 & 1\\-1 & 0 & 0\end{bmatrix}\end{bmatrix}=\begin{bmatrix}[1\quad 2]\begin{bmatrix}1 & 0 & -1\\2 & 1 & 1\end{bmatrix} & [1\quad 2]\begin{bmatrix}1 & 1 & 0\\1 & -1 & 1\end{bmatrix}\\ [1\quad 2]\begin{bmatrix}1 & -1 & 1\\1 & 1 & 1\end{bmatrix} & [1\quad 2]\begin{bmatrix}0 & 0 & 1\\-1 & 0 & 0\end{bmatrix}\end{bmatrix}$$

$$=\begin{bmatrix}[5\quad 2\quad 1] & [3\quad -1\quad 2]\\ [3\quad 1\quad 3] & [-2\quad 0\quad 1]\end{bmatrix} \tag{4.62}$$

最后再补充一个例子，如下：

$$[1\quad 2]\begin{bmatrix}\begin{bmatrix}3\\1\end{bmatrix} & \begin{bmatrix}-1\\-1\end{bmatrix}\\\begin{bmatrix}1\\2\end{bmatrix} & \begin{bmatrix}0\\1\end{bmatrix}\end{bmatrix}=\begin{bmatrix}[1\quad 2]\begin{bmatrix}3\\1\end{bmatrix} & [1\quad 2]\begin{bmatrix}-1\\-1\end{bmatrix}\\ [1\quad 2]\begin{bmatrix}1\\2\end{bmatrix} & [1\quad 2]\begin{bmatrix}0\\1\end{bmatrix}\end{bmatrix}=\begin{bmatrix}5 & -3\\5 & 2\end{bmatrix} \tag{4.63}$$

作为本节的最后一部分内容，我们来说说矩阵的标量函数的梯度。早在 3.6 节中就分析描述过梯度的概念及其计算方法；特别地，式 3.19 和式 3.23 分别给出了二元函数和三元函数的梯度的定义式。事实上，3.6 节中提及的二元函数可以视为 2 维矢量的标量函数，3.6 节中提及的三元函数可以视为 3 维矢量的标量函数。更一般地，一个形如$y=f(x_1,x_2,\cdots,x_N)$的$N$元函数可以视为一个$N$维矢量的标量函数$y=f(\boldsymbol{x})$，其中$\boldsymbol{x}=[x_1\quad x_2\quad \cdots\quad x_N]^{\mathrm{T}}$，对于这样的函数，其梯度定义为

$$\nabla_{\boldsymbol{x}}y=\nabla_{\boldsymbol{x}}f(\boldsymbol{x})=\begin{bmatrix}\frac{\partial f(\boldsymbol{x})}{\partial x_1} & \frac{\partial f(\boldsymbol{x})}{\partial x_2} & \cdots & \frac{\partial f(\boldsymbol{x})}{\partial x_N}\end{bmatrix}=\begin{bmatrix}\frac{\partial y}{\partial x_1} & \frac{\partial y}{\partial x_2} & \cdots & \frac{\partial y}{\partial x_N}\end{bmatrix}\text{（参见式 4.38）} \tag{4.64}$$

从式 4.64 中可以看出，一个$N$维矢量的标量函数的梯度还是一个$N$维矢量，该梯度矢量的各个元素就是该标量函数对各个自变量（即$N$维矢量的各个分量）的偏导数。

如果对式 4.64 作进一步的推广，便可得到关于矩阵的标量函数的梯度概念。一个形如$y=f(x_{11},x_{12},\cdots,x_{1N};x_{21},x_{22},\cdots,x_{2N};\cdots;x_{M1},x_{M2},\cdots,x_{MN})$的$M\times N$元函数可以视为一个$M\times N$矩阵的标量函数$y=f(\boldsymbol{X})$，其中

$$\boldsymbol{X}=\begin{bmatrix}x_{11} & x_{12} & \cdots & x_{1N}\\x_{21} & x_{22} & \cdots & x_{2N}\\\vdots & \vdots & \vdots & \vdots\\x_{M1} & x_{M2} & \cdots & x_{MN}\end{bmatrix}$$

对于这样的函数，其梯度定义为

$$\nabla_{\boldsymbol{X}}y=\nabla_{\boldsymbol{X}}f(\boldsymbol{X})=\frac{\partial y}{\partial \boldsymbol{X}}$$

$$=\begin{bmatrix}\frac{\partial f(\boldsymbol{X})}{\partial x_{11}} & \frac{\partial f(\boldsymbol{X})}{\partial x_{21}} & \cdots & \frac{\partial f(\boldsymbol{X})}{\partial x_{M1}}\\\frac{\partial f(\boldsymbol{X})}{\partial x_{12}} & \frac{\partial f(\boldsymbol{X})}{\partial x_{22}} & \cdots & \frac{\partial f(\boldsymbol{X})}{\partial x_{M2}}\\\vdots & \vdots & \vdots & \vdots\\\frac{\partial f(\boldsymbol{X})}{\partial x_{1N}} & \frac{\partial f(\boldsymbol{X})}{\partial x_{2N}} & \cdots & \frac{\partial f(\boldsymbol{X})}{\partial x_{MN}}\end{bmatrix}$$

$$= \begin{bmatrix} \frac{\partial y}{\partial x_{11}} & \frac{\partial y}{\partial x_{21}} & \cdots & \frac{\partial y}{\partial x_{M1}} \\ \frac{\partial y}{\partial x_{12}} & \frac{\partial y}{\partial x_{22}} & \cdots & \frac{\partial y}{\partial x_{M2}} \\ \vdots & \vdots & \vdots & \vdots \\ \frac{\partial y}{\partial x_{1N}} & \frac{\partial y}{\partial x_{2N}} & \cdots & \frac{\partial y}{\partial x_{MN}} \end{bmatrix} \quad \text{（参见式 4.42）} \tag{4.65}$$

比较式 4.64 与式 4.65 可知，矢量的标量函数的梯度只是矩阵的标量函数的梯度的一种特殊情况。矢量的标量函数的梯度是一个矢量，矩阵的标量函数的梯度是一个矩阵。

# 第5章

# MCP 模型及感知器（Perceptron）

## 5.1 MCP 模型

显然，要设计和实现人工神经网络，必须首先对作为信息处理单元的单个生物神经元进行数学建模。1943 年，美国神经生理学家 Warren McCulloch 和美国逻辑学家 Walter Pitts 联合提出了关于生物神经元的数学模型，后来称为 McCulloch-Pitts 模型，简称为 **MCP 模型**。MCP 模型的出现，为人工神经网络的研究开启了大门，并为之奠定了数学基调。在学习本节内容之前，建议各位复习一下 1.2 节中的内容。

图 5-1 是 MCP 模型的图形化表示，其中的椭圆可形象地理解为神经元的胞体，左边的$N$个箭头可理解为是当前神经元的$N$个树突和突触，右边的水平箭头可理解为是当前神经元的轴突。

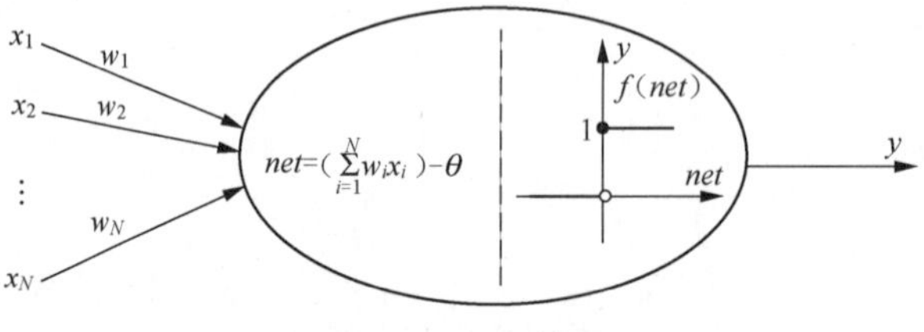


图 5-1　MCP 模型

在该模型中，如果输出变量$y$的取值为 1，则表示当前神经元处于兴奋状态；如果输出变量$y$的取值为 0，则表示当前神经元处于抑制状态。

$x_1$，$x_2$，⋯，$x_N$表示当前神经元的$N$个输入，同时也分别表示同一神经网络中$N$个其他神经元的输出，所以它们的取值也只能是 1 或 0。

$w_i(i=1,2,3,\cdots,N)$称为**权值（weight）**，用来表示第$i$个神经元与当前神经元之间的突触的作用强度（也称为连接强度），其取值可为任意实数：取正值时代表兴奋型突触；取负值时代表抑制型突触；取 0 时表示第$i$个神经元与当前神经元之间不存在突触连接。

$net$是一个英文单词，其中文意思之一是"净的"。这里将$net$用作变量名，用来表示当前神经元的净输入。净输入$net$与输入$x_i(i=1,2,3,\cdots,N)$、权值$w_i(i=1,2,3,\cdots,N)$，以及神经元的阈值（threshold）$\theta$的关系为

$$\begin{aligned} net &= w_1x_1 + w_2x_2 + \cdots + w_Nx_N - \theta \\ &= \textstyle\sum_{i=1}^{N} w_ix_i - \theta \end{aligned} \tag{5.1}$$

神经元的**激活函数（activation function）**用$f(\,)$表示，它是一个一元函数，自变量为净输入$net$，该函数作用于净输入$net$后便得到输出$y$，也即

$$y = f(net) \tag{5.2}$$

激活函数采用的是**单位阶跃函数（unit step function）**，其函数图像如图 5-2 所示，函数表达式为

$$f(net)=\begin{cases}1 & net\geqslant 0\\ 0 & net<0\end{cases} \tag{5.3}$$

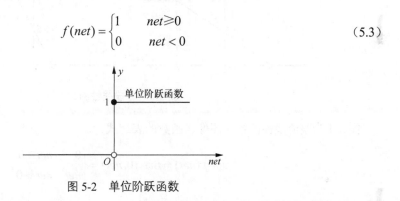

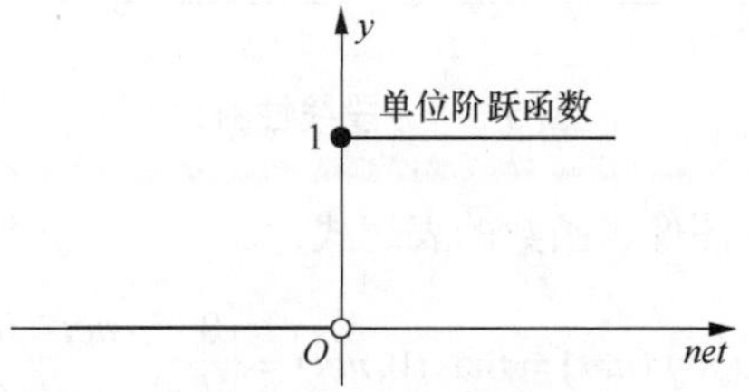


图 5-2　单位阶跃函数

以上所描述的模型称为**基本型 MCP 模型**，其工作过程可简述为：当前神经元将同一神经网络中的若干个其他神经元的输出作为输入，然后对这些输入进行加权求和，如果所得之和小于自己的阈值，则当前神经元的状态为抑制，输出为 0，否则状态为兴奋，输出为 1。

如果对基本型 MCP 模型的条件进行适当的修改调整，即可得到**增强型 MCP 模型**。在增强型 MCP 模型中我们规定：

- 输出变量$y$的取值可以为任意实数；
- $x_1$，$x_2$，…，$x_N$既可以表示同一神经网络中其他神经元的输出，也可以表示该神经网络的外部输入（相当于是外部环境的刺激）。$x_1$，$x_2$，…，$x_N$的取值可以为任意实数；
- 激活函数$f(\,)$可以为单位阶跃函数，也可以为其他的函数形式。

基本型 MCP 模型和增强型 MCP 模型统称为 MCP 模型，本书后文中所说的 MCP 模型均指增强型 MCP 模型，因为基本型 MCP 模型只是增强型 MCP 模型的一种特殊情况。

MCP 模型中，激活函数除了可以使用单位阶跃函数，还可能经常使用**分段线性函数**（**piecewise-linear function**）、**整流线性函数**（**rectified linear function**）、**软整流函数**（**softplus function**）和 **S 形函数**（**sigmoid function**）等。

图 5-3 为分段线性函数的图像，它包含两个水平线段和一个斜线段。当斜线段的斜率趋于无穷大时，分段线性函数即成为了单位阶跃函数。分段线性函数的表达式为

$$f(net)=\begin{cases}0 & net\leqslant -a\\ \dfrac{1}{2}\left(\dfrac{net}{a}+1\right) & -a<net<a\\ 1 & net\geqslant a\end{cases} \tag{5.4}$$

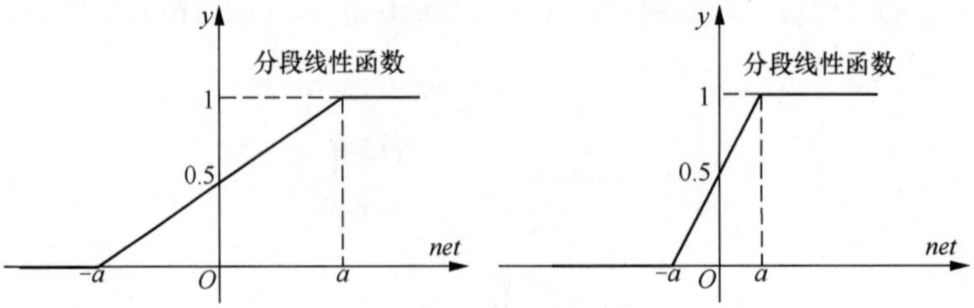


图 5-3　分段线性函数

图 5-4 为整流线性函数的图像，函数的表达式为

$$y=f(net)=\max(0,net)=\begin{cases}0 & net\leqslant 0\\ net & net>0\end{cases} \tag{5.5}$$

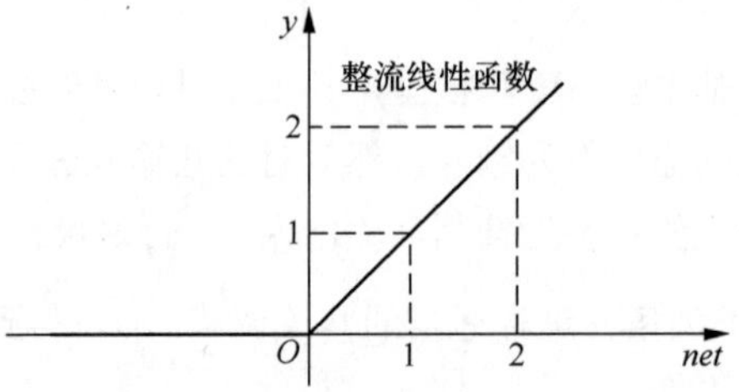


图 5-4　整流线性函数

图 5-5 为软整流函数的图像。可以看出，软整流函数是对整流线性函数的平滑逼近。软整流函数的表达式为

$$y=f(net)=\ln(1+e^{net}) \tag{5.6}$$

表达式中的符号ln表示取自然对数（也就是以$e$为底的对数）。

S 形函数是指函数的图形像 S 的函数，**逻辑函数**（**logistic function**）、**双曲正切函数**（**hyperbolic tangent function**）等都是 S 形函数的典型例子。

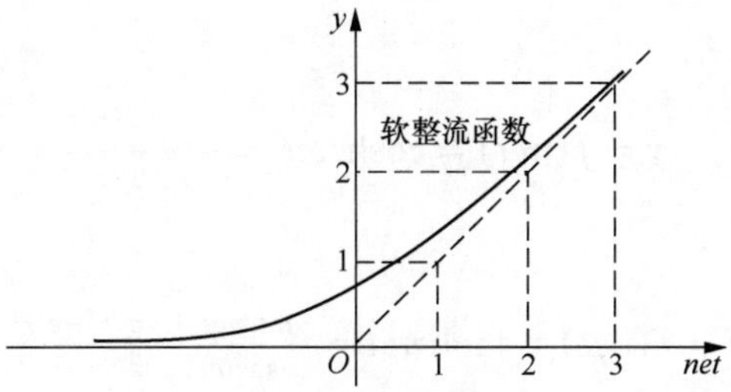


图 5-5　软整流函数

图 5-6 为逻辑函数的图像。逻辑函数的表达式为

$$y = f(net) = \frac{1}{1+e^{-\frac{net}{T}}} \tag{5.7}$$

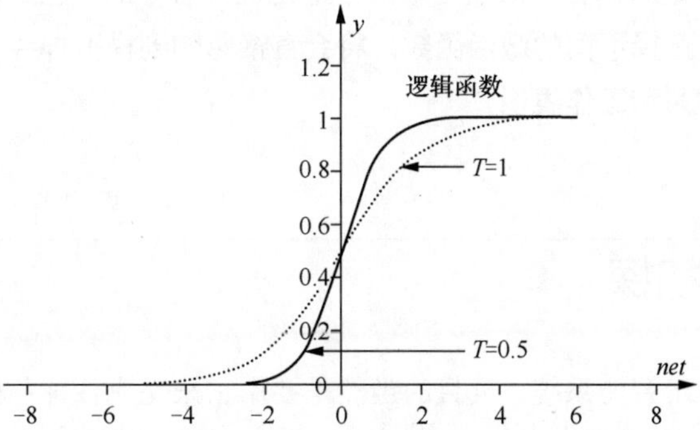


图 5-6　逻辑函数

参数$T$是一个控制逻辑函数曲线陡度的正实数。$T$的取值越小，曲线越陡；当$T$趋于 0 时，逻辑函数即成为了单位阶跃函数。

图 5-7 为双曲正切函数的图像。如同正切函数是正弦函数与余弦函数之比一样，双曲正切函数是双曲正弦函数与双曲余弦函数之比。双曲正弦函数的表达式为

$$y = f(net) = \sinh net = \frac{e^{net} - e^{-net}}{2} \tag{5.8}$$

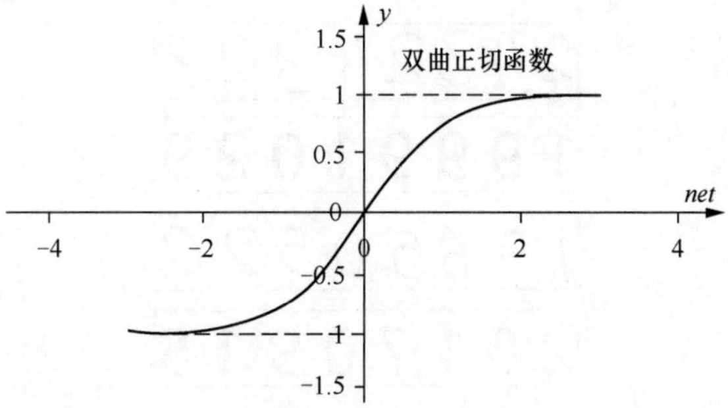


图 5-7　双曲正切函数

双曲余弦函数的表达式为

$$y = f(net) = \cosh net = \frac{e^{net}+e^{-net}}{2} \tag{5.9}$$

双曲正切函数的表达式为

$$y = f(net) = \tanh net = \frac{\sinh net}{\cosh net} = \frac{e^{net}-e^{-net}}{e^{net}+e^{-net}} \tag{5.10}$$

至此，我们展示了几种常见的 MCP 模型神经元的激活函数。激活函数也称为**增益函数（gain function）**、**传递函数（transfer function）**等。这些激活函数的图像大致相似，但是在某些数学性质上却存在明显的不同。例如，单位阶跃函数在原点处存在断点（不连续），而其他函数则是处处连续的。又例如，整流线性函数在原点处虽然连续，但却不可导（左导数为 0，右导数为 1），而软整流函数、逻辑函数、双曲正切函数都是处处可导的。**总之，由于不同的激活函数具有不同的数学性质，选择不同的激活函数，将会直接影响到模型神经元的行为特点，进而影响到整个神经网络的学习和工作表现。**

## 5.2 模式识别初探

我们设计并实现人工智能系统，其目的当然是要用它来完成各种各样的智能型任务，其中一类智能型任务称为**模式识别（pattern recognition）**，有时也称为**模式分类（pattern classification）**。机器学习是人工智能的一个分支，模式识别又是机器学习的一个分支。当然，模式识别又可分为图像识别、语音识别等子分支。

我们能够看出照片中的某个人是不是自己的熟人，能够看出不够清晰的字迹到底写的是什么，能够听出某个声音应该是鸡鸣还是犬吠，如此等等，这些都是模式识别的例子。

在图 5-8 中我们看到了 4 行数字，每一行数字都可视为一个模式。通过分析（即通过我们的视觉成像及大脑的模式识别/分类处理过程），我们可以识别出第一行和第三行是手写体数字，

图 5-8 手写体数字与印刷体数字识别

其余两行是印刷体数字。也就是说，我们可以将这 4 个模式划分为两类，一类是手写体数字，一类是印刷体数字。

如图 5-9 所示，图中的每一个手写体数字都可视为一个模式。尽管每个模式都与任何其他的模式存在不同程度的差异，但我们还是可以轻易地识别出有 3 个数字是 2，有 3 个数字是 3，有两个数字是 4。也就是说，我们可以将这 8 个模式划分为 3 类，一类是 2，一类是 3，一类是 4。

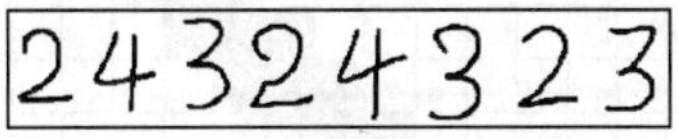


图 5-9　手写体数字识别

细心的读者可能会注意到，图 5-9 中的那 8 个数字其实就是图 5-8 中第一行数字。在图 5-9 中，我们把每一个数字都称为一个模式，而在图 5-8 中，我们把每一行数字称为一个模式。这说明，如果我们的兴趣点或关注点不同，模式这一概念的内涵和外延也会不同。

然而，究竟什么是模式？模式的定义是什么？很遗憾，如同无法给智能下一个严格而准确的定义一样，我们至今也无法给模式下一个严格而准确的定义。日本物理学家渡边慧[①]在其 1985 年出版的图书 *Pattern Recognition: Human and Mechanical* 中给了模式一种被学者广泛接受并在文献中经常被引用的说法：**模式就是一种虽然不能总是被定义清楚但却总可以有个取名的存在体**。因此，一张照片、一个签名、一段录音等都可以称为模式。从某种意义上讲，世界就是由各种不同的模式组成的。

从数学角度来研究模式识别问题时，我们总是用一个矢量来表示一个模式。在 3.1 节中说过，本书中是用小写+斜体+黑体字母来代表矢量，如$\boldsymbol{a}$，$\boldsymbol{b}$，$\boldsymbol{c}$，$\boldsymbol{r}$，$\boldsymbol{s}$，$\boldsymbol{x}$，$\boldsymbol{y}$，$\boldsymbol{z}$等。在 3.3 节中，我们建立了矢量与多维空间中的点之间的映射关系，并采用了空间坐标的形式来表示矢量。

这样一来，对于一个待识别的模式，我们可以先对其进行一番测量，得到$N$个**测量值**（**measurement**）$x_1$，$x_2$，$x_3$，…，$x_N$，然后用矢量$\boldsymbol{x} = (x_1, x_2, x_3, \cdots, x_N)$来表示这个模式，并称$\boldsymbol{x} = (x_1, x_2, x_3, \cdots, x_N)$为一个$N$维**模式矢量**（**pattern vector**）。一个$N$维模式矢量对应了$N$维**模式空间**（**pattern space**）中的一个点，不同的模式矢量对应了不同的点。

例如，对于图 5-10 中包含了 17×17 个**像素**（**pixel**）的黑白二值图像，我们可以进行这样的测量：如果像素点为黑，则测量值为 0；如果像素点为白，则测量值为 1。这样一来，就可以得到测量值 $x_1 = x_2 = x_3 = x_4 = x_5 = 1$，$x_6 = x_7 = x_8 = x_9 = x_{10} = x_{11} = x_{12} = 0$，$x_{13} = x_{14} = x_{15} = x_{16} = x_{17} = 1$，$x_{18} = 1$，…，$x_{289} = 1$。于是，这个图像（待识别的模式）就可以用一个维数为 289 的模式矢量$\boldsymbol{x} = (1,1,1,1,1,0,0,0,0,0,0,0,1,1,1,1,1,1,\cdots,1)$来表示。当然，如果是灰度图像，我们就需要用不同的数值来代表不同的灰度级。而对于彩色图像，我们也总

① 渡边慧（Watanabe Satosi），1910-1993 年，日本理论物理学家，研究领域包括量子物理、模式识别、认知科学等。

是有办法用模式矢量来表示它们的，但这里不再赘述。

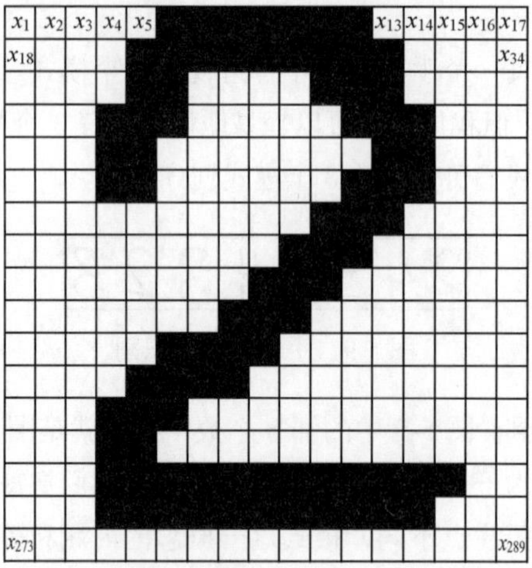


图 5-10 用模式矢量来表示待识别的模式

显然，1 维模式矢量或 2 维模式矢量很容易用坐标图表示法来形象地展示，3 维模式矢量比较难，4 维及更高维的模式矢量就无法形象地展示了。假如有一群职业篮球运动员和一群职业赛马骑手，我们对他们每个人进行了身高测量和体重测量，这样一来，每个人就可以用一个 2 维模式矢量来表示，请见图 5-11，图中的每一个圆圈或三角形符号都代表了一个 2 维的模式矢量。当然，从图中很容易看出，相对于高大威武的职业篮球运动员而言，职业赛马骑手就只能用娇小玲珑来形容了。

图 5-11 2 维模式矢量的坐标图表示法

一般来讲，所谓模式识别，就是要将待识别对象的$N$维模式矢量$\boldsymbol{x} = (x_1, x_2, x_3, \cdots, x_N)$**正确地**映射到$K$个模式类别$C_1, C_2, C_3, \cdots, C_K$中的某一个。从数学的角度看，模式识别的决策过程（decision-making process）涉及如何寻找和使用**决策函数（decision function）**。为了说明这一点，我们来看一个 2 维模式空间（$N = 2$）中的三类别（$K = 3$）识别问题，请见图 5-12。

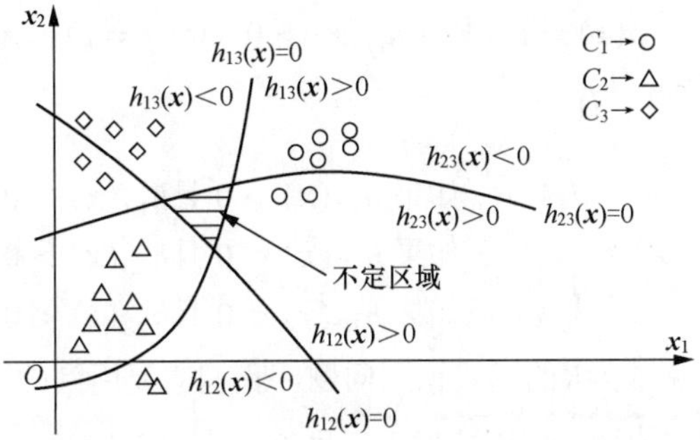


图 5-12　2 维模式空间中的三类别识别问题

从图 5-12 中看到，$h_{12}(\boldsymbol{x}) = 0$对应的曲线能够区分类别 1 和类别 2，因为所有类别 1 的模式都位于该曲线的某一侧，而所有类别 2 的模式都位于该曲线的另一侧。类似地，$h_{13}(\boldsymbol{x}) = 0$对应的曲线能够区分类别 1 和类别 3，$h_{23}(\boldsymbol{x}) = 0$对应的曲线能够区分类别 2 和类别 3。

一般地，决策函数$h_{ij}(\boldsymbol{x})$是定义在$N$维模式空间上的一个实值函数，它对应了一个$(N-1)$维**超曲面**（**hypersurface**）①，该超曲面的方程为

$$h_{ij}(\boldsymbol{x}) = 0 \tag{5.11}$$

从几何上来讲，$h_{ij}(\boldsymbol{x})$对应的超曲面应该具有这样的性质：属于$C_i$的模式与属于$C_j$的模式应该分别位于该超曲面的两侧，即

$$\begin{cases} h_{ij}(\boldsymbol{x}) > 0 & \text{如果}\boldsymbol{x} \in C_i \\ h_{ij}(\boldsymbol{x}) < 0 & \text{如果}\boldsymbol{x} \in C_j \\ h_{ji}(\boldsymbol{x}) = -h_{ij}(\boldsymbol{x}) \end{cases} \tag{5.12}$$

正常情况下，$h_{ij}(\boldsymbol{x})$要么取正值，要么取负值。如果$h_{ij}(\boldsymbol{x}) = 0$，则只能随机地将模式矢量$\boldsymbol{x}$划归到$C_i$或$C_j$。

除了决策函数外，我们还可能用到**选择函数**（**choice function**），选择函数$p(\boldsymbol{x})$的作用是将模式矢量$\boldsymbol{x}$正确地映射到正整数$1,2,3,\cdots,K$中的某一个（$K$是模式类别的总数），即

$$p(\boldsymbol{x}) = i \quad \text{如果}\boldsymbol{x} \in C_i \tag{5.13}$$

也就是说，我们有

① 我们把$N$维空间中的$(N-1)$维图形广义地称为一个超曲面。1 维空间中的一个超曲面其实就是一个点，2 维空间中的一个超曲面其实就是一条普通的曲线，3 维空间中的一个超曲面其实就是一个普通的曲面，4 维及 4 维以上空间中的超曲面就无法直观地想象是什么模样了。另外，**超平面**（**hyperplance**）又是超曲面的特殊情况。例如，2 维空间中的一个超平面其实就是一条普通的直线，3 维空间中的一个超平面其实就是一个普通的平面，4 维及 4 维以上空间中的超平面同样也就无法直观地想象是什么模样了。顺便提一下，我们这里之所以用$h$来表示决策函数，是因为h是 hypersurface 的首字母。

$$p(\boldsymbol{x}) = i \quad \text{如果} h_{ij}(\boldsymbol{x}) > 0 \text{（for } j \neq i\text{）} \tag{5.14}$$

对于图 5-12 所示的例子，我们有

$$p(\boldsymbol{x}) = \begin{cases} 1 & \text{如果 } h_{12}(\boldsymbol{x}) > 0 \text{ 且} h_{13}(\boldsymbol{x}) > 0 \\ 2 & \text{如果 } h_{12}(\boldsymbol{x}) < 0 \text{ 且} h_{23}(\boldsymbol{x}) > 0 \\ 3 & \text{如果 } h_{13}(\boldsymbol{x}) < 0 \text{ 且} h_{23}(\boldsymbol{x}) < 0 \end{cases}$$

显然，对于一个类别总数为$K$的模式识别问题，我们需要用到的不同的决策函数的个数为$\frac{K(K-1)}{2}$①，这个数值将随着$K$的增大而迅速增大。另外，从图 5-12 中还发现，如果存在**不定区域**（**indeterminate region**），那么落入不定区域的模式是无法通过决策函数或选择函数来进行识别的。

人工神经网络的**运作**（**operation**）大致分为两个阶段，第一个阶段叫**学习阶段**（**learning phase**）或**训练阶段**（**training phase**），第二个阶段叫**运行阶段**（**running phase**）。利用人工神经网络来解决模式识别问题时，其学习阶段的主要任务就是要自动寻找到合适的决策函数（尽量避免不定区域的存在），而其运行阶段的任务就是根据所找到的决策函数及选择函数来自动对识别对象进行识别。

## 5.3 感知器

考虑一个二类别模式识别问题。假设字母$\chi$表示所有用来训练人工神经网络的模式矢量的集合，称为**训练集**（**training set**），$\chi_1$与$\chi_2$是$\chi$的两个子集，$\chi$是$\chi_1$与$\chi_2$的并集，$\chi_1$中的所有矢量都属于类别 1，$\chi_2$中的所有矢量都属于类别 2。如果在模式空间中**存在一个超平面**，使得所有$\chi_1$中的模式矢量都位于该超平面的某一侧，而所有$\chi_2$中的模式矢量都位于该超平面的另一侧，那么我们就说这两种模式类别是**线性可分的**（**linearly separable**），否则就说这两种模式类别是**非线性可分的**（**non-linearly separable**）。

人们常用 2 维模式空间中的二类别识别问题来直观地展示线性可分性。注意，之前已经说过，2 维空间中的超平面其实就是一条普通的直线。在图 5-13 中，(a) 和 (b) 都是线性可分的，(c) 和 (d) 都是非线性可分的。既有如此直观而形象的展示，作者就无需再啰嗦地解释什么了吧。

1958 年，30 岁的美国心理学家 Frank Rosenblatt 提出了名为 Perceptron 的人工神经网络架构及其训练（学习）算法②。Rosenblatt 通过数学证明，得出了这样的结论：对于线性可分的二

① 注意，因为$h_{ji}(\boldsymbol{x}) = -h_{ij}(\boldsymbol{x})$，所以我们把$h_{ji}(\boldsymbol{x})$和$h_{ij}(\boldsymbol{x})$当成是一个函数。

② 1957 年，Rosenblatt 在康奈尔航空实验室设计并实现了 Perceptron。1958 年，在美国海军的一次新闻发布会上，Rosenblatt 公布了这一成果。

类别识别问题，其训练算法是收敛的。也就是说，该训练算法总是能够自动寻找到一个合适的超平面（注意，合适的超平面可能不止一个），使得两种不同类别的训练模式矢量位于该超平面的不同侧。这一数学证明后来被称为 Perceptron convergence theorem。

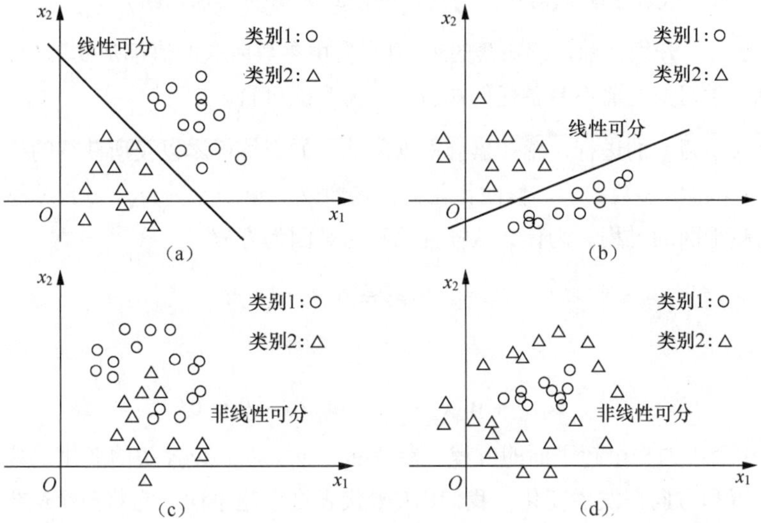


图 5-13　线性可分性

在国内，Perceptron 通常被翻译为**感知器**。感知器架构及其训练算法的提出，极大地鼓舞了当时还很稚嫩的 AI 团体对于人工神经网络的研究兴趣。一般认为，人工神经网络的第一次研究热潮便是由于感知器的出现而引发的。

接下来，我们先描述一下感知器的架构，再描述其训练算法。图 5-14 展示的便是感知器的架构，细心的读者应该会惊奇地发现，感知器的架构其实就是单个 MCP 模型神经元（请见图 5-1）！是的，感知器是目前公认的最简单的人工神经网络（没有之一），它是一个只包含一个神经元的神经网络。

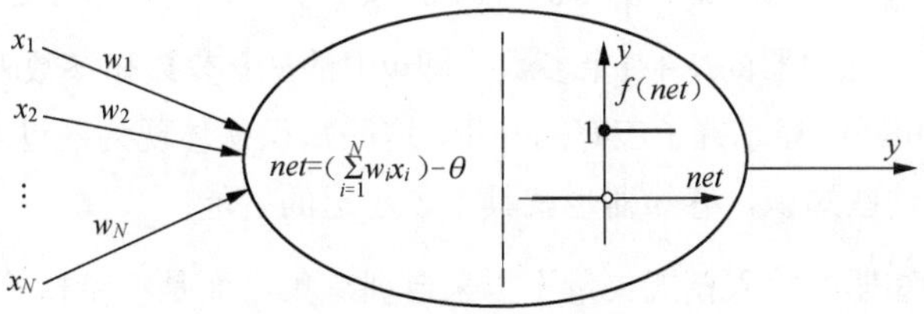


图 5-14　感知器的架构

在图 5-14 中，$x_1$，$x_2$，…，$x_N$表示感知器的$N$个输入，它们是输入模式矢量$\boldsymbol{x}$的$N$个测量值。在训练阶段，作为**训练样本（training sample）**的模式矢量都来自于训练集$\chi$，每个训练样本是属于类别 1（$\boldsymbol{x} \in \chi_1$）还是属于类别 2（$\boldsymbol{x} \in \chi_2$）都是事先知道的。也就是说，每个训练样本都自带了一个**标签**（**label**），标签携带的信息就是该样本的类别归属信息。被称为权值的$w_1$，$w_2$，…，$w_N$是感知器的$N$个**自由参数**（**free parameter**），$\theta$是感知器的另一个自由参数（所以感知器一共有$N+1$个自由参数）。感知器的激活函数选用的是单位阶跃函数。$y$是感知器的输出，取值为 0 或 1，代表了感知器对当前输入的模式矢量的类别判断。

在训练（学习）开始之前，感知器的$N+1$个自由参数所取的值都是 0，这可以比喻为感知器在开始训练（学习）之前不具备任何知识，毫无智能可言。

随着训练（学习）的进行，感知器会根据所输入的训练样本以及所获得的标签信息不断地修改优化$N+1$个自由参数的值。修改优化自由参数$w_1$，$w_2$，…，$w_N$，$\theta$的过程，其实就是自动寻找合适的超平面的过程。为什么这样说呢？这是因为方程

$$net = 0$$

也就是

$$w_1x_1 + w_2x_2 + \cdots + w_Nx_N - \theta = 0 \tag{5.15}$$

正是一个$N$维空间中的一个超平面的方程。参数$w_1$，$w_2$，…，$w_N$，$\theta$的变化，其几何含义就是该超平面的位置和方向在发生变化。我们用$H$来代表这个超平面，它将整个$N$维模式空间一分为二，其中一半空间取名为$H^+$（正半空间），另一半空间相应地取名为$H^-$（负半空间）。另外，如果定义**权值矢量**$\boldsymbol{w} = (w_1, w_2, w_3, \cdots, w_N)$，并利用矢量的点积运算（请见 3.5 节），则式 5.15 可以重新表示为

$$\boldsymbol{w} \cdot \boldsymbol{x} - \theta = 0 \tag{5.16}$$

所谓训练结束，就是指感知器已经找到了一个合适的超平面（注意，合适的超平面可能不止一个），使得所有类别 1 的训练样本都位于该超平面的正半空间，而所有类别 2 的训练样本都位于该超平面的负半空间，也就是

$$\begin{array}{lllll} \boldsymbol{x} \in \chi_1 & \rightarrow \boldsymbol{w} \cdot \boldsymbol{x} - \theta \geqslant 0 & \rightarrow net \geqslant 0 & \rightarrow y = 1 & \rightarrow \boldsymbol{x} \in H^+ \\ \boldsymbol{x} \in \chi_2 & \rightarrow \boldsymbol{w} \cdot \boldsymbol{x} - \theta < 0 & \rightarrow net < 0 & \rightarrow y = 0 & \rightarrow \boldsymbol{x} \in H^- \end{array} \tag{5.17}$$

训练阶段结束后，感知器的$N+1$个参数（即$\boldsymbol{w}$中的$N$个参数和参数$\theta$）的值也就固定不变了，这可以比喻为感知器已经掌握了应有的知识，这些知识就体现为经过了修改优化的那$N+1$个参数的值；拥有了这些知识，感知器也就具备了一定的智能。

在运行阶段，感知器的输入模式矢量不再来自训练集，而是不带标签信息且等待识别的新的模式矢量。对于每一个这样的输入矢量，感知器都会输出一个 0 或 1，而这个 0 或 1 也就代表了感知器对这个输入模式矢量的类别识别结果，这个过程可表示为

$$\text{Input } \boldsymbol{x} \begin{cases} \text{if } \boldsymbol{w} \cdot \boldsymbol{x} - \theta \geqslant 0 & \rightarrow net \geqslant 0 \ \text{ then } y = 1 \ \ \rightarrow \boldsymbol{x} \in \text{class 1} \\ \text{if } \boldsymbol{w} \cdot \boldsymbol{x} - \theta < 0 & \rightarrow net < 0 \ \text{ then } y = 0 \ \ \rightarrow \boldsymbol{x} \in \text{class 2} \end{cases} \tag{5.18}$$

图 5-15 所示为一个用感知器来处理 2 维模式矢量的二类别识别的例子。类别 1 的训练样本有 7 个，类别 2 的训练样本有 6 个。训练完成后，得到$w_1 = 2, w_2 = -1, \theta = 0$。图中还展示了感知器通过训练找到的超平面（此处为直线）的位置，以及正、负半空间的位置。

在运行阶段，当有新的本属于类别 1 的模式矢量(2,3)作为输入进入感知器后，感知器的输出将为 1，也就是判定该矢量应该属于类别 1；当有新的本属于类别 2 的模式矢量(0,2)作为输入进入感知器后，感知器的输出将为 0，也就是判定该矢量应该属于类别 2。对于模式矢量(2,3)和(0,2)，感知器做出的判定都是正确的。然而，当有新的本属于类别 1 的模式矢量(1,3)作为输入进入感知器后，感知器的输出将为 0，也就是判定该矢量应该属于类别 2，这种情况称为误判，或错误识别。

事实上，误判的情况是很难彻底消除的，造成误判的原因也是多种多样的，其中一个重要的原因就是训练样本数量太少，使得感知器未能通过学习而寻找到更为优化更能正确反应不同模式类别之间的真正界限的超平面。而人们所能做的，就是尽量想办法降低错误识别率。

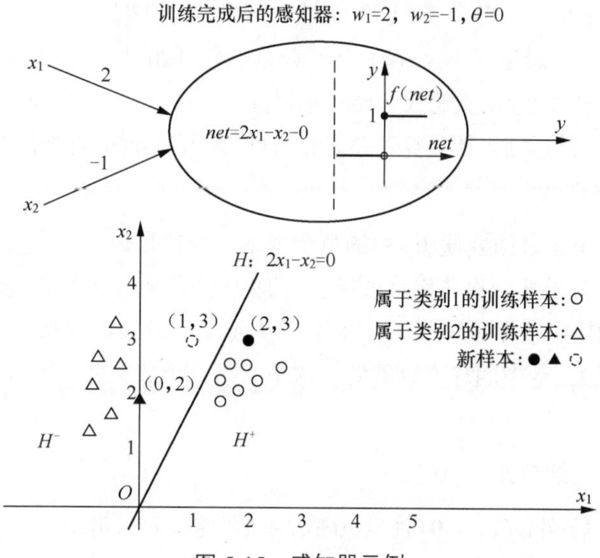


图 5-15　感知器示例

在对感知器有了基本了解后，接下来就可以开始具体地描述**感知器训练算法（Perceptron training algorithm）**。感知器训练算法是一个迭代算法，我们用$n(n = 1,2,3,\cdots)$来表示第$n$次迭代。每次迭代训练时，都要将某个作为训练样本的模式矢量输入给感知器，感知器根据当前的权值和阈值对输入进行处理后输出 1 或 0，然后再根据该输出值是否与该输入矢量的标签信息一致来决定是否要对感知器的权值和阈值进行修改，以及如何修改。

假定$\chi_1$表示属于类别 1 的训练样本子集，$\chi_2$表示属于类别 2 的训练样本子集，$\chi$表示整个训练集（$\chi_1$和$\chi_2$的并集），模式空间是$N$维的，且类别 1 和类别 2 是线性可分的。为了简化表达式的写法，这需要将每个作为训练样本的$N$维模式矢量都想象成是$N+1$维，最后增加的一维总是$-1$，也就是将$(x_1,x_2,x_3,\cdots,x_N)$想象成是$(x_1,x_2,x_3,\cdots,x_N,-1)$。同时，我们又将感知器的阈值参数$\theta$想象成是对应于第$N+1$维输入的权值，也就是对应于固定输入为$-1$的权值。这样一来，就可以定义第$n$次迭代时的$N+1$维扩展模式矢量

$$\boldsymbol{x}(n)=(x_1(n),x_2(n),x_3(n),\cdots,x_N(n),-1)$$

以及$N+1$维的扩展权值矢量

$$\boldsymbol{w}(n)=(w_1(n),w_2(n),w_3(n),\cdots,w_N(n),\theta)$$

相应地，我们有

$$net(n)=\boldsymbol{w}(n)\cdot\boldsymbol{x}(n)$$

以及

$$y(n)=f\big(net(n)\big)=f(\boldsymbol{w}(n)\cdot\boldsymbol{x}(n))$$

注意，在上面的几个表达式中，$\boldsymbol{x}(n)$表示第$n$次迭代开始时，从$\chi$中抽取的某个样本所对应的扩展模式矢量。$\boldsymbol{w}(n)$表示第$n$次迭代开始时感知器的扩展权值矢量。$y(n)$代表第$n$次迭代时感知器的输出。第$n$次迭代结束后，如果算法还未收敛（结束），则$\boldsymbol{w}(n)$将被修改调整为$\boldsymbol{w}(n+1)$，并将继续进行第$n+1$次迭代。

**在整个训练过程中，必须要遍历$\chi$中的每个样本**，也就是说，每个样本必须作为输入去经历至少一次的迭代。至于某一次迭代将选择$\chi$中的哪一个样本作为输入是没有什么限制的（可以随机选择，也可以按照某种顺序选择）。显然，训练结束时（训练算法收敛时），总的训练迭代次数肯定是等于或大于$\chi$中的样本总数的，这是因为某个或某些样本很可能需要经历不止一次的训练迭代。

感知器训练算法的细节如下所述。

第 1 步：设置初始条件$\boldsymbol{w}(1)=\boldsymbol{0}$（注意，$\boldsymbol{0}$是$N+1$维零矢量），并选定一个常数$\eta$（$0<\eta\leqslant 1$）作为**学习率（learning rate）**。

第 2 步：对于第$n(n=1,2,3,\cdots)$次训练迭代：

- 如果$\boldsymbol{x}(n)$所对应的$N$维训练样本$\in\chi_1$（后续简写为$\boldsymbol{x}(n)\in\chi_1$），并且$y(n)=1$（样本的类别被**正确地识别**），则$\boldsymbol{w}(n+1)=\boldsymbol{w}(n)$；
- 如果$\boldsymbol{x}(n)$所对应的$N$维训练样本$\in\chi_2$（后续简写为$\boldsymbol{x}(n)\in\chi_2$），并且$y(n)=0$（样本的类别被**正确地识别**），则$\boldsymbol{w}(n+1)=\boldsymbol{w}(n)$；
- 如果$\boldsymbol{x}(n)\in\chi_1$，并且$y(n)=0$（样本的类别被**错误地识别**），则$\boldsymbol{w}(n+1)=\boldsymbol{w}(n)+$

$\eta\boldsymbol{x}(n)$；

- 如果$\boldsymbol{x}(n) \in \chi_2$，并且$y(n) = 1$（样本的类别被**错误地识别**），则$\boldsymbol{w}(n+1) = \boldsymbol{w}(n) - \eta\boldsymbol{x}(n)$。

第 3 步：重复第 2 步，直到计算得到$N+1$维的扩展权值矢量$\boldsymbol{w}_0$，使得$\chi$中每个样本的类别都能够被感知器**正确地识别**。$\boldsymbol{w}_0$就是训练阶段的最终结果。

以上就是关于感知器训练算法的具体描述，现在我们用一个简单的例子来练习一下这个算法。如图 5-16 所示，我们有

$$\chi = \{(1,0),(0,1),(0.5,1)\}$$
$$\chi_1 = \{(1,0)\}$$
$$\chi_2 = \{(0,1),(0.5,1)\}$$

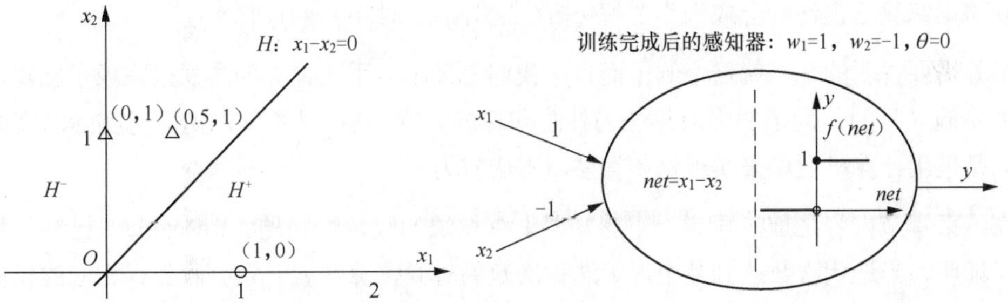


图 5-16　感知器训练算法示例

设置初始条件$\boldsymbol{w}(1) = (0,0,0)$，选定$\eta = 1$。

因为$\boldsymbol{x}(1) = (1,0,-1) \in \chi_1$且$y(1) = f(\boldsymbol{w}(1)\cdot\boldsymbol{x}(1)) = f(0\times1+0\times0+0\times(-1)) = f(0) = 1$（正确识别），所以$\boldsymbol{w}(2) = \boldsymbol{w}(1) = (0,0,0)$。

因为$\boldsymbol{x}(2) = (0,1,-1) \in \chi_2$且$y(2) = f(\boldsymbol{w}(2)\cdot\boldsymbol{x}(2)) = f(0\times0+0\times1+0\times(-1)) = f(0) = 1$（错误识别），所以$\boldsymbol{w}(3) = \boldsymbol{w}(2) - \boldsymbol{x}(2) = (0,-1,1)$。

因为$\boldsymbol{x}(3) = (0.5,1,-1) \in \chi_2$且$y(3) = f(\boldsymbol{w}(3)\cdot\boldsymbol{x}(3)) = f(0\times0.5+(-1)\times1+1\times(-1)) = f(-2) = 0$（正确识别），所以$\boldsymbol{w}(4) = \boldsymbol{w}(3) = (0,-1,1)$。

因为$\boldsymbol{x}(4) = (1,0,-1) \in \chi_1$且$y(4) = f(\boldsymbol{w}(4)\cdot\boldsymbol{x}(4)) = f(0\times1+(-1)\times0+1\times(-1)) = f(-1) = 0$（错误识别），所以$\boldsymbol{w}(5) = \boldsymbol{w}(4) + \boldsymbol{x}(4) = (1,-1,0)$。

因为$\boldsymbol{x}(5) = (0,1,-1) \in \chi_2$且$y(5) = f(\boldsymbol{w}(5)\cdot\boldsymbol{x}(5)) = f(1\times0+(-1)\times1+0\times(-1)) = f(-1) = 0$（正确识别），所以$\boldsymbol{w}(6) = \boldsymbol{w}(5) = (1,-1,0)$。

因为$\boldsymbol{x}(6) = (0.5,1,-1) \in \chi_2$且$y(6) = f(\boldsymbol{w}(6)\cdot\boldsymbol{x}(6)) = f(1\times0.5+(-1)\times1+0\times(-1))$

$= f(-0.5) = 0$（正确识别），所以$\boldsymbol{w}(7) = \boldsymbol{w}(6) = (1,-1,0)$。

因为$\boldsymbol{x}(7) = (1,0,-1) \in \chi_1$且$y(7) = f\big(\boldsymbol{w}(7)\cdot\boldsymbol{x}(7)\big) = f\big(1\times1+(-1)\times0+0\times(-1)\big) = f(1) = 1$（正确识别），所以$\boldsymbol{w}(8) = \boldsymbol{w}(7) = (1,-1,0)$。

上面的最后 3 步表明，根据扩展权值矢量$(1,-1,0)$，感知器可以对$\chi$的每一个样本都做出正确的识别，所以训练算法到此已经收敛，训练结束，训练的结果是$w_1 = 1, w_2 = -1, \theta = 0$，所找到的超平面（在此为普通直线）的方程为$x_1 - x_2 = 0$。

看完上面这个例子后，有的读者可能会说：我不用感知器训练算法也能解决这个问题呀，我凭清晰的直觉就能画出一条合适的直线来分割这两类训练样本，我也可以运用解析的方法（例如 4.5 节中所学的求解线性方程组的方法）来确定出合适的直线，又简单又快，何必还需要感知器迭代训练算法呢？是的，这样的说法对于这个简单的例子而言是很有道理的。可是，如果模式矢量的维数以及训练样本的个数都很大呢？那时候你清晰的直觉可能就成了一片茫然，而感知器训练算法也许就会成为你的解析方法之外的一种不错的选择。

另外需要说明的是，就这个例子而言，我们是采用了手工计算的方式来完成了感知器训练算法的实施（目的是为了加强对算法的熟悉和理解），所以稍显繁琐，但面对实际的需要时，我们总是采用计算机程序来实现这一算法，省心省力。

在结束本节内容之前，再说一下感知器训练算法的收敛性问题。Rosenblatt 已经从数学上给出了证明，当迭代次数达到某个最大迭代次数的时候，算法就一定会收敛，相应的权值和阈值也就是问题的正确解了；如果收敛后继续迭代，权值和阈值也不会再发生任何变化。

我们之前在设定算法的初始条件时，总是规定权值和阈值都全为 0，规定学习率为 1，**实际上，权值和阈值的初始值可以为任意随机数，而学习率只要是不大于 1 的正数即可。这些初始值的选择并不会影响到算法的收敛性，只会影响到最大迭代次数的大小。**以上所说的这些结论都体现在了 Rosenblatt 给出的数学证明中，但鉴于本书的写作指导思想之一是要尽量精简数学内容，所以这里就不复现 Rosenblatt 的证明过程了。

## 5.4 凸集与单层感知器

对于大多数人来说，数学的确是太复杂太艰深了，仅仅是数学上的一些术语和陈述就足以让人头脑发懵。例如，**凸分析（convex analysis）**的主要研究内容是**凸集（convex set）**和**凸函数（convex function）**；**凸优化（convex optimization）**是**优化理论（optimization theory）**的一个分支，其主要内容是研究如何最小化定义在凸集上的凸函数；如果一个函数的**上镜图（epigraph）**是一个凸集，就称这个函数为凸函数……

我们当然没有必要（至少暂时没有必要）去深究上面出现的那些术语和陈述的准确含义，但的确还是需要花一点时间来初步了解一下关于凸集的概念。在**欧几里得空间（Euclidean space）**中，凸集就是指这样一个**区域（region）**，区域中任何两点之间的直线段都包含在该区域中，所以凸集被称为**凸区域（convex region）**。图 5-17 所示为 2 维（欧几里得）空间中的一些凸集和非凸集。3 维（欧几里得）空间中，凸集的例子有实心球体、实心圆柱体、实心圆锥体等；非凸集的例子有空心球体、实心哑铃等。

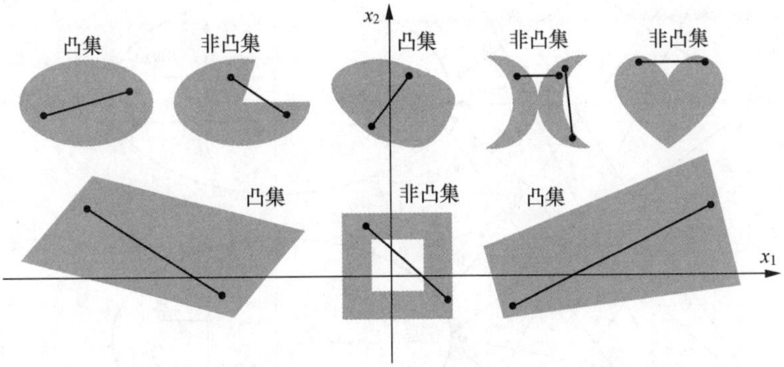


图 5-17　凸集的概念

凸集具有一种特别的属性，**即任意两个或多个凸集的交集也一定是一个凸集**。凸集的这种属性可以通过图 5-18 中 2 维凸集的交集示例得到直观的表现。但应注意的是，凸集的并集不一定是凸集。凸集的并集可能是凸集，也可能不是凸集。

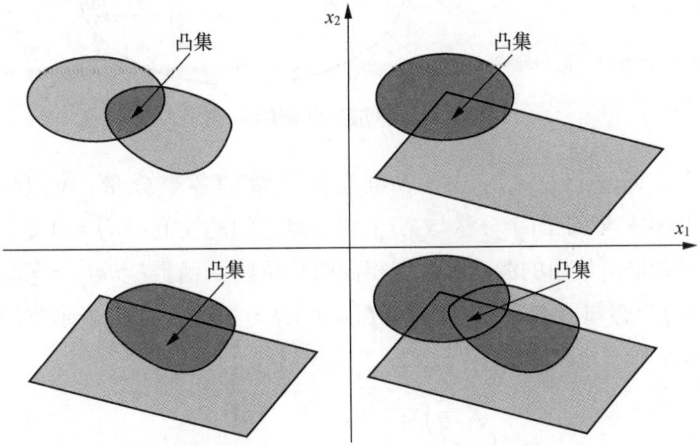


图 5-18　凸集的交集也是凸集

显而易见，单个感知器只能解决线性可分的二分类模式识别问题。为了能够处理多类别识别问题，我们自然会想到同时把多个感知器利用起来，这就引出了**单层感知器**的概念。图 5-19

所示为单层感知器的架构，它其实就是$M$个感知器的并行排列。

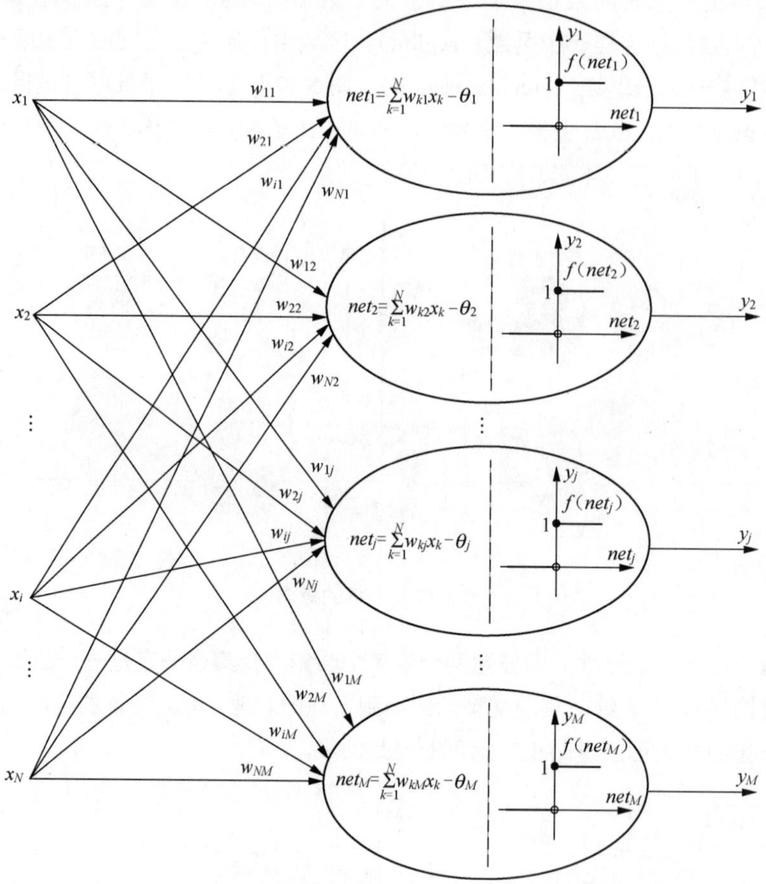


图 5-19　单层感知器的架构

在图 5-19 中，$x_1, x_2, x_3, \cdots, x_N$表示$N$维模式矢量的各个分量；$w_{ij}(i = 1,2,3, \cdots, N, j = 1,2,3, \cdots, M)$表示模式矢量的第$i$个分量与第$j$个感知器之间的权值；$\theta_j(j = 1,2,3, \cdots, M)$表示第$j$个感知器的阈值；感知器所使用的激活函数为相同的单位阶跃函数；$net_j = \sum_{k=1}^{N} w_{kj}x_k - \theta_j\ (j = 1,2,3, \cdots, M)$表示第$j$个感知器的净输入；$y_j = f(net_j)(j = 1,2,3, \cdots, M)$表示第$j$个感知器的输出。将$N$维模式矢量表示成一个$N \times 1$矩阵形式

$$\boldsymbol{X} = [x_1 \quad x_2 \quad \cdots \quad x_N]^{\mathrm{T}}$$

将$M$维输出矢量表示成一个$M \times 1$矩阵形式

$$\boldsymbol{Y} = [y_1 \quad y_2 \quad \cdots \quad y_M]^{\mathrm{T}}$$

将$M$维阈值矢量表示成一个$M \times 1$矩阵形式

$$\boldsymbol{\Theta} = [\theta_1 \quad \theta_2 \quad \cdots \quad \theta_M]^{\mathrm{T}}$$

定义$M \times N$权值矩阵

$$\boldsymbol{W} = \begin{bmatrix} w_{11} & w_{21} & \cdots & w_{N1} \\ w_{12} & w_{22} & \cdots & w_{N2} \\ \vdots & \vdots & \vdots & \vdots \\ w_{1M} & w_{2M} & \cdots & w_{NM} \end{bmatrix}$$

将$M$维净输入矢量表示成一个$M \times 1$矩阵形式

$$\boldsymbol{NET} = [net_1 \quad net_2 \quad \cdots \quad net_M]^{\mathrm{T}} = \boldsymbol{WX} - \boldsymbol{\Theta}$$

于是有

$$\boldsymbol{Y} = f(\boldsymbol{NET}) \tag{5.19}$$

式 5.19 就是单层感知器的输出与输入之间关系的矩阵表达形式。需要说明的是，式 5.19 中，单位阶跃函数$f$需要分别独立地作用于净输入矢量$\boldsymbol{NET}$的每一个分量。

根据之前对单个感知器的分析，我们知道单层感知器中的每一个感知器都能用一个超平面将模式空间划分为两个半空间，所以$M$个感知器可以把模式空间划分为$2M$个半空间。显然，每个半空间都是一个凸区域，又由于这些半空间彼此相交，所以会形成若干个交集，而每个交集也一定是一个凸区域。

图 5-20 所示为 3 个感知器组成的单层感知器将 2 维模式空间划分成 7 个凸区域的情形。可以证明，如果不同的感知器在分割模式空间时所用到的超平面彼此不重合，则$M$个感知器能够将整个模式空间划分成最少不小于$M$+1、最多不大于$2^M$个彼此不重叠的凸区域。

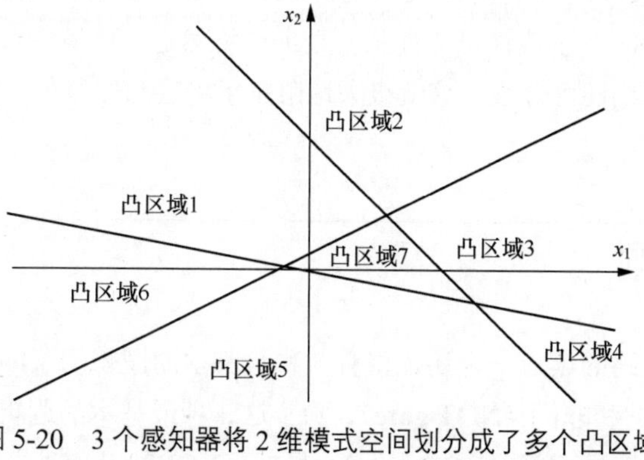


图 5-20　3 个感知器将 2 维模式空间划分成了多个凸区域

图 5-21 所示为利用 3 个感知器组成的单层感知器来处理 2 维模式空间的三类别识别问题。感知器 1 将训练样本视为类别 1 和非类别 1 两种，进而通过训练将这两种训练样本用超平面$H_1$进行隔离，使得当训练样本为类别 1 时，输出为$y_1 = 1$，否则输出$y_1 = 0$。感知器 2 将训练样本

视为类别 2 和非类别 2 两种，进而通过训练将这两种训练样本用超平面$H_2$进行隔离，使得当训练样本为类别 2 时，输出为$y_2 = 1$，否则输出$y_2 = 0$。感知器 3 将训练样本视为类别 3 和非类别 3 两种，进而通过训练将这两种训练样本用超平面$H_3$进行隔离，使得当训练样本为类别 3 时，输出为$y_3 = 1$，否则输出$y_3 = 0$。

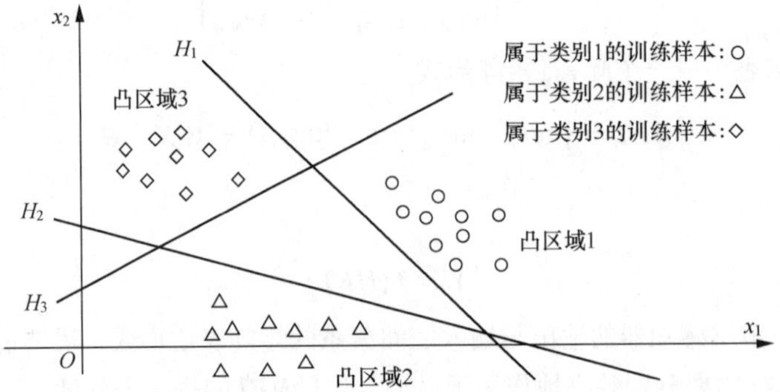


图 5-21　利用单层感知器解决三类别模式识别问题

在运行阶段，如果一个模式矢量位于凸区域 1，则单层感知器的输出矢量$(y_1, y_2, y_3) = (1,0,0)$，于是该模式矢量将被判定属于类别 1；如果一个模式矢量位于凸区域 2，则单层感知器的输出矢量$(y_1, y_2, y_3) = (0,1,0)$，于是该模式矢量将被判定属于类别 2；如果一个模式矢量位于凸区域 3，则单层感知器的输出矢量$(y_1, y_2, y_3) = (0,0,1)$，于是该模式矢量将被判定属于类别 3。如果一个模式矢量所对应的单层感知器的输出矢量不等于(1,0,0)、(0,1,0)或(0,0,1)，则该模式的类别无法被判定。

利用单层感知器来解决多类别模式识别问题时，必须要求模式的类别是**多线性可分的（multi-linearly separable）**。多线性可分性从本质上讲仍然是一种线性可分性，而现实中更多的模式识别问题都涉及非线性可分性，这就极大地限制了单层感知器的实际应用范围。

## 5.5 XOR 问题

学习过数字逻辑电路的读者一定还记得有 3 种最基本的**逻辑门（logic gate）**：**与门（AND gate）**、**或门（OR gate）**和**非门（NOT gate）**。除了这 3 种最基本的逻辑门外，还有一些其他种类的逻辑门，其中一种叫**异或门（XOR gate）**。**异或（XOR）**是一种二值逻辑运算，在二值逻辑运算中，数字 1 代表逻辑真，数字 0 代表逻辑假。XOR 的运算规则是：当两个作为输入的逻辑变量中有且只有一个取值为 1 时，输出变量才取值为 1，否则输出变量取值为 0。顺便说一下，XOR 其实就是 eXclusive OR 的简写形式，另外一种简写是 EOR（Exclusive OR），所以 EOR 和 XOR 其实是一回事。显然，XOR 运算规则可以使用表 5-1 得到更加直观的展示。

表 5-1 XOR 运算规则

| 输 入 | | 输 出 |
|---|---|---|
| $x_1$ | $x_2$ | $y$ |
| 0 | 0 | 0 |
| 0 | 1 | 1 |
| 1 | 0 | 1 |
| 1 | 1 | 0 |

现在，不妨将表 5-1 的内容看成是一个 2 维模式空间中的二类别识别问题：模式矢量(0,1)和(1,0)属于类别 1，模式矢量(0,0)和(1,1)属于类别 2，请见图 5-22。当使用单个感知器来解决这一问题时，我们希望感知器能够找到一个超平面（在这里是一条直线）将这两类矢量分离开，然而，事实上这样的超平面在理论上是不存在的！当使用单层感知器来解决这一问题时，我们发现属于类别 1 的两个矢量总是会位于不同的凸区域中，或者属于类别 2 的两个矢量总是会位于不同的凸区域中，这就使得训练算法不可能收敛。

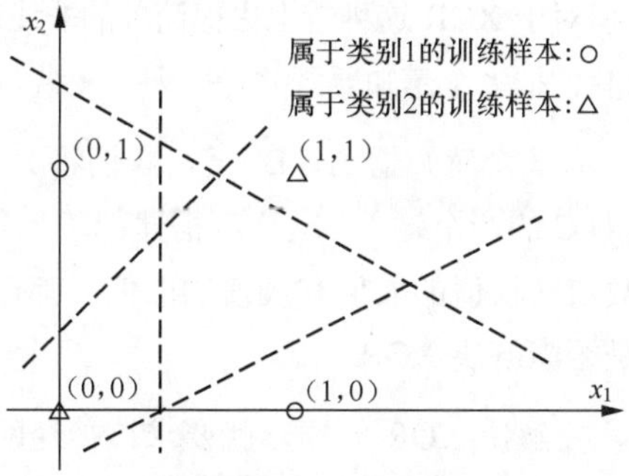


图 5-22 XOR 问题

总而言之，对于这样一个简单的内含 XOR 运算关系的模式识别问题，单层感知器竟是无能为力的。从根本上讲，XOR 其实是一个非线性识别问题，而单层感知器对于非线性识别问题是束手无策的。

美国认知科学家 Marvin Minsky 和美国数学及计算机科学家 Seymour Papert 曾经合著了一本名为 *Perceptrons：An Introduction to Computational Geometry* 的书（1969 年出版），其主要内容就是关于 Rosenblatt 发明的（单层）感知器的。该书运用了大量的数学证明，严格论证了（单层）感知器的作用及其缺陷，其中最吸引眼球的便是 XOR 问题。

关于该书对 AI 领域特别是人工神经网络研究的影响，存在着不少的争议：有人认为这种影响是积极的，说是它及时地消除了人们对（单层）感知器的美好但不现实的期望，但似乎更多的人认为这种影响是消极的，说是它给当时的人工神经网络研究领域泼了一大盆冷水，并导致了接下来约 20 年的低谷期。

# 第 6 章

# 多层感知器（MLP）

## 6.1 纵向串接

单个感知器可以解决线性可分的二分类问题，多个感知器并行排列后得到的单层感知器可以解决多线性可分的多分类问题，但对于 XOR 这种看上去很简单的非线性可分问题，单层感知器却束手无策。不妨设想一下，如果我们把多个感知器既并行排列，又纵向串接，情况会怎样呢？

如图 6-1 中的（c）所示，有 3 个感知器 A、B、C，我们将 B 和 A 并行排列，然后将 C 串接于后，使得 A、B 的输出成为 C 的两个输入，这样就搭建起了一种新的神经网络结构，另外，神经网络中各个感知器的参数值（权值的取值和阈值的取值）都已标注出来了。接下来，我们将检验这样的一个神经网络是否能解决 XOR 问题。

如图 6-1 中的（a）所示，要解决 XOR 问题，就要求该神经网络必须做到：对于类别 1 的矢量$(x_1,x_2)=(0,1)$和$(x_1,x_2)=(1,0)$，神经网络的输出$y_C$应该为 1；对于类别 2 的矢量$(x_1,x_2)=(0,0)$和$(x_1,x_2)=(1,1)$，神经网络的输出$y_C$应该为 0。该神经网络能否实现上述要求呢？

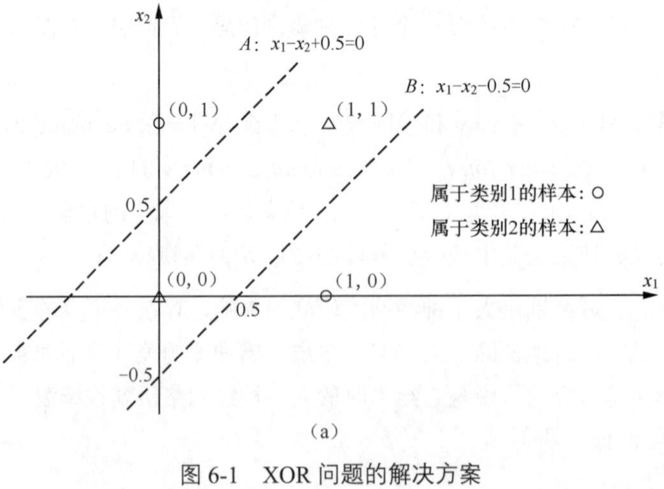


（a）

图 6-1　XOR 问题的解决方案

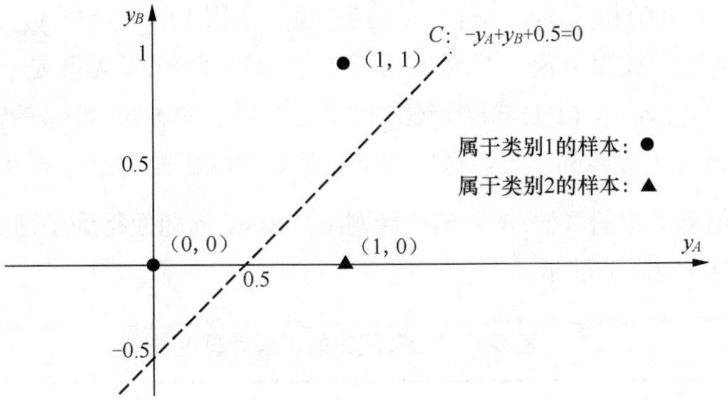


(b)

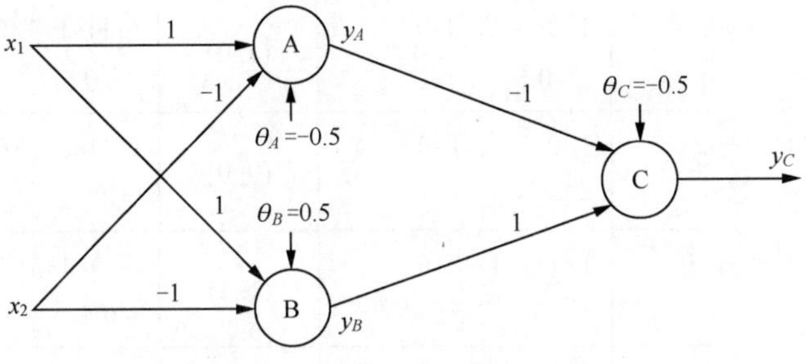


(c)

图 6-1　XOR 问题的解决方案（续）

显然，对于$(x_1,x_2)=(0,1)$，$(x_1,x_2)=(1,0)$，$(x_1,x_2)=(0,0)$，$(x_1,x_2)=(1,1)$，感知器 A 的输出分别是 0，1，1，1，感知器 B 的输出分别是 0，1，0，0。也就是说，感知器 A 和 B 将$(x_1,x_2)=(0,1)$, $(x_1,x_2)=(1,0)$, $(x_1,x_2)=(0,0)$, $(x_1,x_2)=(1,1)$分别映射成了$(y_A,y_B)=(0,0)$，$(y_A,y_B)=(1,1)$，$(y_A,y_B)=(1,0)$，$(y_A,y_B)=(1,0)$。注意，感知器 A 和 B 将$(x_1,x_2)=(0,0)$，$(x_1,x_2)=(1,1)$这两个矢量映射成了同一个矢量$(y_A,y_B)=(1,0)$，映射关系如图 6-2 所示。

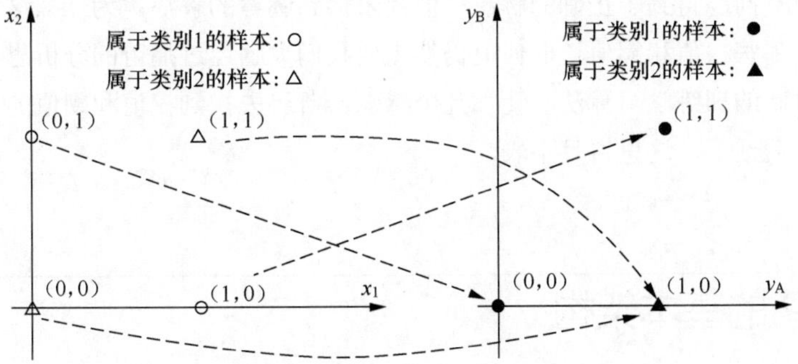


图 6-2　从$(x_1,x_2)$到$(y_A,y_B)$的映射

回头再来看看图 6-1（b），此时的 XOR 问题需求已经转化为感知器 C 必须能够在新的模式

空间中将$(y_A, y_B) = (0,0)$和$(y_A, y_B) = (1,1)$这两个属于类别 1 的矢量与$(y_A, y_B) = (1,0)$这一个属于类别 2 的矢量进行线性分离。显然，这对于感知器 C 来说无疑是一件非常容易的事：$(y_A, y_B) = (0,0)$和$(y_A, y_B) = (1,1)$就位于虚线的上方，对应的感知器 C 的输出是输出$y_C = 1$；$(y_A, y_B) = (1,0)$ 就位于虚线的下方，对应的感知器 C 的输出是输出$y_C = 0$。

至此，利用图 6-1 中的（c）所示的神经网络，XOR 问题便得到了彻底解决，这一过程可以通过表 6-1 来得到清晰的展示。

表 6-1　XOR 问题的求解计算过程

| $(x_1, x_2)$ | $net_A$ | $net_B$ | $(y_A, y_B)$ | $net_C$ | $y_C$ | 类别 |
|---|---|---|---|---|---|---|
| (0, 0) | 1×0+(−1)×0+0.5<br>= 0.5 | 1×0+(−1)×0−0.5<br>= −0.5 | (1, 0) | (−1)×1+1×0+0.5<br>= −0.5 | 0 | 2 |
| (0, 1) | 1×0+(−1)×1+0.5<br>= −0.5 | 1×0+(−1)×1−0.5<br>= −1.5 | (0, 0) | (−1)×0+1×0+0.5<br>= 0.5 | 1 | 1 |
| (1, 0) | 1×1+(−1)×0+0.5<br>= 1.5 | 1×1+(−1)×0−0.5<br>= 0.5 | (1, 1) | (−1)×1+1×1+0.5<br>= 0.5 | 1 | 1 |
| (1, 1) | 1×1+(−1)×1+0.5<br>= 0.5 | 1×1+(−1)×1−0.5<br>= −0.5 | (1, 0) | (−1)×1+1×0+0.5<br>= −0.5 | 0 | 2 |

将 3 个感知器按照图 6-1 中的（c）所示的结构进行连接，并恰当地对各个感知器的权值和阈值进行赋值（注意，这些权值和阈值的正确值无法通过各个感知器独立地运行现有的感知器训练算法而自动找到），XOR 问题便得到了正确的解决。

需要说明的是，对于各个感知器的权值和阈值应该赋予怎样的具体的值，方案并不唯一。也就是说，图 6-1 中的（c）所展示的那些权值和阈值的值只是正确方案中的一个。更需要说明的是，虽然 XOR 问题得到了**正确的**解决，但尚未得到**满意的**解决。为什么这么说呢？这是因为到目前为止，那些权值和阈值该取何值仍然需要我们大脑经过痛苦的分析思考后才能给出答案。有没有一种新的训练学习算法，让那几个感知器自己去找到权值和阈值的正确解呢？回答是：有！但这是后话了，这里暂且不表。

## 6.2　MLP 的基本架构

**MLP** 是 **MuLtilayer Perceptron** 的缩写，也就是**多层感知器**的意思。图 6-3 所示为未进行任何变异处理的最基本的 MLP 架构。

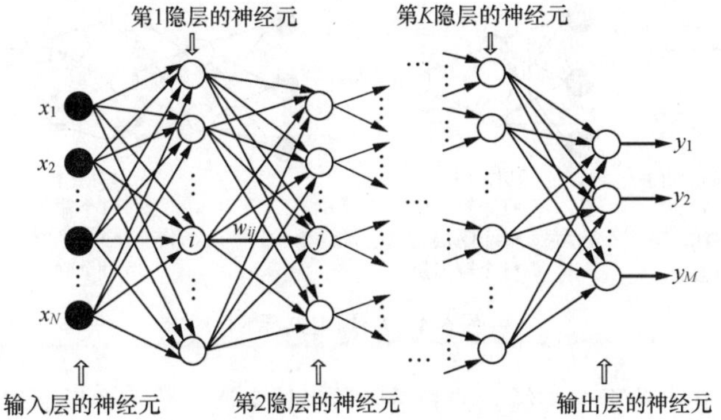


图 6-3　MLP 的基本架构

从“层”的角度看，一个 MLP 包含了一个**输入层（input layer）**、一个**输出层（output layer）**，以及若干个**隐层（hidden layer）**，相邻层的神经元之间以单向全互联方式进行连接。本书中，输入层的神经元用实心圆表示，隐层神经元和输出层神经元用空心圆表示。

需要特别说明的是，**输入层神经元并不是真正意义上的神经元，它没有激活函数，也没有输入，只有输出**。输入层的某个神经元的输出就是 MLP 的外部输入矢量的某个分量。隐层神经元和输出层神经元都有激活函数，激活函数的形式可以是任意的，但必须是非线性函数。5.1 节中介绍过的单位阶跃函数、分段线性函数、整流线性函数、软整流函数、逻辑函数、双曲正切函数等都可以作为隐层神经元和输出层神经元的激活函数。

当我们说 MLP 某一层的上一层（即前一层），以及某一层的下一层（即后一层）时，含义是这样的：一方面，上一层与前一层是同一个意思，当前层的输入来自于其上一层（即前一层）的输出。如果当前层是第$l$层，则其上一层（即前一层）就是第$(l-1)$层。另一方面，下一层与后一层是同一个意思，当前层的输出就是其下一层（即后一层）的输入。如果当前层是第$l$层，则其下一层（即后一层）就是第$(l+1)$层。另外需要说明的是，假设当前层是第$l$层，则我们用$w_{ij}$来表示第$(l-1)$层的第$i$个神经元与第$l$层的第$j$个神经元之间的连接强度（权值）。

**当我们说一个$L$层 MLP 时，是指输出层加上若干隐层后一共有$L$层，输入层是不计入其中的，因为输入层并非真实意义上的神经元层**。一个 MLP 总是有 1 个输入层和 1 个输出层，可能有也可能没有隐含层。为了更清晰地理解 MLP 中“层”的意思，请见图 6-4 中的示例。

现在，我们从数学角度来说明一下 MLP 的功能和作用，请见图 6-3。显然，如果把$x_1, x_2, \cdots$, $x_N$看成是$N$个自变量，把$y_1$，$y_2$，⋯，$y_M$看成是$M$个因变量，则一个 MLP 实际上是代表了$M$维输出矢量$\boldsymbol{y}=(y_1，y_2，\cdots，y_M)$与$N$维输入矢量$\boldsymbol{x}=(x_1，x_2，\cdots，x_N)$之间的函数关系，其中输出矢量$\boldsymbol{y}$中的每一个分量$y_k$都是一个$N$元函数，即

$$y_k = f_k(x_1, x_2, \cdots, x_N) \quad （k = 1,2,\cdots,M）$$

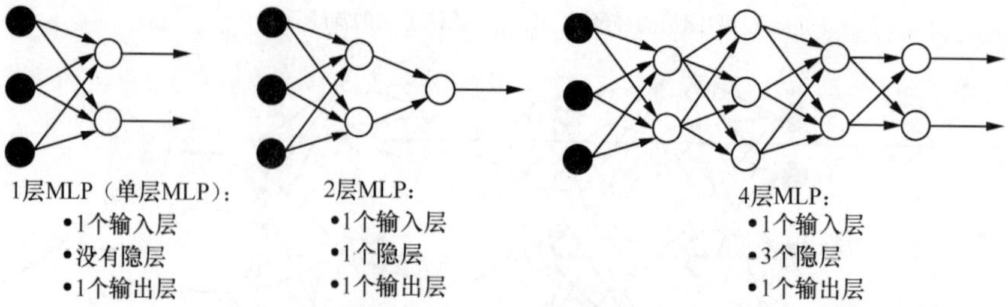


图 6-4 $L$层 MLP 示例

其中$f_k$是该 MLP 中若干个神经元的激活函数经过多次函数复合后而得到的一个复合函数。数学上可以证明，对于一个$L(L\geqslant 2)$层 MLP，如果不限制各隐层神经元的个数，也不限制激活函数的形式，那么只要 MLP 各个神经元的权值和阈值取值得当，则$y_k = f_k(x_1, x_2, \cdots, x_N)$就可以无限逼近任意一个$N$元函数。这就是说，从理论上讲，一个$L(L\geqslant 2)$层 MLP 实际上就可以成为一个万能的函数生成器，它可以表达$M$维输出矢量与$N$维输入矢量之间的任何映射关系。要使一个$L(L\geqslant 2)$层 MLP 表示出我们所希望的输入-输出映射关系，除了要恰当地选定各隐层神经元的数目外，还需要各神经元的权值和阈值取值得当才行。

像感知器一样，MLP 的运作也分为两个阶段，即训练学习阶段和运行阶段。训练的作用就是要将各个神经元的权值和阈值从随机的初始值修改调整成恰当的值，从而使得 MLP 能够表示出我们所希望的输入-输出映射关系。

MLP 的训练学习通常是使用**监督训练**（**supervised training**）方法，也称为**监督学习**（**supervised learning**）方法。使用监督训练方法时，每一个作为输入的训练样本矢量都带有一个已经知道的我们所期待的输出矢量，这个已经知道的我们所期待的输出矢量就是该训练样本所携带的**标签**（请回顾 5.3 节中关于标签的描述）。训练过程的早期，MLP 对于任何一个训练样本的实际输出与该训练样本所对应的我们所期待的输出之间一般都存在较大的差异；对于某个特定的训练样本来说，其实际输出与我们所期待的输出之间的差异称为该训练样本的**训练误差**（**training error**）。所谓训练，就是反复地修改调整各个神经元的权值和阈值的取值，从而尽量消除或减少每个训练样本的训练误差。

像感知器一样，MLP 的训练算法也是一种迭代算法，每次迭代训练时，先从训练样本集中抽取出一个样本（可以是随机抽取，也可以按照某种顺序抽取），然后将该样本输入给 MLP。MLP 根据当前的权值和阈值计算出该样本的实际输出，然后计算出该样本当前的训练误差（也就是该样本当前的实际输出与该样本的期待输出之间的差异），然后在适当的时候根据相关的训练误差信息来对各个神经元的权值和阈值进行适当修改。如此反复迭代，直到训练样本集中的各个样本的训练误差的总和[①]不超过某个预先设定的**误差容限**（**error tolerance limit**）时，训

① 该总和称为**网络训练误差**（**network training error**），或简称为**网络误差**（**network error**）。

练即告结束。请各位读者参考图 6-5 来理解上面叙述的内容。

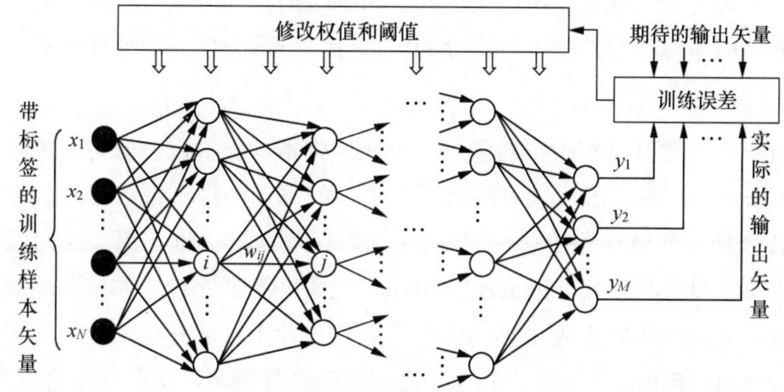


图 6-5　训练阶段的 MLP

当然，有可能出现这样一种情况，那就是迭代训练次数已经非常大了，但是网络训练误差却始终高于我们设定的误差容限，这种情况说明该 MLP 在架构设计上就可能存在缺陷（例如隐层神经元的数目选取得不合适等等），或者训练开始前各神经元的权值和阈值的初始值选取得不合适。应对的办法通常是终止训练，重新选取权值和阈值的初始值后再开始进行训练，或者重新进行 MLP 架构上的设计优化工作。

尽管人工神经网络的运作一般分为训练阶段和运行阶段，但实际上在训练阶段结束后，通常都会增加一个**测试阶段（test phase）**，待测试阶段满意之后，然后才进入运行阶段。所谓运行，就是将神经网络用于完成实际的工作任务。图 6-6 所示为设计并实现一个人工神经网络的全过程。

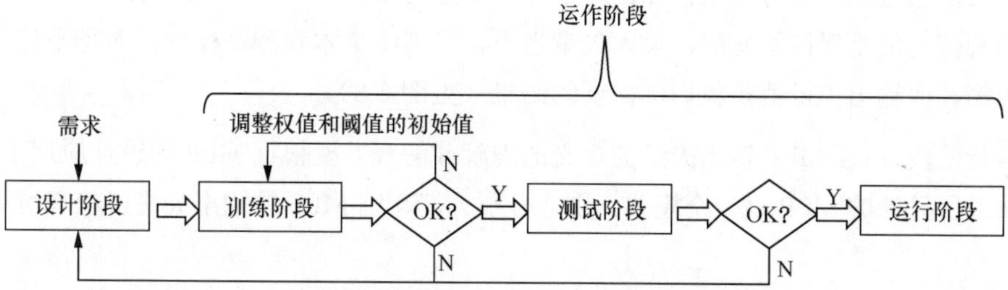


图 6-6　设计并实现一个人工神经网络

一个 MLP 在训练阶段结束之后，通常也会进入到测试阶段。测试的目的主要有两个：对该 MLP 在运行阶段的性能表现事先有一个预估；检验该 MLP 在架构设计上是否存在缺陷，以便确定是否需要对架构设计进行修改。例如是否需要增加或减少隐层的层数，或是调整隐层神经元的数量，等等。

测试过程中需要用到的测试样本的总和称为测试样本集，测试样本集中的每个样本也是带有标签的，也就是说每个测试样本所对应的我们所期待的输出矢量是预先知道的。通常的作法是，将数量足够多的带有标签的样本数据分为两部分，一部分作为训练样本集，另一部分作为测试样本集。

如图 6-7 所示，在测试过程中，对于每一个测试样本，我们也会像定义训练误差一样定义**测试误差（test error）**。测试阶段（对测试样本集中的每一个样本都进行一次测试）完成后，如果测试集中各个样本测试误差的总和[①]与网络训练误差比较接近，那么我们就认为该训练完成后的 MLP 具备了良好的**泛化（generalization）**能力，测试通过。如果网络测试误差出现了过大等异常情况，则测试失败，说明该 MLP 在架构设计上可能存在问题，并导致了我们不希望看到的**过拟合（overfitting）**情况。关于泛化和过拟合等概念，我们后面会讲到。

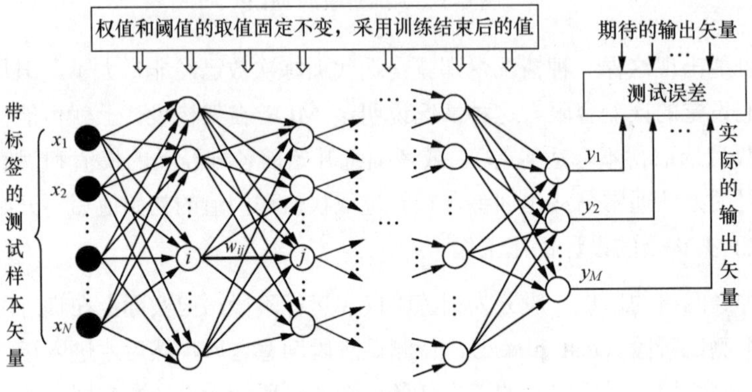


图 6-7 测试阶段的 MLP

测试阶段通过后，就可以运行 MLP 来完成实际的工作任务了。在运行阶段，各个神经元的权值和阈值的值是保持不变的，输入矢量也不再是训练样本和测试样本，而是不带标签的实际应用数据，而输出矢量就是我们所需要的结果（见图 6-8）。

在运行阶段，对于 MLP 输出矢量的含义的理解或解释是要根据 MLP 的设计应用来确定的。例如，如果所设计的 MLP 是一个模式识别（分类）器，则 MLP 的输出矢量就应理解为模式类别信息。

为了更好地理解这一点，我们不妨想象一下这样一个需求场景：在某个应用系统中，我们需要用一个 MLP 来实现其中的一个功能模块，该模块的输入只可能是手写体阿拉伯数字 0，1，2，3，4，5，6，7，8，9 中的某一个。要求该模块能够尽量正确地识别出所输入的手写体数字究竟是这 10 个数字中的哪一个。

① 该总和称为**网络测试误差（network test error）**。

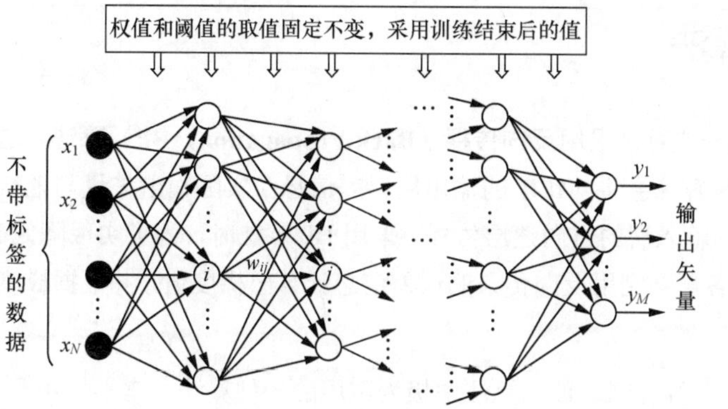


图 6-8 运行阶段的 MLP

为此，我们可以设计一个输出层包含 4 个神经元的 MLP，神经元激活函数确定为逻辑函数，并规定输出矢量(0, 0, 0, 0)，(0, 0, 0, 1)，(0, 0, 1, 0)，(0, 0, 1, 1)，(0, 1, 0, 0)，(0, 1, 0, 1)，(0, 1, 1, 0)，(0, 1, 1, 1)，(1, 0, 0, 0)，(1, 0, 0, 1)分别代表 0，1，2，3，4，5，6，7，8，9。在训练阶段和测试阶段，所有手写体 0 的样本，其期待的输出矢量都是(0, 0, 0, 0)；所有手写体 1 的样本，其期待的输出矢量都是(0, 0, 0, 1)；所有手写体 2 的样本，其期待的输出矢量都是(0, 0, 1, 0)；……；所有手写体 9 的样本，其期待的输出矢量都是(1, 0, 0, 1)。假定训练阶段和测试阶段都顺利结束了，那么在运行阶段，如果该 MLP 对于某个手写体数字的输出矢量是(0.03, 0.96, 0.95, 0.02)，则说明该手写体数字被识别为 6；如果对于某个手写体数字的输出矢量是(0.04, 0.01, 0.97, 0.99)，则说明该手写体数字被识别为 3，如此等等。

对于上面这个设计需求，我们也可以采用另外一种设计方案，即 MLP 的输出层包含 10 个神经元，并规定输出矢量(1, 0, 0, 0, 0, 0, 0, 0, 0, 0)，(0, 1, 0, 0, 0, 0, 0, 0, 0, 0)，(0, 0, 1, 0, 0, 0, 0, 0, 0, 0)，(0, 0, 0, 1, 0, 0, 0, 0, 0, 0)，……，(0, 0, 0, 0, 0, 0, 0, 0, 0, 1)分别代表 0，1，2，3，……，9。在训练阶段和测试阶段，所有手写体 0 的样本，其期待的输出矢量都是(1, 0, 0, 0, 0, 0, 0, 0, 0, 0)；所有手写体 1 的样本，其期待的输出矢量都是(0, 1, 0, 0, 0, 0, 0, 0, 0, 0)；所有手写体 2 的样本，其期待的输出矢量都是(0, 0, 1, 0, 0, 0, 0, 0, 0, 0)；……；所有手写体 9 的样本，其期待的输出矢量都是(0, 0, 0, 0, 0, 0, 0, 0, 0, 1)。假定训练阶段和测试阶段都顺利结束了，那么在运行阶段，如果该 MLP 对于某个手写体数字的输出矢量是(0.01, 0.02, 0.01, 0.03, 0.05, 0.98, 0.02, 0.03, 0.04, 0.05)，则说明该手写体数字被识别为 5；如果对于某个手写体数字的输出矢量是(0.01, 0.01,0.02,0.05, 0.04, 0.01, 0.04, 0.02, 0.06, 0.98)，则说明该手写体数字被识别为 9，如此等等。当然了，在运行阶段也可能出现某些异常情况，例如，某个手写体数字的输出矢量为(0.01, 0.87, 0.02, 0.05, 0.04, 0.01, 0.04, 0.88, 0.06, 0.01)，对此异常情况，大家有什么看法呢？

# 6.3 BP算法

MLP的训练一般总是采用**反向传播（Back Propagation，BP）算法**。之所以称为反向传播算法，是因为这种算法会将MLP的输出层误差信息（实际输出矢量与期待输出矢量之间的差异信息）沿着指向输入层的方向逐层传播。采用BP算法时，为了实现降低MLP输出层的误差的目的，MLP的各层会利用反向传来的误差信息计算出梯度值，并根据梯度下降的原则修改调整权值参数。

BP算法是人工神经网络训练算法中极为常用的一种算法，它不仅用于训练MLP，还用于训练许多其他类型的神经网络。下面所要描述的是未进行任何变异处理的最基本的BP算法。

假设MLP的输出层包含了$M$个神经元，那么MLP的输出矢量就是一个$M$维矢量，也就是$M$维空间中的一个点（请复习3.3节中的内容）。最基本的BP算法采用了MLP的**实际输出矢量（actual output vector）**在$M$维空间中的对应点与**期待输出矢量（desired output vector）**在$M$维空间中的对应点之间的距离值、或者该距离值的平方、或者该平方值的常数倍，来衡量实际输出矢量与期待输出矢量之间的差异。采用距离值也好，或是距离值的平方也好，或是平方值的常数倍也好，本质上并无差异，因为它们都能正确合理地反映出实际输出矢量与期待输出矢量之间的差异，所不同的只是计算上的繁杂程度不同而已。在本章中，为了简化算法表达式，我们将以平方值的1/2来衡量实际输出矢量与期待输出矢量之间的差异，即

$$E_p = \frac{1}{2}\sum_{j=1}^{M}(y_{dpj} - y_{apj})^2 \tag{6.1}$$

其中$E_p$表示第$p$次迭代训练时的训练误差，$y_{apj}$表示第$p$次迭代时MLP输出层的第$j$个神经元对于输入矢量所产生的实际输出值，$y_{dpj}$表示第$p$次迭代时的输入矢量所对应的期待输出矢量的第$j$个分量。$M$表示MLP输出层的神经元个数，它等于输出矢量的维数。

显然，$y_{apj}$的取值大小是与MLP的若干神经元的权值$w_{ij}$有关的，而$E_p$的表达式中又包含了各个$y_{apj}(j = 1,2,\cdots,M)$，所以$E_p$的大小是与MLP的所有的权值$w_{ij}$有关的。也就是说，我们可以将$E_p$看成一个多元函数，而这些$w_{ij}$就是一些自变量。如果想要通过修改某个$w_{ij}$的值来减小$E_p$的值，则该$w_{ij}$的增量的正负性就应该与$E_p$对该$w_{ij}$的偏导数的正负性相反（**请大家一定要想清楚为什么是这样的**），这可以表示为

$$\Delta_p w_{ij} \propto -\frac{\partial E_p}{\partial w_{ij}} \tag{6.2}$$

其中的符号$\propto$是“正比于”的意思。假定我们现在关注的是MLP的第$l$层，也就是说当前层是第$l$层，那么式6.2中的$w_{ij}$就表示第$(l-1)$层中的第$i$个神经元与第$l$层中的第$j$个神经元之间的权值，$\Delta_p w_{ij}$表示第$p$次迭代后应该对$w_{ij}$进行修改的量（也即增量）。

接下来的任务是要将式6.2转化成一个差分等式，这样才能便于计算机进行计算实现，而

首先要做的就是要推导出$\frac{\partial E_p}{\partial w_{ij}}$的具体表达形式。根据求导的**链式规则**（**chain rule**），我们有

$$\frac{\partial E_p}{\partial w_{ij}} = \frac{\partial E_p}{\partial net_{pj}} \frac{\partial net_{pj}}{\partial w_{ij}} \tag{6.3}$$

式 6.3 中的$net_{pj}$是第$p$次迭代时当前层（第$l$层）的第$j$个神经元的净输入，即

$$net_{pj} = \sum_k w_{kj}\, y_{apk} - \theta_{pj} \tag{6.4}$$

式 6.4 中的$w_{kj}$表示第$(l-1)$层的第$k$个神经元与当前层（第$l$层）的第$j$个神经元之间的权值，$y_{apk}$表示第$p$次迭代时第$(l-1)$层的第$k$个神经元的实际输出值，$\theta_{pj}$表示第$p$次迭代时当前层（第$l$层）的第$j$个神经元的阈值，求和运算$\Sigma$是针对第$(l-1)$层的所有神经元求和。于是，式 6.3 右边的第二项可表示为

$$\frac{\partial net_{pj}}{\partial w_{ij}} = \frac{\partial}{\partial w_{ij}}\left[\sum_k w_{kj}\, y_{apk} - \theta_{pj}\right] \tag{6.5}$$

将式 6.5 的右边进行展开，可以得到

$$\frac{\partial net_{pj}}{\partial w_{ij}} = \frac{\partial}{\partial w_{ij}}\left[\sum_{k'\neq i} w_{k'j}\, y_{apk'} + w_{ij} y_{api} - \theta_{pj}\right] = y_{api} \tag{6.6}$$

将式 6.6 代入式 6.3，得到

$$\frac{\partial E_p}{\partial w_{ij}} = \frac{\partial E_p}{\partial net_{pj}} \frac{\partial net_{pj}}{\partial w_{ij}} = y_{api} \frac{\partial E_p}{\partial net_{pj}} \tag{6.7}$$

式 6.7 的含义是：第$p$次迭代时，训练误差对于第$(l-1)$层的第$i$个神经元与第$l$层（当前层）的第$j$个神经元之间的权值的偏导数，等于训练误差对于第$l$层（当前层）的第$j$个神经元的净输入的偏导数与第$(l-1)$层的第$i$个神经元的实际输出值的乘积。

现在，我们定义误差信号$\delta_{pj}$为

$$\delta_{pj} = -\frac{\partial E_p}{\partial net_{pj}} \tag{6.8}$$

则根据式 6.7 和式 6.8 可以得到

$$-\frac{\partial E_p}{\partial w_{ij}} = \delta_{pj} y_{api} \tag{6.9}$$

将式 6.9 代入式 6.2，并引入一个正的常数$\eta$，我们可以得到

$$\Delta_p w_{ij} = \eta \delta_{pj} y_{api} \tag{6.10}$$

其中的常数$\eta$称为**训练速率**（**training rate**）或**学习率**（**learning rate**）。

为了将式 6.10 继续转化成一个可用的差分等式，以便于计算机进行计算实现，还得推导出$\delta_{pj}$的具体形式。再次根据求导的链式规则，我们有

$$\delta_{pj} = -\frac{\partial E_p}{\partial net_{pj}} = -\frac{\partial E_p}{\partial y_{apj}} \frac{\partial y_{apj}}{\partial net_{pj}} \tag{6.11}$$

假设神经元的激活函数为$f()$，则显然有

$$y_{apj} = f(net_{pj}) \tag{6.12}$$

以及

$$\frac{\partial y_{apj}}{\partial net_{pj}} = f'(net_{pj}) \tag{6.13}$$

这样一来，式 6.11 最右边的第二项就有了具体的表达形式。

为了推导出式 6.11 最右边的第一项$\frac{\partial E_p}{\partial y_{apj}}$的表达形式，我们需要分两种情况来处理。

- 情况 1：当前神经元是 MLP 的输出层的某个神经元，也即$y_{apj}$是第$p$次迭代时输出层的第$j$个神经元的实际输出值。
- 情况 2：当前神经元是 MLP 的某一隐层的某个神经元，也即$y_{apj}$是第$p$次迭代时某一隐层的第$j$个神经元的实际输出值。

对于情况 1，我们直接有

$$\frac{\partial E_p}{\partial y_{apj}} = \frac{\partial}{\partial y_{apj}}\left[\frac{1}{2}\sum_{j'=1}^{M}(y_{dpj'} - y_{apj'})^2\right] = -(y_{dpj} - y_{apj}) \tag{6.14}$$

将式 6.14 和式 6.13 代入式 6.11，我们有

$$\delta_{pj} = (y_{dpj} - y_{apj})f'(net_{pj}) \tag{6.15}$$

对于情况 2，我们需要又用到求导的链式规则，即

$$\frac{\partial E_p}{\partial y_{apj}} = \sum_k\left(\frac{\partial E_p}{\partial net_{pk}} \frac{\partial net_{pk}}{\partial y_{apj}}\right) \tag{6.16}$$

注意，式 6.16 中的$net_{pk}$是第$(l+1)$层的第$k$个神经元的净输入，求和运算$\Sigma$是针对第$(l+1)$层的所有神经元求和。式 6.16 中的小括号内的第二项可表示为

$$\begin{aligned}\frac{\partial net_{pk}}{\partial y_{apj}} &= \frac{\partial}{\partial y_{apj}}\left[\sum_m w_{mk}\, y_{apm} - \theta_{pk}\right] \\ &= \frac{\partial}{\partial y_{apj}}\left[\sum_{m'\neq j} w_{m'k}\, y_{apm'} + w_{jk}y_{apj} - \theta_{pk}\right] \\ &= w_{jk}\end{aligned} \tag{6.17}$$

将式 6.17 代入式 6.16，得到

$$\frac{\partial E_p}{\partial y_{apj}} = \sum_k \frac{\partial E_p}{\partial net_{pk}} w_{jk} \tag{6.18}$$

而根据定义式 6.8，我们有

$$\delta_{pk} = -\frac{\partial E_p}{\partial net_{pk}} \tag{6.19}$$

将式 6.19 代入式 6.18，得到

$$\frac{\partial E_p}{\partial y_{apj}} = -\sum_k \delta_{pk} w_{jk} \tag{6.20}$$

综合式 6.11、式 6.13 和式 6.20，我们可以将针对情况 2 的误差信号表示为

$$\delta_{pj} = f'(net_{pj}) \sum_k \delta_{pk} w_{jk} \tag{6.21}$$

小结一下到目前为止的推导过程：式 6.10 以误差信号$\delta_{pj}$的形式给出了一个差分等式，该等式对于 MLP 的输出层及隐层的权值都是成立的，式 6.15 针对输出层权值对式 6.10 进行了具体化，式 6.21 针对隐层权值对式 6.10 进行了具体化。

接下来还需要计算式 6.15 和式 6.21 中都出现的$f'(net_{pj})$。假定神经元的激活函数采用式 5.7 定义的逻辑函数，并且控制参数$T$的取值为 1，则

$$y_{apj} = f(net_{pj}) = \frac{1}{1+e^{-net_{pj}}} \tag{6.22}$$

于是有

$$f'(net_{pj}) = \frac{d}{dnet_{pj}}\left(\frac{1}{1+e^{-net_{pj}}}\right)$$

$$= \left[\frac{-1}{(1+e^{-net_{pj}})^2}\right]\frac{d}{dnet_{pj}}(1+e^{-net_{pj}})$$

$$= \left[\frac{-1}{(1+e^{-net_{pj}})^2}\right]e^{-net_{pj}}\frac{d}{dnet_{pj}}(-net_{pj})$$

$$= \left[\frac{1}{(1+e^{-net_{pj}})^2}\right]e^{-net_{pj}}$$

$$= \frac{1}{(1+e^{-net_{pj}})}\frac{e^{-net_{pj}}}{(1+e^{-net_{pj}})}$$

$$= \frac{1}{(1+e^{-net_{pj}})}\frac{(1+e^{-net_{pj}})-1}{(1+e^{-net_{pj}})}$$

$$=\frac{1}{(1+e^{-net_{pj}})}(1-\frac{1}{1+e^{-net_{pj}}})$$

$$=f(net_{pj})[1-f(net_{pj})] \tag{6.23}$$

也即

$$f'(net_{pj})=y_{apj}(1-y_{apj}) \tag{6.24}$$

至此，式 6.10、式 6.15、式 6.21、式 6.24 给出了基本的便于计算机计算实现的 BP 算法，前提条件是训练误差定义为$E_p=\frac{1}{2}\sum_{j=1}^{M}(y_{dpj}-y_{apj})^2$，激活函数定义为逻辑函数$f(net)=\frac{1}{1+e^{-net}}$。

最后，我们再总结性地集中描述一下 BP 算法的结论。BP 算法对应的差分等式为

$$\Delta_p w_{ij}=\eta\delta_{pj}y_{api} \tag{6.25}$$

式 6.25 中的$\Delta_p w_{ij}$表示第$p$次迭代时，第$(l-1)$层的第$i$个神经元与当前层（第$l$层）的第$j$个神经元之间的权值的增量（修改量），常数$\eta(\eta>0)$代表学习率，$\delta_{pj}$表示当前层（第$l$层）的第$j$个神经元的误差信号，$y_{api}$表示第$(l-1)$层的第$i$个神经元的实际输出值。误差信号$\delta_{pj}$的计算方法是

$$\delta_{pj}=y_{apj}(1-y_{apj})(y_{dpj}-y_{apj})\quad\text{（适用于输出层神经元）} \tag{6.26}$$

$$\delta_{pj}=y_{apj}(1-y_{apj})\sum_k\delta_{pk}w_{jk}\quad\text{（适用于隐层神经元）} \tag{6.27}$$

式 6.27 中的$\delta_{pj}$表示当前层（第$l$层）的第$j$个神经元的误差信号，$\delta_{pk}$表示第$(l+1)$层的第$k$个神经元的误差信号，$w_{jk}$表示当前层（第$l$层）的第$j$个神经元与第$(l+1)$层的第$k$个神经元之间的权值，求和运算$\Sigma$是针对第$(l+1)$层的所有神经元求和。

细心的读者可能会注意到，BP 算法所涉及的 3 个等式（式 6.25、式 6.26、式 6.27）中，完全没有出现神经元阈值的影子。事实上，我们完全没有必要去另外推算出训练过程中应该如何修改神经元的阈值，而是将某个神经元的阈值视为它上一层中额外增加的一个特殊神经元到该神经元之间的权值，这样就可以利用式 6.25、式 6.26 和式 6.27 来计算该如何修改阈值了。在输入层及每个隐层增加的这个神经元称为**偏置神经元（bias neuron）**，请见图 6-9。偏置神经元没有输入（或认为其输入为 0），没有激活函数（或认为其激活函数$f(net)=-1$），但其输出值恒为-1。偏置神经元只是一种形式上的神经元，它的引入只是为了简化计算而已。**注意，输出层是没有偏置神经元的。**

图 6-10 所示为 BP 算法的整个过程步骤，各步骤的说明如下（注意，由于通常都引入了偏置神经元，所以神经元的阈值按权值来进行对待处理）。

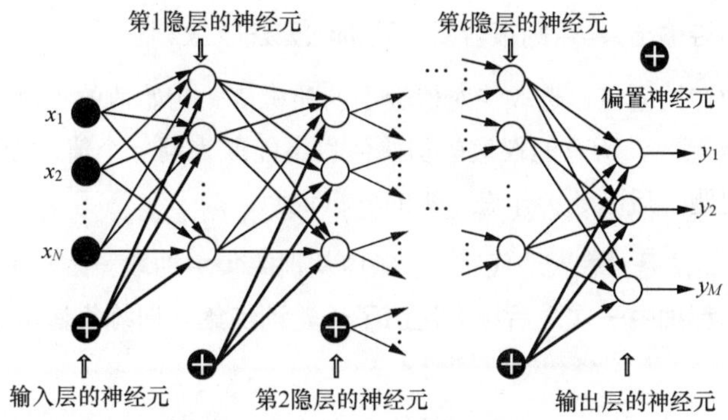


图 6-9 偏置神经元

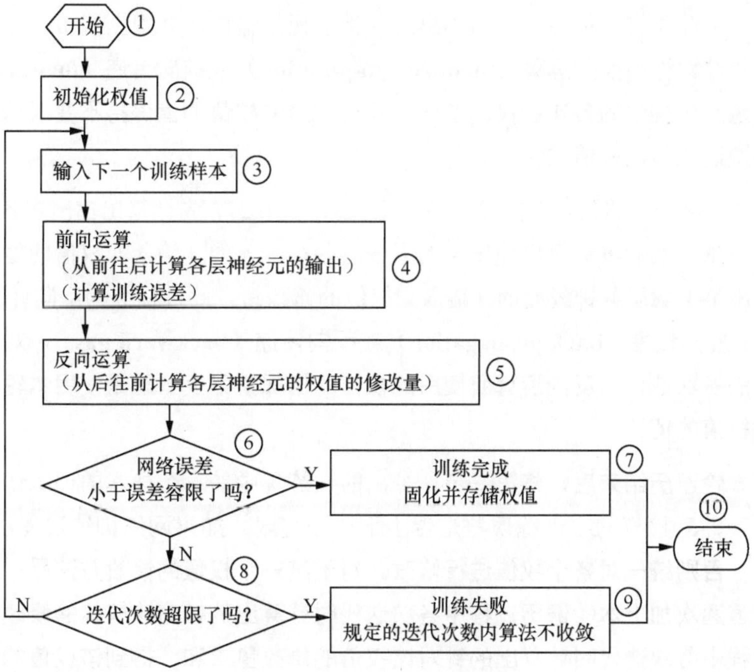


图 6-10 BP 算法流程图

第①步：确定 MLP 的隐层数，确定各层神经元的数目，选定神经元激活函数，选定学习率，准备好合适的训练样本集。**BP 算法要求激活函数是处处可导的**，所以之前介绍的单位阶跃函数、分段线性函数、整流线性函数都不适合作为激活函数（请复习 2.3 节、2.7 节、5.1 节的内容）。BP 算法通常采用逻辑函数作为激活函数，一方面是因为逻辑函数处处可导，另一方面是因为逻辑函数可以通过调节参数$T$（见式 5.7）来近似单位阶跃函数或分段线性函数等。准备好合适的训练样本集对于训练是非常重要的，样本数目应足够多，样本应具有典型性。**特别需要注意和检查的是，如果两个样本是相同的，则它们的标签也必须是相同的（相同的样本输**

**入不能对应不同的期待输出），否则很容易导致训练无法收敛。**

第②步：权值的初始值应该选取绝对值较小的随机值。初始值的绝对值如果太大，则有可能导致训练低效甚至无效。所有的权值的初始值也不能取为同一个值，否则会导致训练无效。关于初始值的选取问题，后面还会作进一步的分析说明。

第③步：通常的做法是，每次迭代时，按顺序从训练集中抽取一个样本作为 MLP 的输入。**训练集中的每个样本都抽中一次之后称为遍历了一轮训练集**。训练集遍历完一轮之后，重复继续下一轮遍历。

第④步：根据第 1 隐层各神经元的（输入）权值和输入层的输出，计算出第 1 隐层各神经元的输出，然后根据第 2 隐层各神经元的（输入）权值和第 1 隐层的输出，计算出第 2 隐层各神经元的输出。依此类推，最后计算出输出层各神经元的输出，并根据式 6.1 计算出当前样本的训练误差，此过程称为**前向运算（forward computation）或前向传递（forward pass）。对于同一轮训练集遍历过程中的各次迭代，前向运算所使用的权值的值保持不变（总是使用本轮遍历过程中第一次迭代时的权值的值）。**

第⑤步：对于每一次迭代，根据式 6.25、式 6.26、式 6.27，先计算出输出层各神经元的（输入）权值的修改量，然后再计算出输出层的上一层各神经元的（输入）权值的修改量。依此类推，最后计算出第 1 隐层各神经元的（输入）权值的修改量，此过程称为**反向计算（backward computation）、反向传播（back propagation）或反向传递（backward pass）。对于同一轮训练集遍历过程中的各次迭代，反向运算所使用的权值的值保持不变（总是使用本轮遍历过程中第一次迭代时的权值的值）。**

第⑥步：**本轮遍历结束后**，将第⑤步计算出的训练集中的每个样本的训练误差求和，得到网络训练误差，然后检查网络训练误差是否小于误差容限。**如果网络训练误差小于误差容限，则进入第⑦步；否则统一对各个权值进行修改。对于某一个权值的修改方法是：将该权值在本轮遍历时的取值逐次加上本轮遍历过程中各次迭代时计算出的针对该权值的修改量（相当于是将本轮遍历过程中各次迭代时计算出的针对该权值的修改量求和，得到该权值的修改总量，然后将此修改总量加上该权值在本轮遍历时的取值，得到该权值的新值）。各权值修改完成后，进入第⑧步。**

第⑦步：固化并保存 MLP 的各个权值的取值，然后进入第⑩步，训练成功并结束。

第⑧步：检查当前的迭代次数（或遍历轮数）是否超过了预先设定的上限值。如果没有超过，则返回到第③步，否则进入到第⑨步。

第⑨步：宣告训练失败，进入第⑩步，终止训练。

接下来，我们通过图 6-11 中的例子来练习 BP 算法，所采用的 MLP 的架构极为简单，只有一个输入层神经元、一个隐层神经元、一个输出层神经元（注意，引入了偏置神经元）。我们希望这个 MLP 能够拥有逻辑非的输入-输出关系，即输入为 0 时，期待输出为 1；输入为 1 时，期待输出为 0。

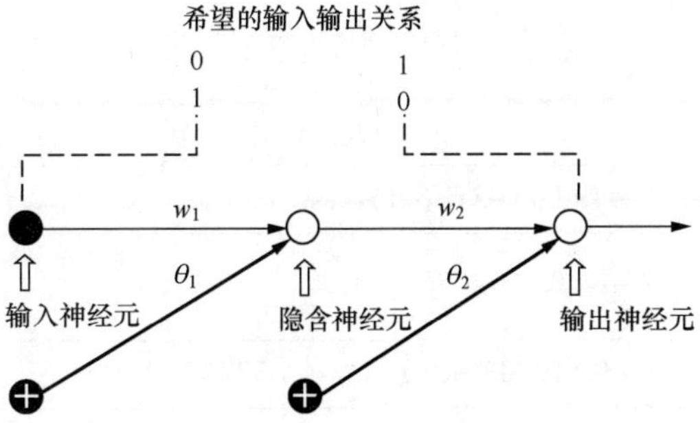


图 6-11 BP 算法示例

显然，如果采用逻辑函数作为激活函数，那么输出神经元的输出总是大于 0 小于 1 的，但是无法取 0 或取 1。然而，这并无大碍，因为我们可以认为输出足够小（比如小于 0.2）时就相当于输出为 0 了，输出足够大（比如大于 0.8）时就相当于输出为 1 了，这样也算满足了设计需求。故此，我们仍然确定选用逻辑函数作为激活函数。

在开始准备训练之前，我们不妨来思考一下此问题的解的多样性。经过简单分析可知，此问题至少存在两种解，第一种解的特点是：隐含神经元扮演“反向器”的角色，输出神经元扮演“跟随器”的角色，即输入为 0 时，隐含神经元的输出接近 1，输出神经元的输出也跟着接近 1；输入为 1 时，隐含神经元的输出接近 0，输出神经元的输出也跟着接近 0。第二种解的特点与第一种解的特点正好相反：隐含神经元扮演“跟随器”的角色，输出神经元扮演“反向器”的角色，即输入为 0 时，隐含神经元的输出也跟着接近 0，输出神经元的输出接近 1；输入为 1 时，隐含神经元的输出也跟着接近 1，输出神经元的输出接近 0。

例如，当$w_1, \theta_1 w_2, \theta_2$取下面的值时

$$w_1 = -4, \theta_1 = -2, w_2 = 4, \theta_2 = 2 \tag{6.28}$$

就可以得到第一种解，计算说明如表 6-2 所示。

表 6-2 第一种解的计算说明

| 输入：0 |
| --- |
| 隐含神经元的净输入：$(-4)\times 0+(-2)\times(-1)=2$ |
| 隐含神经元的输出：$\frac{1}{1+\mathrm{e}^{-2}}=0.880797$ |

续表

| 输入：0 |
| --- |
| 输出神经元的净输入：$4\times0.880797+2\times(-1)=1.523188$ |
| 输出神经元的输出：$\frac{1}{1+e^{-1.523188}}=0.821007$ 接近于 1 |
| 输入：1 |
| 隐含神经元的净输入：$(-4)\times1+(-2)\times(-1)=-2$ |
| 隐含神经元的输出：$\frac{1}{1+e^{2}}=0.119203$ |
| 输出神经元的净输入：$4\times0.119203+2\times(-1)=-1.52319$ |
| 输出神经元的输出：$\frac{1}{1+e^{1.52319}}=0.178993$ 接近于 0 |

从表 6-2 中可以看到，隐含神经元将 0 映射成了 0.880797，将 1 映射成了 0.119203，所以扮演了“反向器”的角色；输出神经元将 0.880797 映射成了 0.821007，将 0.119203 映射成了 0.178993，所以扮演了“跟随器”的角色。

当$w_1=4,\theta_1=2,w_2=-4,\theta_2=-2$时，就可以得到第二种解，计算说明如表 6-3 所示。

表 6-3 第二种解的计算说明

| 输入：0 |
| --- |
| 隐含神经元的净输入：$4\times0+2\times(-1)=-2$ |
| 隐含神经元的输出：$\frac{1}{1+e^{2}}=0.119203$ |
| 输出神经元的净输入：$(-4)\times0.119203+(-2)\times(-1)=1.523188$ |
| 输出神经元的输出：$\frac{1}{1+e^{-1.523188}}=0.821007$ 接近于 1 |
| 输入：1 |
| 隐含神经元的净输入：$4\times1+2\times(-1)=2$ |
| 隐含神经元的输出：$\frac{1}{1+e^{-2}}=0.880797$ |
| 输出神经元的净输入：$(-4)\times0.880797+(-2)\times(-1)=-1.52319$ |
| 输出神经元的输出：$\frac{1}{1+e^{1.52319}}=0.178993$ 接近于 0 |

从表 6-3 中可以看到，隐含神经元将 0 映射成了 0.119203，将 1 映射成了 0.880797，所以

扮演了“跟随器”的角色；输出神经元将 0.119203 映射成了 0.821007，将 0.880797 映射成了 0.178993，所以扮演了“反向器”的角色。

好了，我们现在准备开始训练图 6-11 中的 MLP，首先要做的事情是选取权值和阈值的初始值。**先说一个结论：权值或阈值的初始值的绝对值不能太大，否则可能会导致训练低效甚至无效。**一般地，如果权值或阈值的初始值的绝对值太大，就有可能导致神经元的净输入的绝对值太大，而又因为激活函数是逻辑函数，这就会导致式 6.26 及式 6.27 中的$y_{apj}$非常接近 0 或非常接近 1。如果$y_{apj}$非常接近 0 或非常接近 1，就会导致$y_{apj}(1-y_{apj})$非常接近 0，从而导致式 6.26 及式 6.27 中的$\delta_{pj}$非常接近 0，而这又会导致式 6.25 中的$\Delta_p w_{ij}$非常接近 0，这说明权值或阈值的修改量将会微乎其微（训练低效）。如果由于计算过程中数值精度误差的影响，式 6.25 中$\Delta_p w_{ij}$算出来的结果有可能就是 0，此时权值或阈值根本就不会被修改（训练无效）。**另外再说一个结论：MLP 所有权值和阈值的初始值不能为同一个值，否则一定会导致训练无效。**因为如果所有权值和阈值的初始值是同一个值，就意味着输出层各个神经元的净输入相同，也意味着输出层各个神经元的输出值相同，再根据式 6.26 和式 6.25，就会发现输出层不同的神经元的输入权值及阈值的修改量相同。根据这一思路，可以从后往前推理出每一层的不同神经元的输入权值及阈值的修改量都是相同的。初始值相同，而修改量也相同，这说明什么？这说明权值及阈值永远也不可能按照实际问题的需要去取不同的值，这样的训练当然是无效的。

**根据上面的两个结论，我们得出的经验就是：初始值应该取绝对值较小的不同的随机值。**为此，我们不妨把图 6-11 中权值和阈值的初始值选定为

$$w_1=-0.2 \quad \theta_1=0.3 \quad w_2=0.2 \quad \theta_2=-0.1$$

另外，把学习率$\eta$选定为 1。

训练样本集有两个样本：0 和 1，所对应的期待输出分别是 1 和 0。第 1 轮样本集遍历过程包含两次迭代训练，第 1 次迭代的输入样本是 0，第 2 次迭代的输入样本是 1。第 1 轮样本集遍历时各权值和阈值采用所选取的初始值。第 1 轮样本集遍历过程中两次迭代时的前向计算结果见表 6-4。

**表 6-4 第 1 轮遍历时的前向计算结果**

| 输入 | 隐含神经元的净输入 | 隐含神经元的输出 | 输出神经元的净输入 | 输出神经元的实际输出 | 期待输出 | 训练误差 |
|---|---|---|---|---|---|---|
| 0 | –0.3 | 0.426 | 0.185 | 0.546 | 1 | $(1–0.546)^2/2$ |
| 1 | –0.5 | 0.378 | 0.176 | 0.544 | 0 | $(0–0.544)^2/2$ |

根据表 6-4，可以得知第 1 轮遍历结束后（但在修改权值和阈值之前）的网络训练误差为

$$\frac{1}{2}\times(1-0.546)^2+\frac{1}{2}\times(0-0.544)^2=0.251 \tag{6.29}$$

根据式 6.25 和式 6.26，我们有

$$\Delta_p w_{ij}=\eta\delta_{pj}y_{api}=\eta y_{apj}(1-y_{apj})(y_{dpj}-y_{apj})\,y_{api}$$

将此式分别应用于$w_2$和$\theta_2$，我们得到

$$\Delta_1 w_2=1\times 0.546\times(1-0.546)\times(1-0.546)\times 0.426$$
$$=0.048$$
$$\Delta_1 \theta_2=1\times 0.546\times(1-0.546)\times(1-0.546)\times(-1)$$
$$=-0.111$$

根据式 6.25 和式 6.27，我们有

$$\Delta_p w_{ij}=\eta\delta_{pj}y_{api}=\eta y_{apj}(1-y_{apj})[\textstyle\sum_k \delta_{pk}w_{jk}]y_{api}$$

将此式分别应用于$w_1$和$\theta_1$，我们得到

$$\Delta_1 w_1=1\times 0.426\times(1-0.426)\times[0.546\times(1-0.546)\times(1-0.546)\times 0.2]\times 0$$
$$=0$$
$$\Delta_1 \theta_1=1\times 0.426\times(1-0.426)\times[0.546\times(1-0.546)\times(1-0.546)\times 0.2]\times(-1)$$
$$=-0.006$$

至此，我们就计算得到了$\Delta_1 w_2$，$\Delta_1\theta_2$，$\Delta_1 w_1$，$\Delta_1\theta_1$。

接下来，我们将计算$\Delta_2 w_2$，$\Delta_2\theta_2$，$\Delta_2 w_1$，$\Delta_2\theta_1$，计算方法与计算$\Delta_1 w_2$，$\Delta_1\theta_2$，$\Delta_1 w_1$，$\Delta_1\theta_1$是一样的，不同的是，计算过程中使用的各种值是来自表 6-4 的最后一行。

$$\Delta_2 w_2=1\times 0.544\times(1-0.544)\times(0-0.544)\times 0.378$$
$$=-0.051$$
$$\Delta_2 \theta_2=1\times 0.544\times(1-0.544)\times(0-0.544)\times(-1)$$
$$=0.135$$
$$\Delta_2 w_1=1\times 0.378\times(1-0.378)\times[0.544\times(1-0.544)\times(0-0.544)\times 0.2]\times 1$$
$$=-0.006$$
$$\Delta_2 \theta_1=1\times 0.378\times(1-0.378)\times[0.544\times(1-0.544)\times(0-0.544)\times 0.2]\times(-1)$$
$$=0.006$$

现在，我们需要对$w_1$、$\theta_1$、$w_2$、$\theta_2$的值进行修改刷新，如下：

$$w_1 = -0.2 + \Delta_1 w_1 + \Delta_2 w_1 = -0.2 + 0 - 0.006$$
$$= -0.206$$
$$\theta_1 = 0.3 + \Delta_1 \theta_1 + \Delta_2 \theta_1 = 0.3 - 0.006 + 0.006$$
$$= 0.3$$
$$w_2 = 0.2 + \Delta_1 w_2 + \Delta_2 w_2 = 0.2 + 0.048 - 0.051$$
$$= 0.197$$
$$\theta_2 = -0.1 + \Delta_1 \theta_2 + \Delta_2 \theta_2 = -0.1 - 0.111 + 0.135$$
$$= -0.076$$

根据刷新后的值$w_1 = -0.206$，$\theta_1 = 0.3$，$w_2 = 0.197$，$\theta_2 = -0.076$，就可以进行第 2 轮遍历了。第 2 轮遍历过程中的两次前向计算的结果如表 6-5 所示。

表 6-5 第 2 轮遍历时的前向计算结果

| 输入 | 隐含神经元的净输入 | 隐含神经元的输出 | 输出神经元的净输入 | 输出神经元的实际输出 | 期待输出 | 训练误差 |
|---|---|---|---|---|---|---|
| 0 | –0.3 | 0.426 | 0.160 | 0.540 | 1 | $(1\text{-}0.540)^2/2$ |
| 1 | –0.506 | 0.376 | 0.150 | 0.537 | 0 | $(0\text{-}0.537)^2/2$ |

根据表 6-5，可以得知第 2 轮遍历结束后（但在修改权值和阈值之前）的网络训练误差为

$$\frac{1}{2} \times (1 - 0.540)^2 + \frac{1}{2} \times (0 - 0.537)^2 = 0.250 \tag{6.30}$$

将式 6.30 与式 6.29 进行比较，可以看到新的网络误差比原来的网络误差有所减小，而这正是我们希望看到的训练效果。

感兴趣的读者可以编写一个小程序，将这个例子的训练过程继续下去，看看需要经过多少轮遍历训练后，网络误差才能小于所设定的误差容限值。**利用 MLP 解决实际问题时，遍历轮数达到几万、几十万、几百万都是很常见的事**。就这个例子而言，经过约 100 轮左右的遍历训练后，网络误差就可以降低到 0.0207，此时该 MLP 的权值和阈值的值已经修改成了

$$w_1 = -6.05 \quad \theta_1 = -2.65 \quad w_2 = 3.68 \quad \theta_2 = 1.66 \tag{6.31}$$

当输入为 0 时，该 MLP 的输出为 0.856；当输入为 1 时，该 MLP 的输出为 0.176。这样的输入-输出关系已经相当接近于一个逻辑非的映射关系了。

最后，比较一下式 6.31 和式 6.28 就会发现，原来我们的 MLP 找到的是第一种解！

## 6.4 梯度下降法

通过对 3.4 节、3.5 节、3.6 节的学习，我们应该明白，多元函数在某一点沿某一方向的变化率就等于函数在该点沿该方向的方向导数。特别地，多元函数在某一点沿着该点的梯度方向的变化率是最大的（等于或大于 0），且变化率就等于该点梯度矢量的模；多元函数在某一点沿着该点的负梯度方向的变化率是最小的（等于或小于 0），且变化率就等于该点梯度矢量的模的相反数。因此，**函数的自变量的变化方向是负梯度方向时，相应的函数值才能够得到最快速的下降**。基于这种思想来寻找函数最小值的方法统称为**梯度下降法（method of gradient descent）**，也称为**最速下降法（method of steepest descent）**。6.3 节描述的 BP 算法正是一种典型的梯度下降法。

接下来，在不失一般性的情况下，让我们来分析一个假想的极端简化的 MLP，以便对在 6.3 节中所学的 BP 训练算法有一个更清晰的认识。先说明一下，MLP 的自由参数包含了神经元的权值和阈值。一般情况下，为了描述及计算上的简便性，我们通常都会引入偏置神经元，这样一来，MLP 的自由参数就可以认为只有权值了，所以下面的分析中只会提到权值，不再提到阈值。

假想的 MLP 总共只有$w_1$和$w_2$两个权值，在给定了训练集的前提下，网络误差（network error）的大小显然就只与$w_1$和$w_2$的取值有关了，也即 network error 就成了一个以$w_1$和$w_2$为自变量（独立变量）的二元函数：

$$network\ error = f_{error}(w_1, w_2) \tag{6.32}$$

而 BP 训练算法的目的就是要搜寻到$w_1$和$w_2$的合适取值，以使得误差函数$f_{error}(w_1, w_2)$的取值尽量小，也就是网络误差要尽量小。

我们知道，一个二元函数的图像是 3 维空间中的一个 2 维曲面，所以误差函数$f_{error}(w_1, w_2)$对应了 3 维[①]**误差空间（error space）**中的一个 2 维**误差曲面（error surface）**，请见图 6-12 中的（a）。

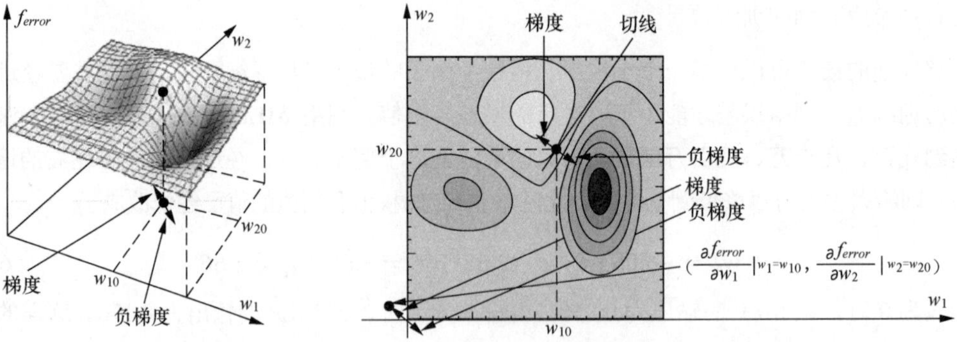


（a）3维误差空间中的2维误差曲面　（b）2维权值空间中误差函数的等值线

图 6-12　误差空间及权值空间

① 这 3 维是指$w_1$、$w_2$、$f_{error}$。

根据在 3.6 节中所学的知识，我们知道误差函数$f_{error}(w_1, w_2)$的梯度定义为

$$\begin{aligned}\nabla f_{error}(w_1, w_2) &= \frac{\partial f_{error}}{\partial w_1}\boldsymbol{i} + \frac{\partial f_{error}}{\partial w_2}\boldsymbol{j} \\ &= \left(\frac{\partial f_{error}}{\partial w_1}, \frac{\partial f_{error}}{\partial w_2}\right)\end{aligned} \tag{6.33}$$

所以对于$w_1$和$w_2$的一组特定值，例如$w_1 = w_{10}$，$w_2 = w_{20}$，误差函数$f_{error}(w_1, w_2)$的梯度就是 2 维**权值空间（weight space）**中的一个 2 维矢量$\left(\frac{\partial f_{error}}{\partial w_1}|_{w_1=w_{10}}, \frac{\partial f_{error}}{\partial w_2}|_{w_2=w_{20}}\right)$，请见图 6-12 中的（b）。如果点$(w_{10}, w_{20})$沿着**负梯度方向（negative gradient direction）**移动到邻近的一个新的点$(\widehat{w_{10}}, \widehat{w_{20}})$，即

$$(\widehat{w_{10}}, \widehat{w_{20}}) = (w_{10}, w_{20}) + \varepsilon\left(-\nabla f_{error}(w_{10}, w_{20})\right) \tag{6.34}$$

或

$$\begin{cases}\widehat{w_{10}} = w_{10} + \varepsilon\left(-\frac{\partial f_{error}}{\partial w_1}|_{w_1=w_{10}}\right) \\ \widehat{w_{20}} = w_{20} + \varepsilon\left(-\frac{\partial f_{error}}{\partial w_2}|_{w_2=w_{20}}\right)\end{cases} \tag{6.35}$$

或

$$\begin{cases}\Delta w_{10} = -\varepsilon\frac{\partial f_{error}}{\partial w_1}|_{w_1=w_{10}} \\ \Delta w_{20} = -\varepsilon\frac{\partial f_{error}}{\partial w_2}|_{w_2=w_{20}}\end{cases} \tag{6.36}$$

则误差函数的值将会**最快地（most quickly）**从$f_{error}(w_{10}, w_{20})$减小至$f_{error}(\widehat{w_{10}}, \widehat{w_{20}})$，式 6.36 中的$\varepsilon$是一个足够小的正实数。比较一下式 6.36 与式 6.2，是不是发现二者非常相似？事实上，这两个式子正是梯度下降法的具体体现。

图 6-12 中的（a）展示了 3 维误差空间中的 2 维误差曲面。一般地，当 MLP 的权值个数为$K$个时，权值空间的维数就是$K$，误差曲面将会是$(K+1)$维误差空间中的$K$维超曲面。

需要说明的是，尽管 BP 算法是一种梯度下降法，但实质上 BP 算法并非是严格意义上的梯度下降法，而只是梯度下降法的一种近似。何也？因为严格意义上的梯度下降法遵循的应该是微分方程，而 BP 算法遵循的是差分方程；差分方程只能算是对微分方程的近似。因此，只有当 BP 算法的学习率（训练速率）$\eta$趋于 0 时，BP 算法才算是真正严格意义上的梯度算法。当然，由于计算机的计算方式在本质上只能是离散的，所以在计算机上是无法实现严格意义上的梯度下降法的。严格意义上的梯度下降法只存在于我们的思想认识中。

## 6.5 极小值问题

BP 算法是一种梯度下降法，梯度下降法绕不开的一个问题便是极小值问题。我们知道，

BP 算法的目的就是要找到适当的权值取值，从而使得网络误差的取值足够小，也即找到网络误差函数的最小值点，或取值很小的极小值点。

如图 6-13 所示，$A_4$ 是$f_{error}$的最小值点，同时也是一个极小值点；另外，$A_3$、$A_2$、$A_1$ 也都是极小值点。然而，$f_{error}$在 $A_1$ 和 $A_2$ 的取值并不小，所以真正的目标极小值点应该是 $A_3$ 或 $A_4$。然而，如果运气不好，权值的初始位置落在了 $B_1$ 或 $B_2$，则 BP 算法只能收敛到 $A_1$；如果初始位置落在了 $B_3$，则只能收敛到 $A_2$。

就图 6-13 所示的$f_{error}$的图像而言，我们可以直观地看到，运气最好的情况是权值的初始位置落在了 $B_5$。由于 $B_5$ 到 $A_4$ 之间一直都比较陡峭（梯度的模较大），所以 BP 算法应该比较快地收敛到 $A_4$。

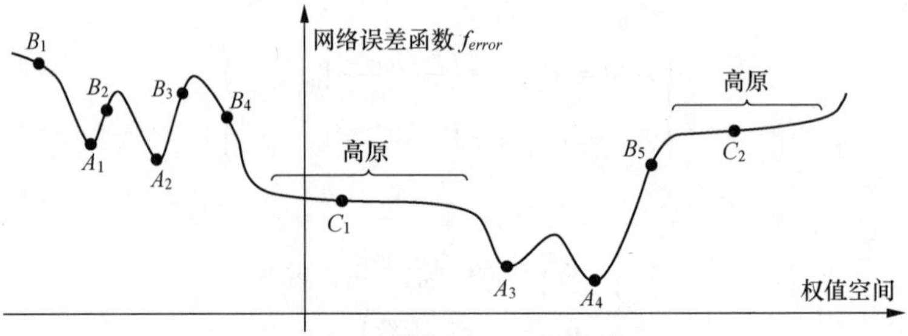


图 6-13　梯度下降法的极小值问题

如果权值的初始位置落在了 $B_4$，那么情况会怎样呢？显然，训练早期的情况还是非常好的，$f_{error}$会迅速地下降。然而，当训练过程到达 $C_1$ 附近区域时，训练的进度就会异常地慢下来（$f_{error}$的值下降得非常慢），导致训练时间拖得很长，这是因为这一区域的坡度太小，通过 BP 算法计算出来的权值增量也非常小，情况就像古代的裹脚女人在那儿碎步慢行。如果此时训练迭代次数已经达到规定的上限，则训练将以失败告终。另外，由于计算过程中舍入误差的影响，在这一区域每次迭代所计算出的权值增量很可能就是 0，其后果就是训练迭代次数徒增，但训练无效。在图 6-13 中，$C_2$ 附近的区域与 $C_1$ 附近的区域类似。在梯度下降法的术语中，这种地势较高（$f_{error}$取值较大）、范围很大、坡度很小的区域称为**高原（plateau）**或**伪极值点（false minimum）**。

综上所述，由于$f_{error}$可能存在若干高原地区或取值较大的极小值点，所以 BP 算法是否能够成功地搜索到最小值或取值较小的极小值点，就或多或少地要看运气好坏了。也就是说，BP 算法的成功具有一定的概率性。既然有概率性，就没有什么手段能够保证算法能够绝对成功。不过，人们还是研究出了一些方法，例如**模拟退火法（simulated annealing）**、**遗传算法（genetic algorithm）**、**噪声注入法（noise injection）**等，这些方法能够在一定程度上增大 BP 算法成功的概率。本书省去了对这些方法的描述和分析，留待各位读者自行去了解学习。

## 6.6 学习率

将式 6.25 重写如下：

$$\Delta_p w_{ij} = \eta \delta_{pj} y_{api} \tag{6.37}$$

从式 6.37 可知，BP 算法计算出的权值的每次增量（修改量）等于学习率$\eta$与其他两项的乘积。在其他条件都相同的情况下，权值的增量是与学习率$\eta$成正比的。$\eta$的取值越小，权值调整的方向越接近于真正的负梯度的方向，但同时带来的问题是每次迭代训练后的权值修改量也越小。如果$\eta$的取值太小，则训练的收敛速度就可能太慢，这是我们不希望看到的情况。另一方面，如果$\eta$的取值越大，训练的收敛速度可能也就越快，这当然是件好事，但这种好事却又并非总是可靠的，因为$\eta$的取值如果太大了，就可能发生**振荡**（**oscillation**）情况，导致训练的收敛速度反而变慢。

如图 6-14 所示，实线箭头所表现的就是因$\eta$的取值过大而导致的振荡情况，虚线箭头表现了$\eta$的取值合适时的情况。在许多文献资料中，$\eta$的取值过大的情况称为**过冲**（**overshoot**），$\eta$的取值过小的情况称为**下冲**（**undershoot**）。

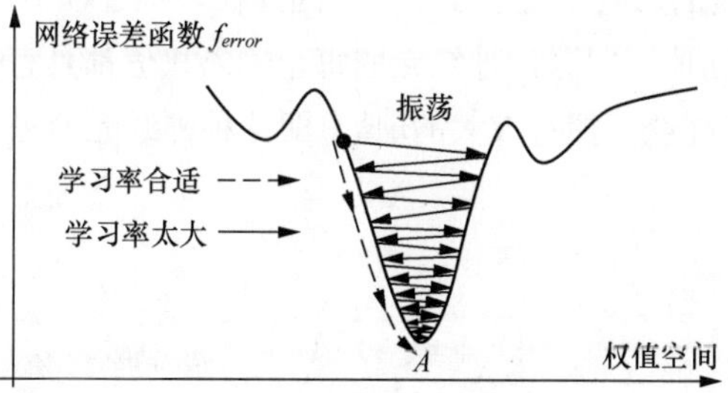


图 6-14 过冲导致的振荡

总之，学习率$\eta$的大小的选择可谓是一门精巧的技艺，取值太小或太大都可能导致训练效率低下甚至训练无效的情况。由于缺乏一个普适性的公式来计算选取$\eta$的大小，所以实际的经验和直觉在选取$\eta$的大小过程中起着非常大的作用。在很多情况下，我们也许不得不先尝试性地选取不同大小的$\eta$进行一番试验后，然后再根据试验情况来确定$\eta$的选取值。

尽管要确定出大小合适的$\eta$值或多或少夹带着运气的因素，但也不能胡乱瞎试。为此，人们探索出了一些行之有效的方法来指导$\eta$值的选取工作，其基本的指导原则是：既要加快整体训练收敛的速度，又要尽量避免出现过冲的情形。通过对 BP 算法过程的仔细分析和梳理，人们发现，一般情况下，网络误差函数$f_{error}$的取值相对于越靠近 MLP 输出层的权值越敏感。也就是说，一般而言，网络误差函数$f_{error}$相对于越靠近 MLP 输出层的权值的偏导数越大（指偏导数的绝对值越大）。根据这一认识，我们可以针对 MLP 不同层的权值选用不同大小的$\eta$：对于越靠近输入层的权值，选用的$\eta$值越大；对于越靠近输出层的权值，选用的$\eta$值越小，请见图 6-15。总之，这种方法的指导思想就是将$\eta$的取值与不同层的权值绑定起来。

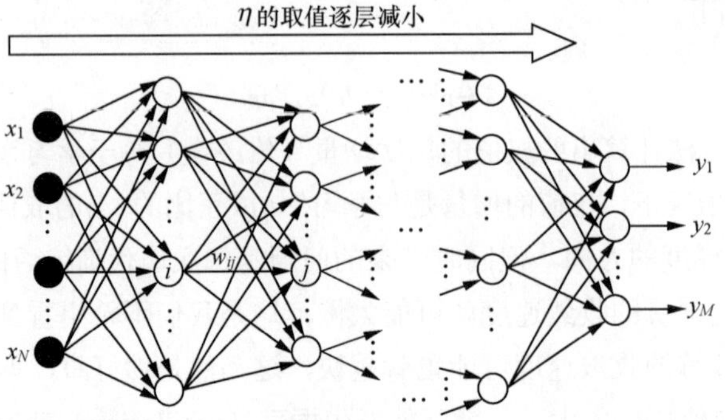


图 6-15 $\eta$的取值与不同层的权值绑定

$\eta$的取值还可以进一步地与同一层中不同的神经元绑定起来。研究表明，一般而言，如果某个神经元拥有较多数目的输入权值，则这些权值取值的变化对网络误差函数$f_{error}$的取值变化的影响也就越明显；如果某个神经元拥有较少数目的输入权值，则这些权值取值的变化对网络误差函数$f_{error}$的取值变化的影响也就越不明显。因此在训练过程中，可以让拥有较多数目输入权值的神经元拥有较小的$\eta$值，即这种神经元的每个输入权值都具有较小的$\eta$值；反之，可以让拥有较少数目输入权值的神经元拥有较大的$\eta$值，即这种神经元的每个输入权值都具有较大的$\eta$值，请见图 6-16。

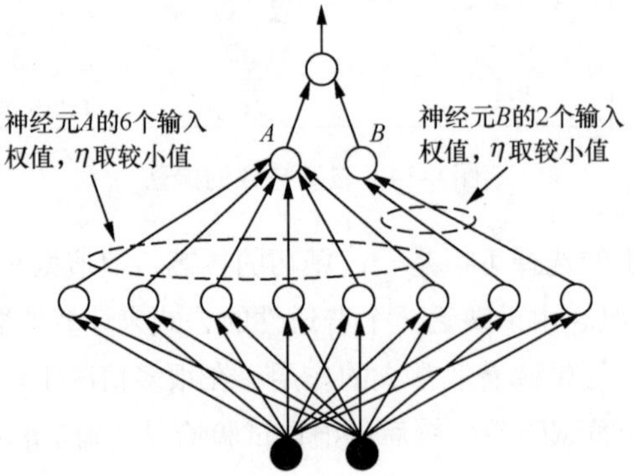


图 6-16 $\eta$的取值与不同的神经元绑定

$\eta$的取值除了可以与不同的层、不同的神经元绑定外，还可以与迭代训练的不同阶段进行绑定：训练初期，$\eta$取较大值；训练后期，$\eta$取较小值。更为复杂的方案是，$\eta$的取值同时与不同层、不同神经元、不同的训练阶段进行灵活的组合绑定，其效果或许会更好，但无疑也增加了算法的复杂性。

## 6.7 批量训练

采用 BP 算法对 MLP 进行训练时，根据权值更新（修改）的时间点的不同，可以有不同的训练方式。整个训练集中的每一个样本都经历一次前向运算（某个样本作为输入时，计算出该样本的实际输出和该样本的训练误差）和一次反向运算（计算出各个权值的修改量）后，然后统一对 MLP 的各个权值进行更新，然后对整个训练集进行下一轮遍历，这种方式称为第一种方式。6.3 节中介绍的方式就是这种方式，请仔细复习图 6-10 中第④步到第⑥步的内容描述。

训练集中的某个样本经历一次前向运算（计算出该样本的实际输出和该样本的训练误差）和一次反向运算（计算出各个权值的修改量）后，立即对 MLP 的各个权值进行更新，然后对下一个样本进行同样的操作，这种方式称为第二种方式。

将训练集中的样本分为若干组，每一组称为**一批（a batch）**，每一批包含的样本个数称为 batch-size，一旦某一批中的每一个样本都经历一次前向运算（该批中某个样本作为输入时，计算出该样本的实际输出和该样本的训练误差）和一次反向运算（计算出各个权值的修改量）后，统一对 MLP 的各个权值进行更新，然后对下一批进行同样的操作，这种方式称为第三种方式。

第三种方式称为**批量训练（batch training）**方式。显然，第一种方式和第二种方式是批量训练方式的两种极端情况：batch-size 为 1 的批量训练方式就是第二种方式；batch-size 为样本集中样本总数的批量训练方式就是第一种方式。第一种方式也称为**全批量训练（full batch training）**方式，第二种方式也称为**在线训练（on-line training）**方式。

从批量训练方式的角度看，一批样本中的每个样本都经历了一次前向和反向运算后，就叫做完成了一次**迭代（iteration）**训练；整个样本集中的每个样本都经历了一次前向和反向运算后，就称为完成了**一轮（epoch）**训练。例如，假设样本集中包含了 100 个样本，batch-size 为 5，训练结束时，样本集中的每个样本都经历了 80 次前向和反向运算，那么整个训练的迭代次数就是 1600，轮数就是 80。

我们知道，对于一个待训的 MLP 来说，如果给定了训练样本集，也就给定了各个训练样本以及各个训练样本对应的期待输出。对于某个特定的训练样本，其训练误差是指该样本的实际输出与该样本的期待输出之间的差异，而该样本的实际输出显然取决于 MLP 的各个权值的取值，所以该样本的训练误差也就是关于 MLP 的各个权值的一个多元函数。网络误差定义为训练集中各个样本的训练误差之和，因此网络误差也是关于 MLP 的各个权值的一个多元函数。

如果把误差函数曲面想象成是一座大山的表面，那么每一个样本误差函数都对应了一座大山。假设样本集中总共包含了$K$个样本，则我们就有$K$座大山$A_1, A_2, \cdots, A_K$。网络误差函数也对应了一座大山$A$，并且网络误差函数对应的大山$A$是各个样本误差函数对应的大山$A_1, A_2, \cdots, A_K$的叠加。当然，$A$的山形表面是与各个样本误差函数对应的大山的山形表面不同的。

对于在线训练方式来说，第一个样本训练完一次之后，会立即根据$A_1$的山形表面特点按坡度最大的方向下降一步，然后训练第二个样本；第二个样本训练完一次之后，会立即根据$A_2$的山形表面特点按坡度最大的方向再下降一步；如此重复下去。对于全批量训练方式来说，样本集中所有的样本都训练完一次之后，才根据$A$的山形表面特点按坡度最大的方向下降一步，然后进行样本集的下一轮训练；如此重复下去。

千万不要忘记，训练的最终目标是要让网络误差函数的取值尽量小，也就是在$A$山上下降到高度尽量低的位置，而全批量训练方式正是直接根据$A$的山形表面特点按坡度最大的方向向下走，所以全批量训练方式可以认为是一种**纯梯度下降法（Pure Gradient Descent，PGD）**。与之相反，使用在线训练方式时，每下降的那一步并非是根据$A$的山形表面特点确定出的，而是根据某个$A_i$的山形表面特点确定的。我们知道，对应于权值空间中的同一位置，根据$A_i$的山形表面确定出的最速下降方向并非就是根据$A$的山形表面确定出的最速下降方向，而是与根据$A$的山形表面确定出的最速下降方向存在一定的随机偏差。因此，在线训练方式也常被称为是一种**随机梯度下降法（Stochastic Gradient Descent，SGD）**。显然，通过在线训练方式最终确定的权值空间中的位置并非就一定是通过全批量训练方式最终确定的权值空间中的位置，但从数学上可以证明，后者所确定的权值空间中的位置是前者所确定的统计意义上的期望位置。

另外，从数学上很容易证明，**网络误差函数在权值空间中某一点的梯度矢量等于各个样本训练误差函数在该点的梯度矢量之和**（请见式 3.20）。因此，如果在采用在线训练方式时，每个样本训练完后，不要立即进行权值更新，而只是记住各个权值的修改量，等到样本集中的每一个样本都训练完后，再统一对各个权值进行修改更新。每个权值修改的量等于该权值对应于每个样本训练完后计算出的修改量的总和，那么这样的训练方式就完全等同于全批量训练方式。

请注意，在 6.3 节中推导 BP 算法时，起点公式（即式 6.1）采用的是单个样本训练误差函数，而非网络误差函数。因此，BP 算法的结论公式（即式 6.25、式 6.26、式 6.27）实际上对应的是在线训练方式。然而，我们在制定 BP 算法流程时（请见图 6-10），权值的更新时间点是在样本集每遍历完一轮后，并且对于某一个权值的修改方法是（请仔细复习图 6-10 中第④步到第⑥步的内容描述）：将该权值在本轮遍历时的取值逐次加上本轮遍历过程中依据各训练样本计算出的针对该权值的修改量（相当于是将本轮遍历过程中依据各个样本计算出的针对该权值的修改量求和，得到该权值的修改总量，然后将此修改总量加上该权值在本轮遍历时的取值，得到该权值的新值）。因此，图 6-10 所示的 BP 算法流程对应的实际上是全批量训练方式。

刚才说到，在线训练方式是一种 SGD，而全批量训练方式是一种 PGD，但关于 PGD 和 SGD 孰优孰劣其实是没有定论的，只能说是各有千秋。一般而言，在线训练方式对于夹带在训练样本中的噪声较为敏感，噪声的一点变化很可能就导致训练结果出现比较大的差异。与之相反，全批量训练方式对于训练样本中的噪声不是非常敏感，噪声的一点变化基本上不会导致训练结果有明显的差异。也就是说，相比于全批量训练方式，在线训练方式在数值计算方面更易于出现波动情况。然而，也正是由于这种较强的波动性，在线训练方式在训练过程中更容易跳跃出取值较大的极小值点。

批量训练方式的特点是在线训练方式与全批量训练方式的一种折中，这里不再赘述。

## 6.8 欠拟合与过拟合

一个实际的应用问题中总是隐含了一些变量与另一些变量之间应有的函数映射关系。要让一个 MLP 能够很好地解决相应的应用问题，就必须要让 MLP 的输入-输出关系尽量逼近这种应有的函数映射关系，而实现这一目标的手段就是通过样本训练，因为只有样本数据才能给出一些关于应有的函数映射关系的信息（训练样本的标签信息就是样本的期待输出，也就是样本应有的输出）。**概括来讲，我们将面临 3 种函数映射关系，第一种是应用问题本身所隐含的输入-输出应有的函数映射关系，第二种是样本集本身所表现出的输入-输出函数映射关系，第三种是 MLP 所表达的输入-输出函数映射关系。由于噪声等干扰因素以及样本本身的数量及质量问题，第二种关系通常不能完全等同但可近似于第一种关系。第三种关系是希望通过样本训练过程以逼近第二种关系来进而逼近第一种关系。**

在使用 BP 算法训练 MLP 的过程中，当网络训练误差小于预先设定的足够小的误差容限时，就认为 BP 算法已经**收敛（convergence）**，或者说训练已经收敛。训练收敛后，我们便认为 MLP 所表达的输入-输出函数映射关系已经足够逼近样本集所表现出的输入-输出函数映射关系，但还不能说它同时也逼近了应用问题本身所隐含的输入-输出应有的函数映射关系。特别提醒一下，这里所说的收敛与感知器算法的收敛在含义上有根本性的不同，请各位复习 5.3 节的内容。

然而，由于种种原因，导致网络训练误差一直降不下来，训练无法收敛，这种情况称之为**欠拟合（underfitting）**，请见图 6-17。**出现欠拟合现象时，MLP 所拥有的输入-输出关系与样本集所表现出的输入-输出关系差距甚远，同时与应有的输入-输出关系通常也差距甚远，这显然是我们不希望看到的结果。**导致欠拟合现象的原因有很多，例如，如果隐层神经元数量太少，就会使得 MLP 的输入-输出关系根本就不可能逼近样本集所表现出的输入-输出关系（当然也就无法逼近应有的函数映射关系）。又例如，如果训练陷入了取值较大的极小值点，就会导致网络训练误差无法进一步降低，训练无法收敛。

**如果 MLP 所表达的输入-输出函数映射关系逼进了应用问题本身所隐含的输入-输出应有的函数映射关系，我们就说该 MLP 具备了良好的泛化（generalization）能力。**只有具备良好泛化能力的 MLP 才能用来有效地解决相应的实际问题。训练收敛，并不能表明 MLP 已经具备了良好的泛化能力，而只能说明 MLP 所表达的输入-输出函数映射关系已经逼进了样本集本身所表现出的输入-输出函数映射关系。那么，如何考察 MLP 是否具备了良好的泛化能力呢？方法很简单很直白：测试。**如果测试误差能够小于我们预先设定的足够小的误差容限，就认为 MLP 已经具备了良好的泛化能力。**

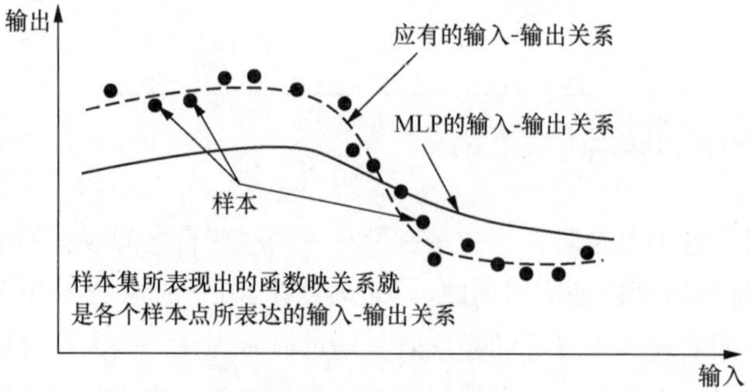


图 6-17　欠拟合现象

我们所希望的是，训练能够收敛，并且测试误差也能小于我们设定的足够小的误差容限（此误差容限一般略微大于为网络训练误差设定的误差容限）。然而，由于种种原因，可能会出现这样的现象，即训练虽然收敛，但测试误差却明显过大，这种情况称为**过拟合（overfitting）**，请见图 6-18。例如，如果 MLP 的隐含神经元数量过多，就很容易出现过拟合现象。当训练过度时，也可能会出现过拟合现象。

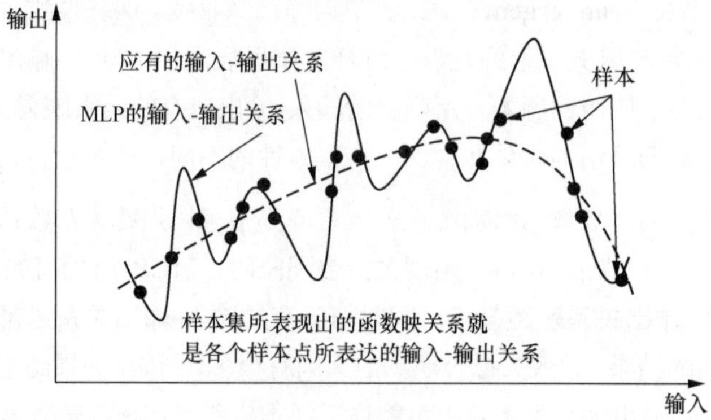


图 6-18　过拟合现象

## 6.9　容量

我们先来看两个表达式，如下：

$$y = a_1x^2 + a_2x + a_3 \tag{6.38}$$

$$y = b_1x^3 + b_2x^2 + b_3x + b_4 \tag{6.39}$$

上面两个式子中，$x$为自变量，$y$为因变量，$a_1, a_2, a_3, b_1, b_2, b_3, b_4$为自由参数。显然，式 6.38 是二次多项式函数的通用表达式，式 6.39 是三次多项式函数的通用表达式。

对于式 6.38 来说，每当$a_1, a_2, a_3$的取值一确定，该表达式就表示了一个具体的函数。由于$a_1, a_2, a_3$的取值可以有无穷多种不同的情况，而每一种情况都对应了一个不同的具体的函数，所以式 6.38 实际上是可以表示无穷多个函数。需要注意的是，虽然式 6.38 可以表示无穷多个函数，但并不是任意给定一个函数它都是可以表示的。例如，给定一个函数$y = 2x^3$，式 6.38 就无法表示这个函数。再例如，给定一个函数$y = \sin x$，式 6.38 也无法表示这个函数。式 6.39 也可以表示无穷多个函数，但同样，它还不具备表示任意函数的能力。

然而，比较于式 6.38 来说，式 6.39 表示函数的能力显然更强。一方面，式 6.39 能够表示式 6.38 所能表示的任何零次、一次和二次函数，另一方面，式 6.39 还能表示式 6.38 所不能表示的三次函数。从这个意义上讲，我们认为式 6.39 比式 6.38 拥有更大的**容量（capacity）**。

**一般地，一个表达式的容量是指该表达式能够表示的函数种类的丰富程度；容量越大，所能表示的函数种类越丰富**。尽管这里的容量概念难以进行定量描述，但其内涵应该不是很难理解。特别地，如果一个表达式可以以任意精度表示任何函数，我们就说该表达式具有无限的容量，也可以称该表达式为一个**万能函数近似器（universal function approximator）**。注意，如果一个表达式能表示无穷多个函数，并不能说该表达式就拥有无限的容量，或者说该表达式是一个万能函数近似器。

假设 MLP-A 和 MLP-B 是两个 MLP，它们的输入层均包含$N$个神经元，输出层均包含$M$个神经元，并且它们采用了相同的激活函数，如果 MLP-A 的隐层数等于或大于 MLP-B 的隐层数，且 MLP-A 的各个隐层的神经元数目也等于或大于 MLP-B 的相应隐层的神经元数目，那么显然我们可以肯定 MLP-A 的容量会等于或大于 MLP-B 的容量。**我们只知道，MLP 的容量与隐层数及隐含神经元的数量密切相关，并且隐层越多，隐含神经元的数量越大，则容量亦越大。然而，MLP 的容量大小与其隐层数以及各个隐层的神经元数目之间的具体的量化的关系至今尚不清楚**。例如，如果 MLP-A 有 3 个隐层，隐层 1、2、3 分别有 100、200、300 个神经元，MLP-B 有 2 个隐层，隐层 1、2 分别有 300、400 个神经元，此时就不清楚谁的容量更大了。

MLP 的容量大小与过拟合及欠拟合现象关系甚密。一般来说，容量越大，发生过拟合现象的可能性就越大；容量越小，发生欠拟合现象的可能性就越大。对于一个具体的应用问题，究竟应该选择容量为多大的 MLP 来进行训练，或者说应该如何确定隐层数以及各个隐层的神经元数目，一直就是一件让人无法轻松的事情。

# 6.10 拓扑

设计并实现一个 MLP 时，MLP 的输入层应该包含多少个神经元？输出层应该包含多少个神经元？应该使用多少个隐层？各个隐层应该包含多少个神经元？这些问题综合起来便是 MLP 的拓扑问题。

相对来说，确定 MLP 输入层神经元的数目和输出层神经元的数目是比较容易的事情，这是因为输入神经元和输出神经元的数目与待解决问题之间的关系一般来讲是比较清晰的。例如，在使用 MLP 来解决图像处理问题时，输入神经元的数目就与待处理图像的像素数目以及色彩参数之间的关系紧密而明确，根据图像的像素数目以及色彩参数可以很容易推算出 MLP 的输入神经元的数目应该是多少。又例如，在使用 MLP 作为模式分类器时，原则上输出神经元的数目最多等于模式类别的总数，即一个输出神经元对应一个模式类别。在 6.2 节的结尾处我们举了一个利用 MLP 识别手写体 0，1，2，3，4，5，6，7，8，9 的例子，从中可以清楚地知道，对于这样的一个应用需求，MLP 的输出层神经元可以选定为 10 个，也可以选定为 4 个。总之，输入神经元和输出神经元的数目与应用需求之间的关系是比较清晰的，确定合理的输入神经元和输出神经元的数目是比较容易的事情。

然而，如何恰当地确定出 MLP 的隐层数以及各隐层中应该包含的神经元数目，则是一件让人感到头痛和比较茫然的事情。时至今日也缺乏一种严格的理论套路让我们轻松地坐享其成。对此问题，我们只是拥有了一些粗略的认识，尚缺乏具体而明确的指导方法和规则。下面总结性地简述一下目前的一些粗略认识。

- 一个输入层包含 $N$ 个神经元、输出层包含 $M$ 个神经元的 MLP，只要其隐层数等于或大于 1，并且其隐含神经元的数目足够多（但谁也不清楚多少才叫足够多），隐含神经元采用 S 形函数或整流线性函数作为其激活函数，输出神经元采用线性函数作为其激活函数，那么该 MLP 就可以以任意的精度近似从 $N$ 维空间到 $M$ 维空间的任何函数映射关系，这一结论也被称为万能近似定理（universal approximation theorem）。万能近似定理只是一个存在性定理，而不是一个构造性定理，它只是表明问题的解是存在的（即任何一个我们所期望的符合应用问题的输入输出映射关系，都可以用隐层数等于或大于 1 并且隐含神经元的数目足够多的 MLP 来表示），但并不保证我们能够找到以及如何找到这样的解。例如，即使 MLP 的隐层数以及各个隐层的神经元数目是合适的，也可能因为训练不当而得不到合适的解（即无法让 MLP 表达出我们所希望的输入-输出映射关系）。
- 不存在一个适合各种不同应用问题的万能 MLP。MLP 的容量大小应该与应用问题本身的复杂性相匹配：容量过大，容易出现过拟合现象；容量过小，容易出现欠拟合现象。一般地，应用问题本身的复杂性越高（低），所选取的 MLP 的容量也就应该越大（小），也即 MLP 的隐层数和隐含神经元的数量也应该越大（小）。

- 浅层与深层。隐层数较少的 MLP 称为浅层 MLP，隐层数较多的 MLP 称为深层 MLP。经验表明，在很多情况下，在保持容量相当的前提下，浅层 MLP 所需要的隐含神经元的总量要比深层 MLP 所需要的隐含神经元总量多得多。另外，经验还表明，在很多情况下，如果容量相当，那么深层 MLP 更易于训练并拥有更好的泛化能力。
- 递增法与递减法。对于一个具体的应用问题，为了确定出容量大小合适的 MLP，不妨可采用递增法或递减法。

  递增法：先尝试用较少数量的隐含神经元进行训练，如果训练难以收敛，再逐步增加隐含神经元的数量，直到收敛效果和测试效果都满意为止。

  递减法：先尝试用较大数量的隐含神经元进行训练，如果过拟合情况严重，再逐步减少隐含神经元的数量，直到收敛效果和测试效果都满意为止。
- ACON 与 OCON。ACON 的全称是 All Classes One Network，OCON 的全称是 One Class One Network，ACON 和 OCON 是实现模式识别/分类时常见的两种方案。所谓 ACON，就是只训练一个 MLP 来识别所有的模式类别，而 OCON 则是同时训练多个 MLP，每个 MLP 只负责识别一个模式类别。

以手写体数字 0、1、2、3、4、5、6、7、8、9 的识别问题为例，图 6-19 展示了 ACON 与 OCON 的差异。在图 6-19 的（a）中，所用的 ACON 包含了 10 个输出神经元，在图 6-19 的（b）中，所用的 ACON 包含了 4 个输出神经元。图 6-19 的（c）展示的是 OCON，它实际上包含了 10 个 MLP，每个 MLP 只负责识别一个特定的数字；MAXNET 是一个最大值选择器，它的输出等于它的 10 个输入中取值最大的那一个。

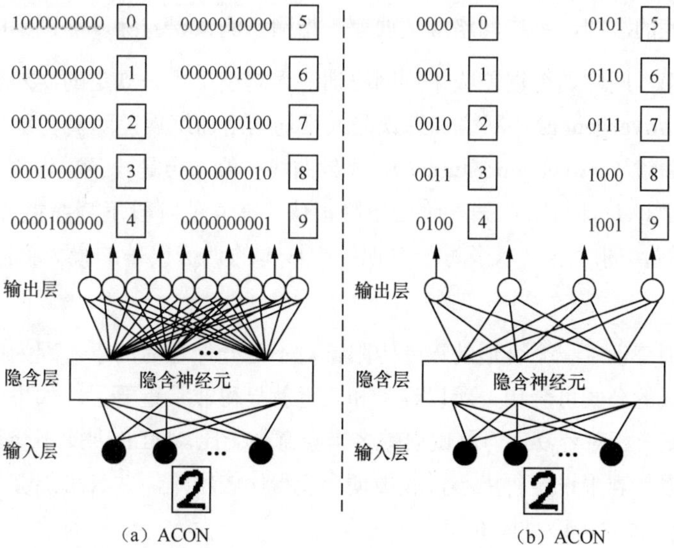


图 6-19　ACON 与 OCON

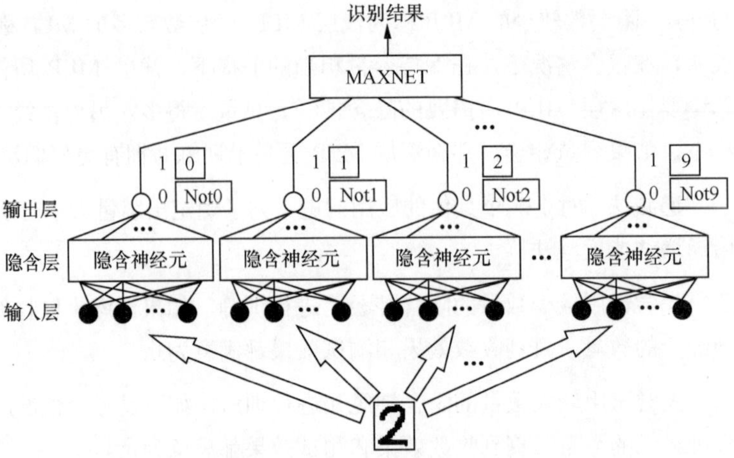

（c）OCON

图 6-19　ACON 与 OCON（续）

## 6.11　收敛曲线

样本的**训练误差**是指一个特定的训练样本的实际输出与期待输出之间的差异，**网络训练误差**（或简称**网络误差**）是指训练样本集中各个样本的训练误差的总和，**平均网络训练误差**（或简称**平均网络误差**）是指网络训练误差除以训练集中样本的总数。类似地，样本的**测试误差**是指一个特定的测试样本的实际输出与期待输出之间的差异，**网络测试误差**是指测试样本集中各个样本的测试误差的总和，**平均网络测试误差**是指网络测试误差除以测试集中样本的总数。

在训练过程中，网络训练误差或平均网络训练误差小于预先规定的误差容限时，便可认为训练已经**收敛**（**convergence**）。网络训练误差或平均网络训练误差随着训练轮数的增加而变化的曲线称为**收敛曲线**（**convergence curve**）。收敛曲线一般不会是一条单调下降曲线，而是常会出现涨落波动现象，并且通常在某一阶段下降很快，在其他阶段下降缓慢。图 6-20 所示为一条典型的收敛曲线，同时还显示了每一轮训练中样本的训练误差的最大值随轮数增加而变化的情况。

给 MLP 的训练设定一个合适的误差容限绝对不是一件容易的事，因为尚无（其实应该说永远也没有）现成的公式可套用，所以经验和直觉就显得非常重要了。如果误差容限设定得太大，收敛倒是会变得相对容易，但测试误差多半会奇高无比，MLP 因此不会具备可用的泛化能力。反之，如果误差容限设定得太小，收敛便会变得比较困难，并且可能会导致所谓的**过度训练**（**over-trained**）现象，请见图 6-21。

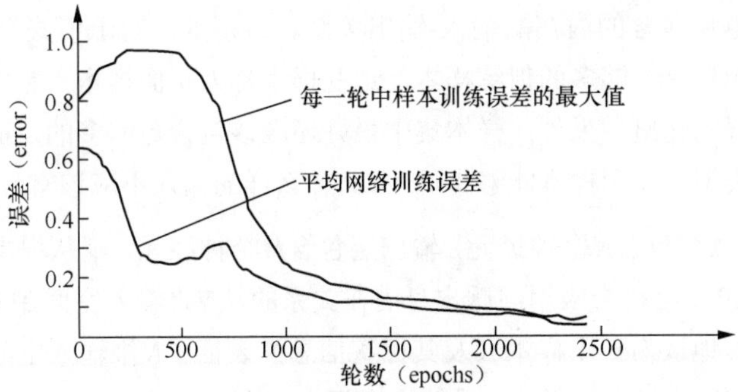


图 6-20　收敛曲线

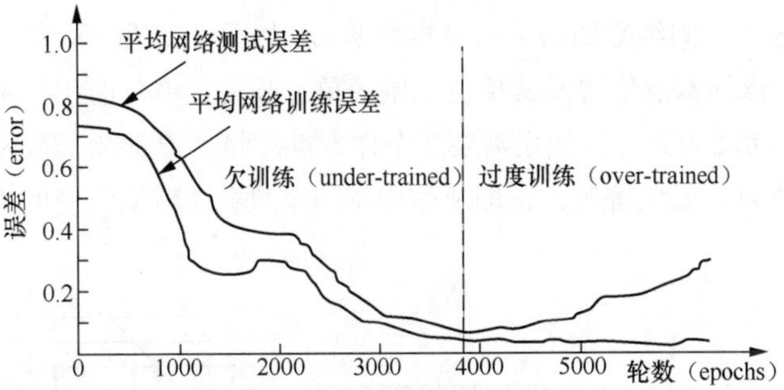


图 6-21　过度训练

当平均网络训练误差本已很小并进一步缓慢降低时，平均网络测试误差反而迅速增大，这便是过度训练现象。过度训练后的 MLP 会因为其测试误差的增大而失去应有的泛化能力。过度地训练，会使得 MLP 过于在意去学会样本集中一些无关紧要的细枝末节，并因此无法近似表达出应该表达的反映应用问题主要特征的输入-输出映射关系。过度学习导致的现象与过拟合现象非常相似，但成因上有些差异：一是因为学过了头，一是因为容量过大。

从图 6-21 中可以看到，训练的最佳结束点应该是在欠训练与过度训练的分界点。然而，遗憾的是，这个分界点是无法预先知道的。实际应用中，确定出最佳结束点并不总是那么重要，因为很多时候我们更关心的是“满意”而非“最佳”，何况，为了确定出最佳结束点，还需要付出额外的训练和测试时间。

## 6.12　训练样本集

毫无疑问，训练样本集的质量对于训练出实用的具有良好泛化能力的 MLP 是至关重要的。训练样本集的质量体现在两个方面，一是样本的数量要足够多，二是样本本身要尽量全面而准确地反映出应用问题所包含的内在的输入-输出关系。特别地，对于模式识别/分类应用，每一种待识别的类型都应该有足够多的训练样本，这些样本称为正面样本，它能告诉 MLP 什么样的输入应该有什么样的输出。另外，样本集中最好还应该包含足够多的反面样本，这些样本不属于任何待识别的类型。反面样本能够告诉 MLP 什么样的输入不应该有什么样的输出。

如果 MLP 的输入层包含$N$个神经元，输出层包含$M$个神经元，则从根本上来讲，训练 MLP 的目的就是要让 MLP 学会符合应用问题本身内在关系的从$N$维输入空间到$M$维输出空间的映射关系。我们可以合理地认为一个样本（及其标签信息）表征了$N$维输入空间中该样本点位置及其附近范围的空间应该如何被映射到$M$维输出空间中。

基于这一认识，我们会发现一种被称为**维数灾难**（**curse of dimensionality**）的现象，即样本的个数应该随着输入空间维数的增大而呈指数增长。如图 6-22 所示，假设一个样本点能够表征出$N$维输入空间中该样本点位置及其单位范围（单位长度、单位面积、单位体积或单位超体积）空间的映射关系，那么$N$为 1 时如果需要 3 个样本点，则$N$为 2 时就需要 9 个样本点，则$N$为 3 时就需要 27 个样本点，如此等等，也即所需样本的个数会随着输入空间维数的增大而呈指数增长。

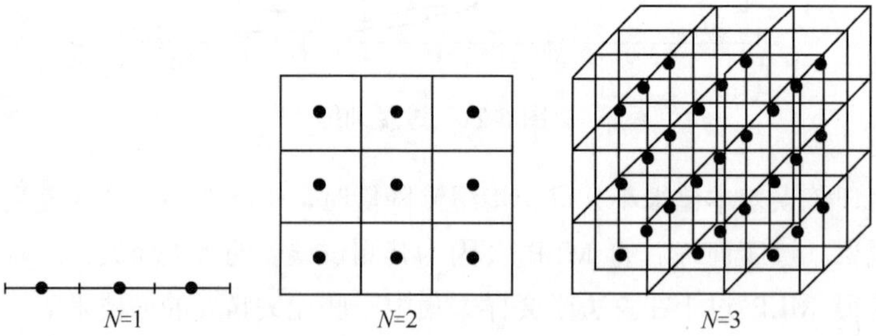


图 6-22　维数灾难

降低维数灾难的主要方法是采用**特征提取**（**feature extraction**）技术。特征提取技术有时也称为降维技术，其基本思想是在损失尽量少的有用信息的前提下，使用维数较低的数据来代替本该作为输入的维数较高的原始测量数据。特征提取技术的具体内容非常多，但不是本书的关注点，这里不再赘述。

之前曾提到过，网络的规模太大（容量太大）时，很容易出现过拟合的现象。理论分析和经验表明，增大训练样本集的尺寸（即增加训练样本的个数），可以降低出现过拟合现象的可能性。如果网络权值的数量（个数）主要分布在输入层与第一隐层之间，那么为了明显地降低出现过拟合现象的可能性，一般建议训练样本的个数不得少于输入层与第一隐层之间的权值的个数（包括偏置神经元的权值个数）。

## 6.13 权值连接方式

采用 BP 训练学习算法的 MLP 在模式分类、语音-文本转换、系统建模、数据压缩等领域都得到了非常成功的应用。在实际的应用中，图 6-3 所示的 MLP 架构并非总是一成不变的，本节内容主要就是展示 MLP 相邻层之间权值连接方式的变化调整。

在最基本的 MLP 架构模型中，相邻层之间的权值连接是单向全互联的，而在实际应用中，某些相邻层之间的权值连接可能需要调整为单向局部互联，图 6-23 显示的就是这种情况的一个例子。

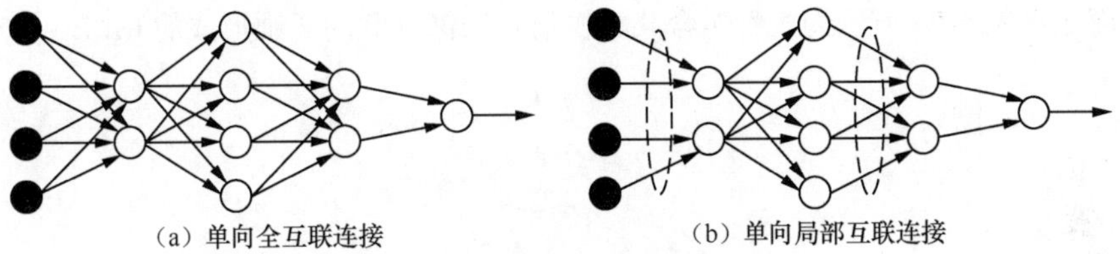


图 6-23　全互联与局部互联

在最基本的 MLP 架构模型中，每个权值都被视为一个自由权值，也就是 MLP 的一个自由参数，各权值参数的取值彼此独立，互不约束。但在实际应用中，某些权值参数的取值可能会被加上某种约束条件，最常见的就是“相等”约束，即某些权值参数的取值必须彼此相等一致。例如，在图 6-24 中，输入层与第一隐层之间的权值一方面是局部互联的，另一方面，三个粗体箭头所表示的 3 个权值的取值必须相等，这种情况称为 **weight sharing**，即**共享权值**，或**权值共享**。使用共享权值时，MLP 自由权值参数的数目会在一定程度上减少，其好处之一是会减少训练学习时的计算量。

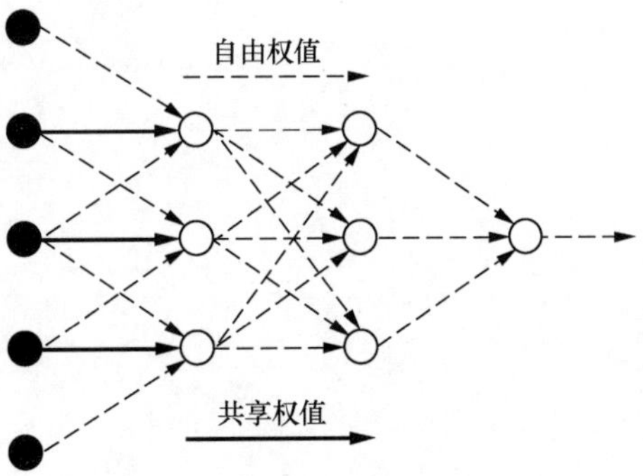


图 6-24　共享权值

在图 6-3 所示的 MLP 中，每一层的神经元的排列都是 1 维的，但在实际应用中，特别是在进行 2 维图像处理时，我们需要将神经元也按 2 维方式排列，这样就得到了如图 6-25 所示的 2

维形式的 MLP。但需要说明的是，2 维（甚或 3 维或更高维）形式的 MLP 与 1 维形式的 MLP 并无本质性差别，只是“看上去”有些不同罢了。

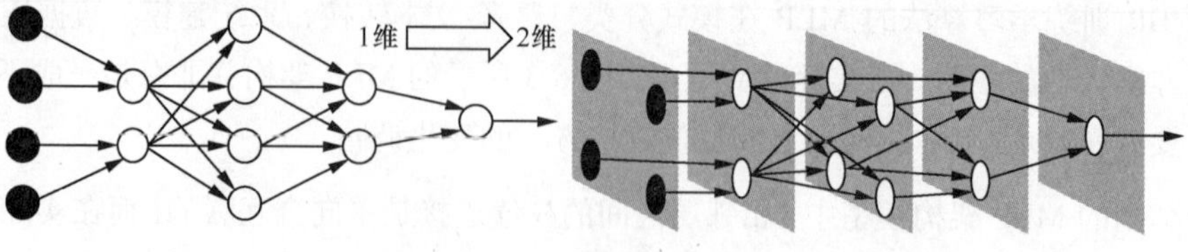


图 6-25　2 维形式的 MLP

总之，在实际应用时，MLP 的权值连接方式是多种多样的，具体应该如何连接需要根据应用的特点而定。图 6-26 所示为一种包含共享权值和局部互联的 2 维形式的 MLP。

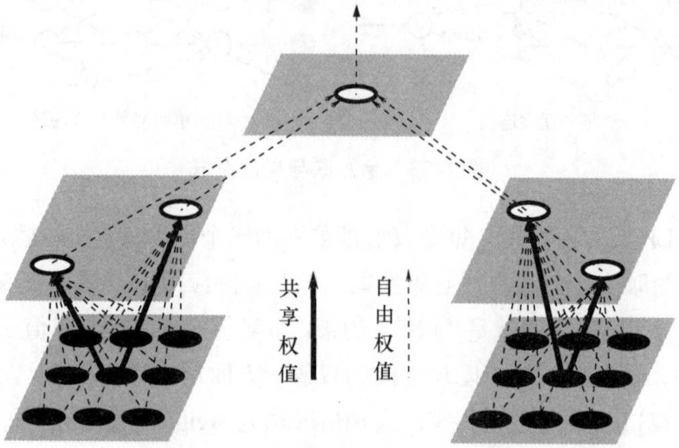


图 6-26　包含共享权值及局部互联的 2 维形式的 MLP

# 第 7 章

# 径向基函数神经网络（RBFNN）

## 7.1 插值的概念

假设有两个变量$x$和$y$，其中$x$是自变量，$y$是因变量，$y$与$x$存在一个未知的函数关系$y = t(x)$，我们姑且把这个未知的函数$t(x)$叫作**真函数**。现在，我们仅仅知道真函数$t(x)$若干个离散的抽样值，而我们的任务是要根据这些已有的抽样值来构造出一个新的函数$h(x)$，一方面要使得$h(x)$与这些已知的抽样值**完全吻合**（硬性要求），另一方面要使得$h(x)$**尽量接近**于真函数$t(x)$（软性要求）。为了实现这一任务，可以利用一种叫做**插值**（**interpolation**）的数学方法。数学中有一个分支叫做**数值分析**（**numerical analysis**），插值方法是数值分析中经常使用的一种方法。

每一次抽样得到的一个$x$的值及其对应的一个$y$的值所构成的二元组称为一个**数据点**（**data point**）。有多少次抽样，就会得到多少个数据点，所有数据点的集合称为**数据集**（**data set**）。下面通过一个例子来进一步地讲解插值的概念。

假设$y$与$x$存在真函数关系$y = t(x) = \sin x$，我们总共进行了 5 次抽样，得到了 5 个数据点，这 5 个数据点列于表 7-1 中，图 7-1 显示了这 5 个数据点在 *X-Y* 坐标平面上的分布情况以及真函数$y = \sin x$的图像。注意，我们只知道这 5 个数据点是对真函数进行抽样而得到的，但真函数本身的表达式其实是不知道的。

表 7-1　y=sin*x* 的 5 个数据点

| *x* | 0 | 1.5 | 3 | 4.5 | 6 |
|---|---|---|---|---|---|
| *y* | sin0=0 | sin1.5=0.9975 | sin3=0.1411 | sin4.5= −0.9775 | sin6= −0.2794 |

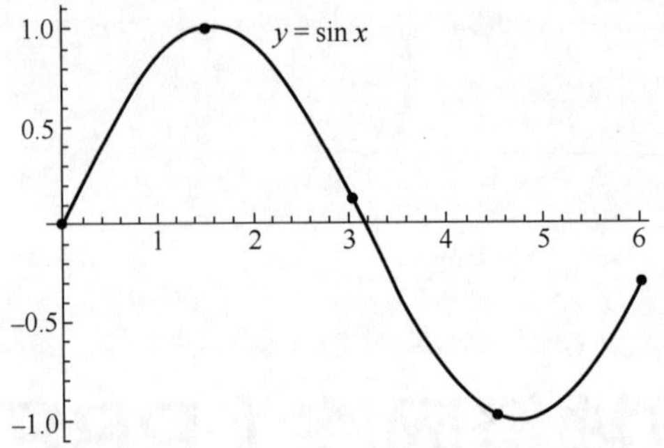


图 7-1 真函数$y = \sin x$及其 5 个数据点

接下来就要使用插值法来构造一个新函数，首先使用的是一种最基本最简单的插值方法，称为**线性插值（linear interpolation）**法。如图 7-2 所示，所谓线性插值法，就是使用分段线性函数去吻合所有的数据点，也就是用直线直接将各相邻的数据点连接起来。图 7-2 中的分段线性函数称为**插值函数（interpolating function）**，它就是我们构造出来的新函数：一方面它完全吻合了那 5 个数据点；另一方面它也算是对未知真函数$y = \sin x$的一种近似或估计。图 7-2 中的分段线性函数的表达式非常简单，只需将 4 个不同区间上的直线方程式联立起来就行了，所以这里就不多费笔墨了。

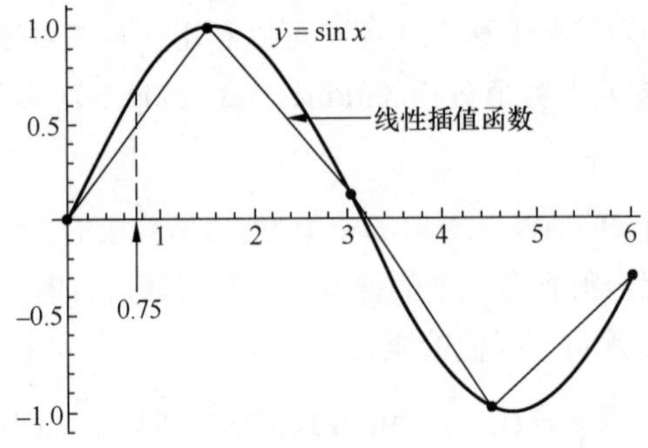


图 7-2 线性插值法

知道了插值函数的表达式又有什么意义呢？知道了插值函数的表达式后，就可以用它来进行数值估计或预测。例如，在$x$等于 0.75 处，我们就可以根据插值函数的表达式计算出$y$的取值为

$$\frac{0.9975-0}{1.5-0}\times 0.75 = 0.49875$$

当然，这个 0.49875 只能算是对真值 sin0.75=0.681639 的一种预测或估计。既然是预估，当然一般就存在误差了，这里的误差是 0.681639–0.49875=0.182889。注意，这里之所以知道误差是多少，是因为用到了真值。在现实问题中，其实是不知道真值的，所以也就不能准确知道估值误差。

显然，我们肯定会觉得使用分段线性函数来近似（逼近）未知的真函数是有很多不妥之处的。现实中，真函数一般都理应是平滑的，真函数的变化率也应该是逐渐变化而非陡然跃迁的。反观线性分段函数，它在数据点处可能是不可导的，即有尖角，不平滑，且函数的变化率总是在一些常数值之间陡然跃迁。

为此，可以换用一种插值方法，称为**多项式插值（polynomial interpolation）**法。也就是说，我们将采用**多项式函数（polynomial function）**来作为插值函数。数学上可以证明，对于$N$个数据点，一定可以找到一个最高次数不高于$(N-1)$的多项式函数来完全吻合这$N$个数据点。对于表 7-1 中的 5 个数据点，我们可以用一个 4 次多项式函数

$$h(x) = 0.004x^4 + 0.0425x^3 - 0.6664x^2 + 1.5555x$$

来作为插值函数，图 7-3 显示了现在这个多项式插值函数、之前那个线性插值函数，以及真函数$\sin x$在函数图像上的差异。从图 7-3 中可以看到，多项式插值函数比线性插值函数在整体上明显更接近于真函数$\sin x$。例如，在$x$等于 0.75 处，多项式插值法预估的$y$值是

$$\begin{aligned} h(0.75) &= 0.004 \times 0.75^4 + 0.0425 \times 0.75^3 - 0.6664 \times 0.75^2 + 1.5555 \times 0.75 \\ &= 0.81097 \end{aligned}$$

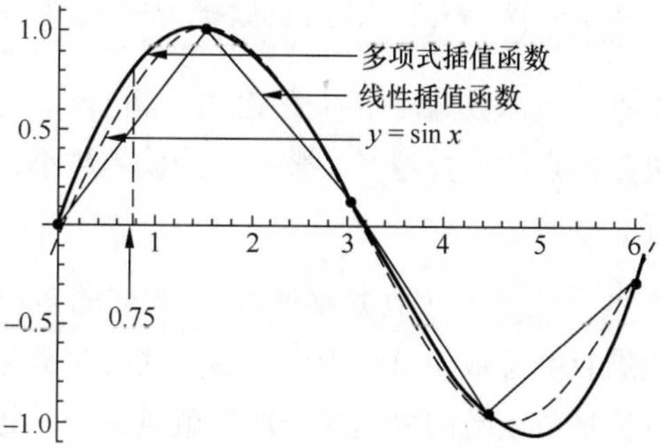


图 7-3　多项式插值法

它与真值$\sin 0.75 = 0.681639$的误差是 0.81097−0.681639=0.129331，而之前采用线性插值法得到的预估值是 0.49875，误差是 0.182889。显然，在$x$等于 0.75 处，多项式插值法的预估精度要好于线性插值法。当然了，$x$取某些值的时候，线性插值法的预估精度也可能会好于多项式插值法，但从整体上看，多项式插值法是要好于线性插值法的。

表 7-1 中所列的那 5 个数据点其实是理想情况下的抽样值。在现实中，由于各种干扰因素及精度限制等，所得到的数据点并非总是能够完全准确地反映真函数关系，而是或多或少带有一定偏差的。表 7-2 给出了 5 个带有随机偏差的数据点。

表 7-2 $y$=sin$x$ 的 5 个带有随机偏差的数据点

| | | | | | |
|---|---|---|---|---|---|
| $x$ | 0 | 1.5 | 3 | 4.5 | 6 |
| $y$ | sin0+0.1 = 0.1 | sin1.5−0.1 = 0.8975 | sin3−0.1411 = 0 | sin4.5+0.1 = −0.8775 | sin6−0.1206 = −0.4 |

根据表 7-2 中的数据点，我们仍然可以进行线性插值以及多项式插值，插值的结果显示在图 7-4 中，其中线性插值函数的表达式这里省去不写，多项式插值函数的表达式为

$$h(x) = -0.00312757x^4 + 0.11284x^3 - 0.835185x^2 + 1.54111x + 0.1$$

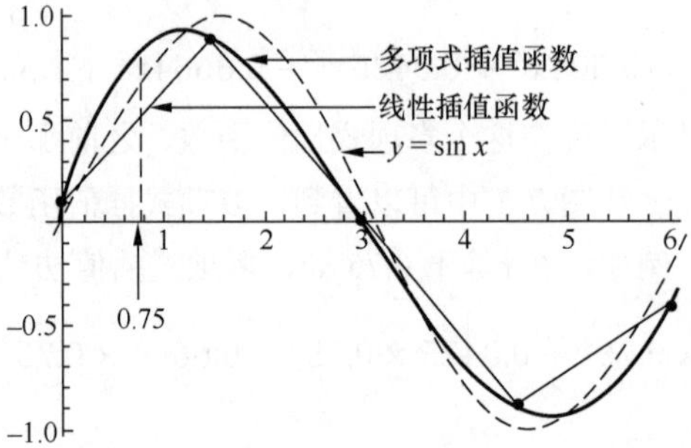


图 7-4 对带有随机偏差的数据点进行插值

比较图 7-4 和图 7-3 不难发现，数据点带有偏差时，插值函数与真函数之间的差异也就更大。从统计意义上讲，如果数据点的个数越多，数据点的偏差越小，那么插值函数就越接近于真函数，也即插值效果越好。

使用多项式插值法时，数据集越大（数据点越多），需要的多项式的次数一般也就越高，需要的最高次数可能达到数据点的总数减 1。当然，多项式的次数越高，插值函数能够表示的函数关系也就可以越复杂，但插值函数的表达式一般也就越复杂，相应的分析计算过程也就越困难。在描述和分析现实世界中的各种变量之间的关系时，在能够满足需求的前提下，我们总是倾向于采用比较简化的方式。因此，类似于分段线性插值法采用了简单的直线①来表示相邻数据点之间的区间上的真函数关系。我们也可以用二次多项式或三次多项式等低次多项式来表示相邻数据点之间的区间上的真函数关系，而最后的插值函数就是各段区间上低次多项式函数的拼接（分段联立）。这样得到的插值函数称为**样条函数（spline function）**，这样的插值方法称为**样条插值（spline interpolation）**法。

插值的方法还有很多，例如三角插值（trigonometric interpolation）法、有理插值（rational interpolation）法等，但这些都不是本书的关心点；我们只需对插值的概念有一个基本的认识即可。

① 直线可以用一次多项式方程来表示。

曾经有人问过作者这样一个问题：何必要搞出这么多的插值法呢？为什么就不能事先知道或者想办法知道真函数的表达式呢？各位看官，你们觉得应该如何回答这样的问题呢？

## 7.2 RBF

在 7.1 节中讲解插值方法时，真函数和插值函数都是一元函数，所涉及的函数映射关系是从 1 维输入空间到 1 维输出空间的映射。现在，我们将输入空间扩展到$N$维，输出空间仍保持为 1 维。这样一来，真函数将是一个$N$元函数，插值函数也是如此。

假设数据集由$P$个数据点组成，而每个数据点由一个$N$维的输入矢量和一个相应的输出值组成，如果将一个$N$维矢量表示成一个$N \times 1$矩阵，那么数据集就可以表示为

$$\boldsymbol{X}_1 = [x_{11} \quad x_{12} \quad \cdots \quad x_{1N}]^{\mathrm{T}} \quad \rightarrow \quad y_1$$

$$\boldsymbol{X}_2 = [x_{21} \quad x_{22} \quad \cdots \quad x_{2N}]^{\mathrm{T}} \quad \rightarrow \quad y_2$$

$$\vdots$$

$$\boldsymbol{X}_P = [x_{P1} \quad x_{P2} \quad \cdots \quad x_{PN}]^{\mathrm{T}} \quad \rightarrow \quad y_P$$

我们的最终目的是要找到一个$N$元插值函数$h(\boldsymbol{X})$，使得

$$h(\boldsymbol{X}_i) = y_i \quad i = 1,2,\cdots,P \tag{7.1}$$

为此，我们将引入$P$个**基函数（basis function）**，每个数据点对应于一个基函数，第$i$个数据点对应的基函数用$\varphi_i(\boldsymbol{X})$来表示。$\varphi_i(\boldsymbol{X})$是插值函数$h(\boldsymbol{X})$的基函数，不是数据点的基函数。之所以称$\varphi_i(\boldsymbol{X})$为插值函数$h(\boldsymbol{X})$的基函数，是因为我们规定$h(\boldsymbol{X})$在形式上是这$P$个函数的线性组合，即

$$h(\boldsymbol{X}) = \sum_{i=1}^{P} w_i \, \varphi_i(\boldsymbol{X}) \tag{7.2}$$

另外，我们还要求式 7.2 中的$\varphi_i(\boldsymbol{X})$具有如下的形式：

$$\varphi_i(\boldsymbol{X}) = \varphi(|\boldsymbol{X} - \boldsymbol{X}_i|) \quad i = 1,2,\cdots,P \tag{7.3}$$

式 7.3 中的$\varphi$是某种形式的非线性函数，$|\boldsymbol{X} - \boldsymbol{X}_i|$表示矢量$\boldsymbol{X}$与矢量$\boldsymbol{X}_i$的差矢量的模（请复习 3.1 节、3.2 节、3.3 节中的内容）。如果把$\boldsymbol{X}$和$\boldsymbol{X}_i$看成是$N$维空间中的两个点，则$\varphi_i(\boldsymbol{X})$的函数值只取决于变化点$\boldsymbol{X}$到固定点$\boldsymbol{X}_i$的距离，因此$\varphi_i(\boldsymbol{X})$又称为**径向函数（radial function）**。既是基函数，又是径向函数，所以$\varphi_i(\boldsymbol{X})$又称为**径向基函数（Radial Basis Function，RBF）**。提醒一下，$\varphi_i$是$N$元函数，$\varphi$是一元函数；$\varphi_i$是插值函数的基函数，$\varphi$不是插值函数的基函数。

式 7.1 称为插值条件，它现在可以重新表示为

$$\boldsymbol{\Phi W} = \boldsymbol{Y} \tag{7.4}$$

其中$\boldsymbol{Y} = [y_1 \quad y_2 \quad \cdots \quad y_P]^{\mathrm{T}}$，$\boldsymbol{W} = [w_1 \quad w_2 \quad \cdots \quad w_P]^{\mathrm{T}}$，$\boldsymbol{\Phi}$是一个如下的$P$阶对称方阵：

$$\boldsymbol{\Phi} = \begin{bmatrix} \varphi_1(\boldsymbol{X}_1) & \varphi_2(\boldsymbol{X}_1) & \cdots & \varphi_P(\boldsymbol{X}_1) \\ \varphi_1(\boldsymbol{X}_2) & \varphi_2(\boldsymbol{X}_2) & \cdots & \varphi_P(\boldsymbol{X}_2) \\ \vdots & \vdots & \vdots & \vdots \\ \varphi_1(\boldsymbol{X}_P) & \varphi_2(\boldsymbol{X}_P) & \cdots & \varphi_P(\boldsymbol{X}_P) \end{bmatrix}$$

$$= \begin{bmatrix} \varphi(|\boldsymbol{X}_1 - \boldsymbol{X}_1|) & \varphi(|\boldsymbol{X}_1 - \boldsymbol{X}_2|) & \cdots & \varphi(|\boldsymbol{X}_1 - \boldsymbol{X}_P|) \\ \varphi(|\boldsymbol{X}_2 - \boldsymbol{X}_1|) & \varphi(|\boldsymbol{X}_2 - \boldsymbol{X}_2|) & \cdots & \varphi(|\boldsymbol{X}_2 - \boldsymbol{X}_P|) \\ \vdots & \vdots & \vdots & \vdots \\ \varphi(|\boldsymbol{X}_P - \boldsymbol{X}_1|) & \varphi(|\boldsymbol{X}_P - \boldsymbol{X}_2|) & \cdots & \varphi(|\boldsymbol{X}_P - \boldsymbol{X}_P|) \end{bmatrix} \tag{7.5}$$

如果$\boldsymbol{\Phi}$的逆矩阵$\boldsymbol{\Phi}^{-1}$存在（即$\boldsymbol{\Phi}$是一个非奇异矩阵），那么通过求解式 7.4 可以得到

$$\boldsymbol{W} = \boldsymbol{\Phi}^{-1}\boldsymbol{Y} \tag{7.6}$$

数学上可以证明，只要数据集中的数据点不出现矛盾的情况（即不要出现同样的输入矢量映射到不同的输出值的情况），那么就有相当多形式的$\varphi$都能使得$\boldsymbol{\Phi}$是一个非奇异矩阵，这也就是说式 7.6 中的$\boldsymbol{W}$是有解的。将此$\boldsymbol{W}$代入式 7.2，就可以得到所要寻找的插值函数$h(\boldsymbol{X})$。

非线性一元函数$\varphi$的形式可以有很多种选择，最常选用的是**高斯函数（Gaussian function）**，其表达式为

$$\varphi(x) = e^{-\frac{x^2}{2\sigma^2}} \tag{7.7}$$

其中参数$\sigma > 0$决定了$\varphi(x)$的“胖瘦”程度，图 7-5 显示了$\sigma$取 3 个不同的值时$\varphi(x)$的图像。从图 7-5 中看到，$\sigma$越小，则$\varphi(x)$越瘦，但$\sigma$不会影响到$\varphi(x)$的“身高”，$\varphi(x)$总是在$x = 0$处取得最大值 1。

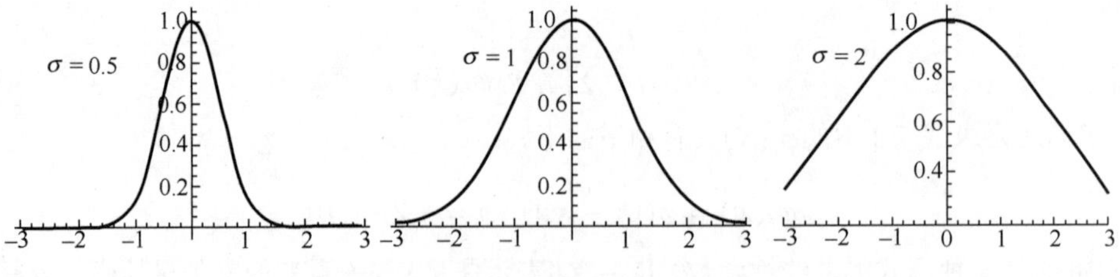


图 7-5　高斯函数$\varphi(x) = e^{-\frac{x^2}{2\sigma^2}}$的形状

下面，我们就利用高斯 RBF 来完成一个 3 个数据点的插值任务。高斯函数中的$\sigma$取 0.5。3 个数据点的情况如下：

$$-1 \rightarrow 1$$

$$0 \rightarrow -1$$

$$1 \rightarrow 1$$

根据上述条件，式 7.4 中的$\boldsymbol{\Phi}$可表示为

$$\boldsymbol{\Phi}=\begin{bmatrix}\varphi(|\boldsymbol{X}_1-\boldsymbol{X}_1|) & \varphi(|\boldsymbol{X}_1-\boldsymbol{X}_2|) & \varphi(|\boldsymbol{X}_1-\boldsymbol{X}_3|)\\ \varphi(|\boldsymbol{X}_2-\boldsymbol{X}_1|) & \varphi(|\boldsymbol{X}_2-\boldsymbol{X}_2|) & \varphi(|\boldsymbol{X}_2-\boldsymbol{X}_3|)\\ \varphi(|\boldsymbol{X}_3-\boldsymbol{X}_1|) & \varphi(|\boldsymbol{X}_3-\boldsymbol{X}_2|) & \varphi(|\boldsymbol{X}_3-\boldsymbol{X}_3|)\end{bmatrix}$$

$$=\begin{bmatrix}\varphi(|(-1)-(-1)|) & \varphi(|(-1)-0|) & \varphi(|(-1)-1|)\\ \varphi(|0-(-1)|) & \varphi(|0-0|) & \varphi(|0-1|)\\ \varphi(|1-(-1)|) & \varphi(|1-0|) & \varphi(|1-1|)\end{bmatrix}$$

$$=\begin{bmatrix}\varphi(0) & \varphi(1) & \varphi(2)\\ \varphi(1) & \varphi(0) & \varphi(1)\\ \varphi(2) & \varphi(1) & \varphi(0)\end{bmatrix}=\begin{bmatrix}1 & e^{-2} & e^{-8}\\ e^{-2} & 1 & e^{-2}\\ e^{-8} & e^{-2} & 1\end{bmatrix}$$

求$\boldsymbol{\Phi}$的逆矩阵得到

$$\boldsymbol{\Phi}^{-1}=\begin{bmatrix}1 & e^{-2} & e^{-8}\\ e^{-2} & 1 & e^{-2}\\ e^{-8} & e^{-2} & 1\end{bmatrix}^{-1}$$

$$=\begin{bmatrix}1 & 0.135335 & 0.000335\\ 0.135335 & 1 & 0.135335\\ 0.000335 & 0.135335 & 1\end{bmatrix}^{-1}$$

$$=\begin{bmatrix}1.019 & -0.140432 & 0.018664\\ -0.140432 & 1.03801 & -0.140432\\ 0.018664 & -0.140432 & 1.019\end{bmatrix}$$

根据式 7.6，计算

$$\boldsymbol{W}=\boldsymbol{\Phi}^{-1}\boldsymbol{Y}=\begin{bmatrix}1.019 & -0.140432 & 0.018664\\ -0.140432 & 1.03801 & -0.140432\\ 0.018664 & -0.140432 & 1.019\end{bmatrix}\begin{bmatrix}1\\ -1\\ 1\end{bmatrix}$$

$$=\begin{bmatrix}1.1781\\ -1.31887\\ 1.1781\end{bmatrix}$$

即$w_1=1.1781$，$w_2=-1.31887$，$w_3=1.1781$。另外，而根据式 7.3 得知

$$\varphi_1(x)=\varphi(|x-x_1|)=\varphi(|x-(-1)|)=e^{-2(x+1)^2}$$

$$\varphi_2(x)=\varphi(|x-x_2|)=\varphi(|x-0|)=e^{-2x^2}$$

$$\varphi_3(x)=\varphi(|x-x_3|)=\varphi(|x-1|)=e^{-2(x-1)^2}$$

最后，根据式 7.2 得到插值函数为

$$h(x) = w_1\varphi_1(x) + w_2\varphi_2(x) + w_3\varphi_3(x)$$

$$= 1.1781e^{-2(x+1)^2} - 1.31887e^{-2x^2} + 1.1781e^{-2(x-1)^2}$$

图 7-6 显示了该插值函数以及 3 个数据点的情况。

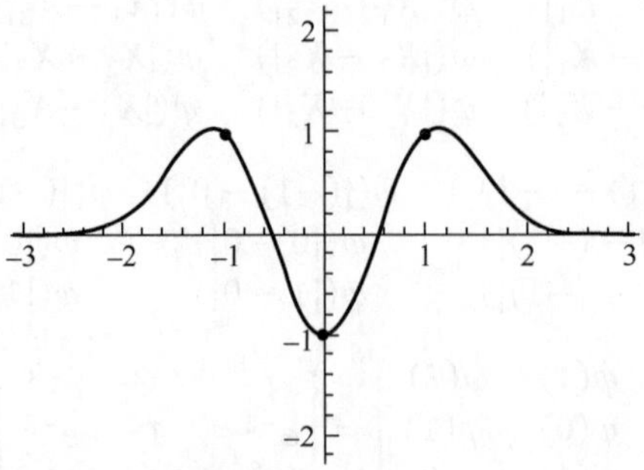


图 7-6　高斯 RBF 插值（$\sigma = 0.5$）

为了展示高斯函数中$\sigma$的取值对插值效果的影响，我们重复刚才的例子，条件不变，只是这次$\sigma$取 2，于是有

$$\boldsymbol{\Phi}^{-1} = \begin{bmatrix} 1 & e^{-\frac{1}{8}} & e^{-\frac{1}{2}} \\ e^{-\frac{1}{8}} & 1 & e^{-\frac{1}{8}} \\ e^{-\frac{1}{2}} & e^{-\frac{1}{8}} & 1 \end{bmatrix}^{-1}$$

$$\boldsymbol{\Phi}^{-1} = \begin{bmatrix} 1 & 0.8824969 & 0.6065307 \\ 0.8824969 & 1 & 0.8824969 \\ 0.6065307 & 0.8824969 & 1 \end{bmatrix}^{-1}$$

$$\boldsymbol{\Phi}^{-1} = \begin{bmatrix} 11.4896 & -18.0362 & 8.94811 \\ -18.0362 & 32.8338 & -18.0362 \\ 8.94811 & -18.0362 & 11.4896 \end{bmatrix}$$

$$\boldsymbol{W} = \boldsymbol{\Phi}^{-1}\boldsymbol{Y} = \begin{bmatrix} 11.4896 & -18.0362 & 8.94811 \\ -18.0362 & 32.8338 & -18.0362 \\ 8.94811 & -18.0362 & 11.4896 \end{bmatrix}\begin{bmatrix} 1 \\ -1 \\ 1 \end{bmatrix}$$

$$= \begin{bmatrix} 38.4739 \\ -68.9062 \\ 38.4739 \end{bmatrix}$$

即$w_1 = 38.4739$，$w_2 = -68.9062$，$w_3 = 38.4739$。另外，而根据式 7.3 得知

$$\varphi_1(x) = \varphi(|x - x_1|) = \varphi(|x - (-1)|) = e^{-\frac{(x+1)^2}{8}}$$

$$\varphi_2(x) = \varphi(|x - x_2|) = \varphi(|x - 0|) = e^{-\frac{x^2}{8}}$$

$$\varphi_3(x) = \varphi(|x - x_3|) = \varphi(|x - 1|) = e^{-\frac{(x-1)^2}{8}}$$

最后，根据式 7.2 得到插值函数为

$$\begin{aligned} h(x) &= w_1\varphi_1(x) + w_2\varphi_2(x) + w_3\varphi_3(x) \\ &= 38.4739e^{-\frac{(x+1)^2}{8}} - 68.9062e^{-\frac{x^2}{8}} + 38.4739e^{-\frac{(x-1)^2}{8}} \end{aligned}$$

图 7-7 显示了该插值函数以及它与$\sigma = 0.5$时插值函数图像的对比。从图 7-7 中看到，当$\sigma$较小时，插值函数取值的波动范围也较小，并且从整体上看，其曲率较大，这些现象都是由于其所使用的 RBF 比较窄瘦导致的。

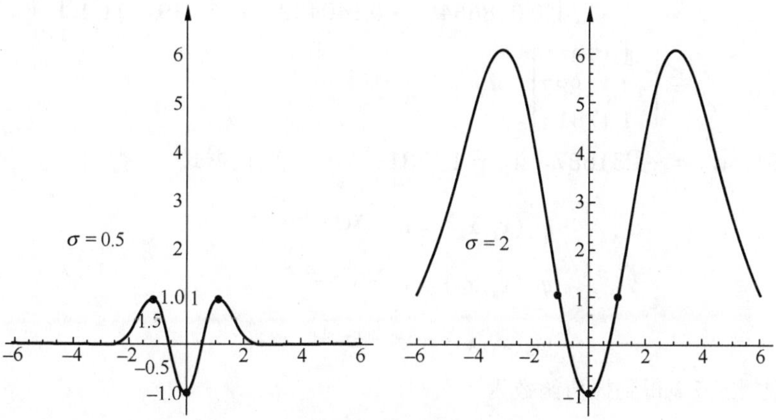


图 7-7　高斯 RBF 插值中$\sigma$的影响作用

上面所举的例子涉及的是从 1 维空间到 1 维空间的映射。我们再举一个从 2 维空间到 1 维空间映射的例子，仍然是利用高斯 RBF 来完成一个插值任务，$\sigma$取 0.5，3 个数据点的情况如下：

$$[-1\ 0] \rightarrow 1$$

$$[0\ 0] \rightarrow -1$$

$$[1\ 0] \rightarrow 1$$

根据上述条件，式 7.4 中的$\boldsymbol{\Phi}$可表示为

$$\boldsymbol{\Phi} = \begin{bmatrix} \varphi(|\boldsymbol{X}_1 - \boldsymbol{X}_1|) & \varphi(|\boldsymbol{X}_1 - \boldsymbol{X}_2|) & \varphi(|\boldsymbol{X}_1 - \boldsymbol{X}_3|) \\ \varphi(|\boldsymbol{X}_2 - \boldsymbol{X}_1|) & \varphi(|\boldsymbol{X}_2 - \boldsymbol{X}_2|) & \varphi(|\boldsymbol{X}_2 - \boldsymbol{X}_3|) \\ \varphi(|\boldsymbol{X}_3 - \boldsymbol{X}_1|) & \varphi(|\boldsymbol{X}_3 - \boldsymbol{X}_2|) & \varphi(|\boldsymbol{X}_3 - \boldsymbol{X}_3|) \end{bmatrix}$$

$$= \begin{bmatrix} \varphi(0) & \varphi(1) & \varphi(2) \\ \varphi(1) & \varphi(0) & \varphi(1) \\ \varphi(2) & \varphi(1) & \varphi(0) \end{bmatrix} = \begin{bmatrix} 1 & e^{-2} & e^{-8} \\ e^{-2} & 1 & e^{-2} \\ e^{-8} & e^{-2} & 1 \end{bmatrix}$$

求$\boldsymbol{\Phi}$的逆矩阵得到

$$\boldsymbol{\Phi}^{-1}=\begin{bmatrix}1 & e^{-2} & e^{-8}\\ e^{-2} & 1 & e^{-2}\\ e^{-8} & e^{-2} & 1\end{bmatrix}^{-1}$$

$$=\begin{bmatrix}1.019 & -0.140432 & 0.018664\\ -0.140432 & 1.03801 & -0.140432\\ 0.018664 & -0.140432 & 1.019\end{bmatrix}$$

根据式 7.6，计算

$$\boldsymbol{W}=\boldsymbol{\Phi}^{-1}\boldsymbol{Y}=\begin{bmatrix}1.019 & -0.140432 & 0.018664\\ -0.140432 & 1.03801 & -0.140432\\ 0.018664 & -0.140432 & 1.019\end{bmatrix}\begin{bmatrix}1\\ -1\\ 1\end{bmatrix}$$

$$=\begin{bmatrix}1.1781\\ -1.31887\\ 1.1781\end{bmatrix}$$

即$w_1=1.1781$，$w_2=-1.31887$，$w_3=1.1781$。另外，而根据式 7.3 得知

$$\varphi_1(x_1,x_2)=e^{-2(x_1+1)^2-2{x_2}^2}$$

$$\varphi_2(x_1,x_2)=e^{-2{x_1}^2-2{x_2}^2}$$

$$\varphi_3(x_1,x_2)=e^{-2(x_1-1)^2-2{x_2}^2}$$

最后，根据式 7.2 得到插值函数为

$$h(x_1,x_2)=w_1\varphi_1(x_1,x_2)+w_2\varphi_2(x_1,x_2)+w_3\varphi_3(x_1,x_2)$$

$$=1.1781e^{-2(x_1+1)^2-2{x_2}^2}-1.31887e^{-2{x_1}^2-2{x_2}^2}+1.1781e^{-2(x_1-1)^2-2{x_2}^2}$$

图 7-8 显示了该插值函数及其等值线，以及 3 个数据点的情况。

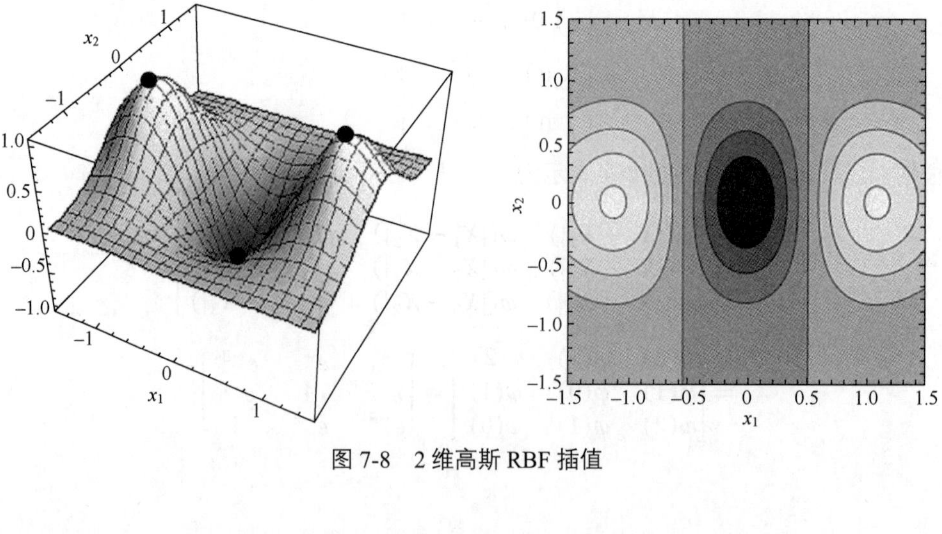


图 7-8　2 维高斯 RBF 插值

RBF 中的$\varphi(x)$除了常采用高斯函数外，还可采用其他一些形式的函数，例如

$$\varphi(x) = \frac{1}{x^2+\sigma^2} \tag{7.8}$$

其中的常数$\sigma$决定了$\varphi(x)$的高矮和胖瘦，请见图 7-9。

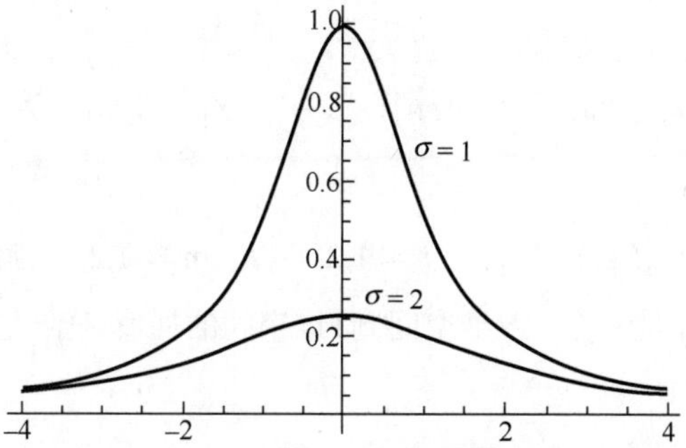


图 7-9　$\varphi(x) = \frac{1}{x^2+\sigma^2}$的形状

前面所举的有关插值的例子中，数据集只包含了寥寥 3 个数据点。现实应用中，数据集的规模要大得多，通常包含了成百上千个数据点；因为如果数据集的规模太小，则真函数的映射关系是无法正确地反映出来的。

图 7-10 显示了一个针对 30 个数据点的插值函数，这些数据点是通过对真函数$y = f(x) = 0.5 + 0.4\sin(2\pi x)$进行抽样，并附加了服从高斯分布的随机偏差而得到的（高斯分布的标准差取 0.05），采用的插值方法是高斯 RBF 插值法（$\sigma = 0.067$）。

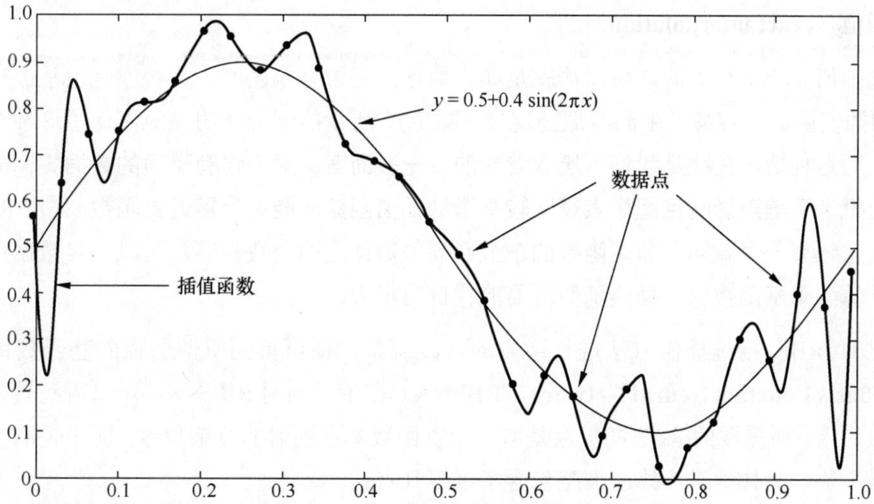


图 7-10　30 个数据点的 RBF 插值函数

7.1 节的插值方法涉及的是 1 维空间到 1 维空间的映射。到目前为止，本节介绍的插值方

法已经扩展到从$N$维空间到 1 维空间的映射。然而，更为一般的情况是从$N$维空间到$M$维空间的映射。如果映射是从$N$维空间到$M$维空间，则数据集将表示为

$$\begin{aligned}
\boldsymbol{X}_1 = [x_{11} \quad x_{12} \quad \cdots \quad x_{1N}]^{\mathrm{T}} \quad &\rightarrow \quad \boldsymbol{Y}_1 = [y_{11} \quad y_{12} \quad \cdots \quad y_{1M}]^{\mathrm{T}} \\
\boldsymbol{X}_2 = [x_{21} \quad x_{22} \quad \cdots \quad x_{2N}]^{\mathrm{T}} \quad &\rightarrow \quad \boldsymbol{Y}_2 = [y_{21} \quad y_{22} \quad \cdots \quad y_{2M}]^{\mathrm{T}} \\
&\vdots \\
\boldsymbol{X}_P = [x_{P1} \quad x_{P2} \quad \cdots \quad x_{PN}]^{\mathrm{T}} \quad &\rightarrow \quad \boldsymbol{Y}_P = [y_{P1} \quad y_{P2} \quad \cdots \quad y_{PM}]^{\mathrm{T}}
\end{aligned}$$

式 7.1 将变为

$$h_m(\boldsymbol{X}_i) = y_{im} \quad i = 1,2,\cdots,P,\ m = 1,2,\cdots,M \tag{7.9}$$

式 7.9 中的每一个$h_m(\boldsymbol{X})$都是一个从$N$维空间到1维空间的插值函数，它是由完全相同的$P$个 RBF 的线性组合而得到的，即

$$h_m(\boldsymbol{X}) = \sum_{i=1}^{P} w_{im}\,\varphi(|\boldsymbol{X} - \boldsymbol{X}_i|) \quad m = 1,2,\cdots,M \tag{7.10}$$

式 7.10 中各个权值$w_{im}$的求解方法完全类似于式 7.6。

## 7.3　从精确插值到 RBFNN

7.1 节和 7.2 节中讨论的插值方法有一个共同的要求，即插值函数必须与数据集中的每一个数据点都吻合，也就是说插值函数必须通过数据集中的每一个数据点。满足这种要求的插值称为**精确插值（exact interpolation）**。

精确插值有一个很大的缺陷，那就是如果数据点是带有偏差的（这种偏差也常被称为“噪声”），则插值函数很容易发生高度振荡现象，图 7-10 所示的例子就明显地出现了这种高度振荡的现象，而这种情况往往是我们不愿意看到的。**一般而言，对于含有噪声的数据集，能够在一定程度上抵消了噪声影响且图像表现比较平滑的插值函数才能更为接近真函数。**采用 RBF 的精确插值方法还有一个缺陷，即基函数的个数必须与数据点的个数相等，所以一旦数据集规模很大，则计算各个基函数以及插值函数所需的代价也很大。

通过对 RBF 精确插值方法进行适当的修改调整，便可得到所谓的**径向基函数神经网络（Radial Basis Function Neural Network，RBFNN）**模型。利用 RBFNN，可以得到较为平滑的插值函数，并且所需要的 RBF 的数量是取决于真函数本身映射的复杂程度，而不是取决于数据集的规模大小。具体地讲，修改调整包含了以下几点。

- RBF 的个数$K$不必一定等于数据点的个数$P$，通常情况下$K$远远小于$P$。
- RBF 的中心点不必再是数据点中的输入矢量所对应的点。如何为各个 RBF 找到合适

的中心点将是 RBFNN 训练过程需要解决的问题之一。

- 不再要求不同 RBF 中的参数$\sigma$保持一致。不同的 RBF 可以有不同的$\sigma_k$，如何为各个 RBF 找到合适的$\sigma_k$也将是 RBFNN 训练过程需要解决的问题之一。
- 插值函数的线性组合表达式中增加一个称为**偏置参数（bias parameter）**的常数项。

基于上述几点修改调整后，一个 RBFNN 所表示的从$N$维输入空间到$M$维输出空间的映射关系为

$$y_m(\boldsymbol{X}) = \sum_{k=1}^{K} w_{km}\,\varphi_k(\boldsymbol{X}) - w_{0m} \quad m = 1,2,\cdots,M \tag{7.11}$$

式 7.11 中的$w_{0m}$为偏置参数，如果采用之前介绍过的偏置神经元方法[①]，则该参数可并入到求和项中去。如果 RBF 为高斯函数，则式 7.11 中的$\varphi_k$为

$$\varphi_k(\boldsymbol{X}) = e^{-\frac{|\boldsymbol{X}-\boldsymbol{U}_k|^2}{2\sigma_k^2}} \quad k = 1,2,\cdots,K \tag{7.12}$$

式 7.12 中的$\boldsymbol{X}$为数据点中的$N$维输入矢量，它的各个分量为$x_i\ (i = 1,2,\cdots,N)$。$\boldsymbol{U}_k$也是$N$维矢量，它就是$\varphi_k(\boldsymbol{X})$的中心位置矢量，其各个分量为$u_{jk}\ (j = 1,2,\cdots,N)$。图 7-11 显示了$N = 2$时$\varphi_k(x_1,x_2)$的中心位置移至坐标原点后的图像（$\sigma_k$分别取 0.5，1，2）。

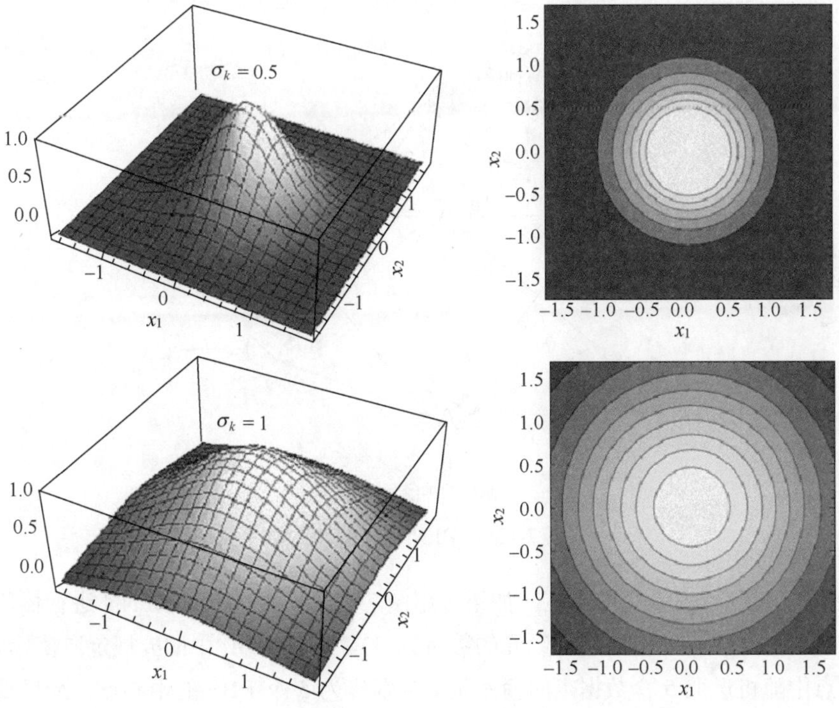


图 7-11 高斯 RBF 图像

① 注意：偏置神经元没有输入，且其输出值恒为–1。

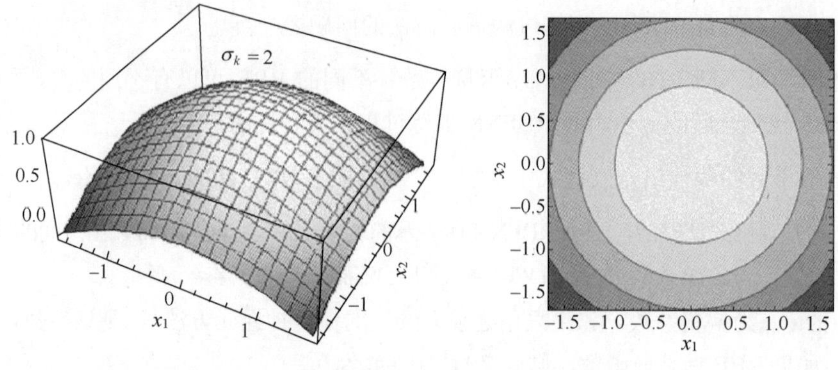


图 7-11　高斯 RBF 图像（续）

式 7.11 所表达的映射关系可以用图 7-12 所示的 RBFNN 来实现。从图 7-12 中可以看到，RBFNN 包含了一个输入层、一个隐层和一个输出层，其中隐层神经元的激活函数为非线性的 RBF，输出层神经元的激活函数为线性函数。但需要说明的是，RBFNN 并不限于用来实现插值函数，它也适合很多别的应用；在某些应用场景下，RBFNN 的输出层神经元也可以采用非线性函数作为其激活函数。

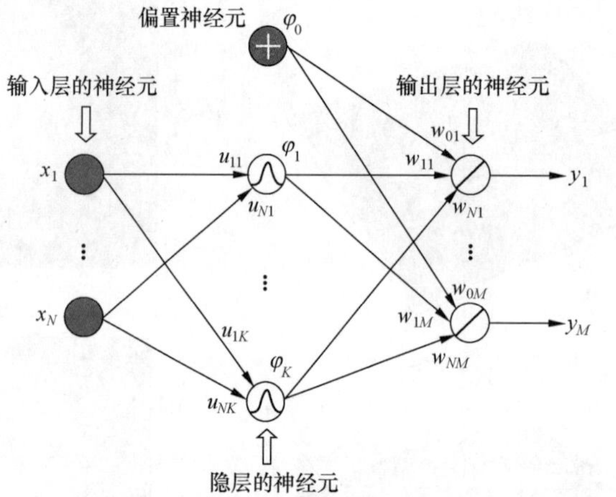


图 7-12　RBFNN 的基本架构

对于图 7-10 所示的 30 个数据点，如果采用图 7-12 所示的高斯 RBFNN 进行插值，其中高斯 RBF 的个数选取为 5（即隐层神经元的数目为 5），高斯 RBF 中的$\sigma_k$规定取值均为 0.5，在 30 个数据点中随机选取 5 个数据点的输入矢量分别作为 5 个 RBF 的中心点，最后得到的插值函数的图像如图 7-13 所示。从图 7-13 中可以看到，通过 RBFNN 得到的插值函数已经相当平滑了，并且也非常接近真函数。

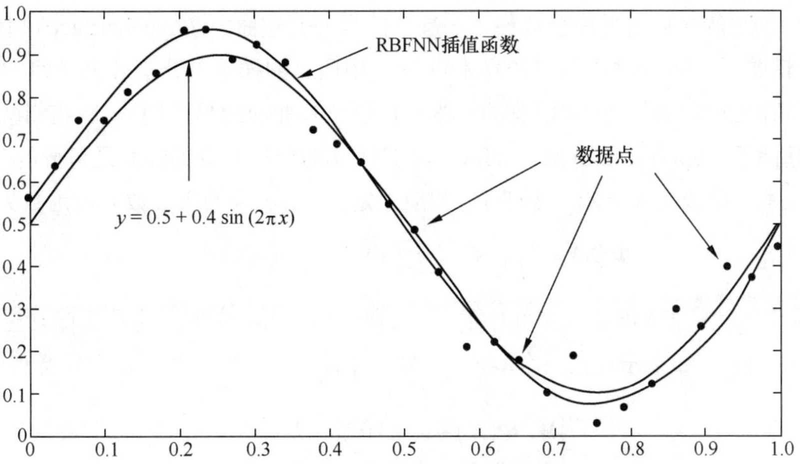


图 7-13 通过 RBFNN 得到的插值函数

# 7.4 Cover 定理

在图 7-12 所示的 RBFNN 架构中，输入层有$N$个神经元，因此我们也说输入空间是$N$维的；隐层有$K$个神经元（不计偏置神经元），因此我们也说隐层空间是$K$维的；输出层有$M$个神经元，因此我们也说输出空间是$M$维的。尽管 RBFNN 的整体作用是实现从$N$维输入空间到$M$维输出空间的某种**非线性变换**，但这种变换其实是分两步实现的：第一步是从$N$维输入空间到$K$维隐层空间的**非线性变换**；第二步是从$K$维隐层空间到$M$维输出空间的**线性变换**。**在设计 RBFNN 的时候，根据 Cover 定理，我们通常会让$K$大于$N$。**

1965 年，美国信息理论学家 Thomas M. Cover 从数学上给出了这样的证明（即 Cover 定理）：**对于一个复杂的在低维空间表现为非线性可分的模式分类问题，当我们从该低维空间经由某种非线性变换而得到的高维空间来看待时，原来的问题很可能就转化成了一个简单的线性可分的模式分类问题**。如果将 RBFNN 视为一个模式分类器，则其实现原理正是 Cover 定理思想的体现。

接下来我们就将 RBFNN 视为一个模式分类器，进一步地分析**模式可分性（seperability of patterns）**问题。为了简便起见，我们只分析二分类问题，即假定模式只有两个类别。如果将 RBFNN 视为一个模式分类器，则之前在描述插值方法时所说的数据点就相当于是带有标签的训练样本，数据点中的输入矢量部分就是训练模式矢量，数据点中的输出矢量部分就是训练模式矢量的标签，而数据集就相当于是训练样本集。假设模式空间是$N$维的，训练样本集$C$包含$P$个训练样本矢量（也称为训练样本点）：$\boldsymbol{X}_1, \boldsymbol{X}_1, \cdots, \boldsymbol{X}_P$，$C$的子集$C^+$包含了$C$中所有属于类别 1 的训练样本点，$C$的子集$C^-$包含了$C$中所有属于类别 2 的训练样本点，$C^+$与$C^-$的并集为$C$。如果在$N$维空间中的一簇（后面很快会解释“一簇”的含义）超曲面（hypersurface）中存在某一个超曲面，该超曲面能够将$C^+$中所有的样本点与$C^-$中所有的样本点分割开来（即$C^+$中所有的样本点位于该超曲面的一侧，$C^-$中所有的样本点位于该超曲面的另一侧），则我们就称该超曲面为$C$的**分割超曲面（seperating hypersurface）**，同时称**$C$对于这一簇超曲面是可分的（seperable）**。对于$C$中的任意一个模式矢量$\boldsymbol{X}$，我们可以相应地定义一个$K$维的实（数）值函数矢量$\boldsymbol{\Phi}(\boldsymbol{X})$:

$$\boldsymbol{\Phi}(\boldsymbol{X}) = [\varphi_1(\boldsymbol{X}) \quad \varphi_2(\boldsymbol{X}) \quad \cdots \quad \varphi_K(\boldsymbol{X})]^{\mathrm{T}} \tag{7.13}$$

$\boldsymbol{\Phi}(\boldsymbol{X})$的基本作用就是把$N$维输入空间中的一个点映射到$K$维$\varphi$空间（也称为**隐含空间**）中的一个点。在此基础上，如果还存在一个$K$维矢量$\boldsymbol{W} = [w_1 \quad w_2 \quad \cdots \quad w_K]^{\mathrm{T}}$以及常数值$w_0$，使得

$$\begin{cases} \boldsymbol{W}^{\mathrm{T}}\boldsymbol{\Phi}(\boldsymbol{X}) - w_0 \geqslant 0 & X \in C^+ \\ \boldsymbol{W}^{\mathrm{T}}\boldsymbol{\Phi}(\boldsymbol{X}) - w_0 < 0 & X \in C^- \end{cases} \tag{7.14}$$

我们就说**$C$是$\boldsymbol{\varphi}$可分的**。而由方程

$$\boldsymbol{W}^{\mathrm{T}}\boldsymbol{\Phi}(\boldsymbol{X}) - w_0 = 0$$

所确定的$K$维隐含空间中的超平面逆映射到$N$维输入空间后正好就是刚才提到的那个分割超曲面。简而言之，**$\boldsymbol{\Phi}$将$N$维输入空间中的点（矢量）映射成了$K$维隐含空间（$\boldsymbol{\varphi}$空间）中的点（矢量），同时将输入空间中的$(N-1)$维分割超曲面映射成了隐含空间中的$(K-1)$维超平面。这样一来，$N$维输入空间中的非线性可分模式便转换成了$K$维隐含空间中的线性可分模式。**

**注意，在 3 维空间中，所谓的超曲面其实就是普通的曲面，所谓的超平面其实就是普通的平面，另外，超平面是超曲面的特例，平面是曲面的特例。在 2 维空间中，所谓的超曲面其实就是普通的曲线，所谓的超平面其实就是普通的直线，另外，超平面是超曲面的特例，直线是曲线的特例。**

为了直观起见，现在分析一下 2 维模式空间中的二分类问题，同时请各位读者要特别留意术语的转换。我们在中学时学过，平面上的**二次曲线（也即圆锥曲线）**包含圆（椭圆的特例）、椭圆、抛物线和双曲线（大家应该还记得，这些曲线的方程均为二次多项式方程，所以称为二次曲线）。尽管圆的半径可以不同，圆心的位置也可以不同，但可以把所有这些大小和位置不同的圆视为同一簇曲线，即圆这一簇曲线。类似地，还可以把所有的椭圆看成是一簇曲线，把所有的抛物线看成是一簇曲线，把所有的双曲线看成是一簇曲线。另外，也可以把圆、椭圆、抛物线、双曲线统一地看成是同一簇曲线，即圆锥曲线这一簇曲线。当然，还可以把平面上所有的直线看成是一簇特别的曲线。基于以上认识，我们就可以说图 7-14 中（a）所示的模式对于圆这一簇曲线是可分的，对于椭圆是不可分的，对于圆锥曲线是可分的，对于直线是不可分的……；图 7-14 中（b）所示的模式对于直线是不可分的，对于椭圆是可分的，对于圆是不可分的，对于圆锥曲线是可分的……；图 7-14 中（c）所示的模式对于直线是不可分的，对于椭

圆是不可分的，对于双曲线是可分的……；图 7-14 中（d）所示的模式对于直线是不可分的，对于抛物线是可分的，对于椭圆是可分的……；图 7-14 中（e）所示的模式对于直线是可分的，对于抛物线是可分的……。显然，只有图 7-14 中（e）所示的模式是线性可分的，其他都是非线性可分的。

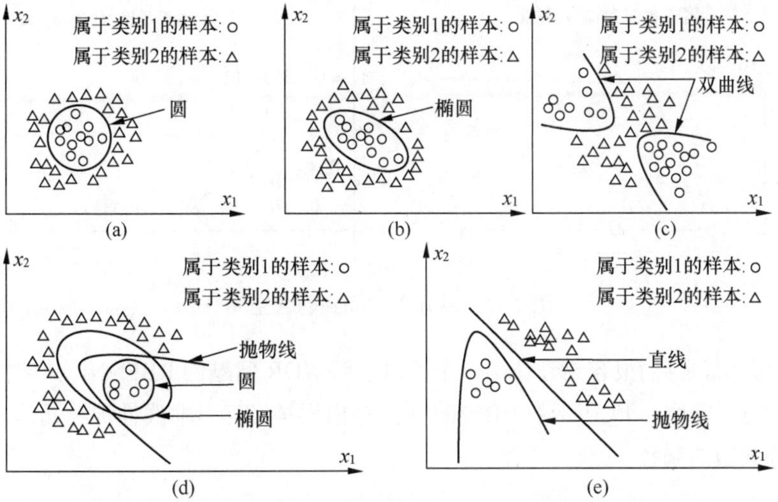


图 7-14　2 维模式的二分类问题

还记得非常简单却又特别重要的 XOR 问题吗？之前我们曾利用 MLP 解决了 XOR 问题，现在再用 RBFNN 来解决 XOR 问题。如图 7-15 所示，XOR 问题可概括为：对于输入矢量 $(x_1, x_2) = (0,1)$和$(x_1, x_2) = (1,0)$，要求 RBFNN 的输出值为 1；对于输入矢量$(x_1, x_2) = (0,0)$和$(x_1, x_2) = (1,1)$，要求 RBFNN 的输出值为 0。

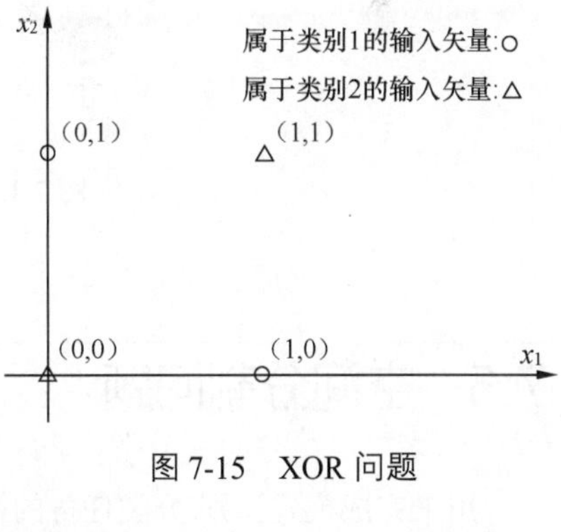


图 7-15　XOR 问题

为此，我们引入两个高斯 RBF，如下：

$$\varphi_1(\boldsymbol{X}) = e^{-|\boldsymbol{X}-\boldsymbol{X}_1|^2} = e^{-(x_1-1)^2-(x_2-1)^2}，\boldsymbol{X}_1 = [1 \quad 1]^{\mathrm{T}}$$

$$\varphi_2(\boldsymbol{X}) = e^{-|\boldsymbol{X}-\boldsymbol{X}_2|^2} = e^{-{x_1}^2-{x_2}^2}，\boldsymbol{X}_2 = [0 \quad 0]^{\mathrm{T}}$$

$\varphi_1(\boldsymbol{X})$和$\varphi_2(\boldsymbol{X})$对于 XOR 问题的 4 个输入矢量的映射值列于表 7-3 中。

表 7-3　RBF 对于 XOR 输入矢量的映射值

| 输入矢量 | $\varphi_1(\boldsymbol{X})$ | $\varphi_2(\boldsymbol{X})$ | 输入矢量 | $\varphi_1(\boldsymbol{X})$ | $\varphi_2(\boldsymbol{X})$ |
|---|---|---|---|---|---|
| $[1 \quad 1]^{\mathrm{T}}$ | 1 | 0.1353 | $[0 \quad 1]^{\mathrm{T}}$ | 0.3678 | 0.3678 |
| $[0 \quad 0]^{\mathrm{T}}$ | 0.1353 | 1 | $[1 \quad 0]^{\mathrm{T}}$ | 0.3678 | 0.3678 |

根据表 7-3 的内容，我们可以画出 2 维隐含空间（$\varphi$空间）的情况，请见图 7-16。从图 7-16 中看到，类别 1 和类别 2 在原始的输入空间中是非线性可分的，但在$\varphi$空间中却是线性可分的。这样一来，只要将$\varphi_1(\boldsymbol{X})$和$\varphi_2(\boldsymbol{X})$作为某个线性分类器的输入，XOR 问题便可轻松解决。

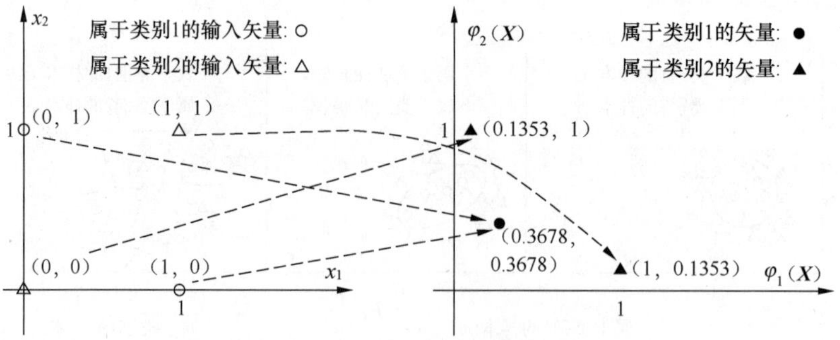


图 7-16　从输入空间到隐含空间

基于以上分析，我们很容易设计出一个可以求解 XOR 问题的 RBFNN，其架构和参数如图 7-17 所示。注意，在图 7-17 所示的 RBFNN 中，输出层神经元是非线性神经元，它采用了单位阶跃函数作为其激活函数。

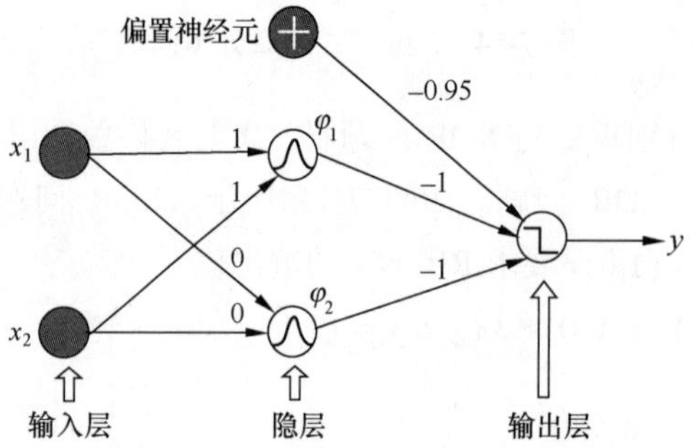


图 7-17　利用 RBFNN 解决 XOR 问题

## 7.5　空间分割问题

用来完成模式识别/分类任务的神经网络，其第一隐层的每个神经元的作用可看成是输入模式空间的二分器，即每个神经元都将整个输入空间分割为两个子集，多个神经元便将整个输入空间分割成了若干个子集，而第一隐层之后的那些层的作用则可看成是对这些子集进行重组、变位、变形等加工处理，从而最终确定出各个子集与各个模式类别的映射关系。因此，第一隐层中的神经元对输入空间的分割效果将会对网络的最终表现产生非常重要的影响。

如果第一隐层中的神经元采用的激活函数是单位阶跃函数，则这种神经元将会对输入空间进行**刚性分割**（**crisp-partition**）。图 7-18 所示为一个阶跃神经元对 2 维输入空间进行刚性分割的示例。

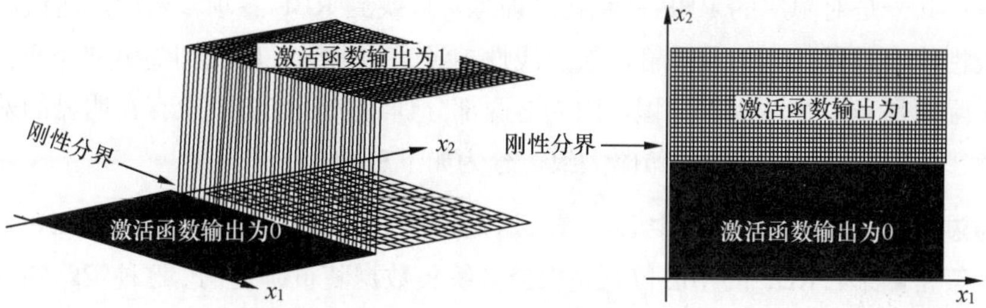


图 7-18　空间的刚性分割

如果第一隐层中的神经元采用的激活函数是逻辑函数，则这种神经元将会对输入空间进行**柔性分割**（**soft-partition**）。图 7-19 所示为一个逻辑神经元对 2 维输入空间进行柔性分割的示例。

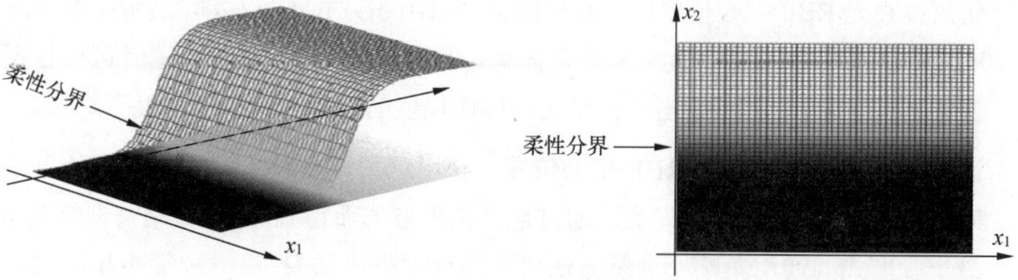


图 7-19　空间的柔性分割

如果第一隐层中的神经元是 RBF 神经元，则这种神经元将会对输入空间进行（超）**球面状柔性分割**（**spherical soft-partition**）。图 7-20 所示为一个 RBF 神经元对 2 维输入空间进行柔性分割的示例。

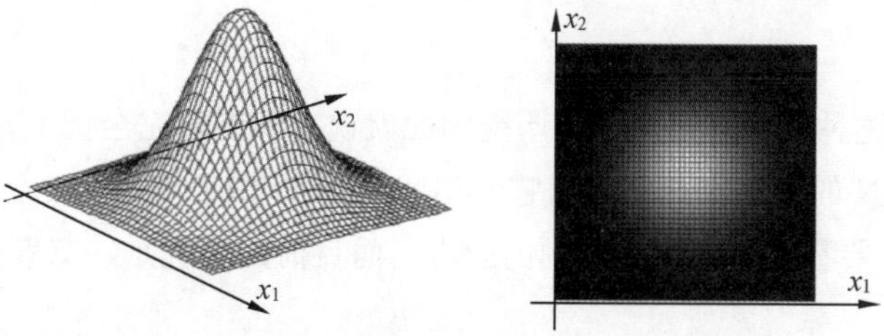


图 7-20　RBF 神经元对空间的柔性分割

## 7.6 训练策略

RBFNN 隐层的功能作用和输出层的功能作用存在明显的差异，因此其训练过程可视为由两部分组成：其一是对隐层的 RBF 神经元的训练，以找到 RBF 各项参数的合适值，这实际上是一个**非线性优化过程**；其二是对输出层的线性神经元的训练，以找到输出神经元各权值的合适值，这实际上是一个**线性优化过程**。因为这两部分训练在训练机理上存在明显的差异且具有相对独立性，所以 RBFNN 的训练策略大致可分为如下三种。

- **通过随机方式选择 RBF 中心位置**。这是确定 RBFNN 隐层神经元的 RBF 最简单的一种策略，各个 RBF 的中心位置是根据训练集数据随机确定的。这种策略的合理性是基于这样的假设前提：训练数据的分布情况很好地表征了应用问题的本质特点。采用这种策略时，唯一需要训练的参数是输出层神经元的线性权值（可采用梯度下降法进行训练）；这些线性权值的解也可以通过 4.5 节中介绍的求解线性方程组的方法而直接得到。
- **通过自组织（self-organization）方式选择 RBF 中心位置**。使用这种策略时，RBFNN 隐层神经元 RBF 中心位置被允许按照某种自组织方式进行移动，最常用的方法是运用 k-nearest-neighbor rule（此方法非常简单，但本书对其未作介绍，读者可自行查阅有关资料进行学习）。对于输出层神经元的线性权值的训练，可采用梯度下降法。
- **通过监督训练方式确定 RBF 中心位置**。使用这种策略时，RBF 的中心位置参数以及 RBFNN 的所有其他自由参数均通过监督训练方式而得到。这种策略是训练 RBFNN 的最一般形式的通用策略（训练方法可采用梯度下降法）；第一种策略和第二种策略均可视为第三种策略的特殊而简化的形式。

与 MLP 相比，RBFNN 的结构功能更为清晰，层次较少，训练收敛更快。理论分析表明，与 MLP 一样，只要隐层神经元的数目足够多，RBFNN 同样可以成为一个万能函数近似器。RBFNN 还有一个突出的优点，那就是训练过程中不会像 MLP 那样可能陷入到取值较大的极小值点。因为理论分析表明，对于 RBFNN 来说，极小值点只有一个，该极小值点就是全局的最小值点。

RBFNN 具有上述种种优点，但我们不能因此就说 RBFNN 完全优于并可取代 MLP，因为我们并不能从 RBFNN 的上述优点推理出它一定就具有比 MLP 更好的泛化能力。评价一个神经网络的终极标准还是要看它解决实际问题的能力，而目前的情况是，二者在实际应用中都表现不俗，各有千秋。

第 8 章

# 卷积神经网络（CNN）

## 8.1 卷积运算与相关运算

**卷积（convolution）**运算是对两个函数进行的一种数学运算，运算的结果是一个新的函数。如果第一个函数为$f(x)$，第二个函数为$g(x)$，则$f(x)$与$g(x)$的卷积运算定义为

$$s(x)=f(x)*g(x)=\int_{-\infty}^{+\infty}f(t)g(x-t)dt \tag{8.1}$$

其中星号*为卷积运算符号，函数$s(x)$称为$f(x)$与$g(x)$的卷积运算结果，或称为$f(x)$与$g(x)$的卷积函数，或简称为$f(x)$与$g(x)$的卷积。式 8.1 涉及函数$g(x)$的翻转和滑动以及函数的乘积和积分，直接理解起来比较杂乱和抽象，所以我们还是先来看几个例子，以获得一些直观感受。

假设

$$f(x)=\begin{cases}3 & 1\leqslant x\leqslant 2\\ 0 & x<1\text{或}x>2\end{cases} \tag{8.2}$$

$$g(x)=\begin{cases}2 & 1\leqslant x\leqslant 2\\ 0 & x<1\text{或}x>2\end{cases} \tag{8.3}$$

这两个函数的图像如图 8-1 所示。我们先来计算一下$s(x)=f(x)*g(x)$分别在$x=0,1,2,2.5$，3，3.5，4，5 的值，也就是计算$s(0)$，$s(1)$，$s(2)$，$s(2.5)$，$s(3)$，$s(3.5)$，$s(4)$，$s(5)$。

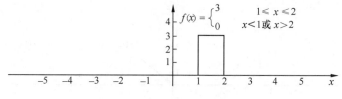

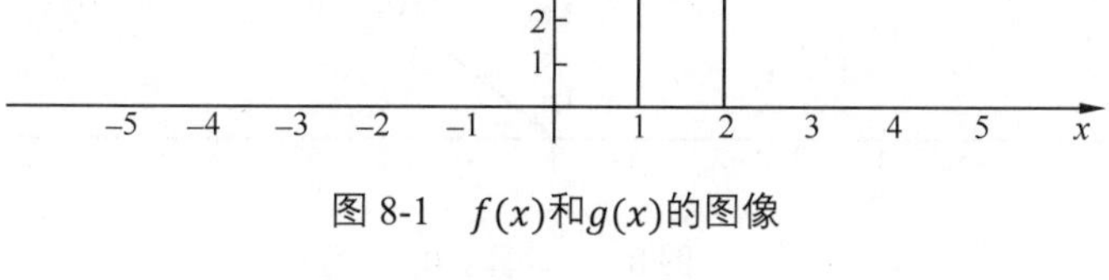


图 8-1 $f(x)$和$g(x)$的图像

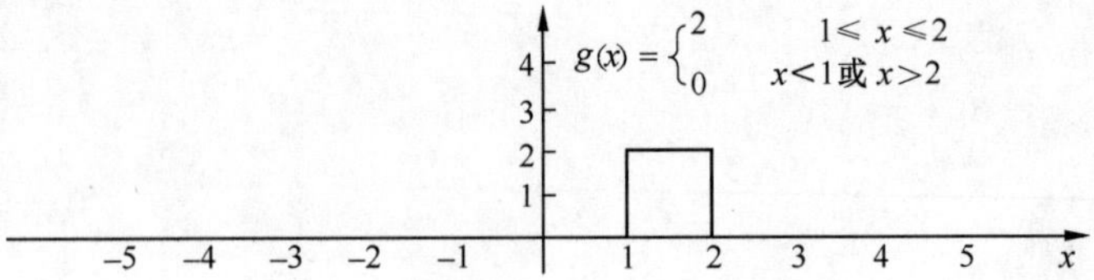


图 8-1　$f(x)$和$g(x)$的图像（续）

首先来计算一下$s(0)$，根据式 8.1 可知

$$s(0)=\int_{-\infty}^{+\infty}f(t)g(0-t)dt=\int_{-\infty}^{+\infty}f(t)g(-t)dt \tag{8.4}$$

可以按以下步骤来计算式 8.4 的值。

1．画出函数$f(t)$的图像，请见图 8-2 中的（a）。

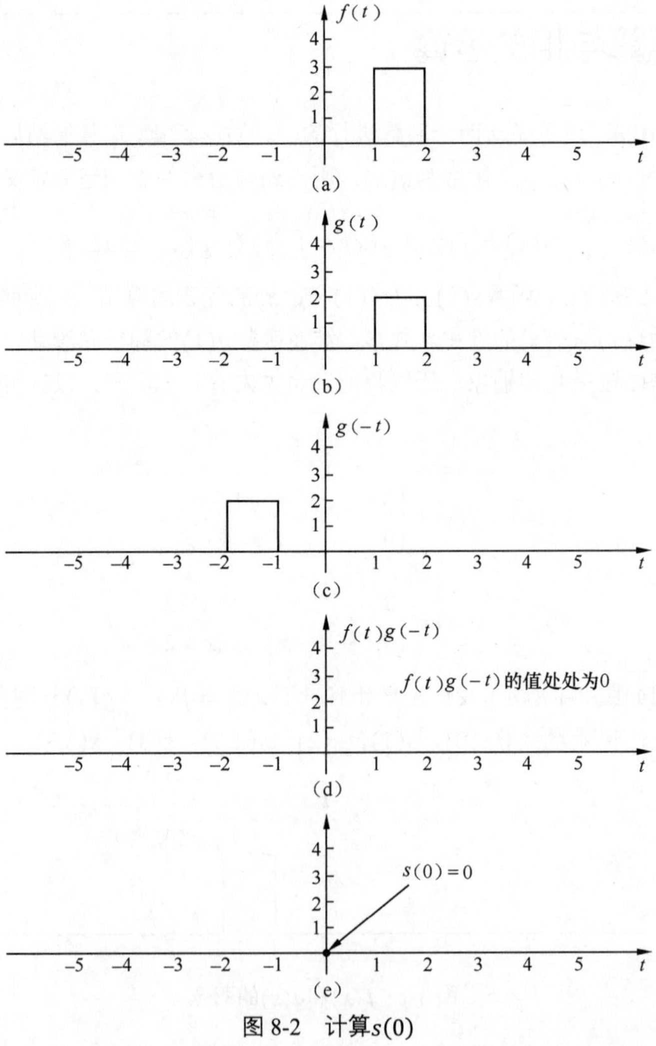


图 8-2　计算$s(0)$

2．画出函数$g(t)$的图像，请见图 8-2 中的（b）。

3．将$g(t)$的图像以坐标系纵轴为对称轴进行翻转，得到$g(-t)$，请见图 8-2 中的（c）。

4．计算$f(t)$与$g(-t)$的乘积$f(t)\,g(-t)$。当$t<1$时，$f(t)=0$，所以$f(t)g(-t)=0$；当$t\geqslant 1$时，$g(-t)=0$，所以$f(t)g(-t)=0$。也就是说，$f(t)g(-t)$的值处处为 0，请见图 8-2 中的（d）。

5．计算$s(0)=\int_{-\infty}^{+\infty}f(t)g(-t)dt=\int_{-\infty}^{+\infty}0dt=0$，请见图 8-2 中的（e）。

接下来计算$s(1)$，根据式 8.1 可知

$$s(1)=\int_{-\infty}^{+\infty}f(t)g(1-t)dt \tag{8.5}$$

可以按以下步骤来计算式 8.5 的值。

1．画出函数$f(t)$的图像，请见图 8-3 中的（a）。

2．画出函数$g(t)$的图像，请见图 8-3 中的（b）。

3．将$g(t)$的图像以坐标系纵轴为对称轴进行翻转，得到$g(-t)$，请见图 8-3 中的（c）。

4．将$g(-t)$的图像右移 1 个单位，得到$g(1-t)$，请见图 8-3 中的（d）。

5．计算$f(t)$与$g(1-t)$的乘积$f(t)\,g(1-t)$。当$t<1$时，$f(t)=0$，所以$f(t)g(1-t)=0$；当$t\geqslant 1$时，$g(1-t)=0$，所以$f(t)g(1-t)=0$。也就是说，$f(t)g(1-t)$的值处处为 0，请见图 8-3 中的（e）。

6．计算$s(1)=\int_{-\infty}^{+\infty}f(t)g(1-t)dt=\int_{-\infty}^{+\infty}0dt=0$，请见图 8-3 中的（f）。

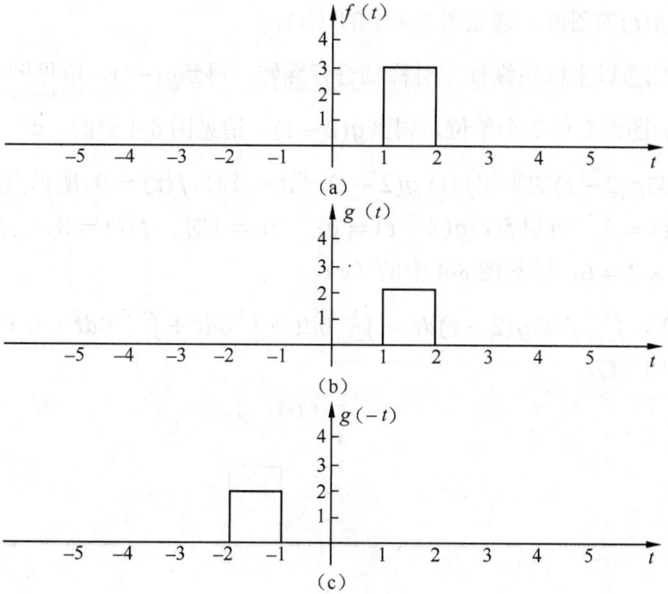


图 8-3　计算$s(1)$

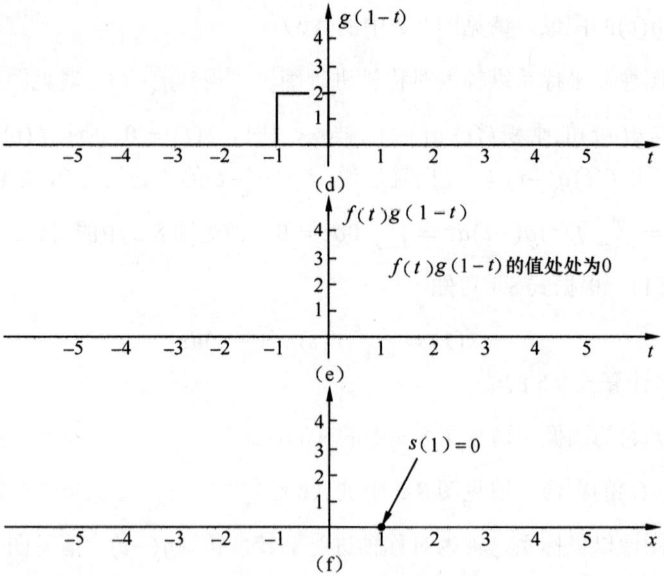


图 8-3　计算$s(1)$（续）

接下来计算$s(2)$，根据式 8.1 可知

$$s(2)=\int_{-\infty}^{+\infty}f(t)g(2-t)dt \tag{8.6}$$

可以按以下步骤来计算式 8.6 的值。

1．画出函数$f(t)$的图像，请见图 8-4 中的（a）。

2．画出函数$g(t)$的图像，请见图 8-4 中的（b）。

3．将$g(t)$的图像以坐标系纵轴为对称轴进行翻转，得到$g(-t)$，请见图 8-4 中的（c）。

4．将$g(-t)$的图像右移 2 个单位，得到$g(2-t)$，请见图 8-4 中的（d）。

5．计算$f(t)$与$g(2-t)$的乘积$f(t)\ g(2-t)$。当$t<1$时，$f(t)=0$，所以$f(t)g(2-t)=0$；当$t>1$时，$g(2-t)=0$，所以$f(t)g(2-t)=0$；当$t=1$时，$f(t)=3$，$g(2-t)=2$，所以$f(t)g(2-t)=3\times 2=6$，请见图 8-4 中的（e）。

6．计算$s(2)=\int_{-\infty}^{+\infty}f(t)g(2-t)dt=\int_{-\infty}^{1}0dt+\int_{1}^{1}6dt+\int_{1}^{+\infty}0dt=0+6\times(1-1)+0=0$，请见图 8-4 中的（f）。

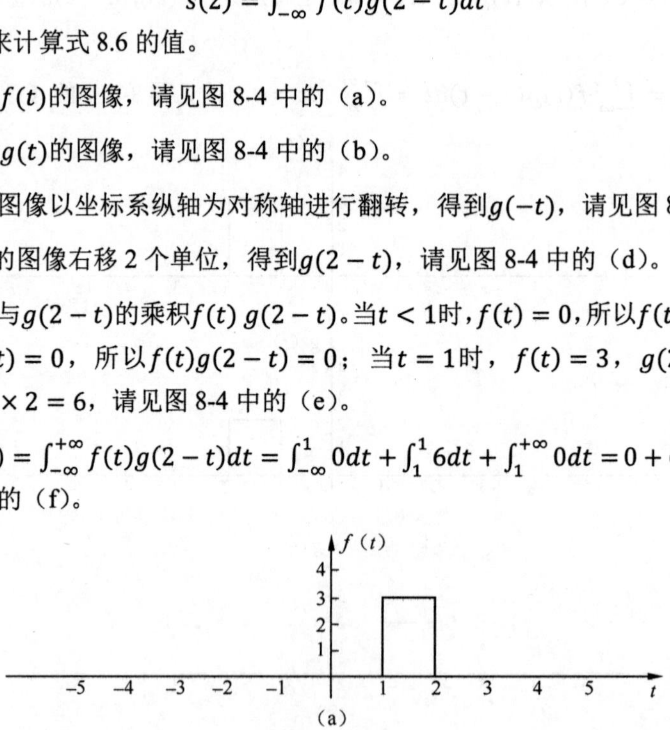


图 8-4　计算$s(2)$

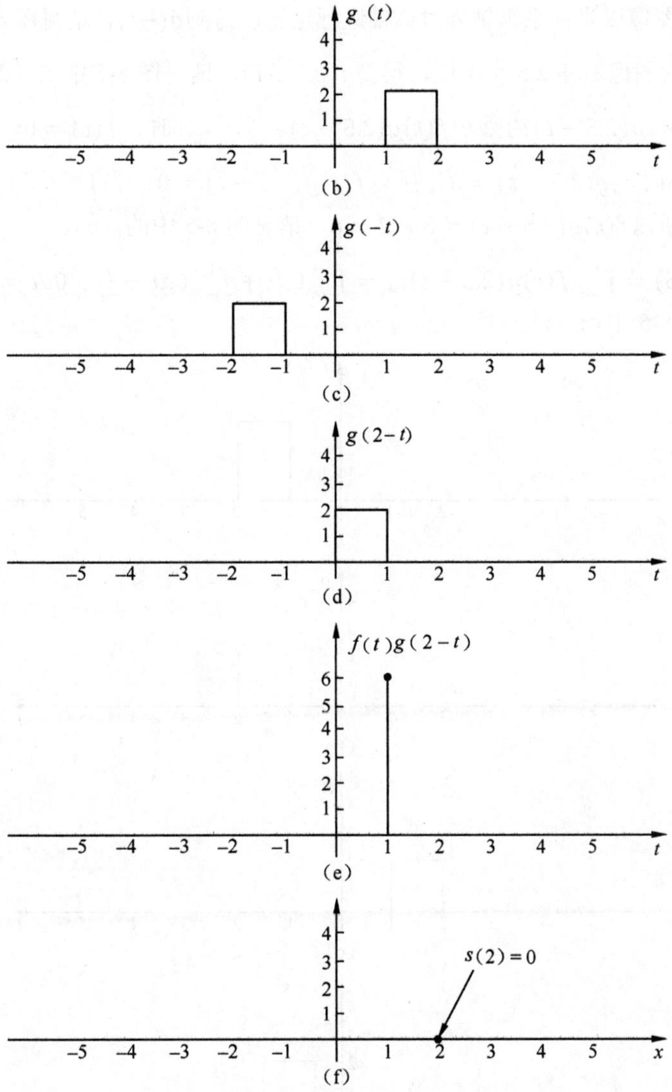


图 8-4 计算$s(2)$（续）

接下来计算$s(2.5)$，根据式 8.1 可知

$$s(2.5) = \int_{-\infty}^{+\infty} f(t)g(2.5-t)dt \tag{8.7}$$

可以按以下步骤来计算式 8.7 的值。

1．画出函数$f(t)$的图像，请见图 8-5 中的（a）。

2．画出函数$g(t)$的图像，请见图 8-5 中的（b）。

3．将$g(t)$的图像以坐标系纵轴为对称轴进行翻转，得到$g(-t)$，请见图8-5中的（c）。

4．将$g(-t)$的图像右移2.5个单位，得到$g(2.5-t)$，请见图8-5中的（d）。

5．计算$f(t)$与$g(2.5-t)$的乘积$f(t)g(2.5-t)$。当$t<1$时，$f(t)=0$，所以$f(t)g(2.5-t)=0$；当$t>1.5$时，$g(2.5-t)=0$，所以$f(t)g(2.5-t)=0$；当$1\leqslant t\leqslant 1.5$时，$f(t)=3$，$g(2.5-t)=2$，所以$f(t)g(2.5-t)=3\times 2=6$，请见图8-5中的（e）。

6．计算$s(2.5)=\int_{-\infty}^{+\infty}f(t)g(2.5-t)dt=\int_{-\infty}^{1}0dt+\int_{1}^{1.5}6dt+\int_{1.5}^{+\infty}0dt=0+6\times(1.5-1)+0=3$，请见图8-5中的（f）。

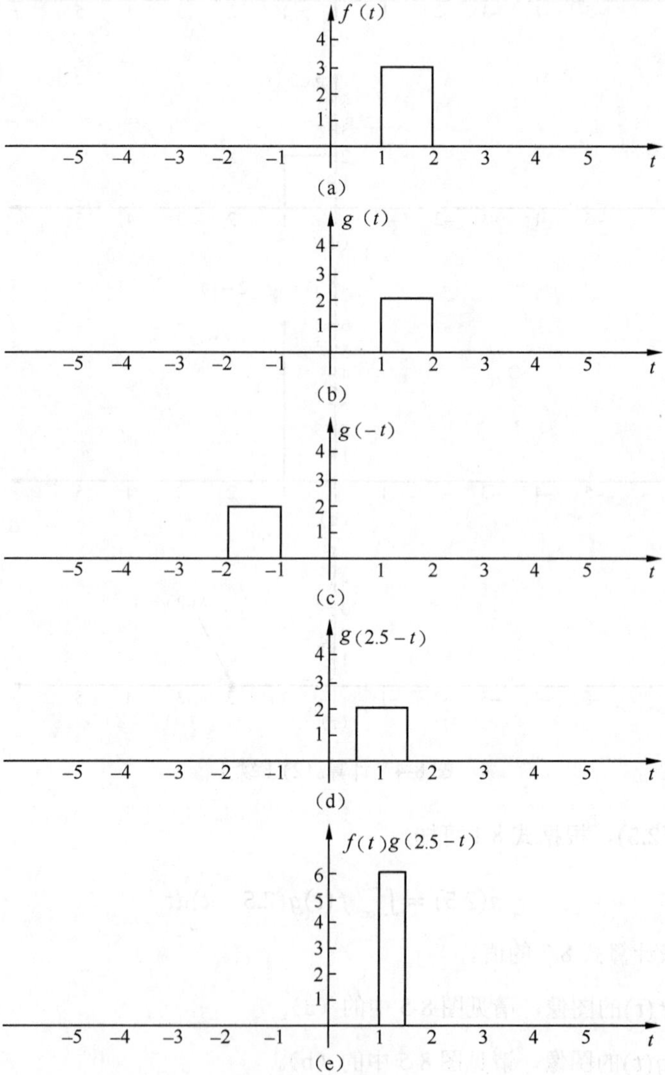


图8-5　计算$s(2.5)$

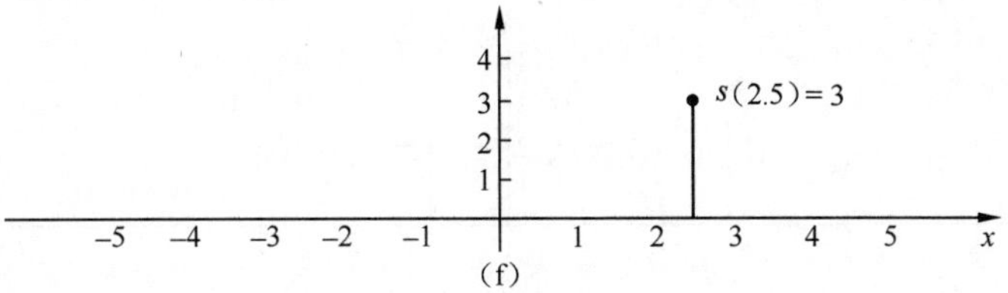


(f)

图 8-5 计算$s(2.5)$（续）

接下来计算$s(3)$，根据式 8.1 可知

$$s(3) = \int_{-\infty}^{+\infty} f(t)g(3-t)dt \tag{8.8}$$

可以按以下步骤来计算式 8.8 的值。

1．画出函数$f(t)$的图像，请见图 8-6 中的（a）。

2．画出函数$g(t)$的图像，请见图 8-6 中的（b）。

3．将$g(t)$的图像以坐标系纵轴为对称轴进行翻转，得到$g(-t)$，请见图 8-6 中的（c）。

4．将$g(-t)$的图像右移 3 个单位，得到$g(3-t)$，请见图 8-6 中的（d）。

5．计算$f(t)$与$g(3-t)$的乘积$f(t)\ g(3-t)$。当$t < 1$时，$f(t) = 0$，所以$f(t)g(3-t) = 0$；当$t > 2$时，$g(3-t) = 0$，所以$f(t)g(3-t) = 0$；当 $1 \leqslant t \leqslant 2$ 时，$f(t) = 3$，$g(3-t) = 2$，所以$f(t)g(3-t) = 3 \times 2 = 6$，请见图 8-6 中的（e）。

6．计算$s(3) = \int_{-\infty}^{+\infty} f(t)g(3-t)dt = \int_{-\infty}^{1} 0dt + \int_{1}^{2} 6dt + \int_{2}^{+\infty} 0dt = 0 + 6 \times (2-1) + 0 = 6$，请见图 8-6 中的（f）。

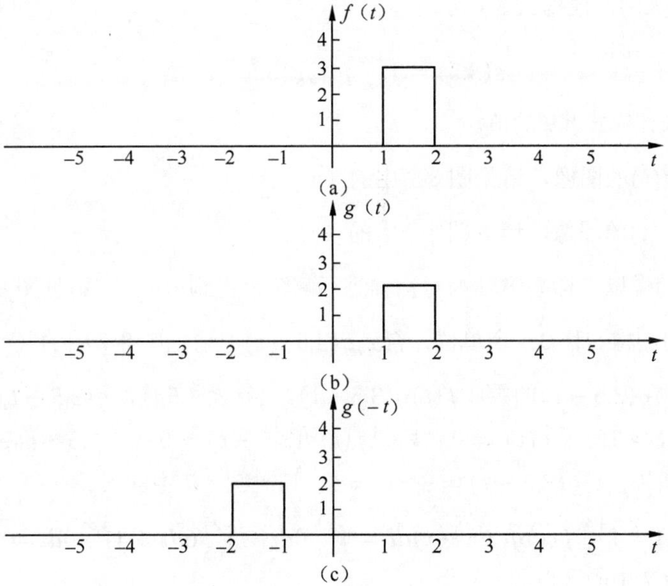


图 8-6 计算$s(3)$

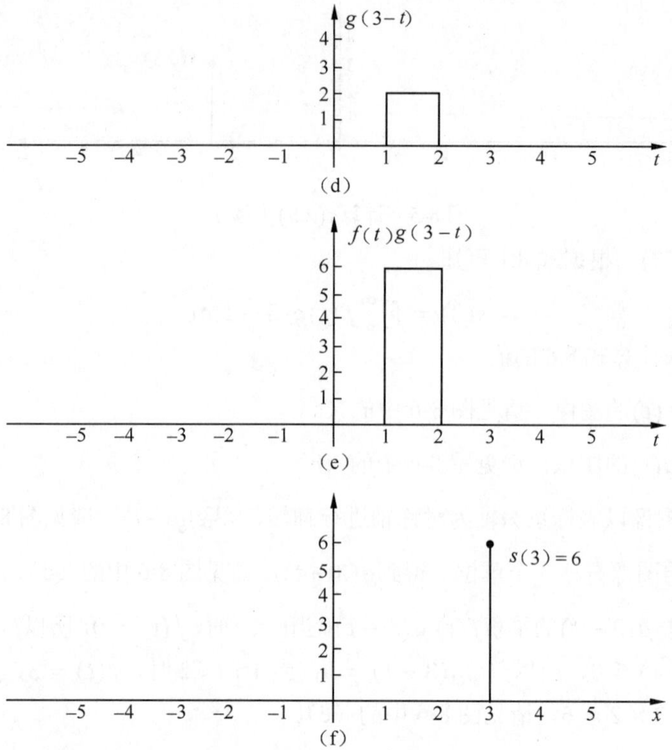


图 8-6　计算$s(3)$（续）

接下来计算$s(3.5)$，根据式 8.1 可知

$$s(3.5)=\int_{-\infty}^{+\infty}f(t)g(3.5-t)dt \tag{8.9}$$

可以按以下步骤来计算式 8.9 的值。

1．画出函数$f(t)$的图像，请见图 8-7 中的（a）。

2．画出函数$g(t)$的图像，请见图 8-7 中的（b）。

3．将$g(t)$的图像以坐标系纵轴为对称轴进行翻转，得到$g(-t)$，请见图 8-7 中的（c）。

4．将$g(-t)$的图像右移 3.5 个单位，得到$g(3.5-t)$，请见图 8-7 中的（d）。

5．计算$f(t)$与$g(3.5-t)$的乘积$f(t)g(3.5-t)$。当$t<1.5$时，$g(3.5-t)=0$，所以$f(t)g(3.5-t)=0$；当$t>2$时，$f(t)=0$，所以$f(t)g(3.5-t)=0$；当$1.5\leqslant t\leqslant 2$时，$f(t)=3$，$g(3.5-t)=2$，所以$f(t)g(3.5-t)=3\times 2=6$，请见图 8-7 中的（e）。

6．计算$s(3.5)=\int_{-\infty}^{+\infty}f(t)g(3.5-t)dt=\int_{-\infty}^{1.5}0dt+\int_{1.5}^{2}6dt+\int_{2}^{+\infty}0dt=0+6\times(2-1.5)+0=3$，请见图 8-7 中的（f）。

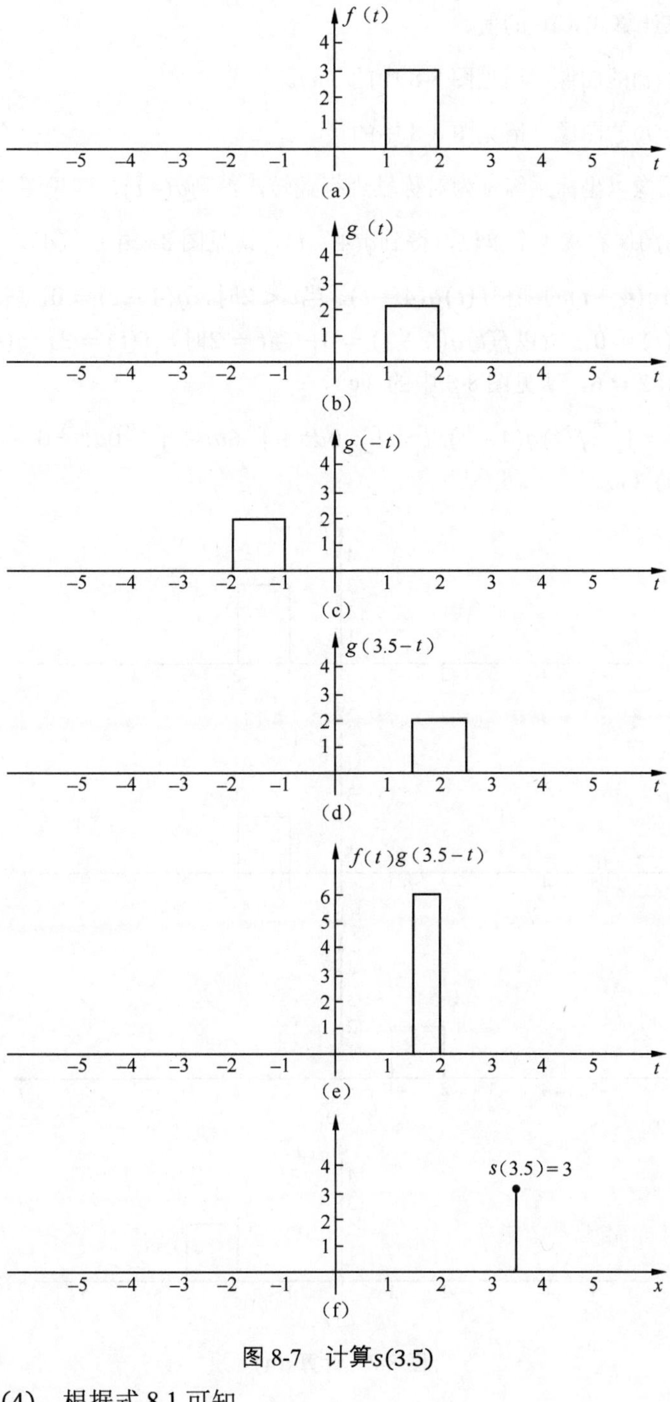


图 8-7 计算$s(3.5)$

接下来计算$s(4)$，根据式 8.1 可知

$$s(4) = \int_{-\infty}^{+\infty} f(t)g(4-t)dt \tag{8.10}$$

可以按以下步骤来计算式 8.10 的值。

1．画出函数$f(t)$的图像，请见图 8-8 中的（a）。

2．画出函数$g(t)$的图像，请见图 8-8 中的（b）。

3．将$g(t)$的图像以坐标系纵轴为对称轴进行翻转，得到$g(-t)$，请见图 8-8 中的（c）。

4．将$g(-t)$的图像右移 4 个单位，得到$g(4-t)$，请见图 8-8 中的（d）。

5．计算$f(t)$与$g(4-t)$的乘积$f(t)g(4-t)$。当$t<2$时，$g(4-t)=0$，所以$f(t)g(4-t)=0$；当$t>2$时，$f(t)=0$，所以$f(t)g(4-t)=0$；当$t=2$时，$f(t)=3$，$g(4-t)=2$，所以$f(t)g(4-t)=3\times 2=6$，请见图 8-8 中的（e）。

6．计算$s(4)=\int_{-\infty}^{+\infty} f(t)g(4-t)dt=\int_{-\infty}^{2} 0dt+\int_{2}^{2} 6dt+\int_{2}^{+\infty} 0dt=0+6\times(2-2)+0=0$，请见图 8-8 中的（f）。

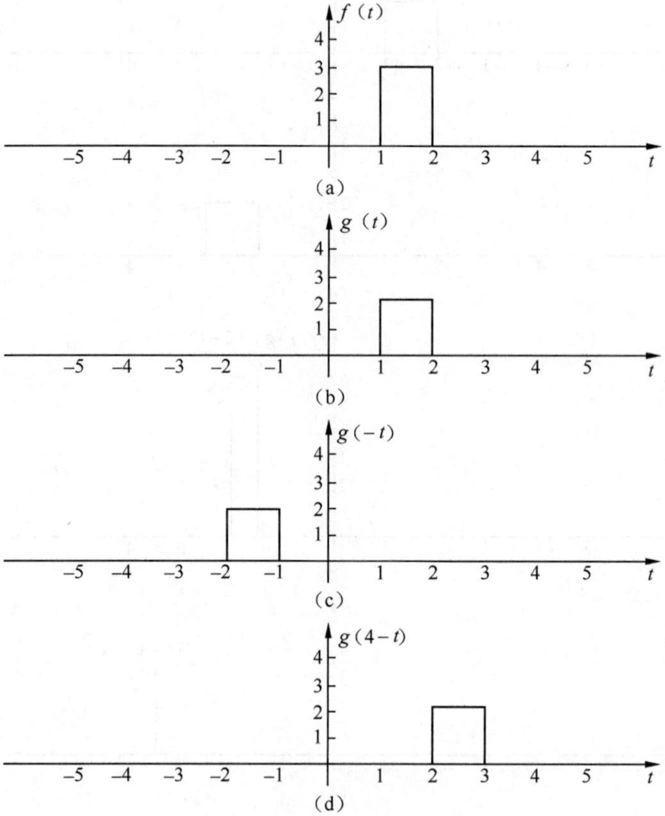


图 8-8　计算$s(4)$

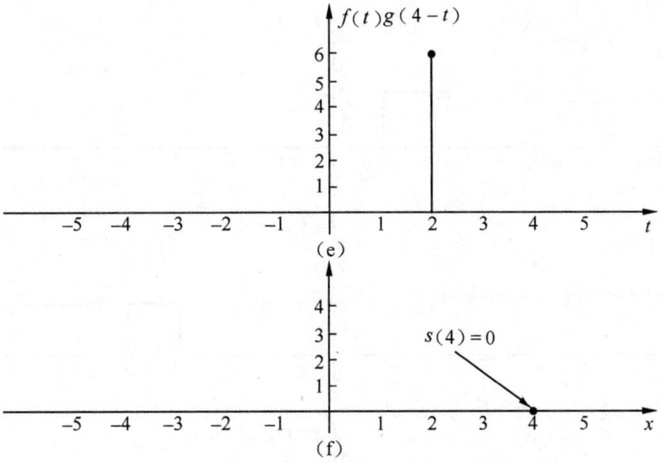


图 8-8 计算$s(4)$（续）

接下来计算$s(5)$，根据式 8.1 可知

$$s(5) = \int_{-\infty}^{+\infty} f(t)g(5-t)dt \tag{8.11}$$

可以按以下步骤来计算式 8.11 的值。

1．画出函数$f(t)$的图像，请见图 8-9 中的（a）。

2．画出函数$g(t)$的图像，请见图 8-9 中的（b）。

3．将$g(t)$的图像以坐标系纵轴为对称轴进行翻转，得到$g(-t)$，请见图 8-9 中的（c）。

4．将$g(-t)$的图像右移 5 个单位，得到$g(5-t)$，请见图 8-9 中的（d）。

5．计算$f(t)$与$g(5-t)$的乘积$f(t)g(5-t)$。当$t<3$时，$g(5-t)=0$，所以$f(t)g(5-t)=0$；当$t\geqslant 3$时，$f(t)=0$，所以$f(t)g(5-t)=0$。也就是说，$f(t)g(5-t)$的值处处为 0，请见图 8-9 中的（e）。

6．计算$s(5)=\int_{-\infty}^{+\infty} f(t)g(5-t)dt=\int_{-\infty}^{+\infty} 0dt=0$，请见图 8-9 中的（f）。

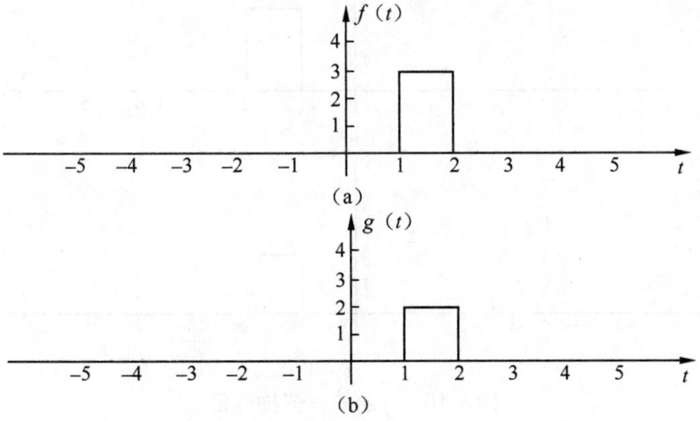


图 8-9 计算$s(5)$

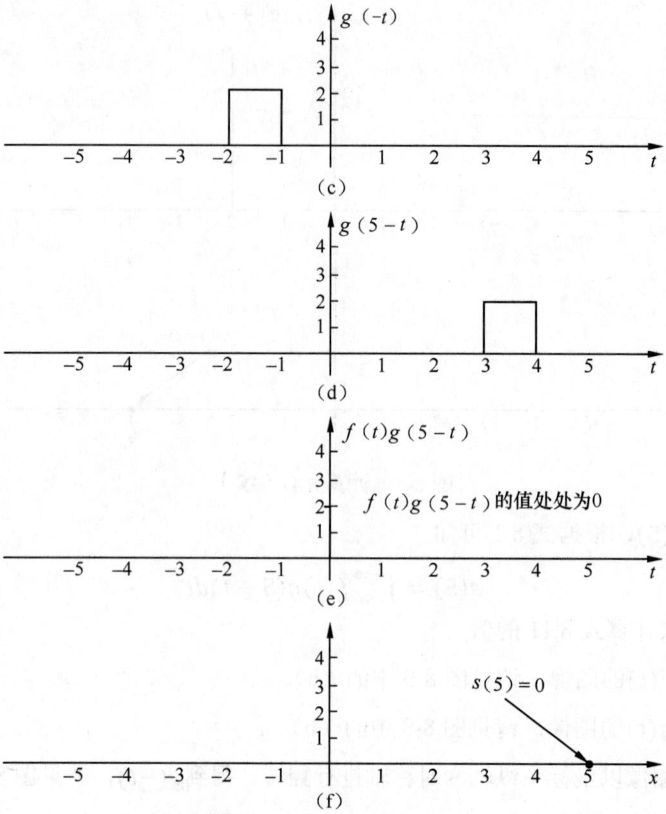


图 8-9　计算$s(5)$（续）

至此，我们计算完了$s(0)$、$s(1)$、$s(2)$、$s(2.5)$、$s(3)$、$s(3.5)$、$s(4)$、$s(5)$的值，其结果如图 8-10 所示。

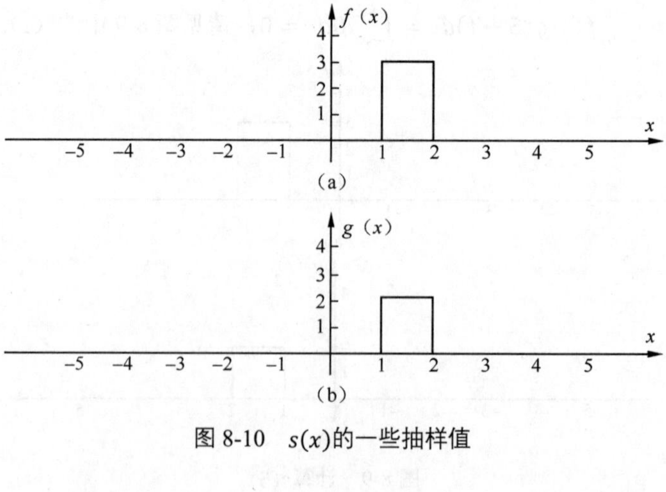


图 8-10　$s(x)$的一些抽样值

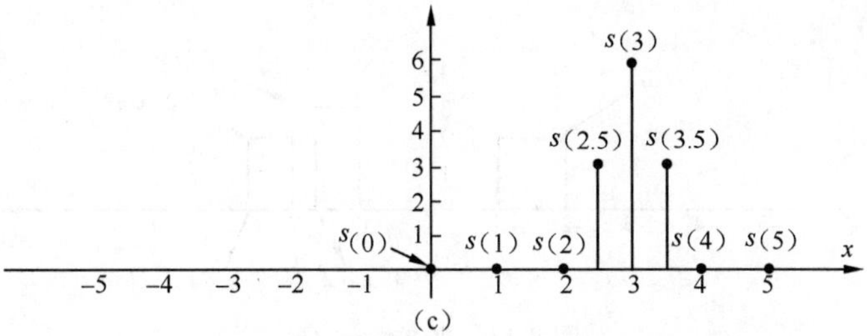


图 8-10　$s(x)$的一些抽样值（续）

事实上，对于式 8.2 和式 8.3 所表示的$f(x)$和$g(x)$，我们也可以用解析的方法直接求出它们的卷积表达式，如下。

- 如图 8-11 所示，当$x < 2$时，$f(t)g(x-t)$处处为 0，$s(x) = \int_{-\infty}^{+\infty} f(t)g(x-t)dt = \int_{-\infty}^{+\infty} 0dt = 0$。

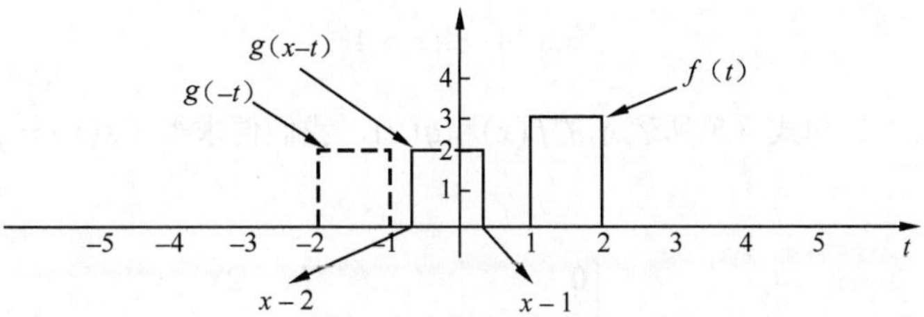


图 8-11　当$x < 2$时

- 如图 8-12 所示，当$2 \leqslant x < 3$时，$f(t)g(x-t)$只在区间$[1,\ x-1]$ 上为非 0 值，其余处皆为 0，$s(x) = \int_{-\infty}^{+\infty} f(t)g(x-t)dt = \int_{1}^{x-1}(3\times 2)dt = 6[(x-1)-1] = 6x-12$。

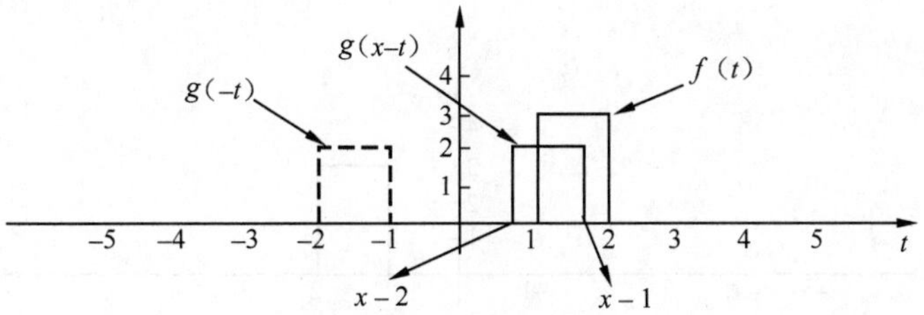


图 8-12　当$2 \leqslant x < 3$时

- 如图 8-13 所示，当$3 \leqslant x \leqslant 4$ 时，$f(t)g(x-t)$只在区间$[x-2,\ 2]$ 上为非 0 值，其余处皆为 0，$s(x) = \int_{-\infty}^{+\infty} f(t)g(x-t)dt = \int_{x-2}^{2}(3\times 2)dt = 6[2-(x-2)] = -6x+24$。
- 如图 8-14 所示，当$x > 4$时，$f(t)g(x-t)$处处为 0，$s(x) = \int_{-\infty}^{+\infty} f(t)g(x-t)dt = \int_{-\infty}^{+\infty} 0dt = 0$。

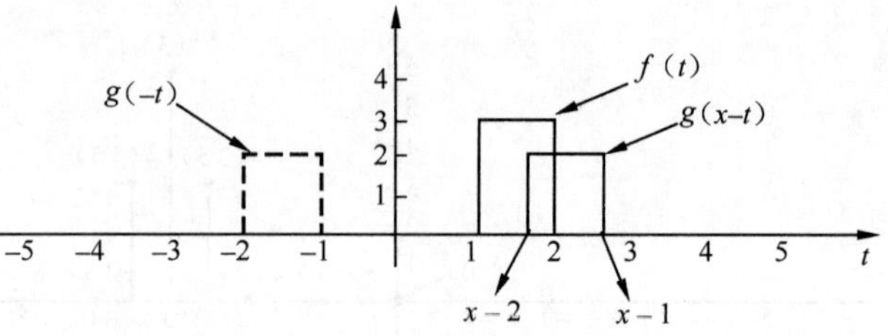


图 8-13　当 3≤x≤4时

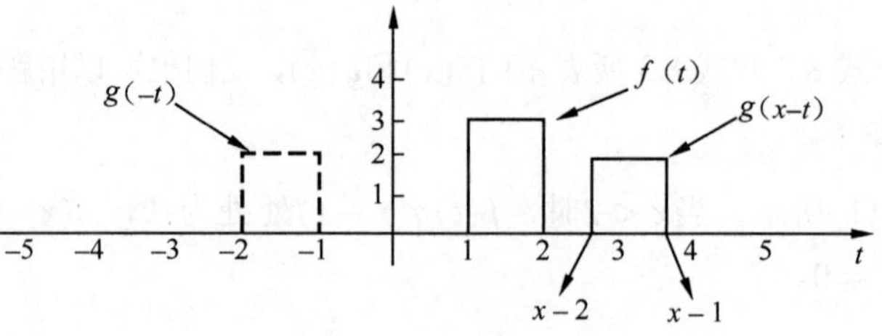


图 8-14　当$x > 4$时

至此，对于式 8.2 和式 8.3 所表示的$f(x)$和$g(x)$，我们便求得了$s(x) = f(x) * g(x)$的解析式，如下：

$$s(x) = \begin{cases} 0 & (x < 2) \\ 6x - 12 & (2 \leqslant x < 3) \\ -6x + 24 & (3 \leqslant x \leqslant 4) \\ 0 & (x > 4) \end{cases} \tag{8.12}$$

$s(x)$的函数图像如图 8-15 所示。通过对比可以知道，图 8-10 中的（c）只是图 8-15 中的（c）的抽样版本。

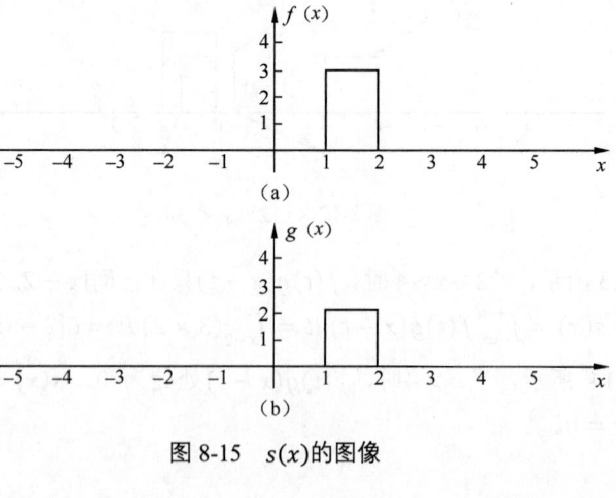


图 8-15　$s(x)$的图像

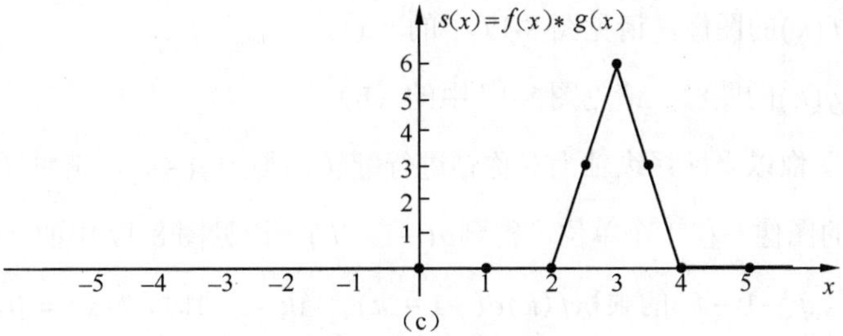


（c）

图 8-15 $s(x)$的图像（续）

两个离散函数也可以进行卷积运算，称为离散卷积，离散卷积的结果是一个新的离散函数。对于离散函数 $f(n)$和 $g(n)$，它们的卷积定义为

$$s(n) = f(n) * g(n) = \sum_{k=-\infty}^{+\infty} f(k)\ g(n-k) \tag{8.13}$$

接下来，我们还是通过举例来加深对离散卷积运算过程的理解。假设

$$f(n) = \begin{cases} 2 & n = -1 \\ 3 & n = 0 \\ 0 & n = \text{其他} \end{cases} \tag{8.14}$$

$$g(n) = \begin{cases} 1 & n = 1 \\ 2 & n = 2 \\ 0 & n = \text{其他} \end{cases} \tag{8.15}$$

这两个离散函数的图像如图 8-16 所示。我们先来计算一下$s(n) = f(n) * g(n)$分别在$n = -1, 0$，1 的值，也就是计算$s(-1)$，$s(0)$，$s(1)$。

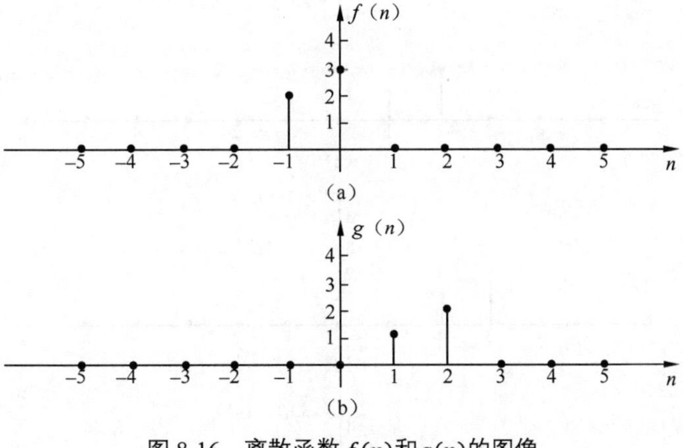


图 8-16 离散函数 $f(n)$和$g(n)$的图像

首先来计算$s(-1)$，根据式 8.13 可知

$$s(-1) = \sum_{k=-\infty}^{+\infty} f(k)\ g(-1-k) \tag{8.16}$$

可以按以下步骤来计算式 8.16 的值。

1．画出函数$f(k)$的图像，请见图 8-17 中的（a）。

2．画出函数$g(k)$的图像，请见图 8-17 中的（b）。

3．将$g(k)$的图像以坐标系纵轴为对称轴进行翻转，得到$g(-k)$，请见图 8-17 中的（c）。

4．将$g(-k)$的图像左移 1 个单位，得到$g(-1-k)$，请见图 8-17 中的（d）。

5．计算$f(k)$与$g(-1-k)$的乘积$f(k)g(-1-k)$。当$k<-1$时，$f(k)=0$，所以$f(k)g(-1-k)=0$；当$k \geqslant -1$时，$g(-1-k)=0$，所以$f(k)g(-1-k)=0$。也就是说，$f(k)g(-1-k)$的值处处为 0，请见图 8-17 中的（e）。

6．计算$s(-1)=\sum_{k=-\infty}^{+\infty} f(k)\ g(-1-k)=\sum_{k=-\infty}^{+\infty} 0=0$，请见图 8-17 中的（f）。

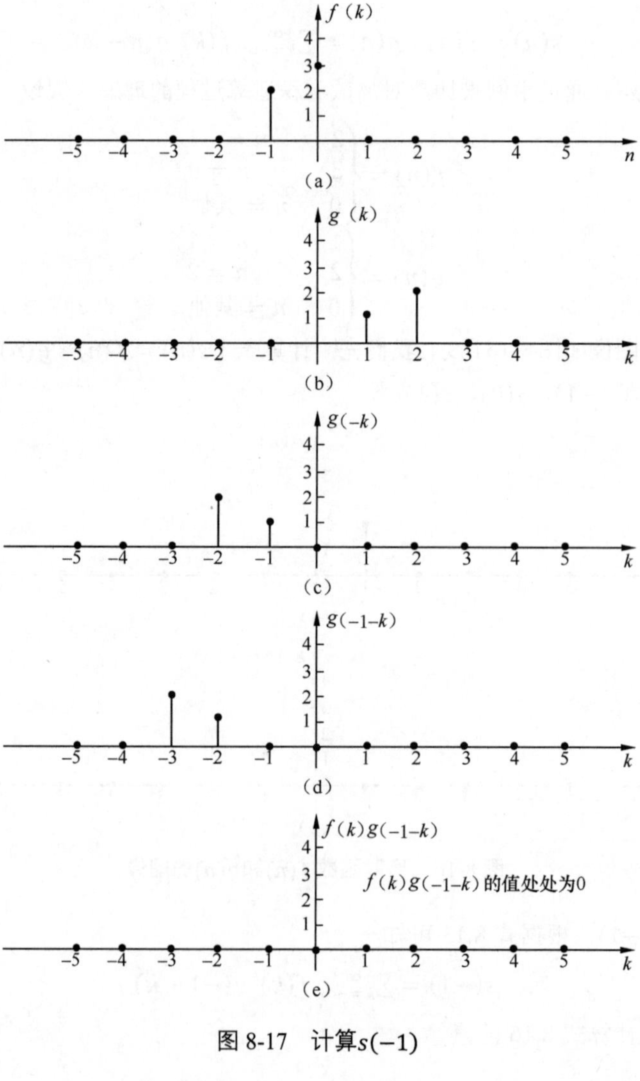


图 8-17　计算$s(-1)$

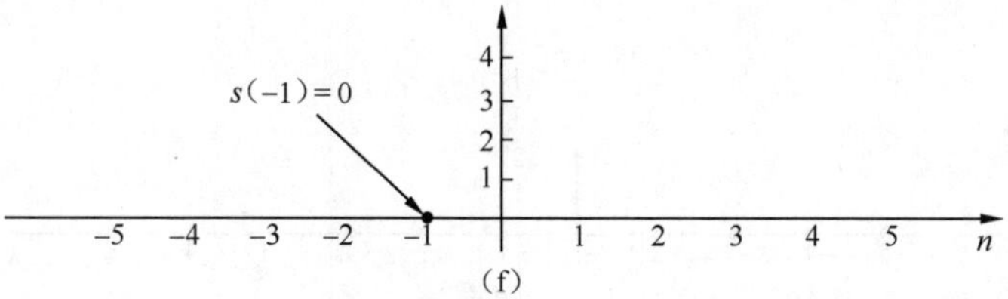

（f）

图 8-17　计算$s(-1)$（续）

接下来计算$s(0)$，根据式 8.13 可知

$$s(0) = \sum_{k=-\infty}^{+\infty} f(k)\ g(-k) \tag{8.17}$$

可以按以下步骤来计算式 8.17 的值。

1．画出函数$f(k)$的图像，请见图 8-18 中的（a）。

2．画出函数$g(k)$的图像，请见图 8-18 中的（b）。

3．将$g(k)$的图像以坐标系纵轴为对称轴进行翻转，得到$g(-k)$，请见图 8-18 中的（c）。

4．计算$f(k)$与$g(-k)$的乘积$f(k)\ g(-k)$。$k=-1$时，$f(k)g(-k) = 2 \times 1 = 2$，其余处皆为 0，请见图 8-18 中的（d）。

5．计算$s(0) = \sum_{k=-\infty}^{+\infty} f(k)\ g(-k) = \sum_{k=-1}^{-1} f(k)g(-k)\ = 2$，请见图 8-18 中的（e）。

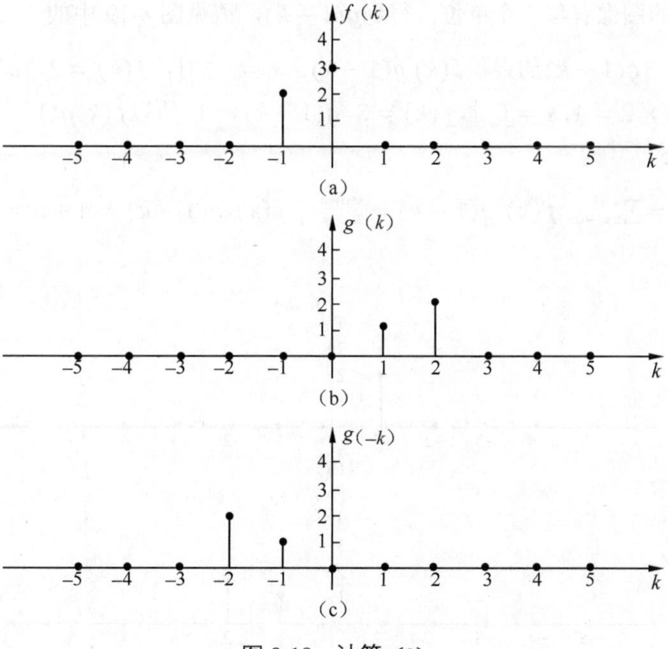


图 8-18　计算$s(0)$

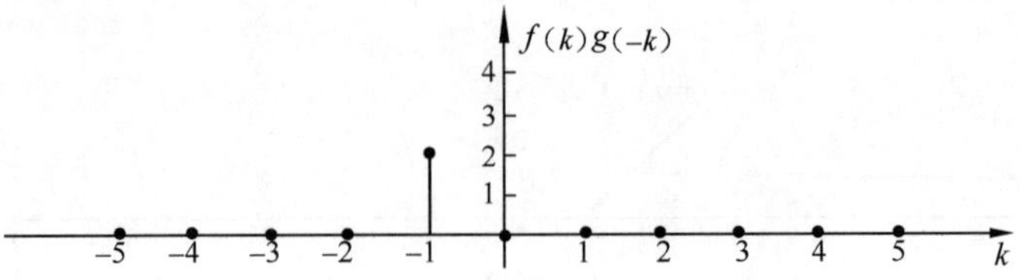


（d）

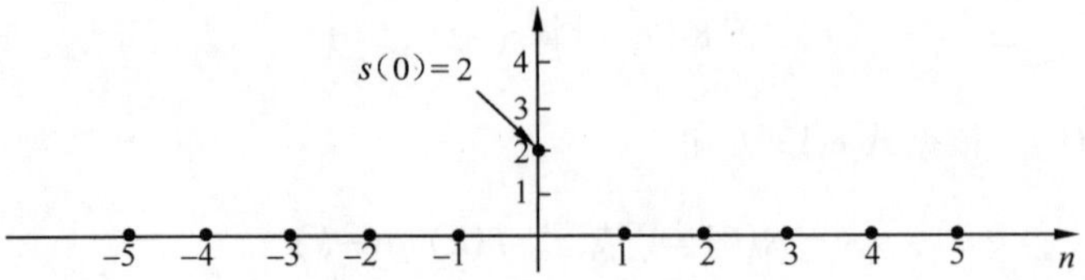


（e）

图 8-18　计算$s(0)$（续）

接下来计算$s(1)$，根据式 8.13 可知

$$s(1) = \sum_{k=-\infty}^{+\infty} f(k)\ g(1-k) \tag{8.18}$$

可以按以下步骤来计算式 8.18 的值。

1．画出函数$f(k)$的图像，请见图 8-19 中的（a）。

2．画出函数$g(k)$的图像，请见图 8-19 中的（b）。

3．将$g(k)$的图像以坐标系纵轴为对称轴进行翻转，得到$g(-k)$，请见图 8-19 中的（c）。

4．将$g(-k)$的图像右移 1 个单位，得到$g(1-k)$，请见图 8-19 中的（d）。

5．计算$f(k)$与$g(1-k)$的乘积$f(k)\ g(1-k)$。$k=-1$时，$f(k)=2$，$g(1-k)=2$，所以$f(k)g(1-k)=2\times 2=4$; $k=0$时，$f(k)=3$, $g(1-k)=1$，所以$f(k)g(1-k)=3\times 1=3$。请见图 8-19 中的（e）。

6．计算$s(1)=\sum_{k=-\infty}^{+\infty} f(k)\ g(1-k)=\sum_{k=-1}^{0} f(k)\ g(1-k)=4+3=7$，请见图 8-19 中的（f）。

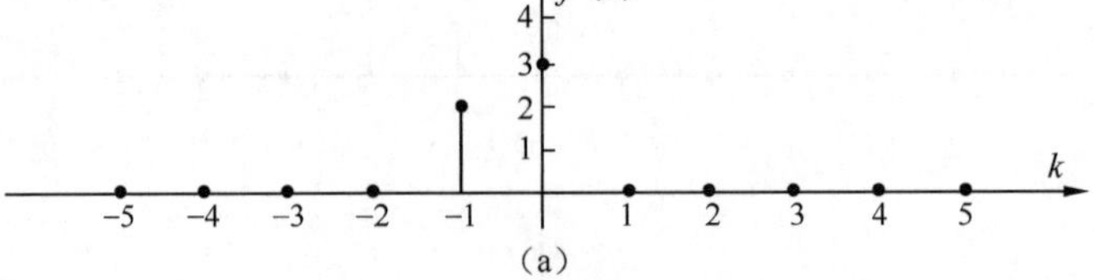


（a）

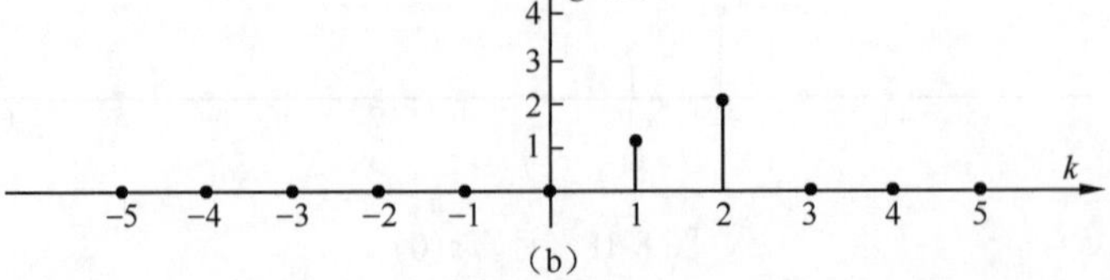


（b）

图 8-19　计算$s(1)$

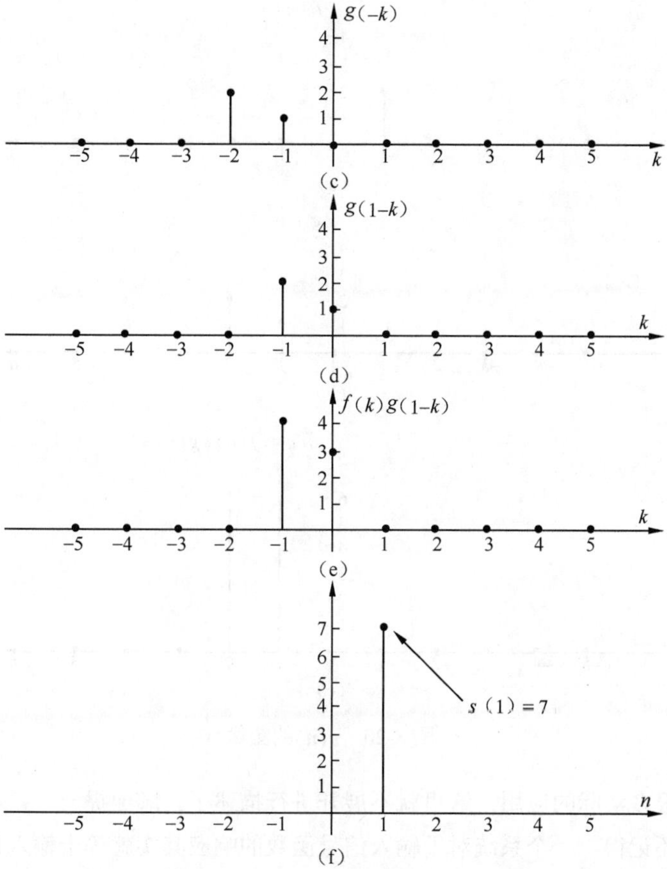


图 8-19　计算$s(1)$（续）

至此，对于式 8.14 和式 8.15 所表示的$f(n)$和$g(n)$，我们便求得了$s(n) = f(n) * g(n)$分别在$n = -1$，0，1 的取值，也就是$s(-1)$，$s(0)$，$s(1)$。相信读者已经通过这些计算例子理解并熟悉了离散卷积的方法和过程。在此，对于式 8.14 和式 8.15 所表示的$f(n)$和$g(n)$，我们给出$s(n) = f(n) * g(n)$的全解，如下：

$$s(n) = \begin{cases} 0 & (n \leqslant -1) \\ 2 & (n = 0) \\ 7 & (n = 1) \\ 6 & (n = 2) \\ 0 & (n \geqslant 3) \end{cases} \tag{8.19}$$

$s(n)$的图像如图 8-20 所示。

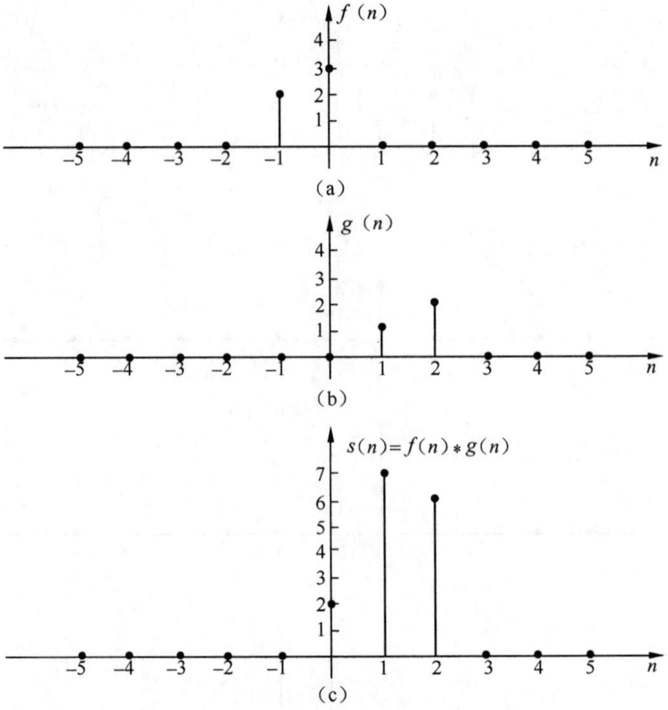


图 8-20　$s(n)$的图像

卷积运算有很多实际的应用，这里就不展开进行描述了。顺便提一下，熟悉电路、信号与系统的读者一定还记得，一个系统对于输入信号函数的响应其实就等于输入信号函数与系统的冲激响应函数的卷积；熟悉编码理论的读者一定还记得，有一种编码就叫卷积码。

前面介绍的卷积是 1 维卷积，两个二元函数还可以进行 2 维卷积。对于二元函数$f(x,y)$和$g(x,y)$，它们的（2 维）卷积定义为

$$s(x,y) = f(x,y) * g(x,y) = \int_{-\infty}^{+\infty}\int_{-\infty}^{+\infty} f(u,v)g(x-u,y-v)dudv \tag{8.20}$$

对于二元离散函数$f(n,m)$和$g(n,m)$，它们的（2 维离散）卷积定义为

$$s(n,m) = f(n,m) * g(n,m) = \sum_{l=-\infty}^{+\infty}\sum_{k=-\infty}^{+\infty} f(k,l)g(n-k,m-l) \tag{8.21}$$

下面用一个简单的例子演示如何计算 2 维离散卷积。直观起见，我们采用方格图的方法来表示二元离散函数以及它们的 2 维离散卷积过程。假设$f(n,m)$和$g(n,m)$如图 8-21 所示，我们来计算一下$s(0,0)$、$s(1,2)$、$s(2,2)$。注意，为了简便起见，如果小方格中的数值未填写，则默认数值为 0。

首先来计算$s(0,0)$，根据式 8.21 可知

$$s(0,0) = \sum_{l=-\infty}^{+\infty}\sum_{k=-\infty}^{+\infty} f(k,l)g(-k,-l) \tag{8.22}$$

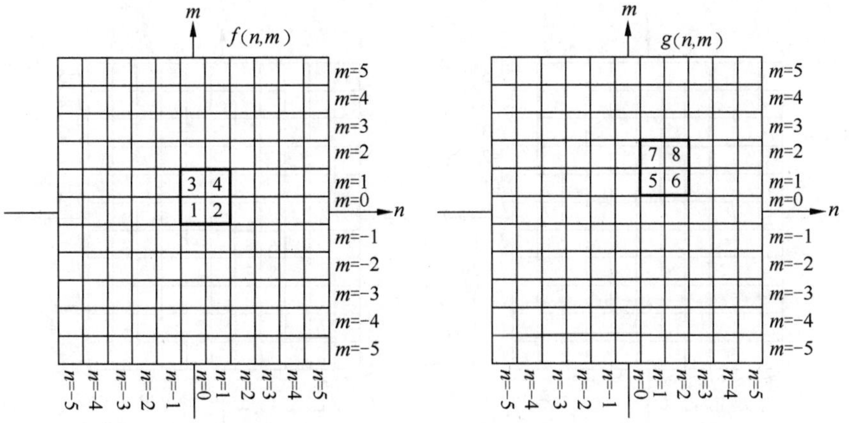


图 8-21　$f(n,m)$和$g(n,m)$的图像

可以按以下步骤来计算式 8.22 的值。

1．画出函数$f(k,l)$的图像，请见图 8-22 中的（a）。

2．画出函数$g(k,l)$的图像，请见图 8-22 中的（b）。

3．将$g(k,l)$的图像以坐标系纵轴为对称轴进行翻转，得到$g(-k,l)$，请见图 8-22 中的（c）。

4．将$g(-k,l)$的图像以坐标系横轴为对称轴进行翻转，得到$g(-k,-l)$，请见图 8-22 中的（d）。

5．计算乘积$f(k,l)g(-k,-l)$。将$f(k,l)$图像中各小方格中的数值与$g(-k,-l)$图像中对应小方格中的数值相乘，并将乘积值填入相应位置的小方格中。由于$f(k,l)$和$g(-k,-l)$的每一对对应小方格中至少有一个的值为 0，所以每一对对应小方格中的两个数值的乘积皆为 0，最后的结果是$f(k,l)g(-k,-l)$处处为 0，请见图 8-22 中的（e）。

6．对图 8-22 中(e)的各小方格中的数值求和，便得到了$s(0,0)$的值。在这里，$s(0,0)=0$，请见图 8-22 中的（f）。

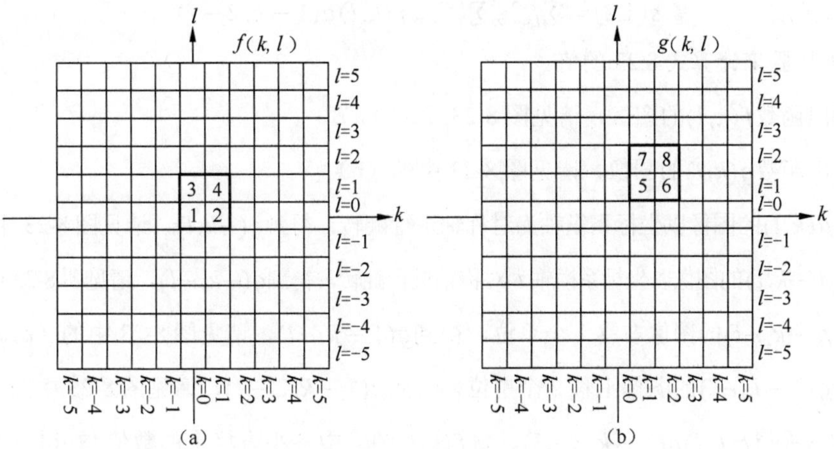


图 8-22　计算$s(0,0)$

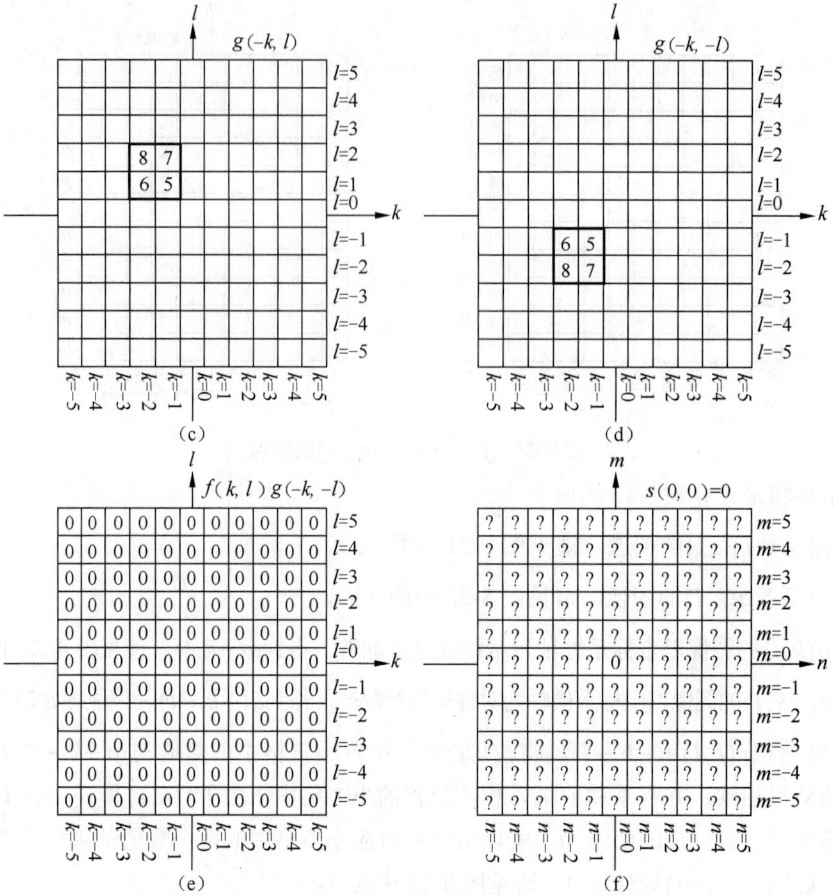


图 8-22 计算$s(0,0)$（续）

接下来计算$s(1,2)$，根据式 8.21 可知

$$s(1,2)=\sum_{l=-\infty}^{+\infty}\sum_{k=-\infty}^{+\infty}f(k,l)g(1-k,2-l) \tag{8.23}$$

可以按以下步骤来计算式 8.23 的值。

1．画出函数$f(k,l)$的图像，请见图 8-23 中的（a）。

2．画出函数$g(k,l)$的图像，请见图 8-23 中的（b）。

3．将$g(k,l)$的图像以坐标系纵轴为对称轴进行翻转，得到$g(-k,l)$，请见图 8-23 中的（c）。

4．将$g(-k,l)$的图像以坐标系横轴为对称轴进行翻转，得到$g(-k,-l)$，请见图 8-23 中的（d）。

5．将$g(-k,-l)$的图像右移 1 个单位，得到$g(1-k,-l)$，请见图 8-23 中的（e）。

6．将$g(1-k,-l)$的图像上移 2 个单位，得到$g(1-k,2-l)$，请见图 8-23 中的（f）。

7．计算乘积$f(k,l)g(1-k,2-l)$。将$f(k,l)$图像中各小方格中的数值与$g(1-k,2-l)$图

像中对应小方格中的数值相乘，并将乘积值填入相应位置的小方格中，请见图 8-23 中的（g）。

8．对图 8-23 中（g）的各小方格中的数值求和，便得到了$s(1,2)$的值。在这里，$s(1,2) = 15 + 7 = 22$，请见图 8-23 中的（h）。

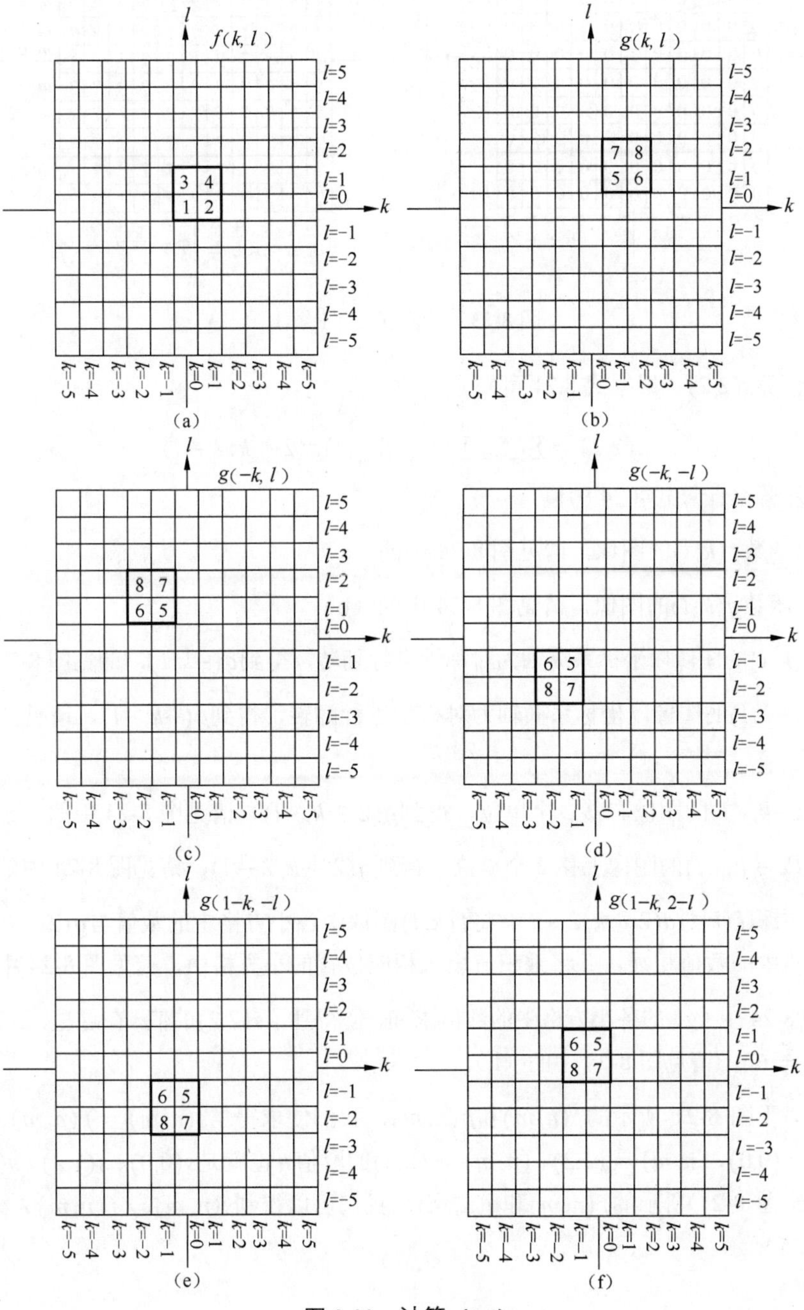


图 8-23 计算$s(1,2)$

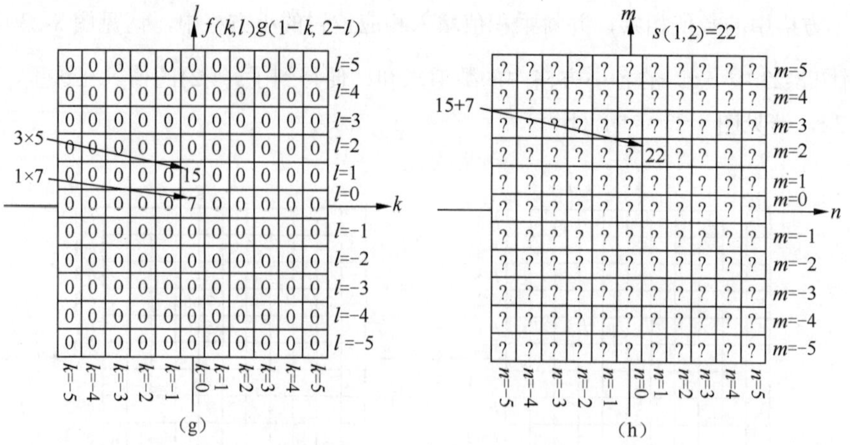


图 8-23 计算$s(1,2)$（续）

接下来计算$s(2,2)$，根据式 8.21 可知

$$s(2,2) = \sum_{l=-\infty}^{+\infty}\sum_{k=-\infty}^{+\infty} f(k,l)g(2-k,2-l) \tag{8.24}$$

可以按以下步骤来计算式 8.24 的值。

1．画出函数$f(k,l)$的图像，请见图 8-24 中的（a）。

2．画出函数$g(k,l)$的图像，请见图 8-24 中的（b）。

3．将$g(k,l)$的图像以坐标系纵轴为对称轴进行翻转，得到$g(-k,l)$，请见图 8-24 中的（c）。

4．将$g(-k,l)$的图像以坐标系横轴为对称轴进行翻转，得到$g(-k,-l)$，请见图 8-24 中的（d）。

5．将$g(-k,-l)$的图像右移 2 个单位，得到$g(2-k,-l)$，请见图 8-24 中的（e）。

6．将$g(2-k,-l)$的图像上移 2 个单位，得到$g(2-k,2-l)$，请见图 8-24 中的（f）。

7. 计算乘积$f(k,l)g(2-k,2-l)$。将$f(k,l)$图像中各小方格中的数值与$g(2-k,2-l)$图像中对应小方格中的数值相乘，并将乘积值填入相应位置的小方格中，请见图 8-24 中的（g）。

8. 对图 8-24 中（g）的各小方格中的数值求和，便得到了$s(2,2)$的值。在这里，$s(2,2) = 18 + 20 + 8 + 14 = 60$，请见图 8-24 中的（h）。

至此，对于图 8-21 所示的$f(n,m)$和$g(n,m)$，我们便求得了$s(n,m) = f(n,m) * g(n,m)$分别在$(n,m) = (0,0)$、$(n,m) = (1,2)$、$(n,m) = (2,2)$的取值，也就是$s(0,0)$、$s(1,2)$、$s(2,2)$的值。事实上，对于图 8-21 所示的$f(n,m)$和$g(n,m)$，我们可以得到$s(n,m) = f(n,m) * g(n,m)$的全解，如图 8-25 所示。

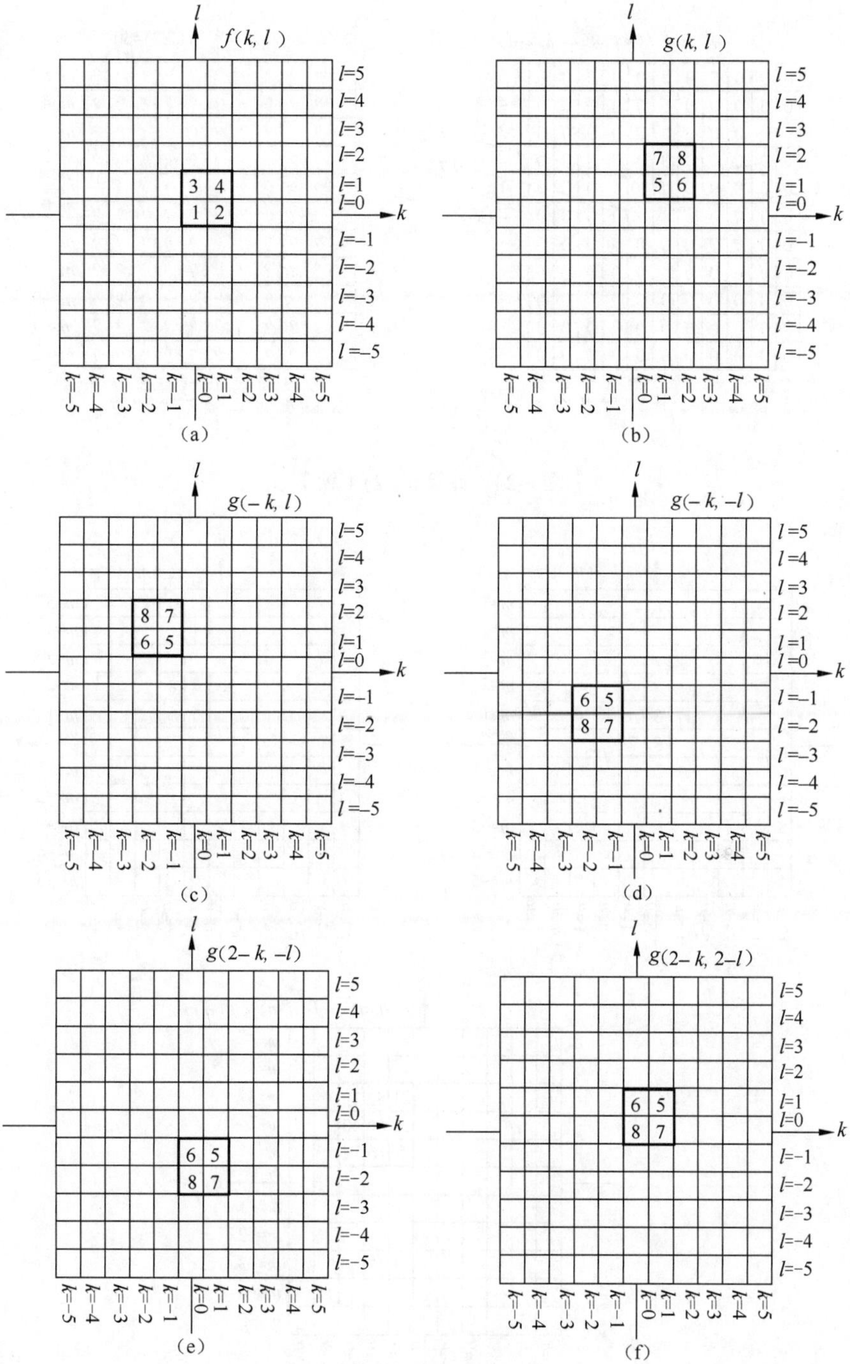
f(k, l)
3 4
1 2
g(k, l)
7 8
5 6
g(− k, l)
8 7
6 5
g(− k, −l)
6 5
8 7
g(2− k, −l)
6 5
8 7
g(2− k, 2−l)
6 5
8 7
l=5
l=4
l=3
l=2
l=1
l=0
l=−1
l=−2
l=−3
l=−4
l=−5
k=−5
k=−4
k=−3
k=−2
k=−1
k=0
k=1
k=2
k=3
k=4
k=5
（a）
（b）
（c）
（d）
（e）
（f）

图 8-24　计算$s(2,2)$

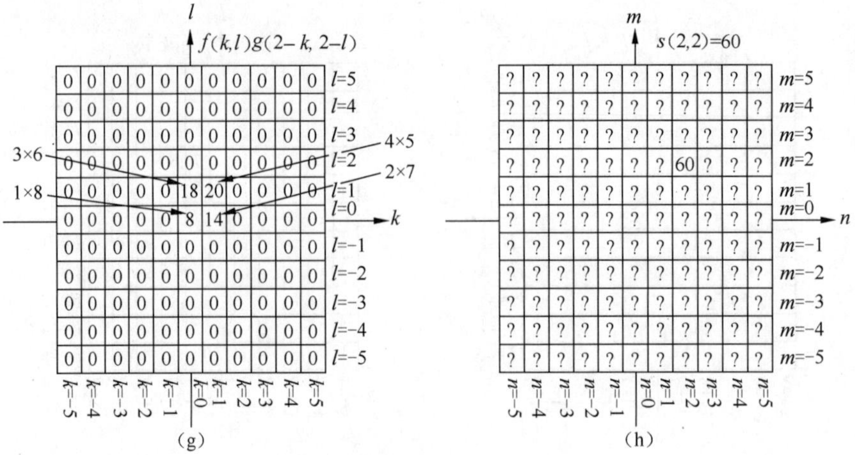


图 8-24　计算$s(2,2)$（续）

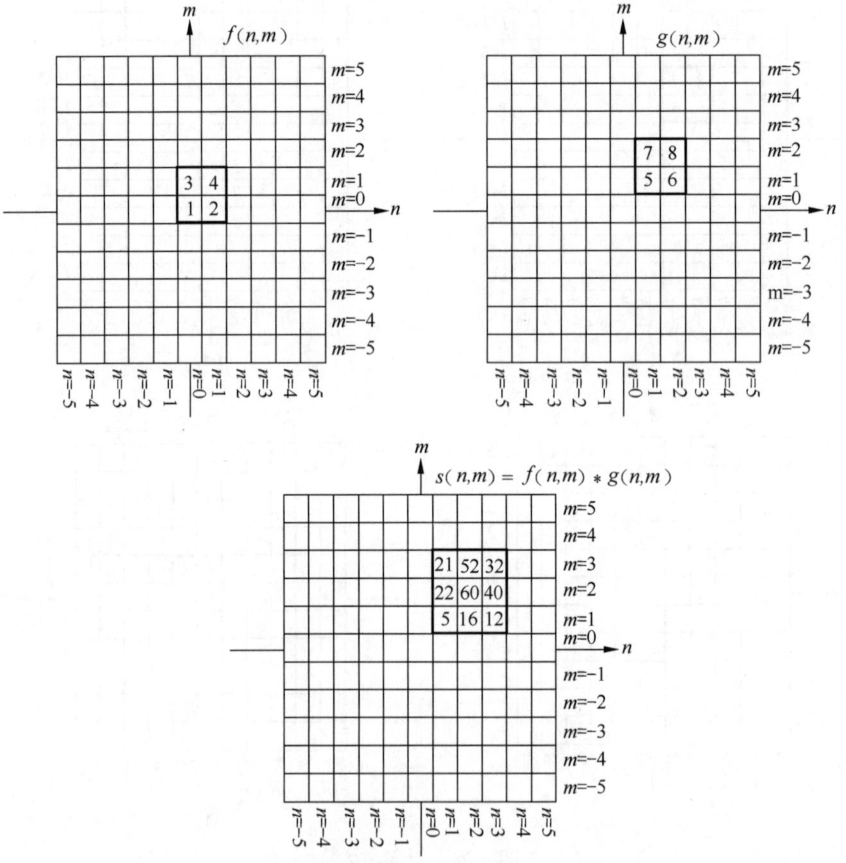


图 8-25　$s(n,m)=f(n,m)*g(n,m)$

至此，我们已经完成了对卷积运算的基本描述。值得一提的是，卷积运算满足交换律，即

$$f(x) * g(x) = g(x) * f(x) \tag{8.25}$$

或

$$f(n) * g(n) = g(n) * f(n) \tag{8.26}$$

或

$$f(x,y) * g(x,y) = g(x,y) * f(x,y) \tag{8.27}$$

或

$$f(n,m) * g(n,m) = g(n,m) * f(n,m) \tag{8.28}$$

卷积运算还有诸多别的性质，这里就不展开描述了。

与卷积运算非常类似的一种运算叫做**互相关**（**cross-correlation**）运算。函数$f(x)$与$g(x)$的互相关运算定义为

$$r(t) = f(x)\circledcirc g(x) = \int_{-\infty}^{+\infty} f(x)g(x+t)dx \tag{8.29}$$

其中◎为本书中规定的互相关运算符号，函数$r(t)$称为$f(x)$与$g(x)$的互相关函数。式 8.29 涉及函数$g(x)$的滑动，以及函数的乘积和积分，但不涉及$g(x)$的翻转，这一点是与卷积运算最大的不同。对于离散函数$f(n)$和$g(n)$，定义$f(n)$与$g(n)$的互相关运算为

$$r(m) = f(n)\circledcirc g(n) = \sum_{n=-\infty}^{+\infty} f(n)\ g(n+m) \tag{8.30}$$

与 2 维卷积类似，2 维互相关运算的定义如下：

$$r(u,v) = f(x,y)\circledcirc g(x,y) = \int_{-\infty}^{+\infty}\int_{-\infty}^{+\infty} f(x,y)g(x+u,y+v)dxdy \tag{8.31}$$

$$r(k,l) = f(n,m)\circledcirc g(n,m) = \sum_{m=-\infty}^{+\infty}\sum_{n=-\infty}^{+\infty} f(n,m)g(n+k,m+l) \tag{8.32}$$

在式 8.29、式 8.30、式 8.31 和式 8.32 中，我们只针对式 8.32 进行举例说明。假设$f(n,m)$和$g(n,m)$如图 8-21 所示，我们来计算一下$r(0,0)$、$r(1,2)$、$r(2,2)$。

首先来计算$r(0,0)$，根据式 8.32 可知

$$r(0,0) = \sum_{m=-\infty}^{+\infty}\sum_{n=-\infty}^{+\infty} f(n,m)g(n,m) \tag{8.33}$$

可以按以下步骤来计算式 8.33 的值。

1．画出函数$f(n,m)$的图像，请见图 8-26 中的（a）。

2．画出函数$g(n,m)$的图像，请见图 8-26 中的（b）。

3．将$f(n,m)$图像中各小方格中的数值与$g(n,m)$图像中对应小方格中的数值相乘，并将乘积值填入相应位置的小方格中，请见图 8-26 中的（c）。

4．对图 8-26（c）中各小方格中的数值求和，便得到了$r(0,0)$的值。在这里，$r(0,0)=20$，请见图 8-26 中的（d）。

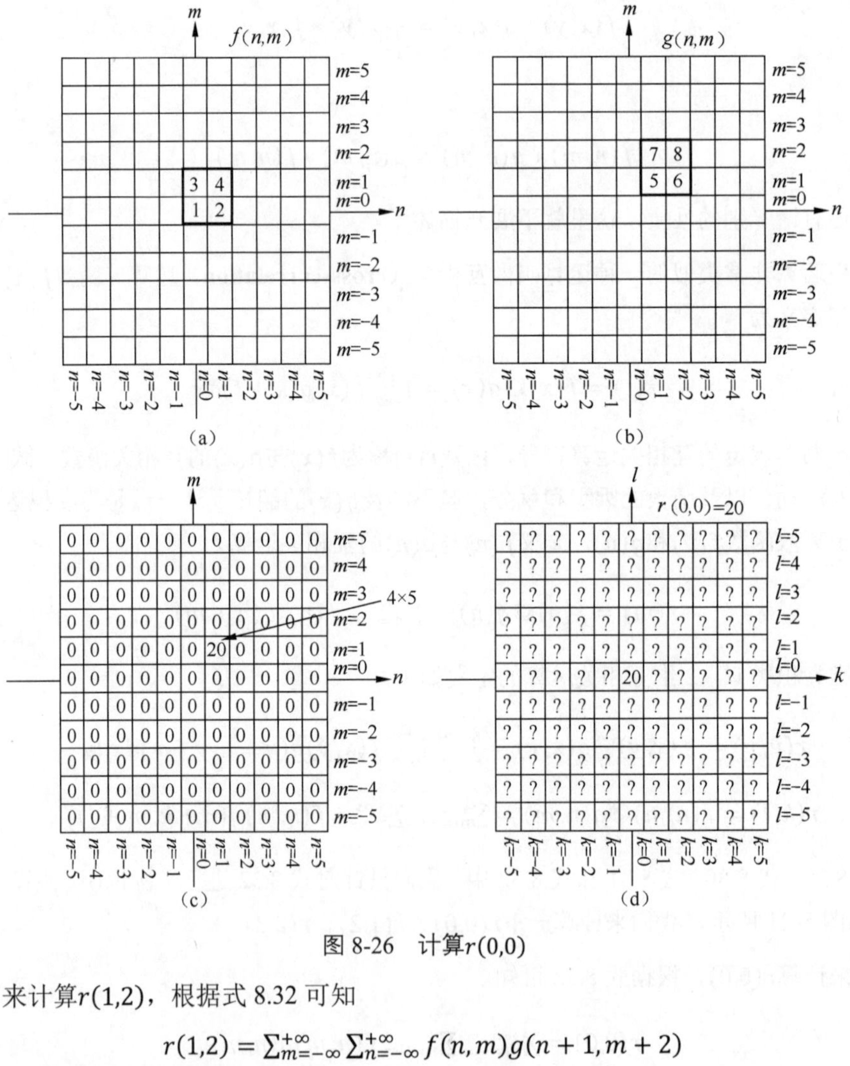


图 8-26　计算$r(0,0)$

接下来计算$r(1,2)$，根据式 8.32 可知

$$r(1,2)=\sum_{m=-\infty}^{+\infty}\sum_{n=-\infty}^{+\infty}f(n,m)g(n+1,m+2) \tag{8.34}$$

可以按以下步骤来计算式 8.34 的值。

1．画出函数$f(n,m)$的图像，请见图 8-27 中的（a）。

2．画出函数$g(n,m)$的图像，请见图 8-27 中的（b）。

3．将$g(n,m)$的图像左移 1 个单位，得到$g(n+1,m)$，请见图 8-27 中的（c）。

4．将$g(n+1,m)$的图像下移 2 个单位，得到$g(n+1,m+2)$，请见图 8-27 中的（d）。

5．将$f(n,m)$图像中各小方格中的数值与$g(n+1,m+2)$图像中对应小方格中的数值相乘，并将乘积值填入相应位置的小方格中，请见图 8-27 中的（e）。

6．对图 8-27 中（e）的各小方格中的数值求和，便得到了$r(1,2)$的值。在这里，$r(1,2)=7+16=23$，请见图 8-27 中的（f）。

接下来计算$r(2,2)$，根据式 8.32 可知

$$r(2,2)=\sum_{m=-\infty}^{+\infty}\sum_{n=-\infty}^{+\infty}f(n,m)g(n+2,m+2) \tag{8.35}$$

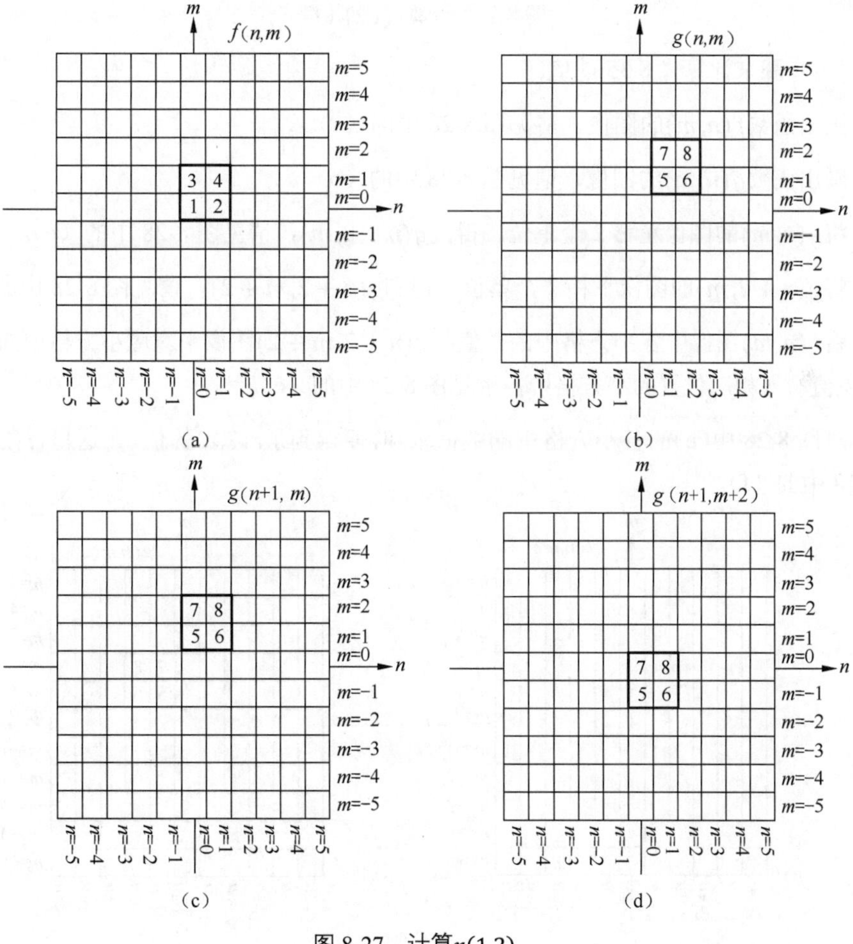


图 8-27　计算$r(1,2)$

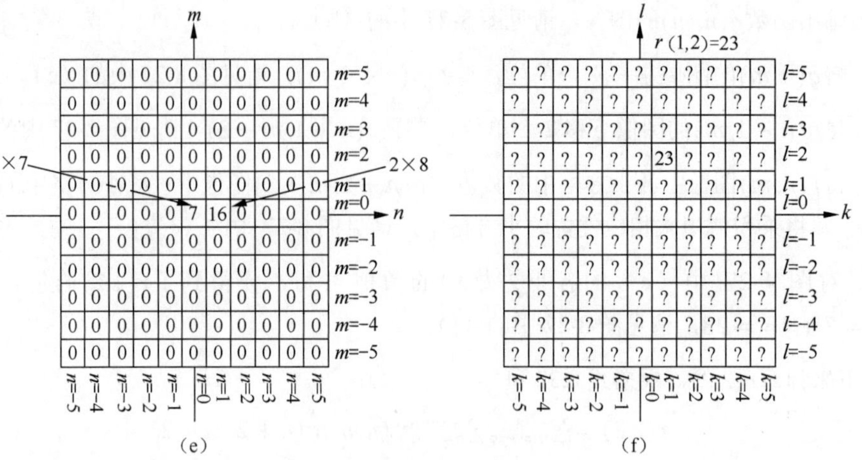

图 8-27 计算$r(1,2)$（续）

可以按以下步骤来计算式 8.35 的值。

1．画出函数$f(n,m)$的图像，请见图 8-28 中的（a）。

2．画出函数$g(n,m)$的图像，请见图 8-28 中的（b）。

3．将$g(n,m)$的图像左移 2 个单位，得到$g(n+2,m)$，请见图 8-28 中的（c）。

4．将$g(n+2,m)$的图像下移 2 个单位，得到$g(n+2,m+2)$，请见图 8-28 中的（d）。

5．将$f(n,m)$图像中各小方格中的数值与$g(n+2,m+2)$图像中对应小方格中的数值相乘，并将乘积值填入相应位置的小方格中，请见图 8-28 中的（e）。

6．对图 8-28 中(e)的各小方格中的数值求和，便得到了$r(2,2)$的值。在这里，$r(2,2)=8$，请见图 8-28 中的（f）。

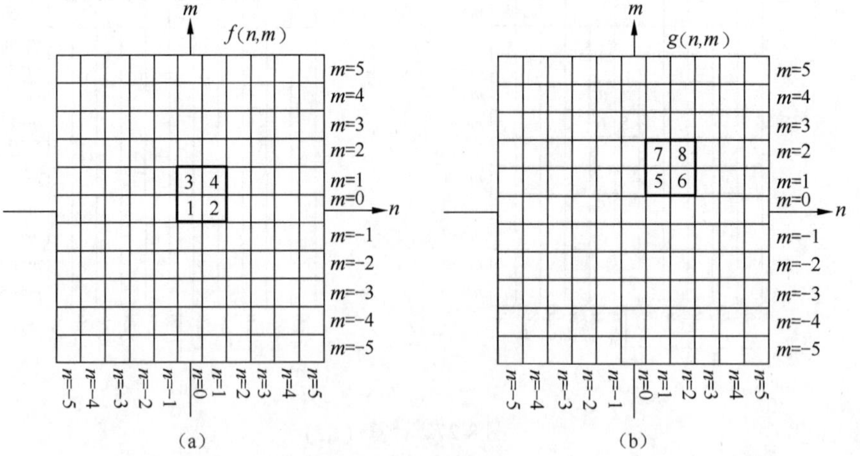

图 8-28 计算$r(2,2)$

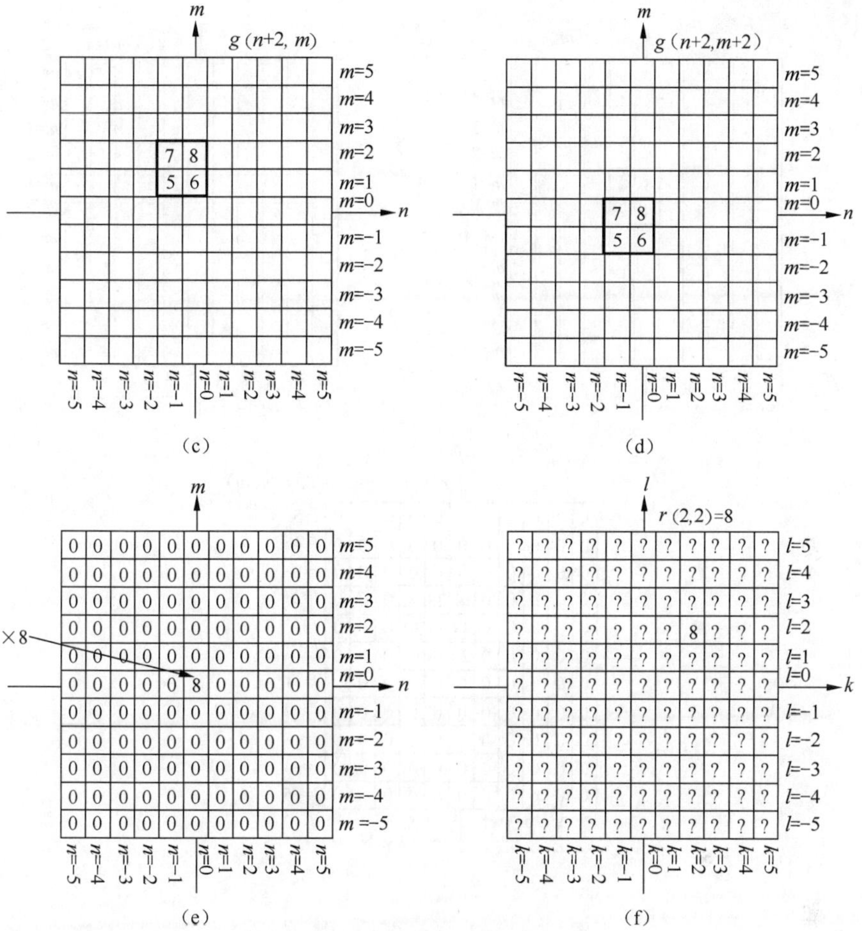


图 8-28 计算$r(2,2)$（续）

至此，对于图 8-21 所示的$f(n,m)$和$g(n,m)$，我们便求得了$r(k,l)=f(n,m)\circledcirc g(n,m)$分别在$(k,l)=(0,0)$、$(k,l)=(1,2)$、$(k,l)=(2,2)$的取值，也就是$r(0,0)$、$r(1,2)$、$r(2,2)$的值。事实上，对于图 8-21 所示的$f(n,m)$和$g(n,m)$，我们可以得到$r(k,l)=f(n,m)\circledcirc g(n,m)$的全解，如图 8-29 所示。

到现在为止，我们已经完成了对互相关运算的基本描述。与卷积运算不同，互相关运算是不满足交换律的。事实上，卷积运算之所以能满足交换律，是因为它引入并利用了函数的翻转动作和效果，而互相关运算是不涉及函数的翻转的。

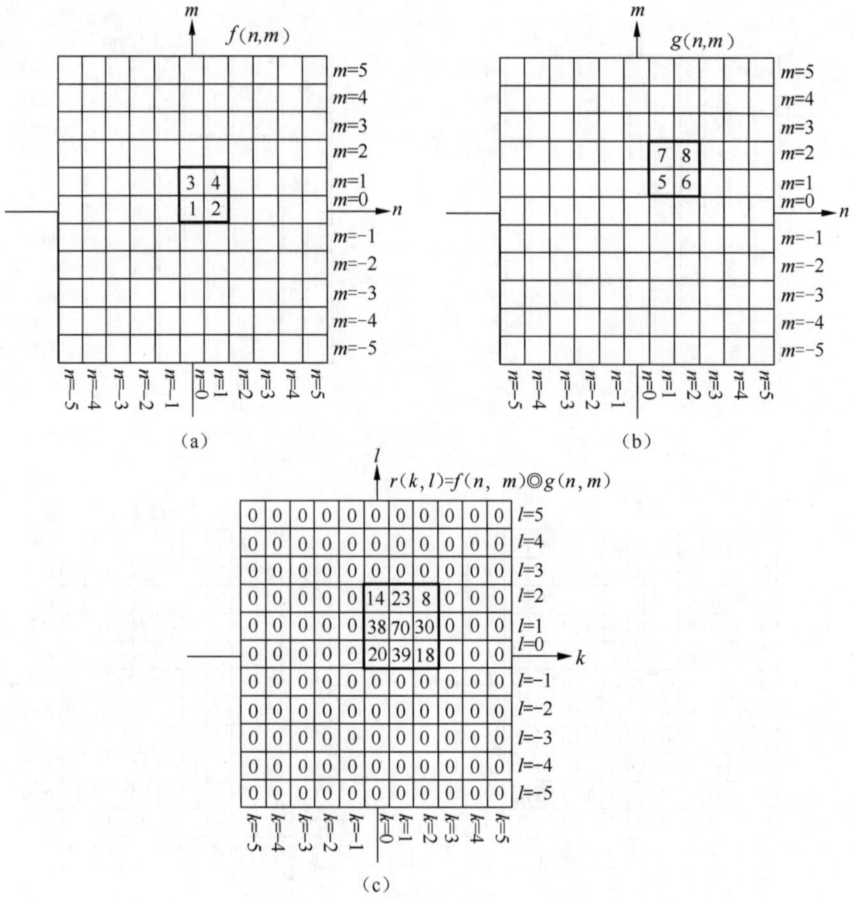


图 8-29 $r(k,l) = f(n,m) \circledcirc g(n,m)$

## 8.2 卷积核与特征映射图

在**图像处理**（**image processing**）邻域中，我们经常使用卷积运算或互相关运算来对图像中的某些特征进行提取。在运用**卷积神经网络**（**Convolutionanl Neural Network，CNN**）来对图像进行处理时，原则上既可以使用卷积运算，也可以使用互相关运算来对图像中的某些特征进行提取。二者在效果上是可以做到完全等同的，只是在算法的细节处理上有些不同罢了。实际上，出于算法简便性的考虑，我们更倾向于使用互相关运算，并且许多神经网络/深度学习软件平台所提供的库函数中所使用的其实就是互相关而非卷积，但却习惯性地称之为卷积。**所以，在此特别强调，从现在起，本书后文中提到的“卷积”一词，其实指的是互相关而非前面所描述的卷积，运算符号仍使用◎。**

在运用卷积神经网络来对图像进行处理时，待处理的图像通常称为**输入（input）**图像，并表示为一个二元离散函数$f(n,m)$。这里假设针对的是黑白灰度图像而非彩色图像，函数值$f(n,m)$表示的是在坐标位置$(n,m)$处的像素点的灰度值。为了从输入图像$f(n,m)$中提取出某个特征，我们常用$f(n,m)$与另一个二元离散函数$g(n,m)$进行（2 维）卷积。$g(n,m)$在这里称为**卷积核（convolution kernel）**，或**核函数（kernel function）**，或简称为**核（kernel）**。卷积核本身其实是一个尺寸较小的表示了某个特定特征的图块。$f(n,m)$与$g(n,m)$的卷积$f(n,m)\circledcirc g(n,m)$是一个新的二元离散函数，该函数所对应的图像称为**特征映射图（feature map）**。图 8-30 所示为输入图像与核函数进行卷积的全过程。注意，就图 8-30 而言，输入图像的尺寸是 3×4，核的尺寸是 2×2，特征映射图的尺寸是 2×3。

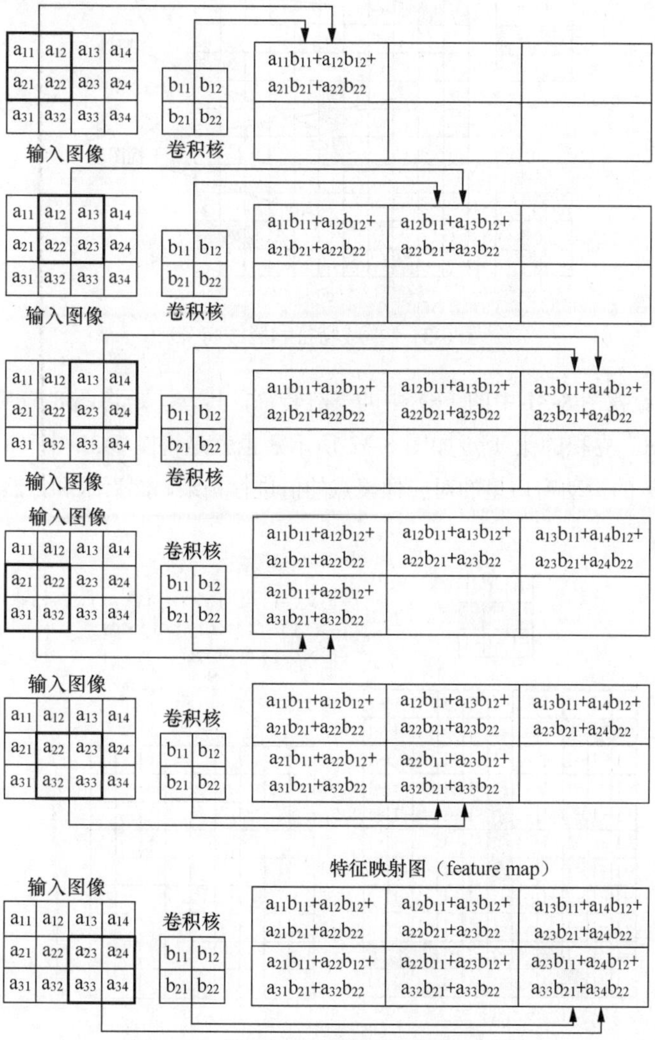


图 8-30　输入图像与核函数的卷积过程

如图 8-31 所示，假设我们定义“横线”为如图 8-31 中（a）所示的 3×3 图形块，“竖线”为如图 8-31 中（b）所示的 3×3 图形块，接下来将简约地描述如何利用卷积运算来确定在如图 8-31 中（c）所示的 11×11 图像中是否存在横线和竖线，以及横线和竖线各自的位置。

在这里，横线就是一个我们所关心的特征，图 8-31 中（a）所示的 3×3 图形块就是表示横线特征的核；竖线是另一个所关心的特征，图 8-31 中（b）所示的 3×3 图形块就是表示竖线特征的核。在如图 8-31 中（c）所示的图像中确定出横线和竖线是否存在，并且找出它们的位置的过程就称为**特征提取（feature extraction）**。为简化计算，我们规定黑色像素点的值为 1，白色像素点的值为–1。

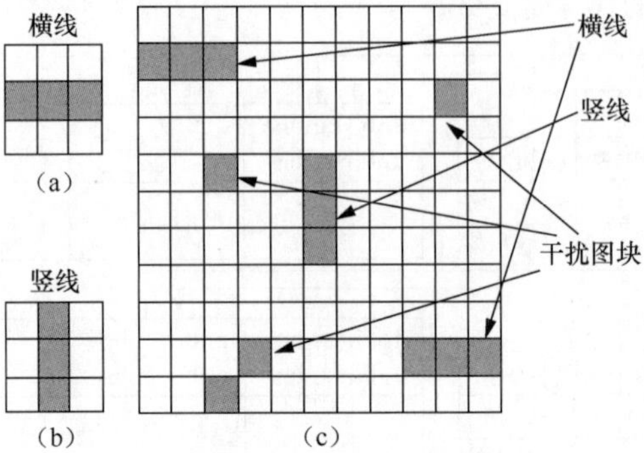


图 8-31　横线特征和竖线特征

首先，我们来寻找图 8-31 中的（c）中的横线特征，其方法是将图 8-31 中的（c）与图 8-31 中的（a）进行卷积。卷积的第 1 步如图 8-32 所示，也就是将图 8-32 中（a）的每个像素点的值与图 8-32 中（b）的滑动窗口里的对应像素点的值进行相乘，然后求和，然后将结果像图 8-32 中的（c）那样进行填写。

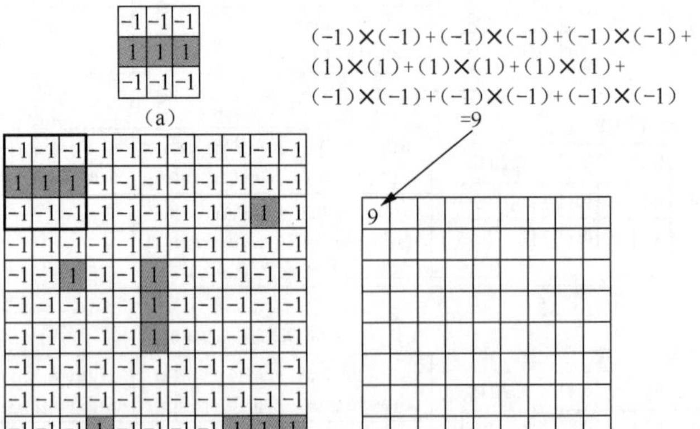


图 8-32　横线卷积第 1 步

卷积的第 2 步如图 8-33 所示，也就是将图 8-33 中（a）的每个像素点的值与图 8-33 中（b）的滑动窗口里的对应像素点的值进行相乘，然后求和，然后将结果像图 8-33 中的（c）那样进行填写。

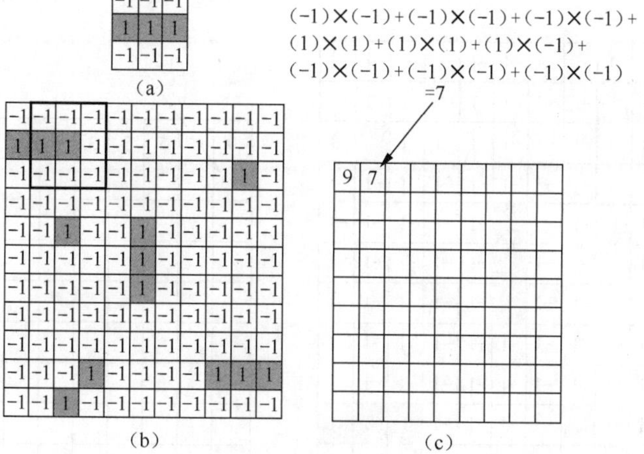


图 8-33　横线卷积第 2 步

卷积的第 9 步如图 8-34 所示，也就是将图 8-34 中（a）的每个像素点的值与图 8-34 中（b）的滑动窗口里的对应像素点的值进行相乘，然后求和，然后将结果像图 8-34 中的（c）那样进行填写。

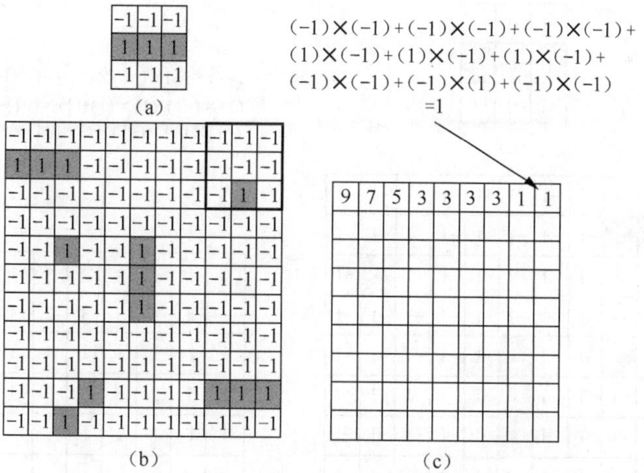


图 8-34　横线卷积第 9 步

卷积的第 10 步如图 8-35 所示，也就是将图 8-35 中（a）的每个像素点的值与图 8-35 中（b）的滑动窗口里的对应像素点的值进行相乘，然后求和，然后将结果像图 8-35 中的（c）那样进行填写。

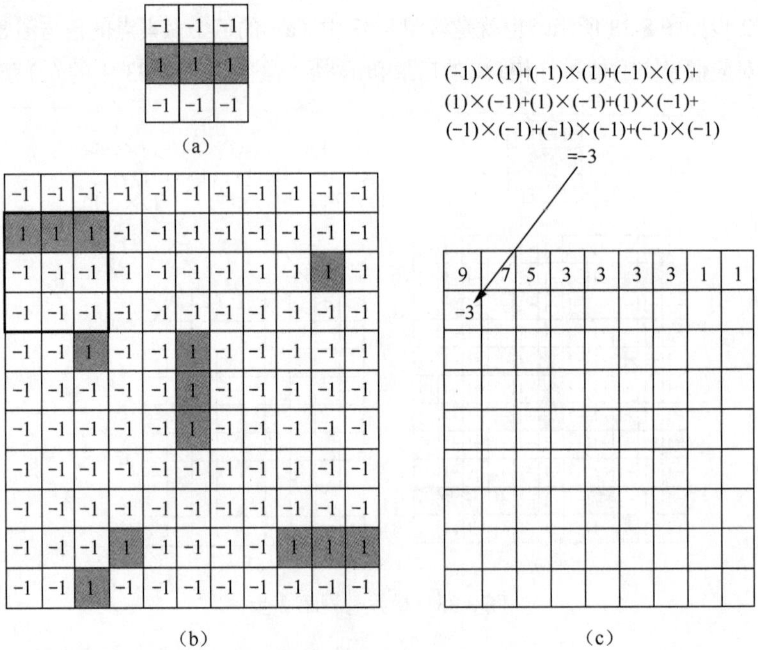


图 8-35　横线卷积第 10 步

卷积的第 41 步如图 8-36 所示，也就是将图 8-36 中（a）的每个像素点的值与图 8-36 中（b）的滑动窗口里的对应像素点的值进行相乘，然后求和，然后将结果像图 8-36 中的（c）那样进行填写。

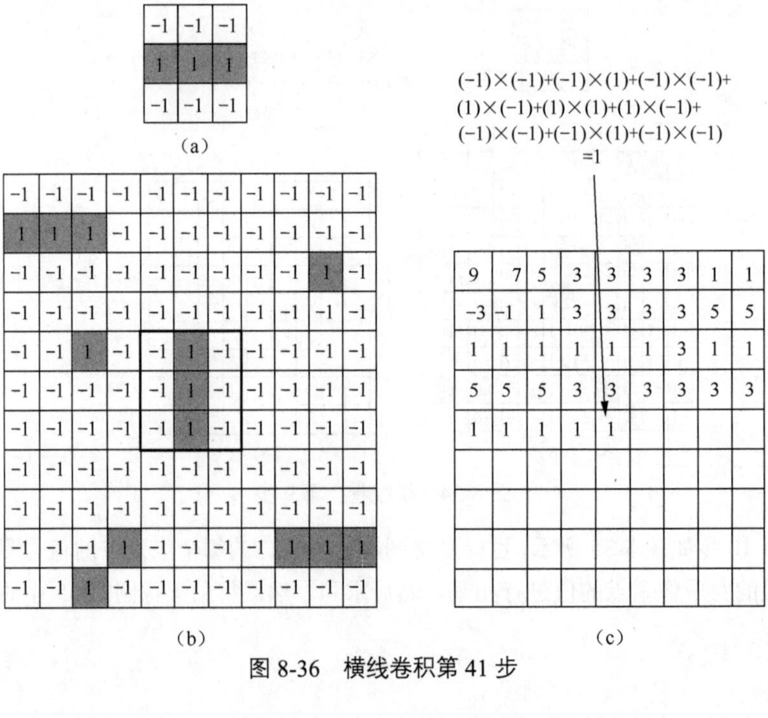


图 8-36　横线卷积第 41 步

卷积的第 81 步（最后一步）如图 8-37 所示，也就是将图 8-37 中（a）的每个像素点的值与图 8-37 中（b）的滑动窗口里的对应像素点的值进行相乘，然后求和，然后将结果像图 8-37 中的（c）那样进行填写。

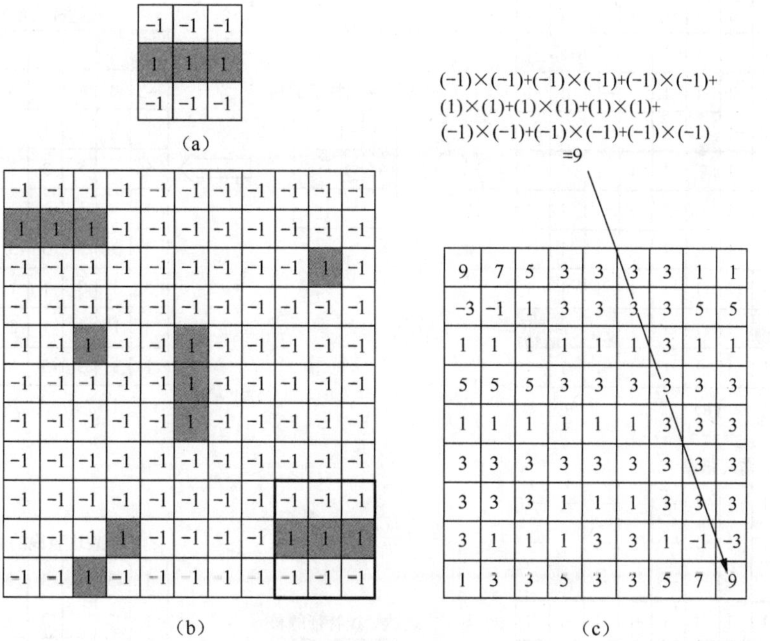


图 8-37 横线卷积第 81 步

图 8-37 中的（c）就是输入图像与横线核（横线特征图块）进行卷积后得到的结果，也就是表达横线的特征映射图。采用完全类似的方法，我们也可以得到竖线的特征映射图。图 8-38 中的（c）和图 8-38 中的（f）分别是表达横线的特征映射图和表达竖线的特征映射图。

我们现在来分析一下表达横线的特征映射图，请见图 8-38 中的（c）。由于表达横线特征的核是一个 3×3 的图形块，并且规定了黑色像素点的值为 1，白色像素点的值为–1，所以，图 8-38 中（c）的小方块的值最大可能为 9，最小可能为–9。图 8-38 中（c）的某个小方块的值如果正好为 9，则说明输入图像中相应位置区域包含了一个与横线核完全相同的图形块，如果接近于 9，则说明输入图像中相应位置区域包含了一个与横线核接近的图形块。反之，图 8-38 中（c）的某个小方块的值如果越接近–9，则说明输入图像中相应位置区域包含了一个与横线核的反图越接近的图形块。如果我们规定阈值为 7，取值等于或大于 7 的小方格才意味着输入图像中相应位置包含了接近或等同于横线核的图形块，那么图 8-38 中（c）的左上位置的两个取值分别为 9 和 7 的小方格就意味着在输入图像的相应位置有一条横线，同时图 8-38 中（c）的右下位置的两个取值分别为 9 和 7 的小方格就意味着在输入图像的相应位置也有一条横线。

对图 8-38 中的（f）运用完全相同的分析方法，我们很容易推断出在输入图像的中心位置存在一条竖线。

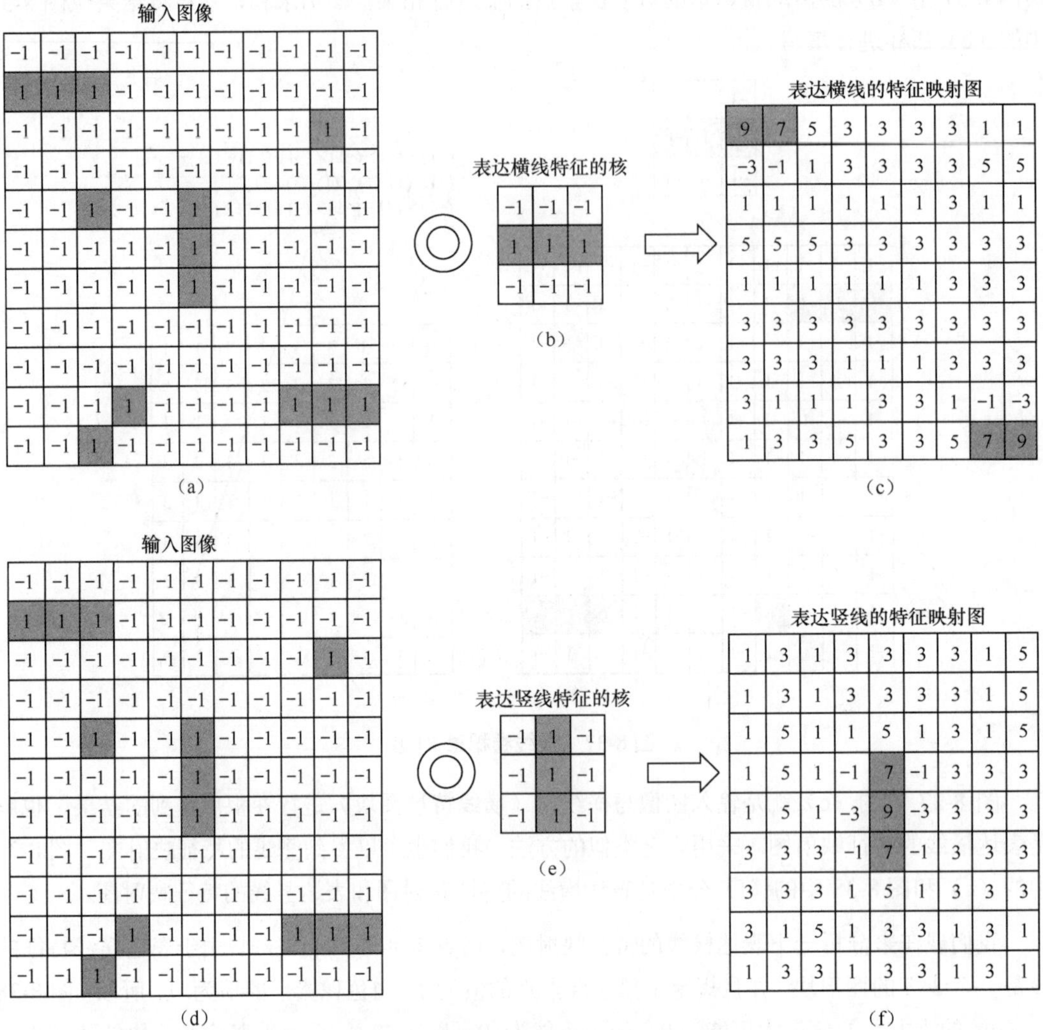


图 8-38　表达横线和竖线的特征映射图

综上分析，可以得出这样的结论：输入图像的左上角和右下角各有一条横线，中心位置有一条竖线。

有的读者可能会问：对于图 8-31 中的（c）所示的输入图像，我们不是一眼就能看出左上角和右下角各有一条横线，中心位置有一条竖线吗？何必还要把卷积之类的数学方法扯进来呢？是的，我们一眼就能看出输入图像中的端倪，因为我们是人，我们已经拥有了强大的图像分析和识别的“直觉”能力。然而，电脑毕竟还不是人脑，尚不具备这种直觉能力，它只能通过数值运算和分析，并根据相应的算法来解决此类问题。

## 8.3 CNN 的一般结构

在描述**卷积神经网络（Convolutionanl Neural Network，CNN）**的一般结构之前，不妨先来看一个利用 CNN 网络识别人脸表情的例子，以获得对 CNN 的初步印象。所举之例极为简化，其目的只是为了简约地展示 CNN 网络的大致结构和工作原理，现实应用中的人脸表情识别系统实际上是非常复杂的。

在理解了所举的识别人脸表情的 CNN 网络例子之后，我们便可以非常容易地理解 CNN 网络的一般结构。

为简化起见，我们假定人脸表情只有两种，要么是笑脸，要么是平静脸（以下简称为“平脸”），并且二者必居其一。如图 8-39 所示，其中的（a）、（b）、（c）、（d）等是一些笑脸图像，（e）、（f）、（g）、（h）等是一些平脸图像。图 8-39 中的（a）可以认为是“标准的笑脸”，而（b）、（c）、（d）等则可以认为是标准笑脸的变体。例如，图 8-39 中的（b）可以认为是标准笑脸向右上方平移后的图像，图 8-39 中的（c）可以认为是标准笑脸放大后的图像，图 8-39 中的（d）可以认为是标准笑脸变形后的图像，如此等等。总之标准笑脸的变体情况是多种多样的，举不胜举。

同样，图 8-39 中的（e）可以认为是“标准的平脸”，而（f）、（g）、（h）等则可以认为是标准平脸的变体。例如图 8-39 中的（f）可以认为是标准平脸向左下方平移后的图像，图 8-39 中的（g）可以认为是标准平脸左移并缩小后的图像，图 8-39 中的（h）可以认为是标准平脸放大后的图像，如此等等。总之标准平脸的变体情况也是多种多样的，举不胜举。

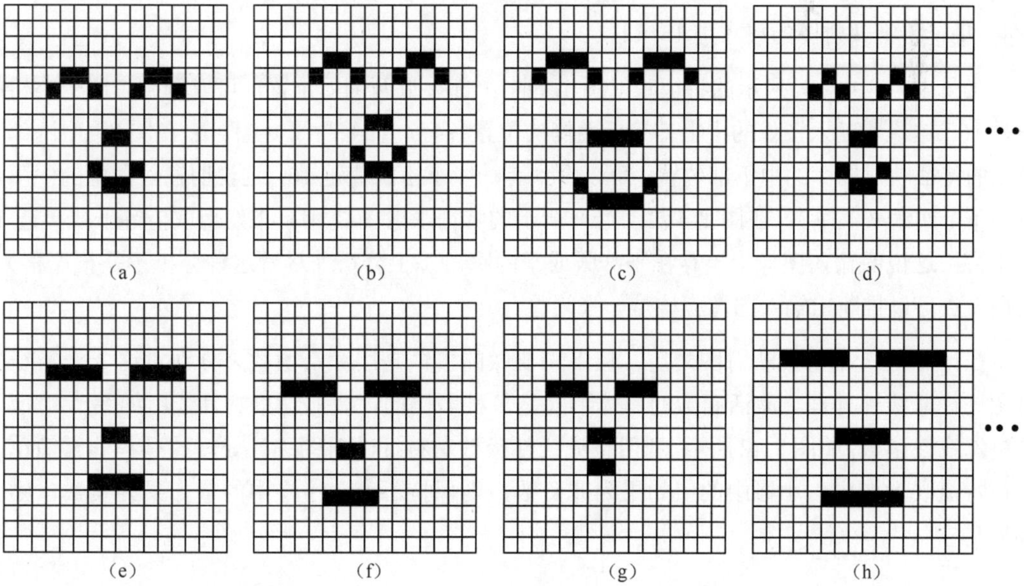


图 8-39 笑脸与平脸

我们的任务是要设计实现一个 CNN 网络，在用标准的笑脸图像和部分笑脸变体图像，以及标准的平脸图像和部分平脸变体图像对该 CNN 网络完成**监督训练**后，希望该 CNN 网络能够对新的笑脸变体图像和新的平脸变体图像进行正确地识别。

通过对图 8-39 中笑脸和平脸图像进行分析，我们发现鼻子的形状对表情几乎没有任何影响，同时笑脸的两个关键特征分别是上凸形的眼睛和上凹形的嘴巴，而平脸的一个关键特征是横线形的眼睛和嘴巴。因此，我们可以据此总共选用 3 个特征，一个是上凸形，见图 8-40 中的（a）；一个是上凹形，见图 8-40 中的（b）；一个是水平横线，见图 8-40 中的（c）。上凸形和上凹形这两个特征刻画的是笑脸表情，水平横线这个特征刻画的是平脸的表情。

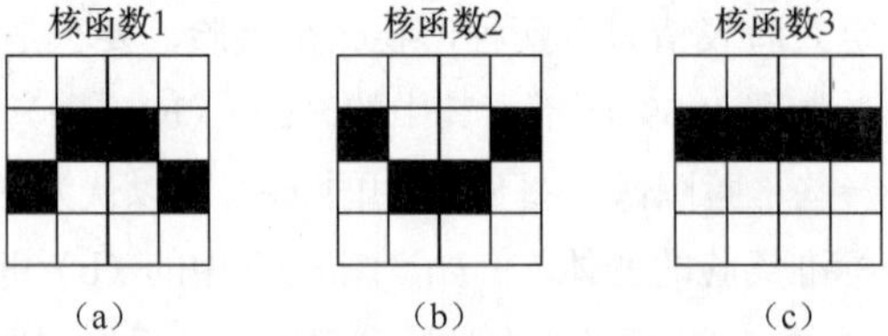

图 8-40　刻画表情的 3 个关键特征

在用某个表情图像作为输入图像对 CNN 网络进行监督训练时，首先需要做的是将该输入图像分别与图 8-40 中的核函数 1、核函数 2、核函数 3 进行卷积，从而得到 3 个特征映射图。例如，在用标准笑脸图像对 CNN 网络进行监督训练时，需要将标准笑脸图像分别与图 8-40 中的核函数 1、核函数 2、核函数 3 进行卷积，得到的 3 个特征映射图分别如图 8-41 中的（a）、图 8-41 中的（b）、图 8-41 中的（c）所示。注意，输入图像的尺寸是 16×16，核函数的尺寸是 4×4，每个特征映射图的尺寸是 13×13。

在图 8-41 中（a）所示的特征映射图 1 的中上部接近两侧的位置，可以看到有两个小格的值是 16，这说明输入图像的中上部接近两侧的位置各有一条上凸线（笑眼）；在图 8-41 中（b）所示的特征映射图 2 的中下部位置，可以看到有一个小格的值是 16，这说明输入图像的中下部有一条上凹线（笑嘴）；在图 8-41 中（c）所示的特征映射图 3 中，未发现取值等于或接近 16 的小格，这说明输入图像中不存在平静眼或平静嘴。综上分析（尽管这种分析不是很严格），我们大致可以推断出输入图像应该是一张笑脸。

在计算出 3 个特征映射图之后，接下来要做的事情是用激活函数来分别对这 3 个特征映射图进行非线性处理。激活函数的具体形式是多种多样的，我们这里姑且选用如图 5-4 所示的整流线性函数。如图 8-42 所示，利用整流线性函数对特征映射图进行处理的过程非常简单，即在特征映射图中，小格中的值如果为非负数，则保持不变；小格中的值如果为负数，则变换为 0。

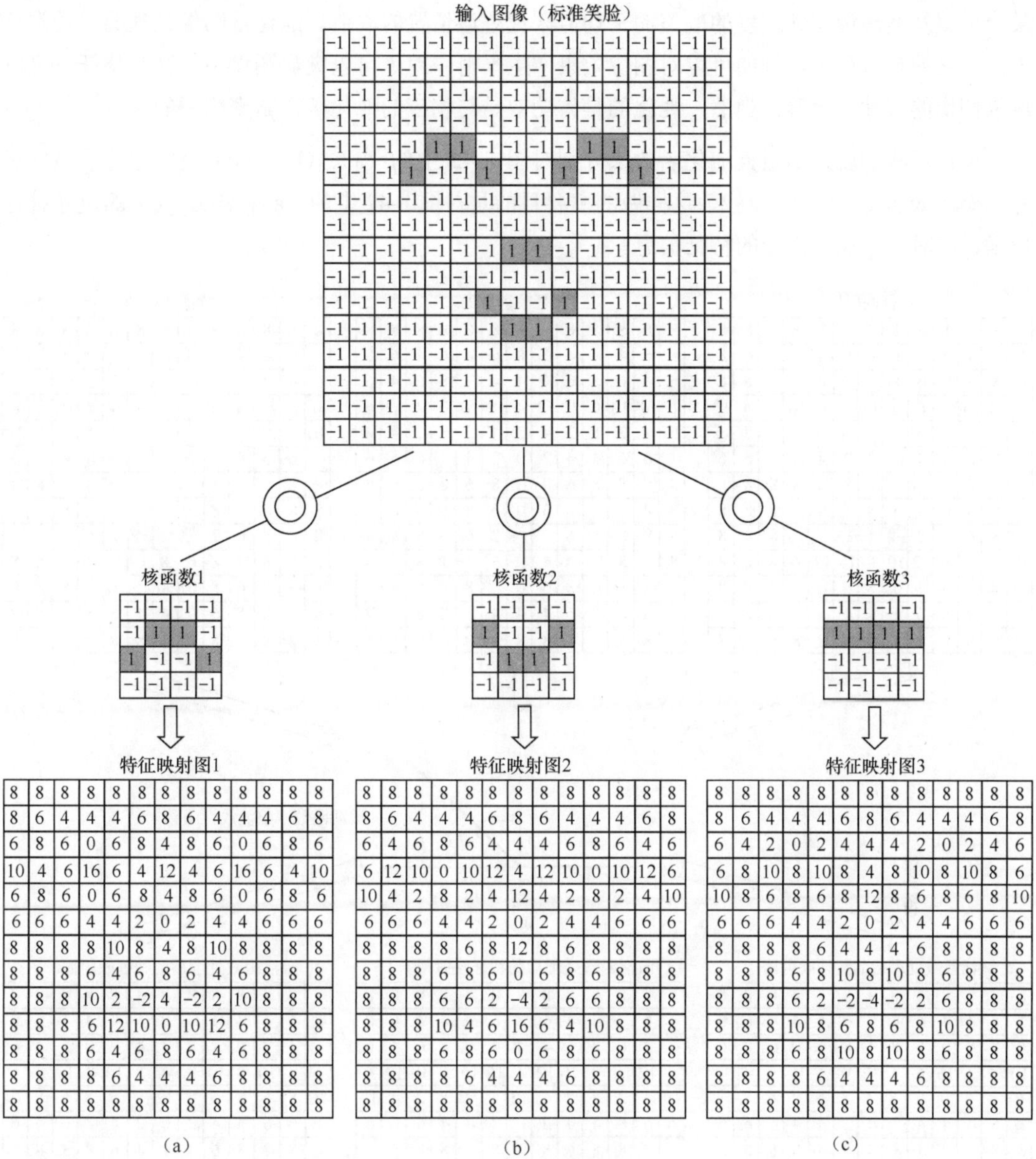


图 8-41　计算特征映射图

在得到了通过激活函数处理的 3 个特征映射图（分别如图 8-42 中的（a）、（b）、（c）所示）之后，接下来要做的事就是采用**池化函数**（**pooling function**）分别对它们进行**池化**（**pooling**）处理。池化函数的基本工作原理就是使用图像中某个位置及其周边相邻位置的取值的总体统计特征来代替该位置的取值。例如，**最大池化**（**max pooling**）就是使用图像中某个位置及其周边相邻位置的取值的最大值来代替该位置的取值，而**平均池化**（**mean pooling**）则是使用图像中某个位置及其周边相邻位置的取值的平均值来代替该位置的取值。池化是图像处理的一种常见方法，它的功效很多，例如可以对图像效果产生平滑作用，可以突显图像中的某些特征，可以压缩图像的尺寸，等等。当然，池化的具体功效是与相应的池化函数紧密相关的。

现在，我们就采用最大池化函数来分别对图 8-42 中的（a）、（b）、（c）进行池化，池化尺寸（pooling size）选定为 2×2，这样做的主要目的是对图 8-42 中的（a）、（b）、（c）的尺寸进行压缩，同时尽量保留图中的特征信息。

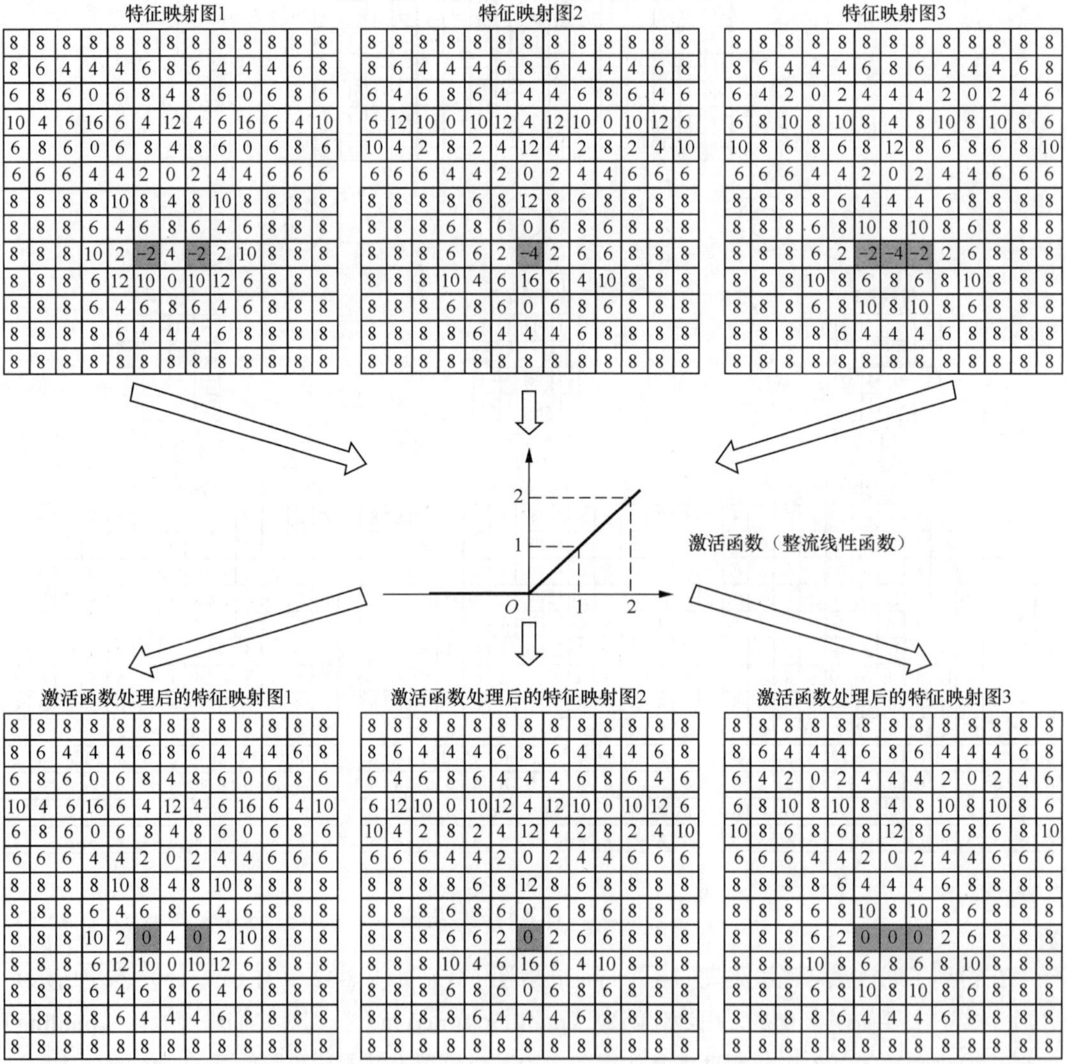


（a）　　（b）　　（c）

图 8-42　激活函数响应

首先看看对图 8-42 中的（a）的 2×2 最大池化是如何进行的。该池化过程的第 1 步如图 8-43 所示。

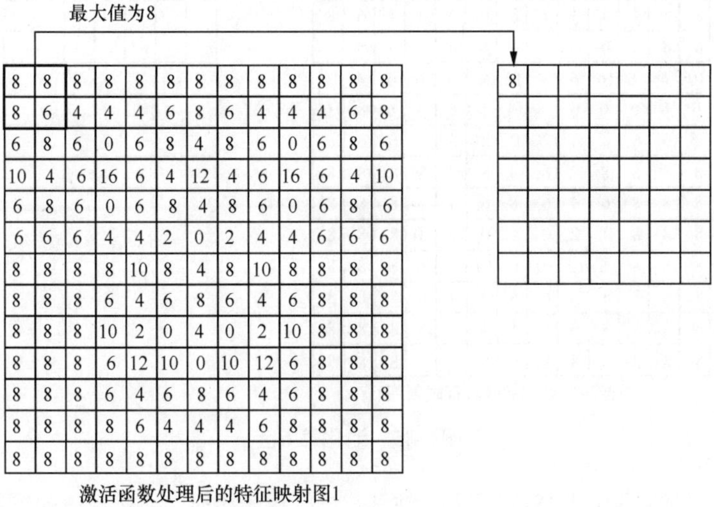


图 8-43　池化第 1 步

该池化过程的第 2 步如图 8-44 所示。

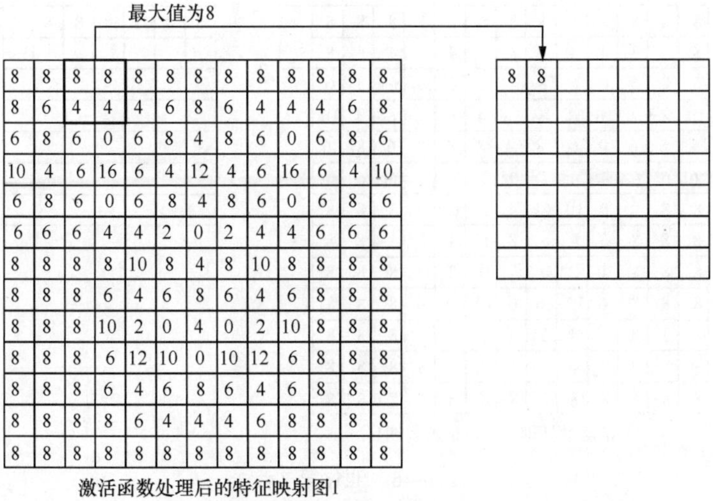


图 8-44　池化第 2 步

该池化过程的第 6 步如图 8-45 所示。

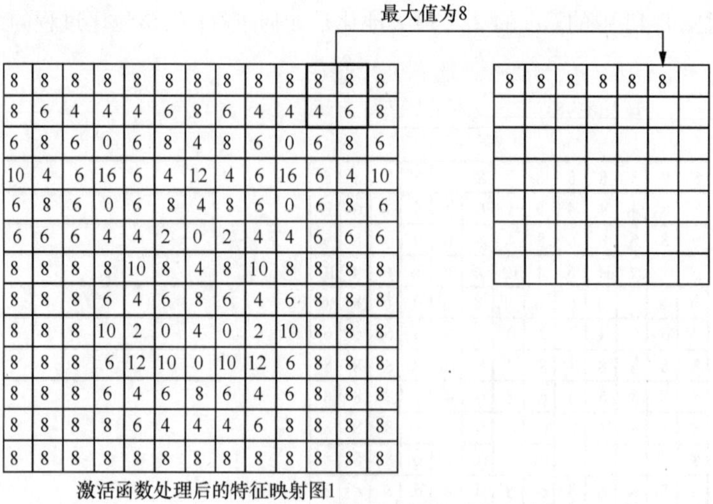


图 8-45 池化第 6 步

该池化过程的第 7 步如图 8-46 所示。注意，进行这一步时，池化窗口的覆盖范围已经超过了图像的边界。在这种情况下，最大值只在边界内选取。

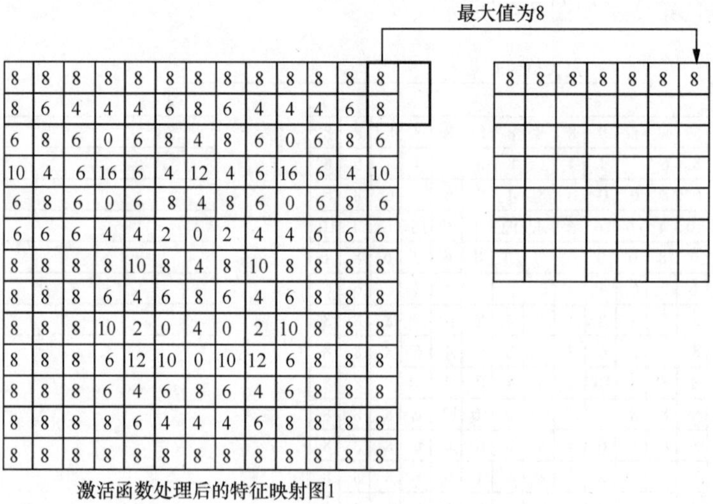


图 8-46 池化第 7 步

该池化过程的第 8 步如图 8-47 所示。

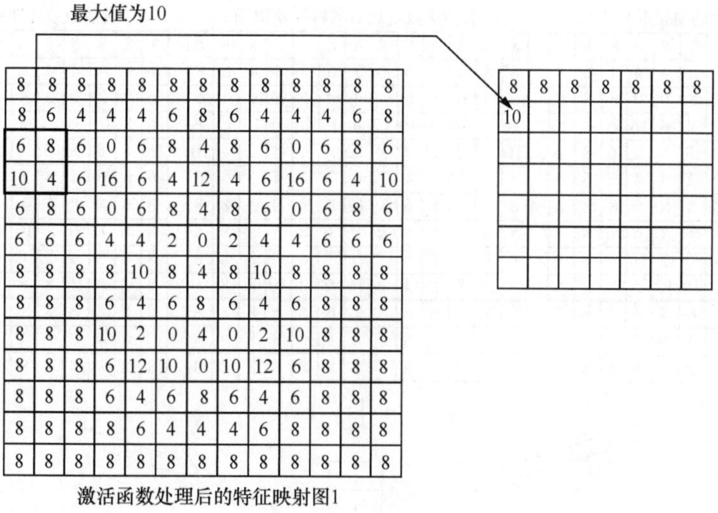


图 8-47　池化第 8 步

该池化过程的第 49 步（最后一步）如图 8-48 所示。注意，进行这一步时，池化窗口的覆盖范围已经超过了图像的边界。在这种情况下，最大值只在边界内选取。

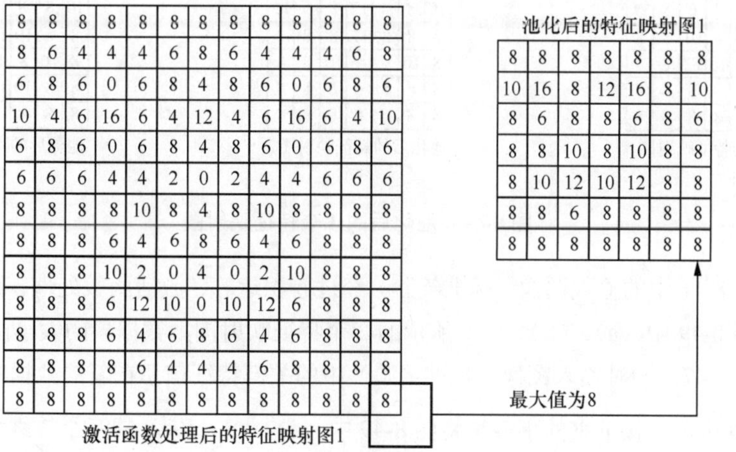


图 8-48　池化最后一步

至此，我们便完成了对图 8-42 中（a）的 2×2 最大池化处理，并得到了如图 8-48 所示的经过池化处理后的特征映射图 1，它的尺寸已由池化前的 13×13 降为 7×7。用完全类似的方法，我们可以完成对图 8-42 中（b）和图 8-42 中（c）的 2×2 最大池化处理，并得到池化后的特征映射图 2 和池化后的征映射图 3，请见图 8-49。

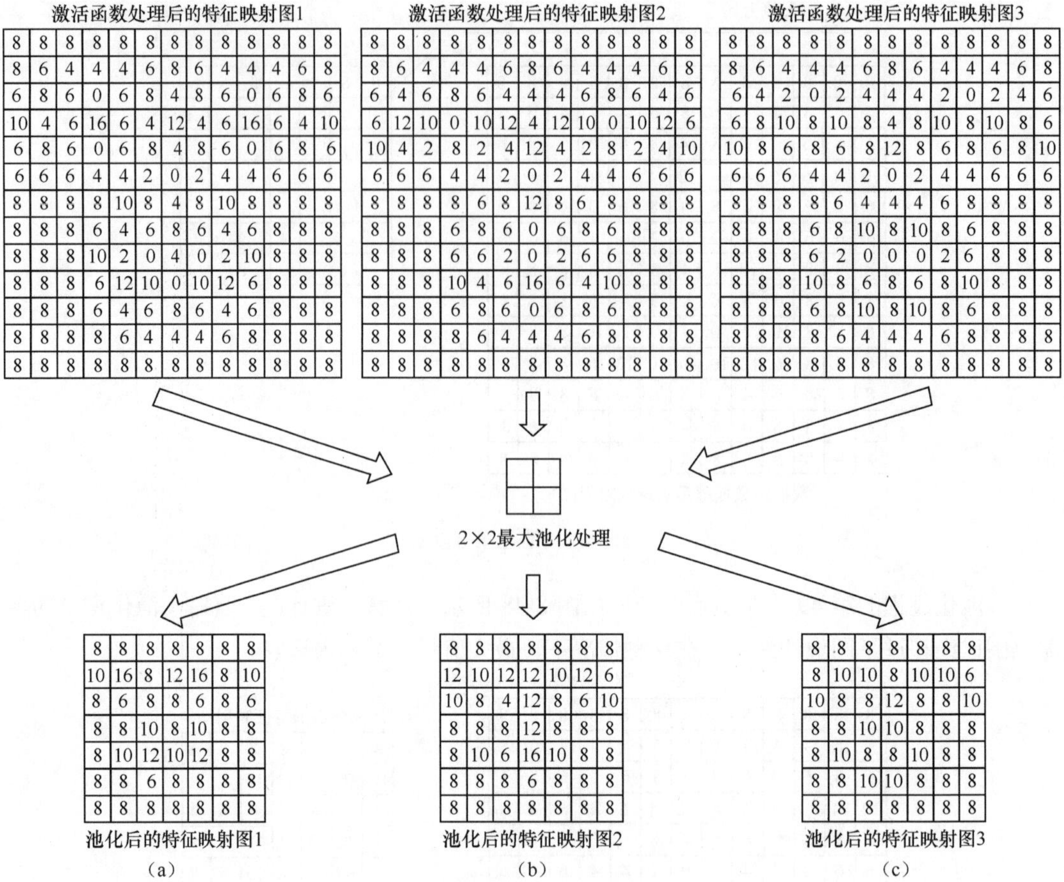


图 8-49　池化后的 3 个特征映射图

至此，图 8-41 中的输入图像（标准笑脸）经过卷积运算、激活函数处理、池化处理后，已经转化成了图 8-49 中（a）、（b）、（c）所示的 3 个特征映射图，数据量的大小由 16×16=256 降低成了 7×7×3=147，同时输入图像（标准笑脸）中的关键特征信息在新的数据中得到保留。

如图 8-50 所示，接下来的事情是将图 8-49 中（a）、（b）、（c）的三个 2 维数组展开成一个 1 维数组，并将此 1 维数组视为一个 MLP 的输入。此处的 MLP 的输入层神经元有 7×7×3=147 个，隐层神经元有 5 个，输出层神经元只有 1 个，隐层神经元和输出神经元的激活函数均选用图 5-6 所示的逻辑函数。规定输入图像是笑脸时，输出神经元的输出值（期待输出）为 1；输入图像是平脸时，输出神经元的输出值（期待输出）为 0。该 MLP 的训练算法采用我们之前已经学过的 BP 算法。

现在，把图 8-41、图 8-42、图 8-49、图 8-50 的含义综合并串接起来，便可得到我们所构建出来的这个 CNN 网络，该 CNN 网络的结构如图 8-51 所示。

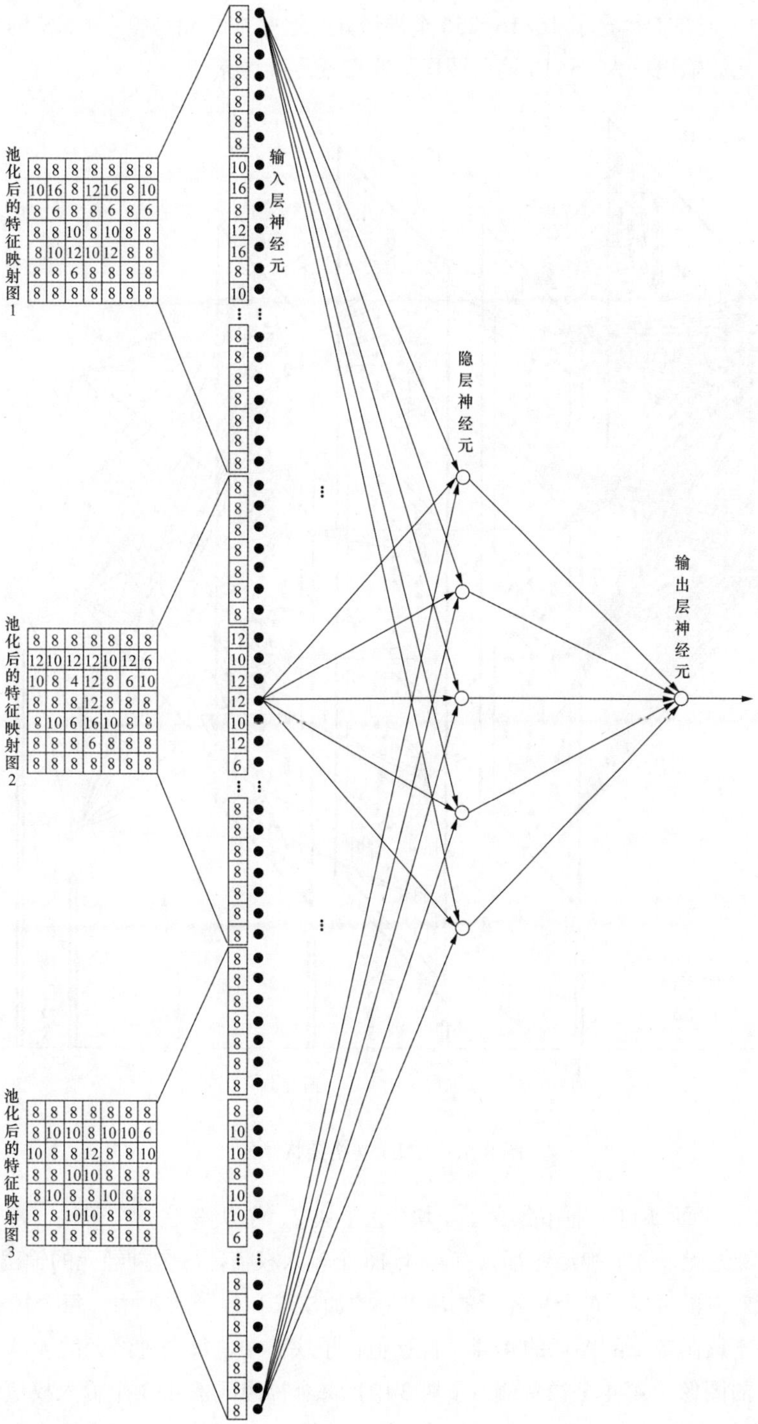


图 8-50　一个 MLP

图 8-51 中，平面 1 包含了 16×16=256 个神经元，这些神经元是整个 CNN 网络的输入神经元，每个神经元的输出值为 16×16 输入图像相应像素点的像素值。

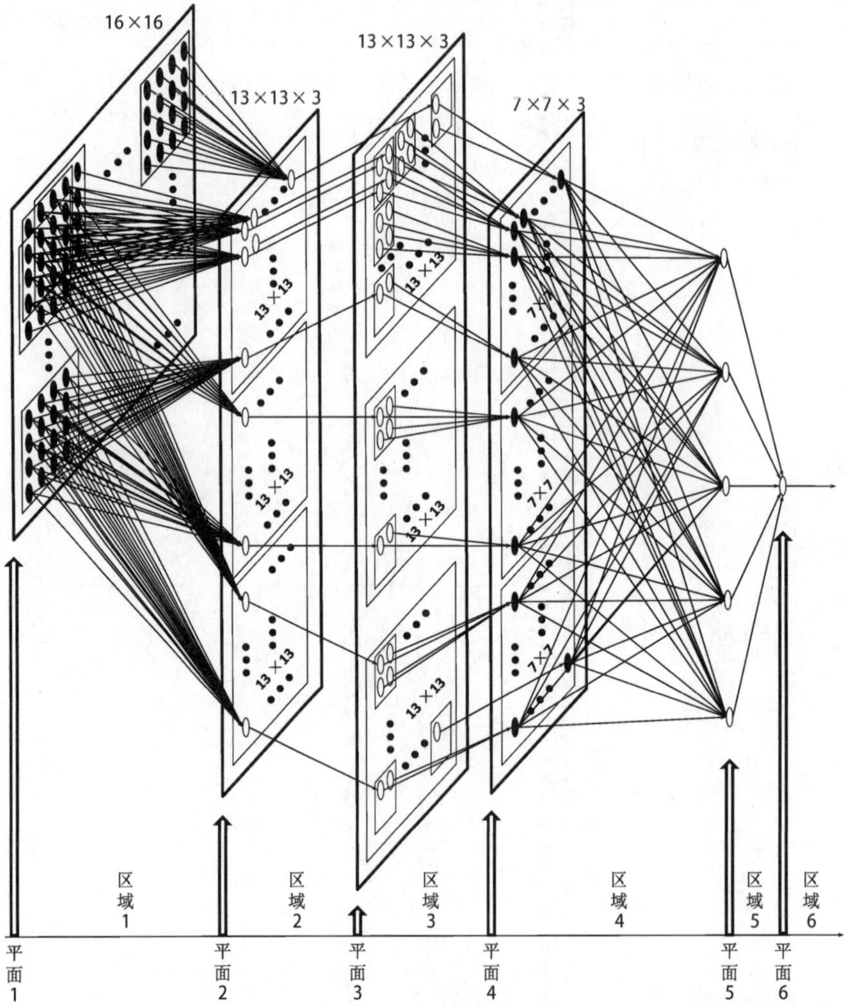


图 8-51　CNN 网络结构示例

图 8-51 中，平面 2 自上而下包含了子块 1、子块 2、子块 3 这 3 个子块，每个子块包含了 13×13=169 个神经元，每个神经元都只有 4×4=16 个输入权值，每个神经元的输出值等于平面 1 中与该神经元对应的 4×4=16 个神经元的输出值的加权求和。子块 1 中，每个神经元的 4×4 个输入权值都等于核函数 1 的图像的 4×4 个像素值；子块 2 中，每个神经元的 4×4 个输入权值都等于核函数 2 的图像的 4×4 个像素值；子块 3 中，每个神经元的 4×4 个输入权值都等于核函数 3 的图像的 4×4 个像素值。在 CNN 的术语中，平面 1、区域 1、平面 2 合起来称为**卷积级**

（**convolution stage**）。

图 8-51 中，平面 3 自上而下包含了子块 1、子块 2、子块 3 这 3 个子块，每个子块包含了 13×13=169 个神经元，每个神经元都只有 1 个输入权值，且权值的取值总是 1，所以每个神经元的净输入其实就是平面 2 中对应神经元的输出值。在平面 3 中，每个神经元对自己的净输入经过非线性激活函数（这里采用的是整流线性函数）处理后，便得到自己的输出值。在 CNN 的术语中，平面 2、区域 2、平面 3 合起来称为**探测级**（**detector stage**）。

图 8-51 中，平面 4 自上而下包含了子块 1、子块 2、子块 3 这 3 个子块，每个子块包含了 7×7=49 个神经元。平面 4 中的神经元的输出值是平面 3 中的神经元的输出值的池化。注意，平面 4 中的某个神经元的输入权值只是表达了该神经元将对平面 3 中的哪几个神经元的输出值进行池化处理。在 CNN 的术语中，平面 3、区域 3、平面 4 合起来称为**池化级**（**pooling stage**）。另外，在 CNN 的术语中，卷积级、探测级、池化级合起来称为**卷积层**（**convolution layer**）。在这里，卷积层包含了从平面 1 到平面 4 的整个范围。

图 8-51 中，平面 4、区域 4、平面 5、区域 5、平面 6、区域 6 合起来构成了一个 MLP，其中平面 4 是 MLP 的输入层，平面 5 是 MLP 的隐含层，平面 6 是 MLP 的输出层。注意，平面 4 中的神经元与平面 5 中的神经元是全互联的，平面 5 中的神经元与平面 6 中的神经元也是全互联的。另外，需要特别强调的是，针对图 8-51 所示的 CNN 的监督训练，其实是针对其中的 MLP 进行监督训练（采用的训练算法是 BP 算法）；在训练过程中，只有区域 4、区域 5 中的权值会发生变化，区域 1、2、3 中的权值并不会发生改变。

如果对图 8-51 进行抽象，便可得到我们所构建的这个 CNN 网络的结构框图，请见图 8-52。从图 8-52 中可以看到，该 CNN 网络从整体上是由两部分组成的：一个卷积层和一个 MLP。卷积层中包含了卷积级、探测级和池化级，MLP 中包含了全互联层 1 和全互联层 2。

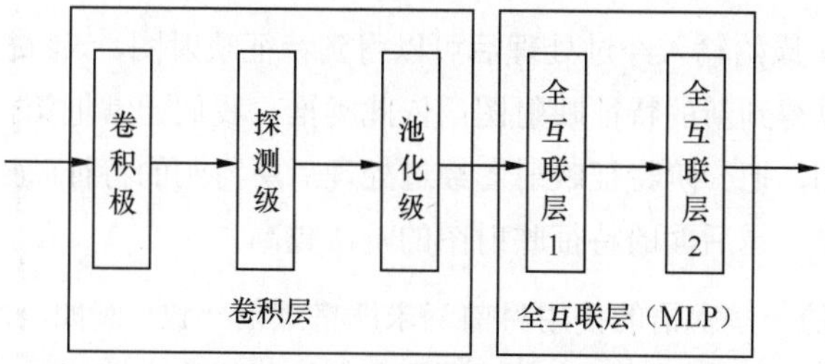


图 8-52　CNN 网络结构框图示例

图 8-52 所示的结构框图只是 CNN 一般结构框图的一个具体例子，对此框图进行扩展，便得到了如图 8-53 所示的 CNN 网络的一般结构框图。

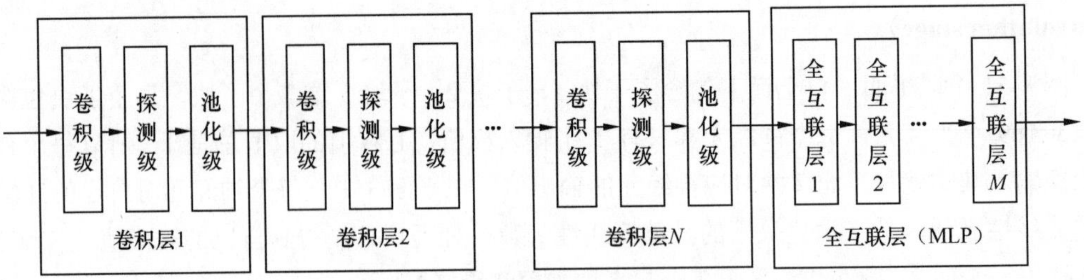


图 8-53　CNN 网络的一般结构框图

从图 8-53 中可以看到，一个 CNN 网络是由若干个卷积层和一个 MLP 组成的，每个卷积层又是由卷积级、探测级和池化级组成。MLP 的组成已经在第 6 章中进行了详细的描述和分析，这里不再赘述。

针对 CNN 网络，需要补充说明以下几点。

- 对于 CNN 网络中的某个卷积层，其卷积级的输出也可以直接就成为池化级的输入。在这种情况下，探测级相当于自动消失，或者说探测级仍然存在，但探测级中神经元的激活函数为恒等函数（identity function）$\boldsymbol{y}=\boldsymbol{net}$，即神经元的输出就等于神经元的净输入。
- 在一个卷积层中，池化级也可能位于探测级之前，而不是位于探测级之后。
- 通常情况下，CNN 网络的训练主要是针对其所包含的 MLP（全互联层）的权值参数进行训练，但由于某些设计细节的不同，卷积层中也可能存在某些待训练的参数（训练这些参数可采用梯度下降法）。
- 图 8-53 中 CNN 所包含的 MLP 的位置可以是一个普通的 MLP，也可能被一个 RBFNN 替代，或者被一个 MLP 与一个 RBFNN 的组合替代，或者被某种别的神经网络形式替代。
- CNN 网络中，原始输入经过处理后可以得到特征映射图，该特征映射图经过后续层处理后，又可以得到新的特征映射图；依此类推。我们通常把第一个特征映射图称为一阶特征映射图，把一阶特征映射图经过处理后所得到的特征映射图称为二阶特征映射图；以此类推，越后面的特征映射图的阶次越高。
- CNN 网络中的一些术语的使用目前尚未严格规范一致。例如，有的文献资料中会把卷积级称为卷积层，把探测级称为探测层，把池化级称为探测层，这样一来，对于同一个神经网络，张三可能会说它有 N 层，但李四可能会说它有 M 层。因此，在阅读学习关于 CNN 网络的资料时，某些术语的含义应该根据上下文的内容分析才能得到准确的理解。

# 8.4 三种思想

CNN 网络体现了 3 种重要的设计思想：**稀疏交互（sparse interaction）**、**参数共享（parameter sharing）**、**等变表示（equivariant representation）**。

在一般的神经网络中（例如 MLP），相邻层之间的权值连接通常是全互联的，这就意味着某一层中某个神经元的输出会影响到下一层中的每个神经元的输出（如图 8-54 中的（a）所示），同时某一层中某个神经元的输出将会受到上一层中的每个神经元的输出的影响（如图 8-54 中的（b）所示）。然而，在稀疏交互的情况下，某一层中某个神经元的输出只会影响到下一层中部分神经元的输出（如图 8-54 中的（c）所示），同时某一层中某个神经元的输出也只会受到上一层中部分神经元的输出的影响（如图 8-54 中的（d）所示）。稀疏交互有时也称为**稀疏连接（sparse connectivity）**或**稀疏权重（sparse weight）**。

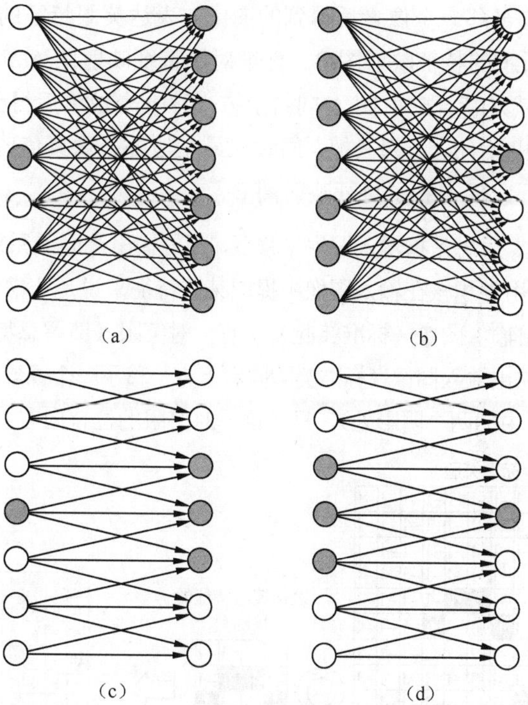


图 8-54　稀疏交互

例如，在图 8-51 中，平面 1 中的一个神经元的输出最多只会影响到平面 2 中 16 个神经元的输出，平面 2 中的一个神经元的输出只会受到平面 1 中 16 个神经元的输出的影响。

参数共享有时也称为**权值共享（weight sharing）**或**绑定权值（tied weight）**。例如，在图 6-24 中，3 个粗体箭头虽然形式上代表了 3 个不同的权值，但由于这 3 个权值的取值要求必须相等（绑定），所以自由权值其实只有 1 个，也就是说，这 3 个不同的权值其实是同一个权值。

图 8-51 中，平面 2 的子块 1 中的每个神经元的 4×4 个输入权值都等于核函数 1 的图像的 4×4 个像素值，子块 2 中的每个神经元的 4×4 个输入权值都等于核函数 2 的图像的 4×4 个像素值，子块 3 中的每个神经元的 4×4 个输入权值都等于核函数 3 的图像的 4×4 个像素值。这些情况都是权值共享的体现。

稀疏交互及参数共享思想的运用，可以在很大程度上减少自由权值参数的数量，从而减少了神经网络的计算工作量，同时也降低了计算过程中对于存储容量的要求。

**卷积运算对于平移变换是等变的**，或者说**卷积运算对于平移变换具有等变性**。为了说明这一点，我们先来看一个例子。

我们之前说过，图 8-39 中的（a）是标准笑脸图像，图 8-39 中的（b）是标准笑脸图像向右上方平移一个像素（向右、向上各平移一个像素）后得到的图像。我们先把标准笑脸图像与表达笑眼特征的核函数进行卷积，便可得到如图 8-55 中（b）所示的特征映射图 A。然后，再把标准笑脸图像向右上方平移一个像素后得到的图像与表达笑眼特征的核函数进行卷积，便可得到如图 8-55 中（d）所示的特征映射图 B。仔细对比特征映射图 A 和特征映射图 B，可以发现，特征映射图 B 正好就是特征映射图 A 向右上方平移一个像素后得到的图像。更具体地讲，将特征映射图 A 的顶行和最右边一列去掉，同时在最左边补上像素值皆为 8 的一列，在最底下补上像素值皆为 8 的一行，便得到了特征映射图 B。

对平移变换的等变性，意思是指输入发生平移后，新的输出等同于原来的输出进行同样平移后的结果。这种性质对于利用卷积核在输入图像中提取某些特征来说是非常有用的。例如，在图 8-55 中，特征映射图 A 反映出输入图像（标准笑脸）中有一对笑眼（请留意特征映射图 A 中的两个阴影处），特征映射图 B 反映出输入图像（标准笑脸向右上方平移了一个像素后的图像）中也有一对笑眼（请留意特征映射图 B 中的两个阴影处），只是这一对笑眼的位置向右上方平移了一个像素而已。

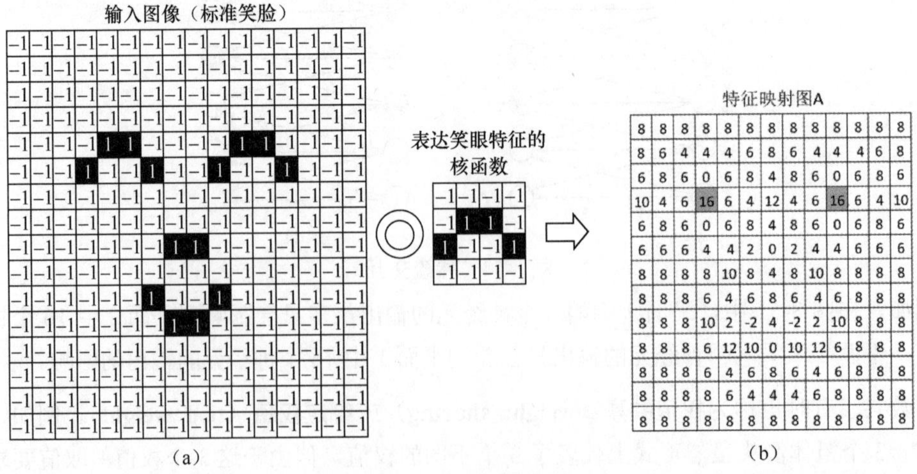


图 8-55　对平移的等变性

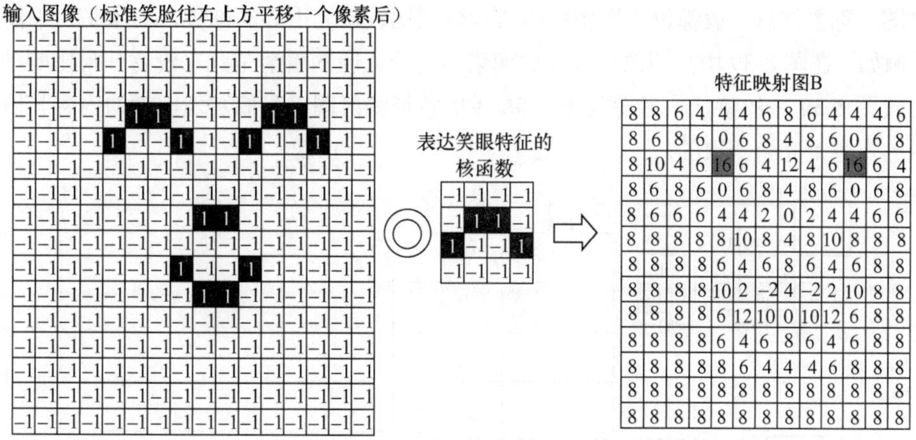


（c）　　　　（d）

图 8-55　对平移的等变性（续）

卷积运算对于输入图像的平移变换具有天然的等变性，这可以从数学上得到证明。但卷积运算对于输入图像的缩放或旋转等变换并不具备等变性；如果要在缩放或旋转后的图像中找出相同的特征，就需要用到其他一些方法机制。

## 8.5　边界策略

首先，我们回头来重新分析 8.2 节中的图 8-30，该图一步一步地展示了输入图像与核函数进行卷积的全过程。我们注意到，输入图像的尺寸是 3×4，核的尺寸是 2×2，特征映射图的尺寸是 2×3。另外还注意到，在整个卷积过程中，代表核函数的 2×2 滑动窗口始终都没有超出输入图像的边界。

如果允许核函数的 2×2 滑动窗口可以超出图像的边界，情况又会怎样呢？图 8-56 所示的仍然是尺寸为 3×4 的输入图像与尺寸为 2×2 的核函数进行卷积的过程，但不同的是，我们在卷积过程中允许核函数的 2×2 滑动窗口可以超出图像的边界（允许滑动窗口在上、下、左、右边界处超出 1 个像素）。在这种情况下，我们发现所得到的特征映射图的尺寸发生了变化：原来是 2×3，现在变成了 4×5。造成这种差异的原因是因为在卷积过程中使用了不同的边界策略：以前不允许核函数的滑动窗口超出输入图像的边界，现在允许核函数的滑动窗口超出输入图像的边界。所谓边界策略，就是指在卷积过程中是否允许滑动窗口超出输入图像的边界以及在那些边界可以超出以及超出多大的范围。

**一般地，在现实应用中，输入图像的尺寸远远大于核函数的尺寸，而所得到的特征映射图的尺寸不仅取决于输入图像的尺寸以及核函数的尺寸，同时还取决于边界策略的选定。**所幸的是，边界策略的不同选择对于问题的解决来说一般并不重要，这是因为无论是输入图像还是特征映射图，重要信息一般都位于图像的中心部位或比较接近中心的部位，而不是位于图像的边界处。例如，在图 8-39 中，图像边界处的像素值对于人脸的表情是几乎没有任何影响的。又例如，比较图 8-30 中的特征映射图与图 8-56 中的特征映射图，我们发现前者的内容与后者中部黑框中的内容是完全一致的。

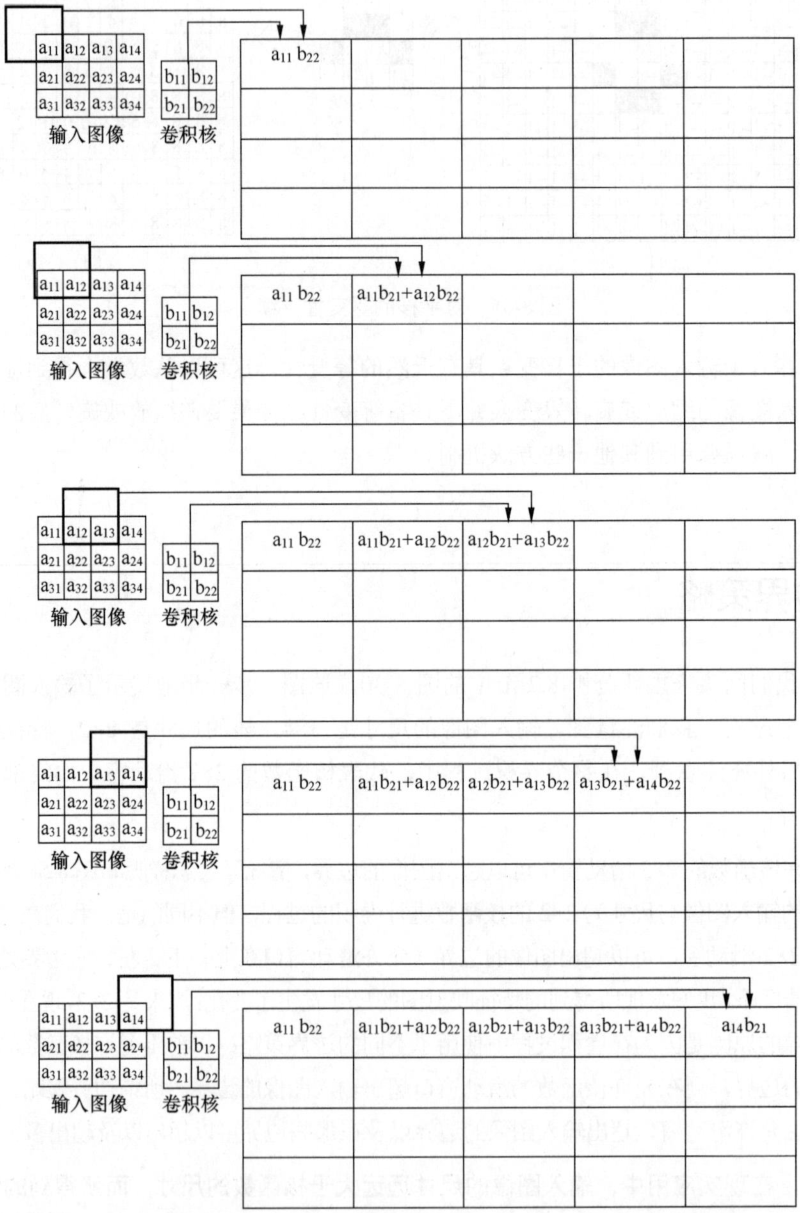


图 8-56　输入图像与核函数的卷积过程（允许滑动窗口超出图像边界）

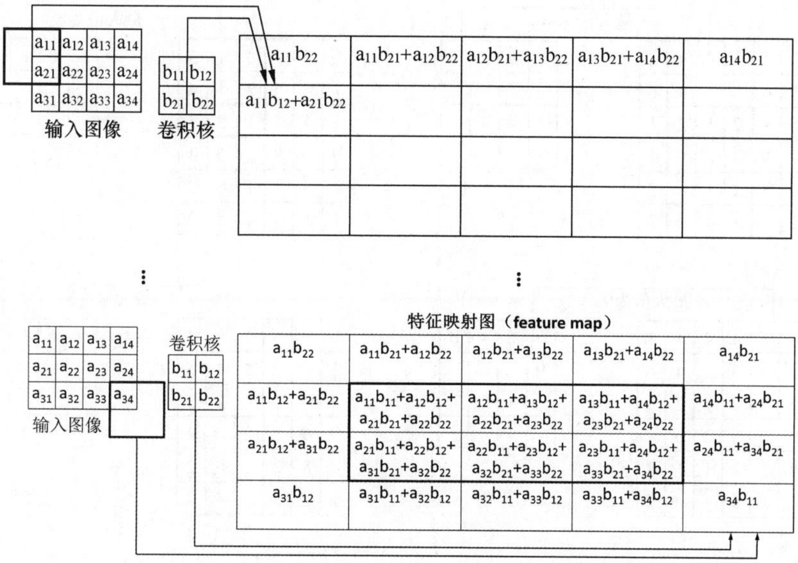


图 8-56　输入图像与核函数的卷积过程（允许滑动窗口超出图像边界）(续)

池化过程中也会涉及边界策略问题，8.6 节将进行描述。

# 8.6　池化

8.3 节已经对池化的基本概念和作用进行了描述，现在继续讨论一些有关池化的问题。

先来看看关于池化的**步幅（stride）**问题，请见图 8-57。图 8-57 展示了对一个 6×6 图像进行最大池化的过程，池化窗口的大小是 3×3，池化后的结果是一个 4×4 的图像。可以看到，池化窗口每次滑动的位移量是 1 个像素，因而可以说池化的步幅是 1。

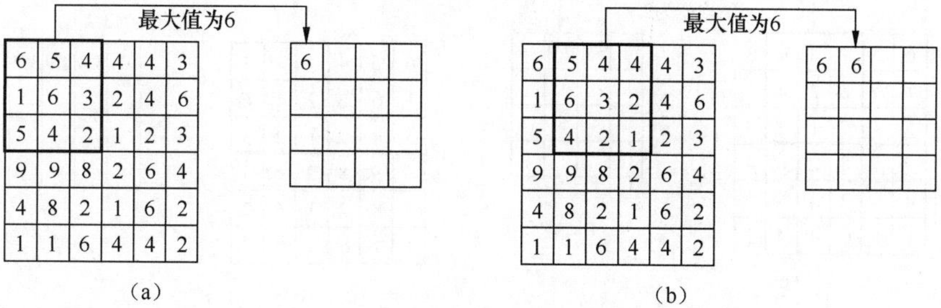


图 8-57　步幅为 1 的 3×3 最大池化过程示例

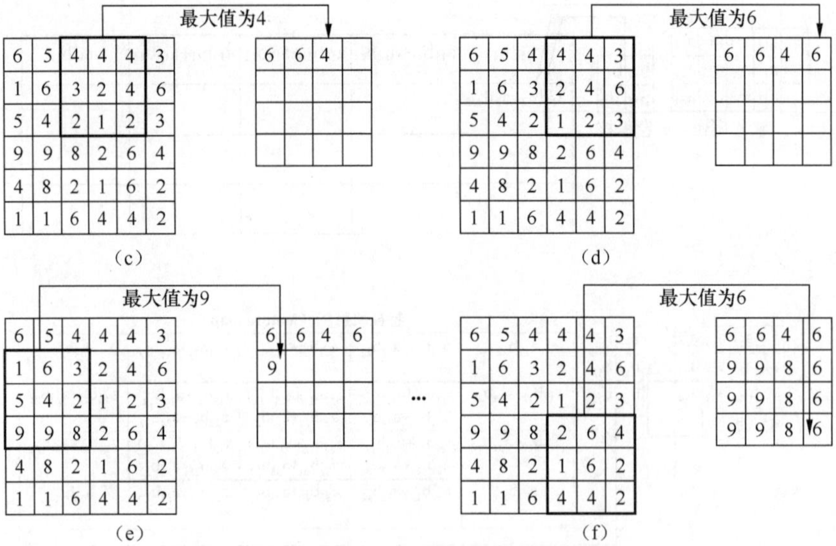


图 8-57　步幅为 1 的 3×3 最大池化过程示例（续）

显然，在图 8-58 中，池化的步幅也是 1。图 8-57 与图 8-58 的差异仅仅在于前者是最大池化，而后者是平均池化。

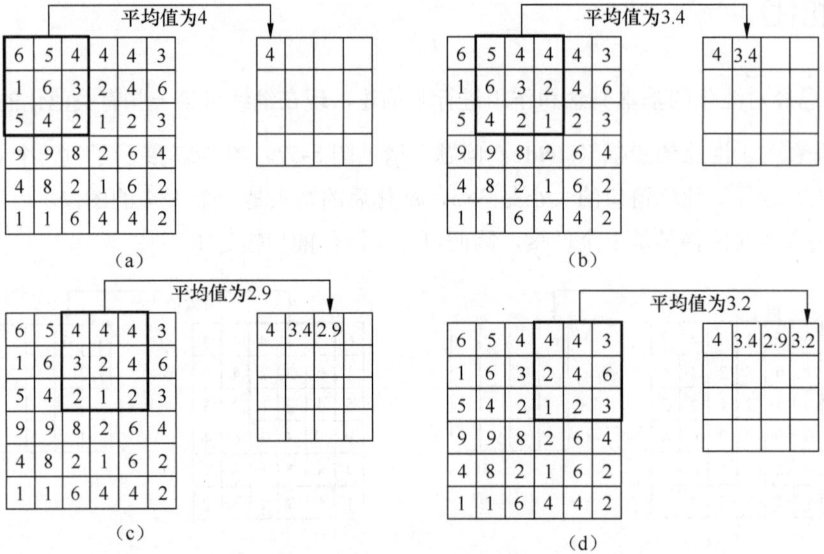


图 8-58　步幅为 1 的 3×3 平均池化过程示例

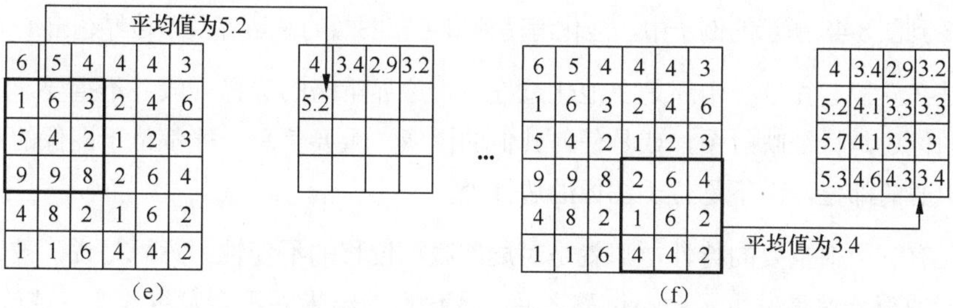


图 8-58　步幅为 1 的 3×3 平均池化过程示例（续）

图 8-59 所示为一个 3×3 最大池化过程示例，池化后的结果是一个 2×2 的图像。在此池化过程中，池化窗口每次滑动的位移量是 3 个像素，因而可以说池化的步幅是 3。

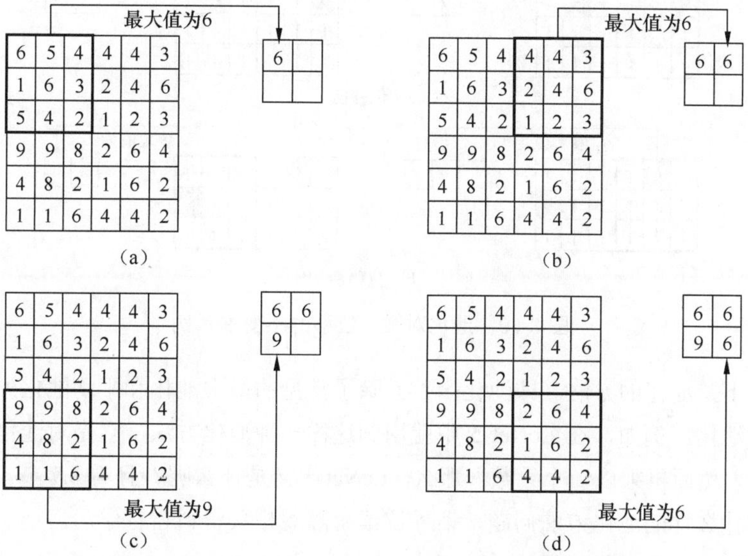


图 8-59　步幅为 3 的 3×3 最大池化过程示例

池化的步幅是大点好呢还是小点好呢？对这一问题的正确回答应该是：视具体情况而定。我们知道，如果池化步幅越大，则数据降维效果越明显，但丢失重要信息的可能性也就越大。现实应用中，最为常见的情况是步幅等于池化窗口的边长减 1。例如，若池化窗口为 15×15，则池化步幅等于 15−1=14。

池化过程中除了涉及步幅的选择外，还涉及边界策略问题。池化过程的边界策略问题与卷积运算的边界策略问题非常相似：所谓卷积的边界策略，就是指在卷积过程中是否允许核函数的滑动窗口超出图像的边界，以及在那些边界可以超出以及超出多大的范围；而所谓池化的边界策略，就是指在池化过程中是否允许池化滑动窗口超出图像的边界，以及在那些边界可以超出以及超出多大的范围。例如，在图 8-57、图 8-58、图 8-59 这 3 个例子中，池化滑动窗口都不允许超出图像的边界。

但在图 8-43 到图 8-48 所示的例子中，池化滑动窗口可在图像的右边界及下边界超出 1 个像素。

无论是在卷积运算过程中还是在池化过程中，边界策略的选择一般并不重要，这是因为无论是输入图像还是特征映射图，或是任何其他的图像，重要信息一般都位于图像的中心部位或比较接近中心的部位，而不是位于图像的边界处。

池化还有一个很重要的特性，那就是**对局部微小位移的不变性**。意思是说，被池化的图像中所有像素或部分像素发生了微小位移之后，池化后的结果并不会发生改变，或改变非常小。特别地，如果是最大池化，且具有最大像素值的像素点的位移未超出池化窗口范围时，池化后的结果是不会发生任何改变的，这种情况可参考图 8-60 来理解。

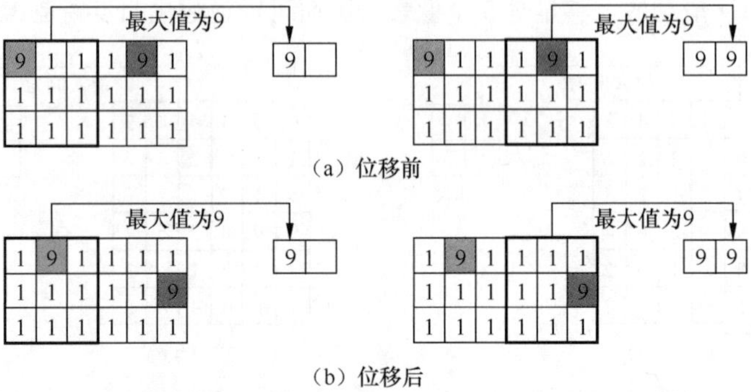


图 8-60　池化对微小位移的不变性示例

最后提一下，池化的方法（即池化函数）除了常见的最大池化和平均池化外，还可以有各种别的形式的池化。例如，在 LeNet-5 中就用到这样一种池化方法，它是对池化窗口中的各个像素的值求和，然后再乘以一个系数。那么，LeNet-5 又是什么呢？且看 8.7 节。关于在什么情况下应该使用什么样的池化方法问题，请各位读者翻阅相关资料自行学习。

## 8.7　CNN 网络实例

在现实应用中，CNN 网络有不少表现优异的实例，例如 LeNet-5、AlexNet、GoogLeNet 等。本书只讲解其中的一个例子，那就是 LeNet-5。

LeNet-5 是 Yann LeCun 等著名的人工神经网络专家为识别手写体字符及字符串而设计实现的一种 CNN 网络。LeNet-5 是 LeNet 最新的一个版本，于 1998 年推出，较早前的版本有 LeNet-1 和 LeNet-4。图 8-61 所示为 LeNet-5 的总体结构，我们将逐层对其进行描述和分析。注意，图 8-61 中的 Subsampling 一词常被翻译为子采样，它的意思其实就是前面所说的池化。

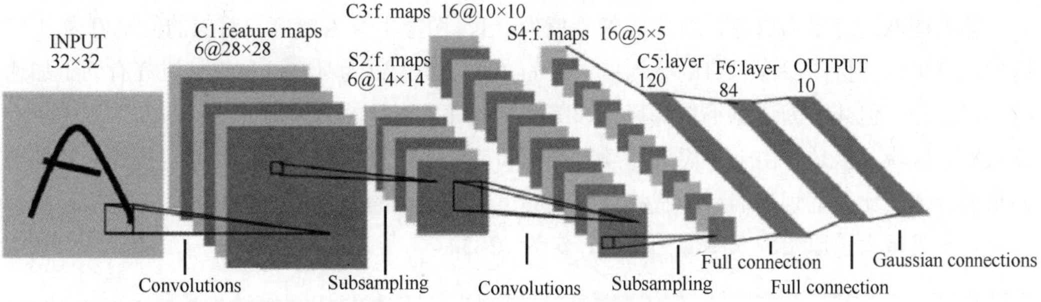


图 8-61　LeNet-5 的总体结构

## 8.7.1　INPUT

在 INPUT 中，原始输入图像的尺寸是 32×32，图像内容是手写体的 ASCII（American Standard Code for Information Interchange）字符，包括 26 个大小写英文字母、阿拉伯数字 0～9、标点符号等。需要说明的是，LeNet-5 不仅可以识别单个的手写体字符，经过修改调整后还可以识别手写体字符串，**但为简略起见，我们接下来的描述只涉及 LeNet-5 对于单个手写体阿拉伯数字 0～9 的训练识别情况。**

针对单个手写体阿拉伯数字的训练识别任务，LeNet-5 使用了包含有 60000 个手写阿拉伯数字的训练集以及包含有 10000 个手写阿拉伯数字的测试集，这个训练集和这个测试集统称为 MNIST Database（Modified NIST Database）。MNIST Database 是对美国 NIST Database（National Institue of Standards and Technology Database）中的 SD-1（Special Database 1）和 SD-3（Special Database 3）进行混合、重组和调整而得到的，图 8-62 所示为 MNIST Database 中的一些样本。

图 8-62　MNIST Database 中的一些样本

输入图像的背景为白色，对应的像素值为-0.1，图像本身为黑色，对应的像素值为 1.175，这样取值可以使得图像像素值的平均值大致为 0，方差大致为 1。这种设计讲究有助于加速训练学习过程，但其原因这里不作解释。训练及测试样本本身的最大尺寸是 20×20，居中于一个 28×28 的区域，但是，由于考虑到后续的卷积和池化的边界策略问题，并希望图像的各种潜在的重要特征（比如笔划的端点形状特征）能够出现在后面的高阶特征映射图中尽量接近中部的位置，于是增大了原始输入图像的尺寸，定为 32×32。

## 8.7.2　C1

C1 层有 6 个特征映射图，每个特征映射图的尺寸是 28×28。这 6 个特征映射图是由原始输入图像分别与 6 个不同的核函数进行卷积而得到的，每个核函数的尺寸均为 5×5。由于核函数的尺寸是 5×5，而输入图像的尺寸是 32×32，且边界策略规定卷积滑动窗口不能超出输入图像的边界，所以得到的每个特征映射图的尺寸是（32-5+1）×（32-5+1）=28×28。需要指出的是，每个核函数都带有 1 个待训练的偏置量（bias），原始输入图像与某个核函数卷积之后，所得的特征映射图的每个像素值都需要加上与该核函数对应的偏置量。另外需要指出的是，每个核函数的 5×5=25 个参数也是待训练的参数！因此，这一层需要训练的参数总共有 25×6+6=156 个。

## 8.7.3　S2

S2 层也有 6 个特征映射图，每个特征映射图的尺寸是 14×14。这 6 个特征映射图是对 **C1** 中的 6 个特征映射图先进行池化，然后进行激活函数处理后而得到的。池化窗口的尺寸是 2×2，池化步幅是 2，边界策略规定池化滑动窗口不能超出图像边界。池化和激活函数处理的过程是：对池化窗口中的 2×2 个像素值相加，然后乘以 1 个待训练的系数，再加上 1 个待训练的偏置量（注意，每一个特征映射图共享同一个系数和同一个偏置量，但不同的特征映射图使用不同的系数和不同的偏置量），所得之值再经过激活函数（采用的是双曲正切函数）处理。显然，这一层需要训练的参数总共有 6+6=12 个。

## 8.7.4　C3

C3 层有 16 个特征映射图，每个特征映射图的尺寸是 10×10。这 16 个特征映射图是由 **S2** 中的**某些特征映射图的组合**与 16 个不同的核函数进行卷积而得到的，每个核函数的尺寸均为 5×5，且边界策略规定卷积滑动窗口不能超出图像边界，所以得到的每个特征映射图的尺寸是（14-5+1）×（14-5+1）=10×10。那么，如何从 **S2** 中的 6 个特征映射图计算得到 **C3** 中的 16 个特征映射图呢？要回答这个问题，先请看图 8-63。

| 核函数的标号 / S2中的特征映射图的标号 | 0 | 1 | 2 | 3 | 4 | 5 | 6 | 7 | 8 | 9 | 10 | 11 | 12 | 13 | 14 | 15 |
|---|---|---|---|---|---|---|---|---|---|---|---|---|---|---|---|---|
| 0 | ◎ | | | | ◎ | ◎ | ◎ | | | ◎ | ◎ | ◎ | ◎ | | ◎ | ◎ |
| 1 | ◎ | ◎ | | | | ◎ | ◎ | ◎ | | | ◎ | ◎ | ◎ | ◎ | | ◎ |
| 2 | ◎ | ◎ | ◎ | | | | ◎ | ◎ | ◎ | | | ◎ | | ◎ | ◎ | ◎ |
| 3 | | ◎ | ◎ | ◎ | | | ◎ | ◎ | ◎ | ◎ | | | ◎ | | ◎ | ◎ |
| 4 | | | ◎ | ◎ | ◎ | | | ◎ | ◎ | ◎ | ◎ | | ◎ | ◎ | | ◎ |
| 5 | | | | ◎ | ◎ | ◎ | | | ◎ | ◎ | ◎ | ◎ | | ◎ | ◎ | ◎ |

图 8-63　从 **S2** 到 **C3**

如图 8-63 所示，16 个核函数的标号分别是 0，1，2，3，…，15，**S2** 中的 6 个特征映射图的标号分别是 0，1，2，3，4，5。**核函数标号为 0 的那一列解释如下**：将 **S2** 中的标号为 0 的特征映射图与标号为 0 的核函数的第 1 个模板进行卷积，得到 1 个尺寸为 10×10 的特征映射图；然后将 **S2** 中的标号为 1 的特征映射图与标号为 0 的核函数的第 2 个模板进行卷积，又得到 1 个尺寸为 10×10 的特征映射图；然后将 **S2** 中的标号为 2 的特征映射图与标号为 0 的核函数的第 3 个模板进行卷积，又得到 1 个尺寸为 10×10 的特征映射图；然后将所得到的这 3 个特征映射图相加（即相同位置的像素值相加），这样就得到 1 个新的尺寸为 10×10 的特征映射图；然后这个新的特征映射图的每个像素值都加上 1 个与标号为 0 的核函数对应的待训练的偏置量，这样就得到 1 个更新的尺寸为 10×10 的特征映射图；然后这个更新的特征映射图的每个像素值都经过双曲正切激活函数处理，这样就得到了 **C3** 中的 1 个特征映射图。

注意，标号为 0 的核函数包含了 3 个**不同的**模板（不同模板之间未共享参数），每个模板的尺寸都是 5×5 的，且每个模板的 5×5=25 个参数都是待训练的。

类似地，**核函数标号为 13 的那一列解释如下**：将 **S2** 中的标号为 1 的特征映射图与标号为 13 的核函数的第 1 个模板进行卷积，得到 1 个尺寸为 10×10 的特征映射图；然后将 **S2** 中的标号为 2 的特征映射图与标号为 13 的核函数的第 2 个模板进行卷积，又得到 1 个尺寸为 10×10 的特征映射图；然后将 **S2** 中的标号为 4 的特征映射图与标号为 13 的核函数的第 3 个模板进行卷积，又得到 1 个尺寸为 10×10 的特征映射图；然后将 **S2** 中的标号为 5 的特征映射图与标号为 13 的核函数的第 4 个模板进行卷积，又得到 1 个尺寸为 10×10 的特征映射图；然后将所得到的这 4 个特征映射图相加（即相同位置的像素值相加），这样就得到 1 个新的尺寸为 10×10 的特征映射图；然后这个新的特征映射图的每个像素值都加上 1 个与标号为 13 的核函数对应的待训练的偏置量，这样就得到 1 个更新的尺寸为 10×10 的特征映射图；然后这个更新的特征映射图的每个像素值都经过双曲正切激活函数处理，这样就得到了 **C3** 中的 1 个特征映射图。

注意，标号为 13 的核函数包含了 4 个**不同的**模板（不同模板之间未共享参数），每个模板的尺寸都是 5×5 的，且每个模板的 5×5=25 个参数都是待训练的。根据以上描述，我们很容易知道，这一层需要训练的参数总共有 25×60+16=1516 个。

从 **S2** 到 **C3**，为什么要采用这种组合卷积方法呢？据 LeNet-5 的设计者解释，这种方法一方面可以减少参数的数量，同时更为重要的是打破对称性，更有利于从图像中提取出多种组合特征。

## 8.7.5　S4

S4 层有 16 个特征映射图，每个特征映射图的尺寸是 5×5。这 16 个特征映射图是对 **C3** 中的 16 个特征映射图先进行池化，然后进行激活函数处理后而得到的。池化窗口的尺寸是 2×2，池化步幅是 2，边界策略规定池化滑动窗口不能超出图像边界。池化和激活函数处理的过程与从 **C1** 到 **S2** 的池化和激活函数处理的过程完全类似，这里不再赘述。显然，这一层需要训练的参数总共有 16+16=32 个。

## 8.7.6　C5

C5 层有 120 个特征映射图，每个特征映射图的尺寸是 1×1，也即这一层共有 120 个神经元。这 120 个特征映射图是 **S4** 中的 16 个特征映射图与 120 个不同的核函数进行卷积得到的，每个核函数的尺寸皆为 5×5，且边界策略规定卷积滑动窗口不能超出图像边界。

具体做法是：**S4** 中的 16 个特征映射图分别与第 1 个核函数的 16 个**不同的**尺寸皆为 5×5 的模板（不同模板之间未共享参数）进行卷积，这样就得到 16 个尺寸为 1×1 的特征映射图；然后将这 16 个特征映射图相加，再加上 1 个与第 1 个核函数对应的待训练的偏置量，这样就得到了 **C5** 中的第 1 个特征映射图；然后，**S4** 中的 16 个特征映射图分别与第 2 个核函数的 16 个**不同的**尺寸皆为 5×5 的模板（不同模板之间未共享参数）进行卷积，这样就得到 16 个尺寸为 1×1 的特征映射图；然后将这 16 个特征映射图相加，再加上 1 个与第 2 个核函数对应的待训练的偏置量，这样就得到了 **C5** 中的第 2 个特征映射图；以此类推。最后，**S4** 中的 16 个特征映射图分别与第 120 个核函数的 16 个**不同的**尺寸皆为 5×5 的模板（不同模板之间未共享参数）进行卷积，这样就得到 16 个尺寸为 1×1 的特征映射图；然后将这 16 个特征映射图相加，再加上 1 个与第 120 个核函数对应的待训练的偏置量，这样就得到了 **C5** 中的第 120 个特征映射图。注意，每个特征函数的每个模板的 5×5=25 个参数都是待训练的，所以这一层需要训练的参数总共有 120×16×25+120=48120 个。

## 8.7.7　F6

F6 层是全互联层，共有 84 个神经元（后面会解释为何是 84），它的每个神经元都与 **C5** 中的每个神经元有（待训练的）权值连接。每个神经元的净输入为 **C5** 中 120 个神经元的输出值的加权求和，然后再加上 1 个与该神经元对应的待训练的偏置量，该净输入经双曲正切激活函数处理后就得到该神经元的输出值。显然，这一层需要训练的参数总共有 120×84+84=10164 个。

## 8.7.8 OUTPUT

OUTPUT 层共有 10 个神经元，每个神经元都是 RBF 神经元，这 10 个神经元分别对应了需要识别的阿拉伯数字 0～9。这一层的每个神经元都与 **F6** 中的每个神经元有权值连接，所以这一层的每个神经元都有 84 个权值参数。这一层中第$i(i = 0,1,2,3,4,5,6,7,8,9)$个神经元的输出值$y_i$为

$$y_i = \sum_{j=0}^{83}(x_j - w_{ji})^2 \tag{8.36}$$

在式 8.36 中，$x_j$（$j = 0,1,2,\ldots,83$）为 **F6** 中的第$j$个神经元的输出值，$w_{ji}$是 **F6** 中的第$j$个神经元与这一层中的第$i$个神经元的连接权值。**注意，$w_{ji}$是预先精心设定好了的，并不需要进行训练**。例如，这一层中的第 0 个神经元的输入权值共有 84 个，每个权值或为 1，或为-1，为 1 代表一个黑色像素点，为-1 代表一个白色像素点。这样一来，第 0 个神经元的输入权值矢量正好就对应了一个尺寸为 12×7 的图像（这就是为何 **F6** 中包含有 84 个神经元，因为 12×7=84），并且对应的是图 8-64 中第二行第一列的那个表示阿拉伯数字 0 的图像。

类似地，这一层中的第 9 个神经元的输入权值共有 84 个，每个权值或为 1，或为-1，为 1 代表一个黑色像素点，为-1 代表一个白色像素点。这样一来，第 9 个神经元的输入权值矢量正好就对应了一个尺寸为 12×7 的图像，并且对应的是图 8-64 中第二行第十列的那个表示阿拉伯数字 9 的图像。

需要说明的是，图 8-64 展示的是针对整个 ASCII 字符集的设计图案，所以不只是包含了 0～9 这 10 个阿拉伯数字。另外，由于这里只关心 LeNet-5 识别 0～9 这 10 个阿拉伯数字的情况，所以 **OUTPUT** 层中只需包含 10 个神经元。在这 10 个神经元的输出值中，如果第$i(i = 0,1,2,3,4,5,6,7,8,9)$个神经元的输出值最小，就说明 LeNet-5 认为原始输入图像最接近阿拉伯数字$i$。**注意，OUTPUT 这一层中没有任何需要训练的参数，每个输出神经元的输入权值矢量都是预先设定好了的。**

从整体上看，如果不计 **INPUT** 层，则 LeNet-5 总共包含了 7 层，即 **C1**、**S2**、**C3**、**S4**、**C5**、**F6**、**OUTPUT**。需要训练的参数总数等于 156+12+1516+32+48120+10164=60000 个。对这些参数的训练算法采用的是梯度下降法（BP 算法）。LeNet-5 一个了不起的突破在于：表达图像特征的卷积核（也即核函数）的参数值不再是依照通常的方式由人工预先设计并固定好，而是通过训练而形成且得到优化，这就意味着 LeNet-5 可以**自动地**去发现图像中有意义的特征！

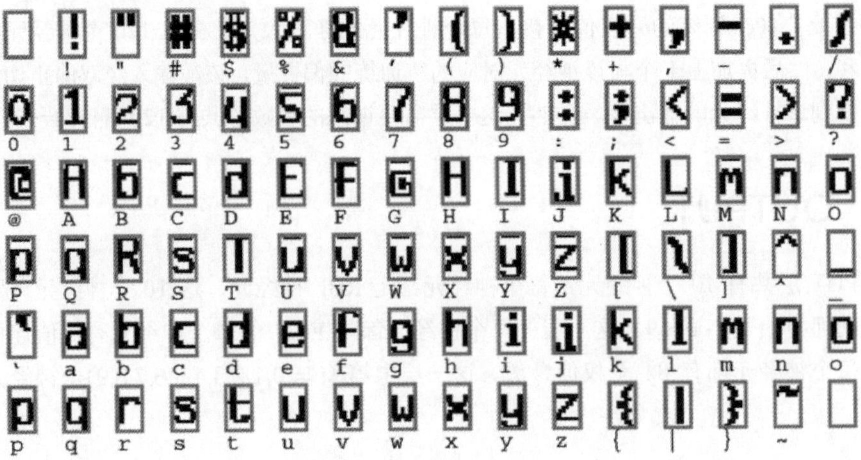

图 8-64 预先设计好的 ASCII 字符集（每个字符图像尺寸皆为 12×7）

图 8-65 给出了对 LeNet-5 进行训练和测试的基本情况。

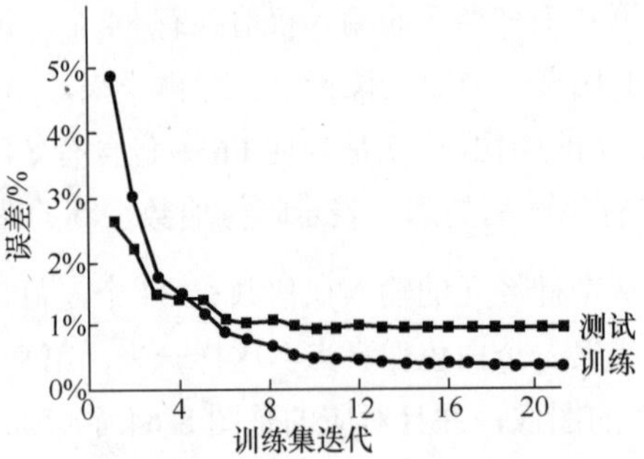


图 8-65 LeNet-5 训练测试曲线

从图 8-65 中可以看到，对训练集遍历 10 次左右之后，训练过程就基本收敛了，训练误差基本稳定在 0.5%左右，相应的测试误差基本稳定在 1%左右，最低可到 0.95%。

进一步的训练和测试表明，如果在训练集中混入一些经过人为进行变形后（对原来的某些训练样本进行平移、缩放、挤压、拉伸等变换）的样本，则测试误差还可以进一步降低至 0.8%。0.8%是个什么概念呢？通俗来讲就是从测试集中随机挑出 100 个数字，只有 0.8 个（不到 1 个）数字会被 LeNe-5t 认错，这几乎跟人的识别能力不分伯仲了。

图 8-66 所示为 LeNet-5 在识别手写阿拉伯数字时的一些失误，图像下方箭头左端的数字是正确答案，箭头右端的数字是 LeNet-5 给出的错误答案。观察发现，有些错误是比较明显的，例如第 1 行第 1 列、第 8 行第 1 列、第 8 行第 2 列，等等。然而，有些错误可能人也难免会犯，例如第 7 行第 10 列、第 4 行第 8 列，等等。

图 8-66　LeNet-5 的失误举例

图 8-67 所示为 LeNet-5 识别数字 4 的过程。图 8-67 中右下角的方框内显示的是输入图像，也就是 LeNet-5 的 **INPUT** 的内容。图 8-67 中左边第一列的 6 个图像块是 LeNet-5 的 **C1** 层的 6 个特征映射图，左边第二列的 6 个图像块是 LeNet-5 的 **S2** 层的 6 个特征映射图，左边第三列的 16 个图像块是 LeNet-5 的 **C3** 层的 16 个特征映射图，左边第四列的 16 个图像块是 LeNet-5 的 **S4** 层的 16 个特征映射图，左边第五列的 120 个图像块（其实就是 120 个像素点）是 LeNet-5 的 **C5** 层的 120 个尺寸为 1×1 的特征映射图。图 8-67 中的右边中部是 LeNet-5 的 **F6** 层的 84 个神经元的输出值对应的尺寸为 12×7 的图像。图 8-67 中的右边上部显示 LeNet-5 对于原始输入图像的识别结果为 4。

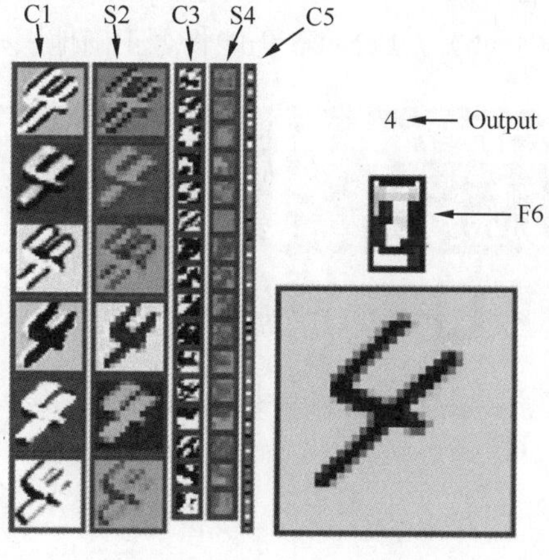


图 8-67　识别数字 4 的过程

接下来我们将通过一些例子来直观地感受一下 LeNet-5 的能力。例如，LeNet-5 能够将图 8-68 中（a）所示的输入图像正确地识别为 4，当该图像向右下方平移了一段距离之后（请见图 8-68 中的（b）），LeNet-5 仍能将之正确地识别为 4。

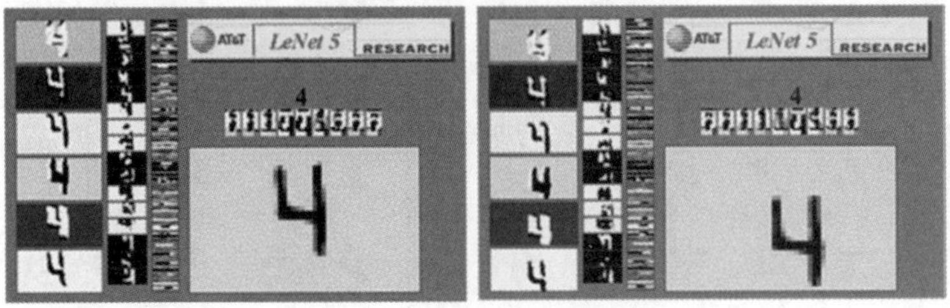


（a）　　（b）

图 8-68　平移

又例如，LeNet-5 能够将图 8-69 中（a）所示的输入图像正确地识别为 4，当该图像缩小了一定程度之后（请见图 8-69 中的（b）），LeNet-5 仍能将之正确地识别为 4。

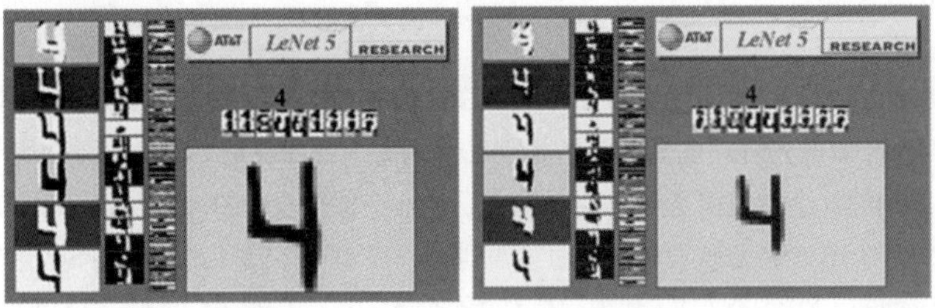


（a）　　（b）

图 8-69　缩小

又例如，LeNet-5 能够将图 8-70 中（a）所示的输入图像正确地识别为 4，当该图像旋转一定角度之后（请见图 8-70 中的（b）），LeNet-5 仍能将之正确地识别为 4。

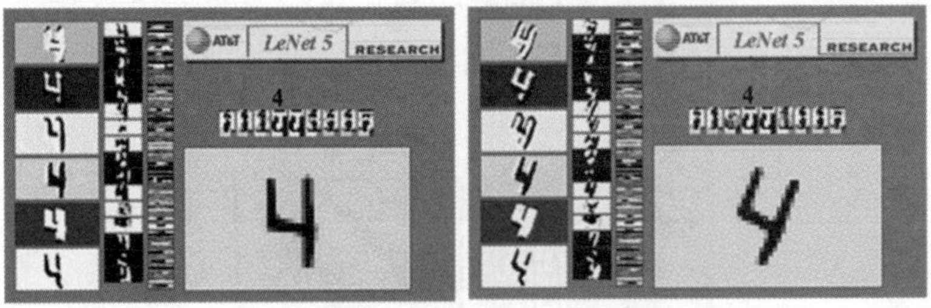


（a）　　（b）

图 8-70　旋转

又例如，LeNet-5 能够将图 8-71 中（a）所示的输入图像正确地识别为 4，当该图像上下挤压一定程度之后（请见图 8-71 中的（b）），LeNet-5 仍能将之正确地识别为 4。

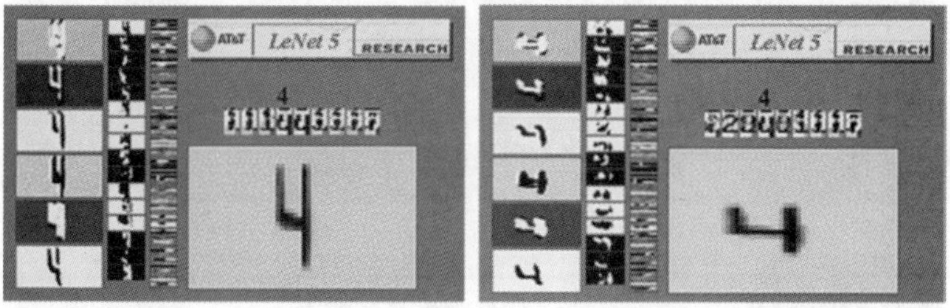


（a）（b）

图 8-71 挤压

又例如，LeNet-5 能够将图 8-72 中（a）所示的输入图像正确地识别为 6，当该图像的笔划变粗一定程度之后（请见图 8-72 中的（b）），LeNet-5 仍能将之正确地识别为 6。

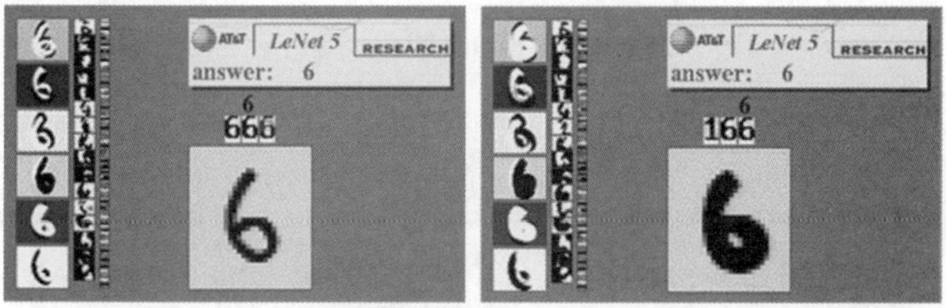


（a）（b）

图 8-72 变粗

又例如，LeNet-5 能够将图 8-73 中（a）所示的书写风格奇特的 2 正确地识别为 2，将图 8-73 中（b）所示的书写风格奇特的 3 正确地识别为 3。

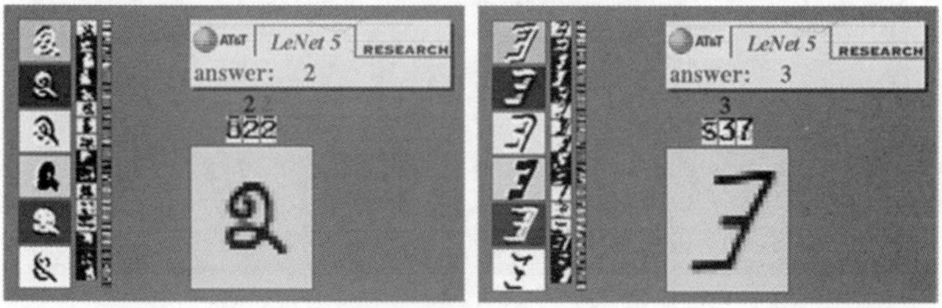


（a）（b）

图 8-73 书写风格

又例如，LeNet-5 能够将图 8-74 中（a）所示的 2 的变体正确地识别为 2，将图 8-74 中（b）所示的 3 的变体正确地识别为 3，将图 8-74 中（c）和图 8-74 中（d）所示的 4 的变体正确地识别为 4。

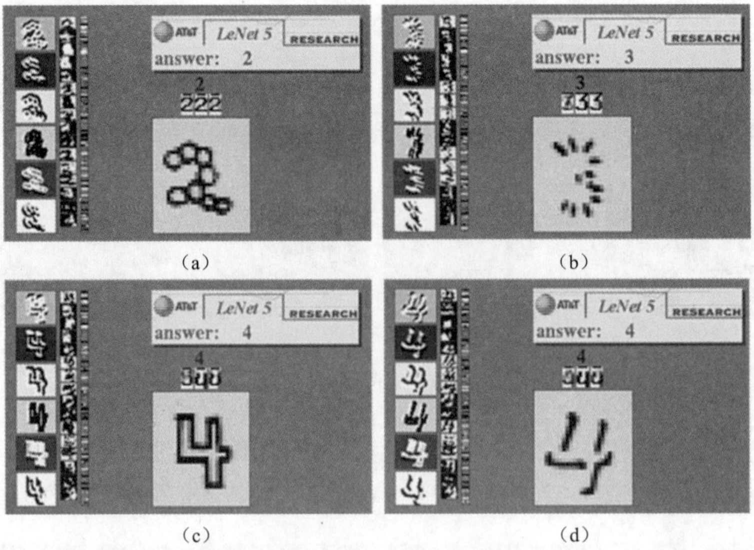


图 8-74　变体

又例如，LeNet-5 能够将图 8-75 中（a）和图 8-75 中（b）所示的受到干扰的 2 正确地识别为 2，将图 8-75 中（c）和图 8-75 中（d）所示的受到干扰的 4 正确地识别为 4。

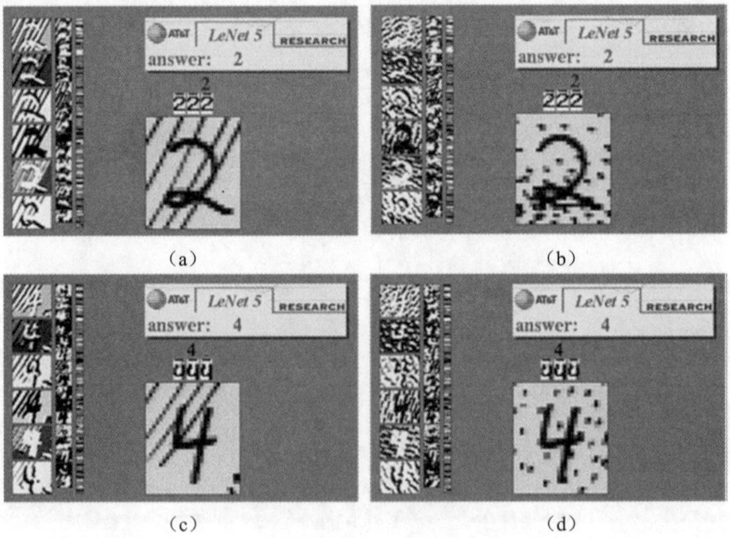


图 8-75　干扰

最后提一下，LeNet-5 经过修改调整后可以成为一个 SDNN（Space Displacement Neural Network），LeNet-5 SDNN 在识别手写字符串方面表现非常出色。例如，LeNet-5 SDNN 能够将图 8-76 中（a）所示的图像正确地识别为 145，将图 8-76 中（b）所示的图像正确地识别为 34，将图 8-76 中（c）和图 8-76 中（d）所示的图像正确地识别为 384。

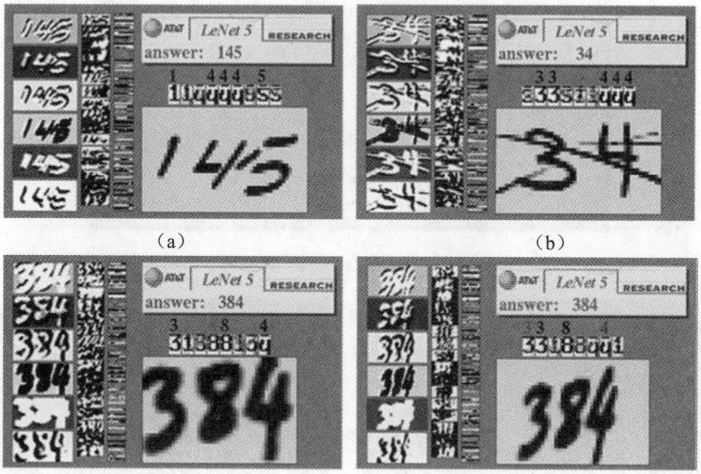


（a）　（b）　（c）　（d）

图 8-76　LeNet-5 SDNN 识别字符串

## 8.8　Hubel-Wiesel 实验

“卷积网络也许是生物学启发人工智能的最为成功的案例”。要理解这句话的含义，就不能不提到 Hubel-Wiesel 实验。

1959 年，加拿大神经生理学家 David H. Hubel 和瑞典神经生理学家 Torsten N. Wiesel 合作进行了一次关于猫的视觉系统的著名实验（Hubel-Wiesel 实验）。在这次实验中，他们用到了 24 只猫。他们在猫的后脑开了小洞（需要事先把猫轻微麻醉），并通过这个小洞向猫的后脑部位的视觉皮层插入微电极，电极的另一端连接上了扬声器。通过这个装置，当微电极触及的位于视觉皮层中的神经细胞对视觉式样（静止或运动的图像）有响应时（也即出现兴奋状态时），扬声器就会噼噼啪啪作响。图 8-77 中的（a）就是那次实验现场的 Hubel 和 Wiesel，图 8-77 中的（b）和图 8-77 中的（c）是那些实验现场的猫。

实验过程大致是这样的：在猫的眼前放置一个屏幕，然后用幻灯投影仪向屏幕投射不同的视觉式样。视觉图像主要有亮棒和暗棒两种，这些亮棒或暗棒要么静止于屏幕的某个区域，要么按一定的方向划过屏幕的某些区域，从而形成特定的视觉式样。在某些情况下，扬声器不会发出声音，而在另一些情况下，扬声器就会发出噼噼啪啪的声响。

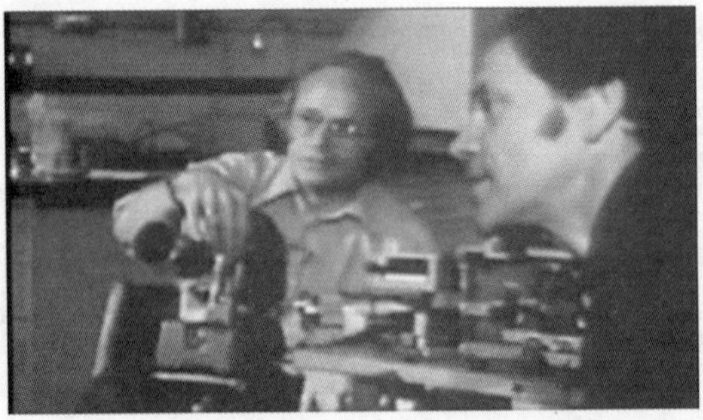

（a）

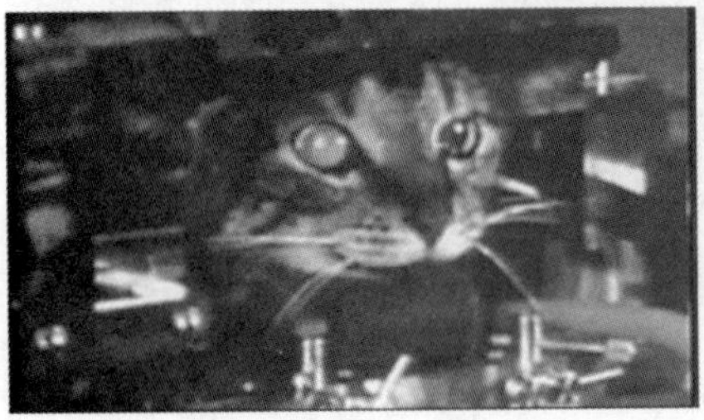

（b）

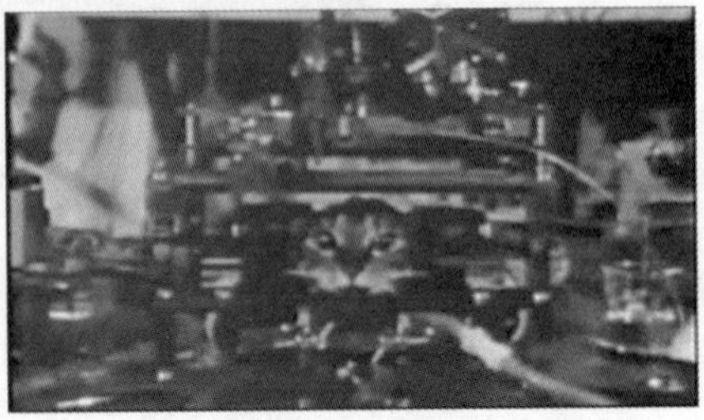

（c）

图 8-77　Hubel-Wiesel 实验

例如，在测试一种称为简单皮层细胞（simple cortical cell）的神经元时，如果将图 8-78 中（a）所示的倾斜约 45° 的亮棒向西北方向或东南方向平移，则扬声器就会噼噼啪啪作响；如果将图 8-78 中（b）所示的倾斜约 135° 的亮棒向东北方向或西南方向平移，则扬声器就不会发出声音；如果将图 8-78 中（c）所示的垂直亮棒向东或向西平移，则扬声器也不会发出声音；如果将图 8-78 中（d）所示的倾斜约 45° 的暗棒放置于屏幕中央且背景亮度由亮变暗，则扬声器就会噼噼啪啪作响。

又例如，在测试一种称为复杂皮层细胞（complex cortical cell）的神经元时，如果将图 8-78 中（e）所示的垂直短亮棒在黑色矩形框的范围内左右移动，则扬声器就会噼噼啪啪作响，但如果在黑色矩形框的范围之外左右移动，则扬声器就不会发出声音；如果将图 8-78 中（f）所示的垂直暗棒在黑色矩形框的范围内左右移动，则扬声器就会噼噼啪啪作响，但如果在黑色矩形框的范围之外左右移动，则扬声器就不会发出声音。

总之，根据实验中出现的各种各样的现象，并利用神经生理学的相关知识，就可以在一定程度上形成一些关于视觉神经系统工作机制的新的认识和推断。

对 Hubel-Wiesel 实验感兴趣的读者可通过优酷视频观看这次实验的原始视频录像。需要说明的是，本书中的图 8-77 和图 8-78 就是截图自该原始视频录像。

Hubel 和 Wiesel 于 1959 年合作进行的这次实验，以及他们后来进行的多次合作实验，对认识和理解视觉系统的信息处理机制做出了杰出的贡献，二人也因此荣获了 1981 年的诺贝尔生理学或医学奖（Nobel Prize in Physiology or Medicine）。

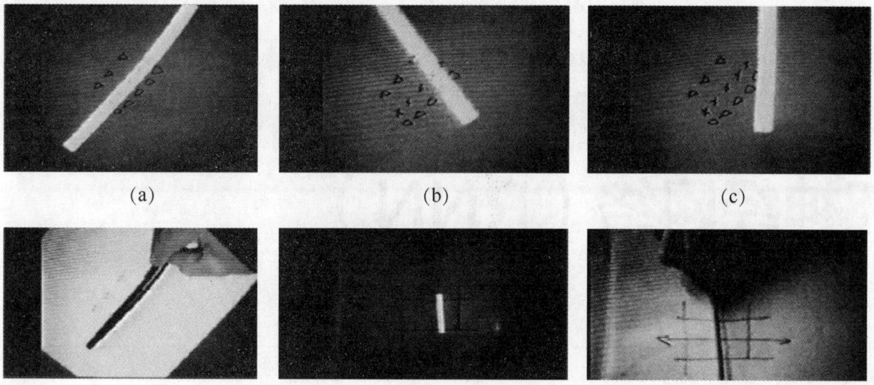

(a) (b) (c) (d) (e) (f)

图 8-78 Hubel-Wiesel 实验过程示意

Hubel 和 Wiesel 发现，单个的简单皮层细胞或单个的复杂皮层细胞都只对特定局部范围内具有特定方向的条形图样刺激产生响应，这两种细胞的最大不同是简单皮层细胞对应的视网膜上的光感受细胞所在的区域范围较小，而复杂皮层细胞对应的视网膜上的光感受细胞所在的区域范围较大。这种区域在神经生理学上称为 receptive field，通常翻译为“感受野”或“接受域”，而在 CNN 网络中，卷积窗口或池化窗口正就类同于“感受野”的概念。

Hubel 和 Wiesel 还发现，复杂皮层细胞对于特定图样的位置微小偏移具有不变性，这一定会让大家联想起图 8-60 所表达的内容吧。还有就是，CNN 中神经元采用特定的核函数进行卷积运算的过程，不正是类同于简单皮层细胞或复杂皮层细胞检测特定图像特征的过程吗？

当然，就整体而言，目前生物学对于人工智能的启发和支持还相当单薄无力，但随着研究的不断深入，相信情况总是会大为改观的。

# 第 9 章

# 循环神经网络（RNN）

## 9.1 N-Gram 模型

首先来做一个小实验：在移动端或桌面端打开百度搜索引擎，输入“人工”一词，在尚未点击“百度一下”按钮时，我们会看到如图 9-1 所示的画面。画面中出现了许多以“人工”一词开头的短语，其中还包括“人工智能”和“人工神经网络”这两个短语。

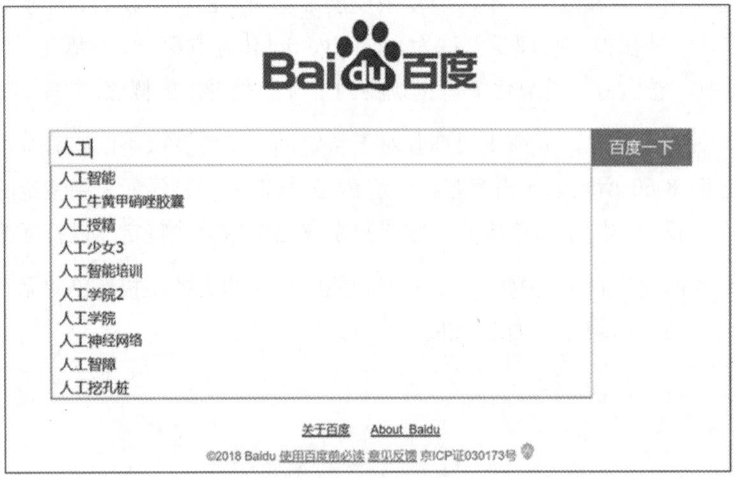


图 9-1　在百度中输入“人工”一词之后的结果

我们还可以随意选用另外的词来进行类似的实验。例如，如果输入“智能”一词，则会得到类似如图 9-2 所示的画面。画面中出现了“智能家居”“智能音箱”等短语。

显然，这些短语应该不是百度工作人员预先手工输入并且存放在某个地方供用户来调用的。如果是这样的话，必将有多得无法想象的短语输入活儿要干。合理的猜测是，百度搜索引擎具有这样一种功能，当用户输入一个词之后，它会以这个词为起始并根据某种方法即席（临时）

联想出一些短语来，并且把其中那些在用户搜索日志库中出现频率较高的短语排在前面，出现频率较低的短语排在后面。

图 9-2 在百度中输入“智能”一词之后的结果

事实上，在 AI 领域中有一个子领域，称为**自然语言处理（Natural Language Processing, NLP）**。NLP 主要涉及的是人与机器之间的自然语言交互问题。我们平时经常提到或听到的诸如语音识别（speech recognition）、机器翻译（machine translation）、语音转文本（speech-to-text）等这类术语，其实都是指 NLP 不同的分支领域。上面的实验所展示的不过是百度搜索引擎的自然语言处理能力的一瞥。

NLP 需要处理的问题纷繁复杂，并且会用到各种各样的**语言模型（language model）**，其中一种语言模型称为 **N-Gram 模型（N-Gram model）**，$N$ 的取值为 1，2，3，4，…。需要说明的是，N-Gram 中的 Gram 一词是指“东西”的意思，它可以指英文中的字母（letter），也可以指英文中的字符（character），还可以指英文中的单词（word）、中文中的字、中文中的词，如此等等。在后面的描述中，我们规定 Gram 是指英文中的单词或中文中的词。

在解释 N-Gram 模型之前，我们先举例说明一下什么是 **N-Gram 序列（N-Gram sequence）**。先来看一句英文“you raise me up.”，这句英文涉及的 1-Gram 序列有 4 个，如下所示。

- you
- raise
- me
- up

涉及的 2-Gram 序列有 3 个，如下所示。

- you raise
- raise me
- me up

涉及的 3-Gram 序列有 2 个，如下所示。

- you raise me
- raise me up

涉及的 4-Gram 序列有 1 个，如下所示。

- you raise me up

类似地，对于“我 上班 迟到了，老板 批评了 我。”这句话，它涉及的 1-Gram 序列有 6 个，如下所示。

- 我
- 上班
- 迟到了
- 老板
- 批评了
- 我

涉及的 2-Gram 序列有 5 个，如下所示。

- 我上班
- 上班迟到了
- 迟到了老板
- 老板批评了
- 批评了我

涉及的 3-Gram 序列有 4 个，如下所示。

- 我上班迟到了
- 上班迟到了老板
- 迟到了老板批评了
- 老板批评了我

涉及的 4-Gram 序列有 3 个，如下所示。

- 我上班迟到了老板
- 上班迟到了老板批评了
- 迟到了老板批评了我

涉及的 5-Gram 序列有 2 个，如下所示。

- 我上班迟到了老板批评了
- 上班迟到了老板批评了我

涉及的 6-Gram 序列有 1 个，如下所示。

- 我上班迟到了老板批评了我

通过上面所举的例子，相信读者已经明白了 N-Gram 序列的含义。简而言之，N-Gram 序列就是由 *N* 个词组成的序列。

接下来看这样一个问题：请在下面的括号内填上一个词，使得整句话符合人们的语言使用习惯。

我 上班 迟到了，老板 批评了 （ ）。

显然，如果让人来填写这个括号，我们几乎都会填写“我”这个词。那么机器（电脑）又是如何来解决这个问题的呢？传统的做法是，如果使用的是 3-Gram 模型，机器就会**根据紧靠括号前的那个 2-Gram 序列**（也就是“老板批评了”）所提供的信息来计算词库（假设词库中包含了“你”“我”“他”“老板”“办公室”“员工”“同事”“晴天”“表扬了”等所有可能用到的海量的词汇）中每个词出现在括号中的概率，也就是分别计算出 “老板批评了（你）”“老板批评了（我）”“老板批评了（他）”“老板批评了（老板）”“老板批评了（办公室）”“老板批评了（员工）”等 3-Gram 序列的概率，然后选取概率最大的那个 3-Gram 序列作为问题的结果。例如，假设计算的结果如表 9-1 所示，则最终的填写结果就是

我 上班 迟到了，老板 批评了 （员工）。

表 9-1 3-Gram 模型计算结果

| 词 | 你 | 我 | 他 | 老板 | 办公室 | 员工 | 同事 | 晴天 | 表扬了 | 其他 |
|---|---|---|---|---|---|---|---|---|---|---|
| 概率 | 0.1 | 0.1 | 0.1 | 0.01 | 0 | 0.4 | 0.29 | 0 | 0 | 0 |

如果使用的是 6-Gram 模型，机器就会**根据紧靠括号前的那个 5-Gram 序列**（也就是“我上班迟到了老板批评了”）所提供的信息来计算词库中每个词出现在括号中的概率，也就是分别计算出“我上班迟到了老板批评了（你）”“我上班迟到了老板批评了（我）”“我上班迟到了

老板批评了（他）”“我上班迟到了老板批评了（老板）” “我上班迟到了老板批评了（办公室）” “我上班迟到了老板批评了（员工）” 等 6-Gram 序列的概率，然后选取概率最大的那个 6-Gram 序列作为问题的结果。例如，假设计算的结果如表 9-2 所示，则最终的填写结果就是

我 上班 迟到了，老板 批评了 （我）。

表 9-2　6-Gram 模型计算结果

| 词 | 你 | 我 | 他 | 老板 | 办公室 | 员工 | 同事 | 晴天 | 表扬了 | 其他 |
|---|---|---|---|---|---|---|---|---|---|---|
| 概率 | 0 | 1 | 0 | 0 | 0 | 0 | 0 | 0 | 0 | 0 |

通过上面所举的例子，相信读者已经明白了 N-Gram 模型的大概意思。需要说明的是，根据 N-Gram 模型并采用传统的方法计算概率时，会涉及条件概率、马尔可夫模型（Markov model）等概率论的知识，但这些知识超出了本书范围，所以这里绕道而行，不再提及它们。

显然，凭借直觉可能会推断，在处理前面的填空问题时，使用的 N-Gram 模型的 $N$ 值越大，填空后所得的句子应该就越能符合人们的语言使用习惯，也就是整个句子越通顺，越合乎逻辑。然而，事实却是随着 $N$ 值的增大，概率计算的复杂度以及计算过程所需的存储空间就会呈指数性地暴涨，这很可能导致计算过程根本就无法完成。另一方面，语料库中能够用于训练机器的 N-Gram 序列的数量会急剧减少，所以最后填写出来的结果可能也很糟糕。可是，$N$ 值太小也不好，一个极端的例子是 $N$=1，此时机器在填空过程中（概率计算过程中）完全不会利用括号之前的内容信息，最后填写出来的结果多半会令人啼笑皆非。在现实应用中，$N$ 通常会取 2 或 3。

## 9.2　RNN 示例

人工神经网络的方法也可以用来解决 NLP 领域的某些问题，并且效果非常好。在各种形式的神经网络中，有一种网络称为**循环神经网络（Recurrent Neural Network，RNN）**，这种网络特别适合用来处理 NLP 问题。9.5 节会比较详细地讲解如何利用 RNN 来解决 9.1 节中的语句填空问题。

与一般的神经网络不同，RNN 的输入是一个离散**序列（sequence）**，输出也是一个离散序列[①]，并且当前的输出不仅与当前的输入有关，还与过往的输入（历史输入）有关。这种复杂的输入输出关系让许多人理解起来倍感困难。为此，我们把困难放在后面，先来找点感觉，看

① 这里的序列一般是指时间序列，但也可以是位置序列或任何其他性质的序列，其本质意思是要表达一种时间上的先后顺序，或位置上的前后顺序，或其他性质的排列顺序。

一个关于 RNN 的简单示例。顺便提一下，在接下来的描述中，我们仍按照本书的习惯，用小写斜体的粗体字母表示矢量，用大写斜体的粗体字母表示矩阵。

图 9-3 所示的就是一个非常简单的 RNN，它总共有 3 层，其中输入层有 3 个神经元，隐含层（也称为**循环层**）有 2 个神经元，输出层有 4 个神经元。这个网络是用来处理离散时间序列的，输入矢量将随着时刻的不同而发生变化。

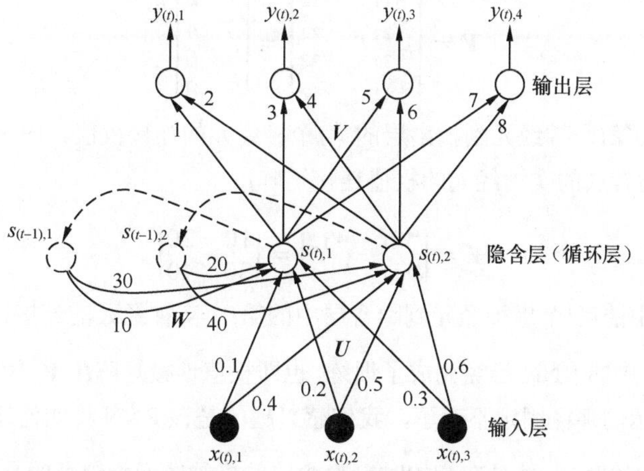


图 9-3　一个简单的 RNN

我们规定，如果当前时刻为$t$，则上一个时刻（或前一个时刻）为$t-1$，下一个时刻（或后一个时刻）为$t+1$。我们将$t$时刻的 RNN 的输入矢量表示为

$$\boldsymbol{x}_{(t)} = \begin{bmatrix} x_{(t),1} \\ x_{(t),2} \\ x_{(t),3} \end{bmatrix} \tag{9.1}$$

将$t$时刻的隐含层的输出矢量表示为

$$\boldsymbol{s}_{(t)} = \begin{bmatrix} s_{(t),1} \\ s_{(t),2} \end{bmatrix} \tag{9.2}$$

将$t$时刻的输出层的输出矢量表示为

$$\boldsymbol{y}_{(t)} = \begin{bmatrix} y_{(t),1} \\ y_{(t),2} \\ y_{(t),3} \\ y_{(t),4} \end{bmatrix} \tag{9.3}$$

注意，在图 9-3 中，两个虚线圆圈表示的并非是真正的神经元，姑且称它们为虚神经元。虚神经元表示的其实只是缓存空间，它没有计算处理能力，也没有激活函数。如果当前时刻为$t$时刻，则这些虚神经元中缓存的就是上一个时刻（即$t-1$时刻）隐含层的输出矢量。图 9-3 中的实线箭头表示权值连接，虚线箭头所表示的并非权值连接，只是表示隐含层的输出矢量该

往哪里缓存。图 9-3 中的$\boldsymbol{U}$表示从输入层到隐含层的权值连接矩阵：

$$\boldsymbol{U}=\begin{bmatrix}u_{11} & u_{12} & u_{13}\\ u_{21} & u_{22} & u_{23}\end{bmatrix}=\begin{bmatrix}0.1 & 0.2 & 0.3\\ 0.4 & 0.5 & 0.6\end{bmatrix} \tag{9.4}$$

其中$u_{ji}$表示输入层的第$i$个神经元到隐含层的第$j$个神经元的连接权值。图 9-3 中的$\boldsymbol{V}$表示从隐含层到输出层的权值连接矩阵：

$$\boldsymbol{V}=\begin{bmatrix}v_{11} & v_{12}\\ v_{21} & v_{22}\\ v_{31} & v_{32}\\ v_{41} & v_{42}\end{bmatrix}=\begin{bmatrix}1 & 2\\ 3 & 4\\ 5 & 6\\ 7 & 8\end{bmatrix} \tag{9.5}$$

其中$v_{ji}$表示隐含层的第$i$个神经元到输出层的第$j$个神经元的连接权值。图 9-3 中的$\boldsymbol{W}$表示从隐含层的虚神经元到隐含层的实神经元的权值连接矩阵：

$$\boldsymbol{W}=\begin{bmatrix}w_{11} & w_{12}\\ w_{21} & w_{22}\end{bmatrix}=\begin{bmatrix}10 & 20\\ 30 & 40\end{bmatrix} \tag{9.6}$$

其中$w_{ji}$表示隐含层中的第$i$个虚神经元到隐含层中的第$j$个实神经元的连接权值。

现在假定图 9-3 中的 RNN 已经完成了训练，也即权值连接矩阵$\boldsymbol{U}$、$\boldsymbol{V}$、$\boldsymbol{W}$的值已经如式 9.4、式 9.5、式 9.6 所表示的那样固定不变了，我们感兴趣的是该 RNN 将如何运行。

规定时刻 0 为初始时刻，并且在初始时刻隐含层的虚神经元所缓存的是一个零矢量（注意，如果时刻 0 为初始时刻，则从时刻 1 开始才会有输入矢量和输出矢量），即

$$\boldsymbol{s}_{(0)}=\begin{bmatrix}s_{(0),1}\\ s_{(0),2}\end{bmatrix}=\begin{bmatrix}0\\ 0\end{bmatrix} \tag{9.7}$$

并且假定在时刻 1、时刻 2、时刻 3 该 RNN 的输入矢量分别为

$$\boldsymbol{x}_{(1)}=\begin{bmatrix}x_{(1),1}\\ x_{(1),2}\\ x_{(1),3}\end{bmatrix}=\begin{bmatrix}1\\ 0\\ 1\end{bmatrix} \tag{9.8}$$

$$\boldsymbol{x}_{(2)}=\begin{bmatrix}x_{(2),1}\\ x_{(2),2}\\ x_{(2),3}\end{bmatrix}=\begin{bmatrix}1\\ 0\\ 1\end{bmatrix} \tag{9.9}$$

$$\boldsymbol{x}_{(3)}=\begin{bmatrix}x_{(3),1}\\ x_{(3),2}\\ x_{(3),3}\end{bmatrix}=\begin{bmatrix}0\\ 1\\ 0\end{bmatrix} \tag{9.10}$$

我们想知道的是，在时刻 1、时刻 2、时刻 3 该 RNN 的输出矢量分别是多少，也即需要计算出$\boldsymbol{y}_{(1)}$、$\boldsymbol{y}_{(2)}$、$\boldsymbol{y}_{(3)}$的值。

为了简化计算，假定图 9-3 中每个隐含神经元和每个输出神经元的阈值均为 0，另外还假定隐含神经元的激活函数为$f(\,)$，输出神经元的激活函数为$g(\,)$，并且$f(\,)$和$g(\,)$均为**恒等函数**（**identity function**），即$f(x)=x$，$g(x)=x$。也就是说，某个隐含神经元或输出神经元的输出

就等于该神经元的净输入。关于“阈值”和“净输入”的概念，请复习 5.1 节中的内容。

现在，准备工作已经就绪，接下来就根据 RNN 的**运行计算规则**计算$\boldsymbol{y}_{(1)}$、$\boldsymbol{y}_{(2)}$、$\boldsymbol{y}_{(3)}$的值。首先计算$\boldsymbol{s}_{(1)}$，计算规则如下：

$$\boldsymbol{s}_{(1)} = f(\boldsymbol{U}\boldsymbol{x}_{(1)} + \boldsymbol{W}\boldsymbol{s}_{(0)}) \tag{9.11}$$

由于$f()$为恒等函数，所以

$$\begin{aligned}\boldsymbol{s}_{(1)} &= \boldsymbol{U}\boldsymbol{x}_{(1)} + \boldsymbol{W}\boldsymbol{s}_{(0)} \\ &= \begin{bmatrix}0.1 & 0.2 & 0.3\\0.4 & 0.5 & 0.6\end{bmatrix}\begin{bmatrix}1\\0\\1\end{bmatrix} + \begin{bmatrix}10 & 20\\30 & 40\end{bmatrix}\begin{bmatrix}0\\0\end{bmatrix} \\ &= \begin{bmatrix}0.1\times1+0.2\times0+0.3\times1\\0.4\times1+0.5\times0+0.6\times1\end{bmatrix} + \begin{bmatrix}10\times0+20\times0\\30\times0+40\times0\end{bmatrix} \\ &= \begin{bmatrix}0.4\\1.0\end{bmatrix} + \begin{bmatrix}0\\0\end{bmatrix} = \begin{bmatrix}0.4\\1.0\end{bmatrix}\end{aligned} \tag{9.12}$$

然后计算$\boldsymbol{y}_{(1)}$，计算规则如下：

$$\boldsymbol{y}_{(1)} = g(\boldsymbol{V}\boldsymbol{s}_{(1)}) \tag{9.13}$$

由于$g()$为恒等函数，所以

$$\begin{aligned}\boldsymbol{y}_{(1)} &= \boldsymbol{V}\boldsymbol{s}_{(1)} \\ &= \begin{bmatrix}1 & 2\\3 & 4\\5 & 6\\7 & 8\end{bmatrix}\begin{bmatrix}0.4\\1.0\end{bmatrix} = \begin{bmatrix}1\times0.4+2\times1.0\\3\times0.4+4\times1.0\\5\times0.4+6\times1.0\\7\times0.4+8\times1.0\end{bmatrix} = \begin{bmatrix}2.4\\5.2\\8.0\\10.8\end{bmatrix}\end{aligned} \tag{9.14}$$

至此，我们已经完成了$t=1$时刻从输入矢量到输出矢量的计算过程。接下来计算$\boldsymbol{s}_{(2)}$，计算规则如下：

$$\boldsymbol{s}_{(2)} = f(\boldsymbol{U}\boldsymbol{x}_{(2)} + \boldsymbol{W}\boldsymbol{s}_{(1)}) \tag{9.15}$$

由于$f()$为恒等函数，所以

$$\begin{aligned}\boldsymbol{s}_{(2)} &= \boldsymbol{U}\boldsymbol{x}_{(2)} + \boldsymbol{W}\boldsymbol{s}_{(1)} \\ &= \begin{bmatrix}0.1 & 0.2 & 0.3\\0.4 & 0.5 & 0.6\end{bmatrix}\begin{bmatrix}1\\0\\1\end{bmatrix} + \begin{bmatrix}10 & 20\\30 & 40\end{bmatrix}\begin{bmatrix}0.4\\1.0\end{bmatrix} \\ &= \begin{bmatrix}0.1\times1+0.2\times0+0.3\times1\\0.4\times1+0.5\times0+0.6\times1\end{bmatrix} + \begin{bmatrix}10\times0.4+20\times1.0\\30\times0.4+40\times1.0\end{bmatrix} \\ &= \begin{bmatrix}0.4\\1.0\end{bmatrix} + \begin{bmatrix}24\\52\end{bmatrix} = \begin{bmatrix}24.4\\53.0\end{bmatrix}\end{aligned} \tag{9.16}$$

然后计算$\boldsymbol{y}_{(2)}$，计算规则如下：

$$\boldsymbol{y}_{(2)} = g(\boldsymbol{V}\boldsymbol{s}_{(2)}) \tag{9.17}$$

由于$g()$为恒等函数，所以

$$\begin{aligned}\boldsymbol{y}_{(2)} &= \boldsymbol{V}\boldsymbol{s}_{(2)} \\ &= \begin{bmatrix}1 & 2\\3 & 4\\5 & 6\\7 & 8\end{bmatrix}\begin{bmatrix}24.4\\53.0\end{bmatrix} = \begin{bmatrix}1\times 24.4+2\times 53.0\\3\times 24.4+4\times 53.0\\5\times 24.4+6\times 53.0\\7\times 24.4+8\times 53.0\end{bmatrix} = \begin{bmatrix}130.4\\285.2\\440.0\\594.8\end{bmatrix}\end{aligned} \tag{9.18}$$

至此，我们已经完成了$t = 2$时刻从输入矢量到输出矢量的计算过程。接下来计算$\boldsymbol{s}_{(3)}$，计算规则如下：

$$\boldsymbol{s}_{(3)} = f(\boldsymbol{U}\boldsymbol{x}_{(3)} + \boldsymbol{W}\boldsymbol{s}_{(2)}) \tag{9.19}$$

由于$f()$为恒等函数，所以

$$\begin{aligned}\boldsymbol{s}_{(3)} &= \boldsymbol{U}\boldsymbol{x}_{(3)} + \boldsymbol{W}\boldsymbol{s}_{(2)} \\ &= \begin{bmatrix}0.1 & 0.2 & 0.3\\0.4 & 0.5 & 0.6\end{bmatrix}\begin{bmatrix}0\\1\\0\end{bmatrix} + \begin{bmatrix}10 & 20\\30 & 40\end{bmatrix}\begin{bmatrix}24.4\\53.0\end{bmatrix} \\ &= \begin{bmatrix}0.1\times 0+0.2\times 1+0.3\times 0\\0.4\times 0+0.5\times 1+0.6\times 0\end{bmatrix} + \begin{bmatrix}10\times 24.4+20\times 53.0\\30\times 24.4+40\times 53.0\end{bmatrix} \\ &= \begin{bmatrix}0.2\\0.5\end{bmatrix} + \begin{bmatrix}1304\\2852\end{bmatrix} = \begin{bmatrix}1304.2\\2852.5\end{bmatrix}\end{aligned} \tag{9.20}$$

然后计算$\boldsymbol{y}_{(3)}$，计算规则如下：

$$\boldsymbol{y}_{(3)} = g(\boldsymbol{V}\boldsymbol{s}_{(3)}) \tag{9.21}$$

由于$g()$为恒等函数，所以

$$\begin{aligned}\boldsymbol{y}_{(3)} &= \boldsymbol{V}\boldsymbol{s}_{(3)} \\ &= \begin{bmatrix}1 & 2\\3 & 4\\5 & 6\\7 & 8\end{bmatrix}\begin{bmatrix}1304.2\\2852.5\end{bmatrix} = \begin{bmatrix}1\times 1304.2+2\times 2852.5\\3\times 1304.2+4\times 2852.5\\5\times 1304.2+6\times 2852.5\\7\times 1304.2+8\times 2852.5\end{bmatrix} = \begin{bmatrix}7009.2\\15322.6\\23636\\31949.4\end{bmatrix}\end{aligned} \tag{9.22}$$

至此，我们已经完成了$t = 3$时刻从输入矢量到输出矢量的计算过程。

简单总结一下就是，当图 9-3 中的 RNN 从时刻 1 开始的输入矢量序列为

$$\left\{\begin{bmatrix}1\\0\\1\end{bmatrix}, \begin{bmatrix}1\\0\\1\end{bmatrix}, \begin{bmatrix}0\\1\\0\end{bmatrix}, \dots\right\}$$

时，相应地，从时刻 1 开始的输出矢量序列为

$$\left\{\begin{bmatrix}2.4\\5.2\\8.0\\10.8\end{bmatrix},\begin{bmatrix}130.4\\285.2\\440.0\\594.8\end{bmatrix},\begin{bmatrix}7009.2\\15322.6\\23636\\31949.4\end{bmatrix},\cdots\right\}$$

在这个例子中，虽然只计算出了直到时刻 3 的输入输出情况，但根据相同的方法还可以计算出时刻 4、时刻 5 等以后的情况。式 9.11、式 9.15、式 9.19 表示了该 RNN 应该如何计算隐含层的输出矢量。这些式子表明，**当前时刻隐含层的输出矢量不仅与当前时刻网络的输入矢量有关，而且还与上一个时刻（即前一个时刻）隐含层的输出矢量有关**。式 9.13、式 9.17、式 9.21 表示了该 RNN 应该如何计算网络的输出矢量。这些式子表明，**当前时刻网络的输出矢量只与当前时刻隐含层的输出矢量有关**。然而，由于当前时刻隐含层的输出矢量不仅与当前时刻网络的输入矢量有关，而且还与上一个时刻（即前一个时刻）隐含层的输出矢量有关。据此进行反复循环的推理，便可以得到这样的结论：**该 RNN 在某一时刻的输出不仅与该时刻的网络输入有关，还与该时刻之前的所有时刻的网络输入有关。**

## 9.3 单向 RNN

RNN 的具体种类有很多，但从总体上讲可以分为两大类：**单向 RNN** 和**双向 RNN**。图 9-3 所示的就是一个**单隐层单向 RNN**，因为它只有 1 个隐含层，并且当前时刻网络的输出只与网络的当前输入及过去的输入有关，而与网络的未来输入无关。

通常，我们会采用图 9-4 所示的图样来抽象而简洁地表示一个单隐层单向 RNN。在图 9-4 中，$\boldsymbol{x}$表示网络的输入矢量，$\boldsymbol{s}$表示隐含层的输出矢量，$\boldsymbol{y}$表示网络的输出矢量，$\boldsymbol{U}$表示从输入层到隐含层的权值连接矩阵，$\boldsymbol{V}$表示从隐含层到输出层的权值连接矩阵，$\boldsymbol{W}$表示从上一个时刻（前一个时刻）的隐含层到当前时刻的隐含层的权值连接矩阵。注意，图 9-4 中的每一个○或●表示的是一层神经元，而非一个神经元。

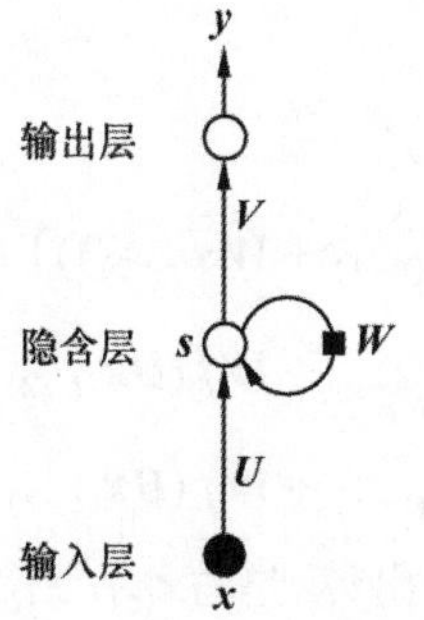


图 9-4　单隐层单向 RNN

图 9-4 的表现形式虽然很简洁，但它无法直观地表现出输入矢量或输出矢量的序列特性，因此，人们也常用图 9-5 那样的展开形式来表示一个单隐层单向 RNN。

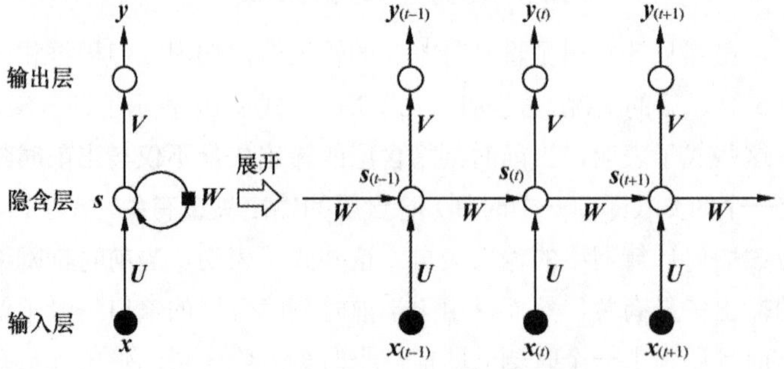


图 9-5　展开形式的单隐层单向 RNN

对于图 9-5 所示的网络，假设在输入层中和隐含层中都各自包含了一个偏置神经元，这样一来，某个隐含层神经元的阈值就可以等效为一个权值而计入到权值矩阵$\boldsymbol{U}$和$\boldsymbol{W}$中，某个输出层神经元的阈值就可以等效为一个权值而计入到权值矩阵$\boldsymbol{V}$中（关于偏置神经元的描述，请复习 6.3 节并参阅图 6-9）。之所以做这样的假设，是为了后面呈现的一些数学表达式看起来更加简洁。另外，我们还假设图 9-5 所示的 RNN 已经完成了训练阶段，也即权值矩阵$\boldsymbol{U}$、$\boldsymbol{V}$、$\boldsymbol{W}$的值已经固定不变了，则该网络的**运行计算规则**为

$$\boldsymbol{y}_{(t)} = g(\boldsymbol{V}\boldsymbol{s}_{(t)}) \tag{9.23}$$

$$\boldsymbol{s}_{(t)} = f(\boldsymbol{U}\boldsymbol{x}_{(t)} + \boldsymbol{W}\boldsymbol{s}_{(t-1)}) \tag{9.24}$$

式 9.23 中的$g(\,)$和式 9.24 中的$f(\,)$分别为输出层神经元和隐含层神经元的激活函数，且$g(\,)$和$f(\,)$可以是恒等函数，也可以是其他形式的激活函数。大家也许还记得，在 9.2 节中我们其实已经在$t = 1$时刻、$t = 2$时刻、$t = 3$时刻运用过式 9.23 和式 9.24。

如果将式 9.24 反复地代入式 9.23，就可以得到

$$\begin{aligned}
\boldsymbol{y}_{(t)} &= g\big(\boldsymbol{V}\boldsymbol{s}_{(t)}\big) \\
&= g\big(\boldsymbol{V}f(\boldsymbol{U}\boldsymbol{x}_{(t)} + \boldsymbol{W}\boldsymbol{s}_{(t-1)})\big) \\
&= g\big(\boldsymbol{V}f(\boldsymbol{U}\boldsymbol{x}_{(t)} + \boldsymbol{W}f(\boldsymbol{U}\boldsymbol{x}_{(t-1)} + \boldsymbol{W}\boldsymbol{s}_{(t-2)}))\big) \\
&= g\big(\boldsymbol{V}f(\boldsymbol{U}\boldsymbol{x}_{(t)} + \boldsymbol{W}f(\boldsymbol{U}\boldsymbol{x}_{(t-1)} + \boldsymbol{W}f(\boldsymbol{U}\boldsymbol{x}_{(t-2)} + \boldsymbol{W}\boldsymbol{s}_{(t-3)})))\big) \\
&= g\big(\boldsymbol{V}f(\boldsymbol{U}\boldsymbol{x}_{(t)} + \boldsymbol{W}f(\boldsymbol{U}\boldsymbol{x}_{(t-1)} + \boldsymbol{W}f(\boldsymbol{U}\boldsymbol{x}_{(t-2)} + \boldsymbol{W}f(\boldsymbol{U}\boldsymbol{x}_{(t-3)} + \cdots))))\big)
\end{aligned} \tag{9.25}$$

从式 9.25 可以看到，网络在$t$时刻的输出$\boldsymbol{y}_{(t)}$是与$\boldsymbol{x}_{(t)}$，$\boldsymbol{x}_{(t-1)}$，$\boldsymbol{x}_{(t-2)}$，$\boldsymbol{x}_{(t-3)}$，$\boldsymbol{x}_{(t-4)}$，…相关的，也就是与$t$时刻的输入以及$t$时刻之前的每个时刻的输入相关的。

单向 RNN 可以只包含 1 个隐含层，也可以包含多个隐含层；如果包含多个隐含层，我们就称之为**多隐层单向 RNN**。图 9-6 所示的是一个包含 2 个隐含层的单向 RNN，图中的各种符号的含义想必大家都已清楚，这里不再赘述。需要提醒的是，字母上标中小括号里的内容是指第几隐含层，而字母下标中小括号里的内容是指第几时刻。

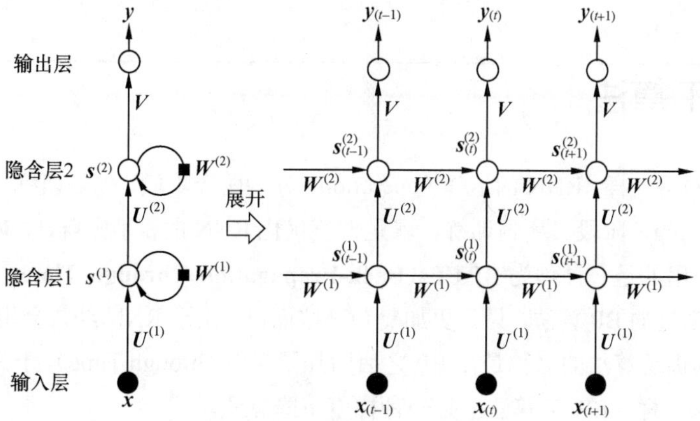


图 9-6　双隐层单向 RNN

对于图 9-6 所示的双隐层单向 RNN，我们仍然假设在输入层中和每个隐含层中都各自包含了一个偏置神经元。这样一来，第 1 隐含层中某个神经元的阈值就可以等效为一个权值而计入到权值矩阵$\boldsymbol{U}^{(1)}$和$\boldsymbol{W}^{(1)}$中，第 2 隐含层中某个神经元的阈值就可以等效为一个权值而计入到权值矩阵$\boldsymbol{U}^{(2)}$和$\boldsymbol{W}^{(2)}$中，输出层中某个神经元的阈值就可以等效为一个权值而计入到权值矩阵$\boldsymbol{V}$中。另外，我们仍然假设图 9-6 所示的双隐层单向 RNN 已经完成了训练阶段，也即权值矩阵$\boldsymbol{U}^{(1)}$、$\boldsymbol{U}^{(2)}$、$\boldsymbol{W}^{(1)}$、$\boldsymbol{W}^{(2)}$、$\boldsymbol{V}$的值已经固定不变了，则该网络的**运行计算规则**为

$$\boldsymbol{y}_{(t)} = g(\boldsymbol{V}\boldsymbol{s}_{(t)}^{(2)}) \tag{9.26}$$

$$\boldsymbol{s}_{(t)}^{(2)} = f(\boldsymbol{U}^{(2)}\boldsymbol{s}_{(t)}^{(1)} + \boldsymbol{W}^{(2)}\boldsymbol{s}_{(t-1)}^{(2)}) \tag{9.27}$$

$$\boldsymbol{s}_{(t)}^{(1)} = f(\boldsymbol{U}^{(1)}\boldsymbol{x}_{(t)} + \boldsymbol{W}^{(1)}\boldsymbol{s}_{(t-1)}^{(1)}) \tag{9.28}$$

式 9.26 至式 9.28 中的$g(\,)$和$f(\,)$分别为输出层神经元的激活函数和各隐含层神经元的激活函数。

式 9.26 至式 9.28 表示的是双隐层单向 RNN 的运行计算规则。相信读者完全可以自己推写出含有更多隐含层的单向 RNN 的运行计算规则。例如，对于包含 3 个隐含层的单向 RNN，其运行计算规则为

$$\boldsymbol{y}_{(t)} = g(\boldsymbol{V}\boldsymbol{s}_{(t)}^{(3)}) \tag{9.29}$$

$$\boldsymbol{s}_{(t)}^{(3)} = f(\boldsymbol{U}^{(3)}\boldsymbol{s}_{(t)}^{(2)} + \boldsymbol{W}^{(3)}\boldsymbol{s}_{(t-1)}^{(3)}) \tag{9.30}$$

$$\boldsymbol{s}_{(t)}^{(2)} = f(\boldsymbol{U}^{(2)}\boldsymbol{s}_{(t)}^{(1)} + \boldsymbol{W}^{(2)}\boldsymbol{s}_{(t-1)}^{(2)}) \tag{9.31}$$

$$\boldsymbol{s}_{(t)}^{(1)} = f(\boldsymbol{U}^{(1)}\boldsymbol{x}_{(t)} + \boldsymbol{W}^{(1)}\boldsymbol{s}_{(t-1)}^{(1)}) \tag{9.32}$$

## 9.4　BPTT 算法

与任何神经网络一样，RNN 的运作（operation）分为两个阶段，先是训练（training）阶段，然后是运行（running）阶段。所谓训练，就是调整优化 RNN 的权值矩阵$\boldsymbol{U}$、$\boldsymbol{V}$、$\boldsymbol{W}$的过程。训练 RNN 时通常采用的是一种称为 **BPTT（Back-Propagation Through Time）**的算法，该算法非常类似于之前学过的 BP 算法，只是更加复杂一些而已。由于 RNN 经常会用在处理时间序列的应用中，所以其训练算法的名称是在 BP 之后附加了 TT（Through Time），于是就称之为 BPTT 算法。与 BP 算法一样，BPTT 算法也是一种梯度下降算法。

接下来我们将推导针对单隐层单向 RNN 的 BPTT，这是 BPTT 最简单的一种情况。对于多隐层单向 RNN，以及后面将学习的单隐层双向 RNN 和多隐层双向 RNN，其 BPTT 的描述就不在本书中呈现了。

在推导单隐层单向 RNN 的 BPTT 算法的过程中，我们针对的 RNN 是图 9-5 所示的 RNN，该 RNN 的运行计算规则是式 9.23 和式 9.24。为了阅读方便，我们把图 9-5 重新画成图 9-7，把式 9.23 和式 9.24 重新写成式 9.33 和式 9.34。注意，式 9.33 和式 9.34 的写法本身就已经表明使用了偏置神经元的方法。

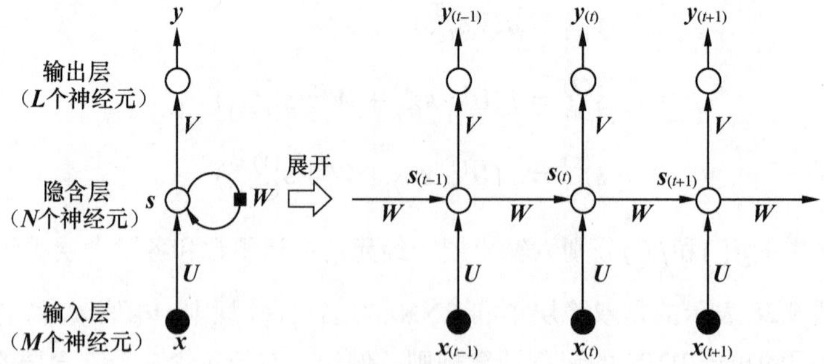


图 9-7　单隐层单向 RNN

$$\boldsymbol{y}_{(t)} = g(\boldsymbol{V}\boldsymbol{s}_{(t)}) \tag{9.33}$$

$$\boldsymbol{s}_{(t)} = f(\boldsymbol{U}\boldsymbol{x}_{(t)} + \boldsymbol{W}\boldsymbol{s}_{(t-1)}) \tag{9.34}$$

现在，假设该 RNN 的输入层有$M$个神经元（最后那个神经元是偏置神经元），隐含层有$N$个神经元（最后那个神经元是偏置神经元），输出层有$L$个神经元（输出层没有偏置神经元）。这样一来，$t$时刻的输入矢量$\boldsymbol{x}_{(t)}$就是一个$M$维（列）矢量（其最后一个分量总是-1，这是因为偏置神经元的输出值规定为-1），即

$$\boldsymbol{x}_{(t)} = \begin{bmatrix} x_{(t),1} \\ x_{(t),2} \\ \vdots \\ x_{(t),M} \end{bmatrix} \tag{9.35}$$

$t$时刻的隐含层的输出矢量$\boldsymbol{s}_{(t)}$就是一个$N$维（列）矢量（其最后一个分量总是-1，这是因为偏置神经元的输出值规定为-1），即

$$\boldsymbol{s}_{(t)} = \begin{bmatrix} s_{(t),1} \\ s_{(t),2} \\ \vdots \\ s_{(t),N} \end{bmatrix} \tag{9.36}$$

$t$时刻的输出层的输出矢量$\boldsymbol{y}_{(t)}$就是一个$L$维（列）矢量，即

$$\boldsymbol{y}_{(t)} = \begin{bmatrix} y_{(t),1} \\ y_{(t),2} \\ \vdots \\ y_{(t),L} \end{bmatrix} \tag{9.37}$$

$\boldsymbol{U}$是一个$N \times M$矩阵，即

$$\boldsymbol{U} = \begin{bmatrix} u_{11} & u_{12} & \cdots & u_{1M} \\ u_{21} & u_{22} & \cdots & u_{2M} \\ \vdots & \vdots & \vdots & \vdots \\ u_{N1} & u_{N2} & \cdots & u_{NM} \end{bmatrix} \tag{9.38}$$

其中$u_{ji}$表示输入层中第$i$个神经元到隐含层中第$j$个神经元的连接权值。注意，$\boldsymbol{U}$的最后一行的值全为 0，这是因为隐含层的那个偏置神经元与输入层其实是没有任何权值连接的，这等效于相应的权值都是 0。$\boldsymbol{W}$是一个$N \times N$矩阵，即

$$\boldsymbol{W} = \begin{bmatrix} w_{11} & w_{12} & \cdots & w_{1N} \\ w_{21} & w_{22} & \cdots & w_{2N} \\ \vdots & \vdots & \vdots & \vdots \\ w_{N1} & w_{N2} & \cdots & w_{NN} \end{bmatrix} \tag{9.39}$$

其中$w_{ji}$表示隐含层中第$i$个虚神经元到隐含层中第$j$个实神经元的连接权值。注意，$\boldsymbol{W}$的最后一行的值全为 0，这是因为隐含层的那个偏置神经元与隐含层的各个虚神经元其实是没有任何权值连接的，这等效于相应的权值都是 0；虚神经元是用来缓存上一个时刻隐含层的输出矢量的，请参见图 9-3。$\boldsymbol{V}$就是一个$L \times N$矩阵，即

$$V = \begin{bmatrix} v_{11} & v_{12} & \cdots & v_{1N} \\ v_{21} & v_{22} & \cdots & v_{2N} \\ \vdots & \vdots & \vdots & \vdots \\ v_{L1} & v_{L2} & \cdots & v_{LN} \end{bmatrix} \tag{9.40}$$

其中$v_{ji}$表示隐含层中第$i$个神经元到输出层中第$j$个神经元的连接权值。式 9.33 中的$g()$表示的是输出层各个神经元的激活函数，式 9.34 中的$f()$表示的是隐含层各个神经元的激活函数。需要特别指出的是，隐含层的那个偏置神经元非常特殊，其$f()$的取值恒为–1，这是因为偏置神经元的输出值规定恒为–1（关于偏置神经元的描述，请复习 6.3 节并参阅图 6-9）。

与 BP 算法一样，BPTT 是一种监督训练算法。为了方便后面推导 BPTT 的算法公式，我们需要在这里先描述一下训练的大致过程。

我们规定训练开始的时刻为 0 时刻（初始时刻），并且假定$\boldsymbol{s}_{(0)}$是已知的随机初始矢量，另外$\boldsymbol{U}$、$\boldsymbol{W}$、$\boldsymbol{V}$在 0 时刻是已知的随机初始矩阵。注意，在 0 时刻网络是没有输入矢量和输出矢量的，1 时刻网络才开始有输入矢量$\boldsymbol{x}_{(1)}$和输出矢量$\boldsymbol{y}_{(1)}$，2 时刻有输入矢量$\boldsymbol{x}_{(2)}$和输出矢量$\boldsymbol{y}_{(2)}$，3 时刻有输入矢量$\boldsymbol{x}_{(3)}$和输出矢量$\boldsymbol{y}_{(3)}$，依此类推，最后一个时刻是$T_1$时刻，$T_1$时刻的输入矢量和输出矢量分别是$\boldsymbol{x}_{(T_1)}$和$\boldsymbol{y}_{(T_1)}$。

注意，整个输入矢量序列$\{\boldsymbol{x}_{(1)}, \boldsymbol{x}_{(2)}, \boldsymbol{x}_{(3)}, \cdots, \boldsymbol{x}_{(T_1)}\}$才是第一个完整的训练样本。由于采用的是监督训练方法，所以第一个训练样本的期待输出是已知的，表示为$\{\hat{\boldsymbol{y}}_{(1)}, \hat{\boldsymbol{y}}_{(2)}, \hat{\boldsymbol{y}}_{(3)}, \cdots, \hat{\boldsymbol{y}}_{(T_1)}\}$。我们可以用$E1_{(t)}$来表示第一个样本在$t$时刻的训练误差（注意，$t$的范围是 $1 \leqslant t \leqslant T_1$）。显然，训练误差是输出层的输出矢量的函数，该函数的形式假定为$r()$，这样一来，我们就有$E1_{(t)} = r(\boldsymbol{y}_{(t)})$。

需要指出的是，$E1_{(t)}$本身是一个标量。另外需要特别说明的是，$E1_{(t)}$只是第一个训练样本在$t$时刻的训练误差，并不能说是第一个训练样本的训练误差。第一个训练样本的训练误差（可用$E1$来表示）是其在各个时刻的训练误差之和，即$E1 = \sum_{t=1}^{T_1} E1_{(t)}$。第一个训练样本所经历的训练时间跨度是从 1 时刻到$T_1$时刻（包括 1 时刻本身和$T_1$时刻本身），在这段时间里，$\boldsymbol{U}$、$\boldsymbol{W}$、$\boldsymbol{V}$的值是保持不变的。$T_1$时刻结束之后，我们就能计算出该样本的训练误差$E1$，并根据梯度下降法计算出$\boldsymbol{U}$、$\boldsymbol{W}$、$\boldsymbol{V}$的增量，然后根据这些增量对$\boldsymbol{U}$、$\boldsymbol{W}$、$\boldsymbol{V}$进行修改刷新。

至此，第一个样本的训练过程就告结束。

**然后，时间又从 1 时刻算起**，即 1 时刻、2 时刻、3 时刻，一直到$T_2$时刻，这个从 1 时刻到$T_2$时刻的新时间跨度是用来对第二个样本$\{\boldsymbol{x}_{(1)}, \boldsymbol{x}_{(2)}, \boldsymbol{x}_{(3)}, \cdots, \boldsymbol{x}_{(T_2)}\}$进行训练的。第二个训练样本的期待输出是$\{\hat{\boldsymbol{y}}_{(1)}, \hat{\boldsymbol{y}}_{(2)}, \hat{\boldsymbol{y}}_{(3)}, \cdots, \hat{\boldsymbol{y}}_{(T_2)}\}$，第二个样本在$t$时刻的训练误差（注意，$t$的范围是$1 \leqslant t \leqslant T_2$）为$E2_{(t)}$。第二个样本的训练过程和方法同第一个样本是完全一样的。注意，第二个样本训练过程中$\boldsymbol{U}$、$\boldsymbol{W}$、$\boldsymbol{V}$的值是采用之前刷新后的值，并保持不变，直到$T_2$时刻结束之后再进行刷新。当然，在刷新$\boldsymbol{U}$、$\boldsymbol{W}$、$\boldsymbol{V}$的值之前已经计算出了第二个样本的训练误差$E2 = \sum_{t=1}^{T_2} E2_{(t)}$以

及$\boldsymbol{U}$、$\boldsymbol{W}$、$\boldsymbol{V}$的增量。至此，第二个样本的训练过程就告结束。

**然后，时间又从 1 时刻算起**，并开始第三个样本的训练，并依此类推。从上面的描述中知道，对一个样本（而不是一批样本）进行完一次训练之后，就立即对$\boldsymbol{U}$、$\boldsymbol{W}$、$\boldsymbol{V}$的值进行刷新，所以，这种训练方法属于 6.7 节中所描述的随机梯度下降法（在线训练方法）。

一般地，如果某一个训练样本的训练时段是从 1 时刻到$T$时刻（包括 1 时刻本身和$T$时刻本身），我们用$E_{(t)}$表示该训练样本在$t$时刻的训练误差（它与$\boldsymbol{y}_{(t)}$的函数关系为$r(\,)$），用$E$表示该训练样本的训练误差，则有

$$E_{(t)} = r(\boldsymbol{y}_{(t)}) \qquad 1 \leqslant t \leqslant T \tag{9.41}$$

$$E = \sum_{t=1}^{T} E_{(t)} \tag{9.42}$$

图 9-8 形象地展示了训练的大致过程。注意，在图 9-8 中，不同训练样本所对应的$T$的值是可以不同的。

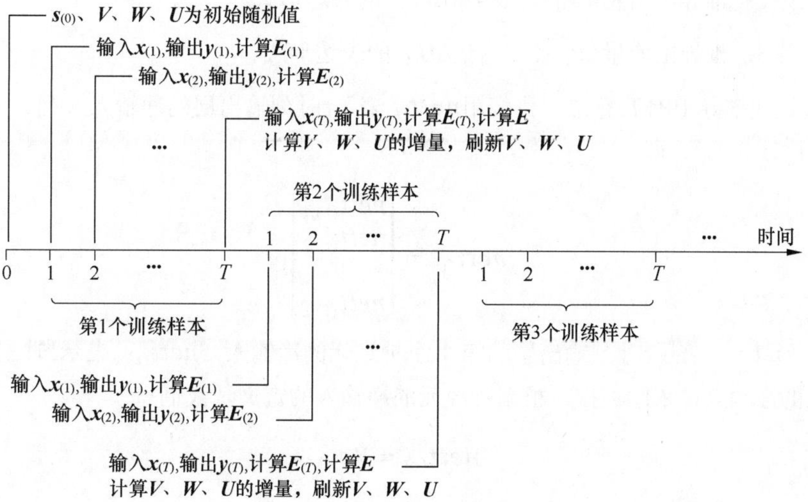


图 9-8　训练过程

训练的大致过程就描述到这里，下面我们即将开始推导 BPTT 算法。

推导 BPTT 算法，我们需要完成三个阶段的任务。第一个阶段有 3 个任务。

- 任务 1：推导出$\nabla_{\boldsymbol{V}^{\mathrm{T}}} E_{(t)}$（即$\frac{\partial E_{(t)}}{\partial v_{ji}}$或$\frac{\partial E_{(t)}}{\partial \boldsymbol{V}^{\mathrm{T}}}$）的表达形式，请见式 4.65。

- 任务 2：推导出$\nabla_{\boldsymbol{W}^{\mathrm{T}}} E_{(t)}$（即$\frac{\partial E_{(t)}}{\partial w_{ji}}$或$\frac{\partial E_{(t)}}{\partial \boldsymbol{W}^{\mathrm{T}}}$）的表达形式，请见式 4.65。

- 任务 3：推导出$\nabla_{\boldsymbol{U}^{\mathrm{T}}}E_{(t)}$（即$\frac{\partial E_{(t)}}{\partial u_{ji}}$或$\frac{\partial E_{(t)}}{\partial \boldsymbol{U}^{\mathrm{T}}}$）的表达形式，请见式 4.65。

第二个阶段也有 3 个任务。

- 任务 1：推导出$\nabla_{\boldsymbol{V}^{\mathrm{T}}}E$（即$\frac{\partial E}{\partial v_{ji}}$或$\frac{\partial E}{\partial \boldsymbol{V}^{\mathrm{T}}}$）的表达形式，请见式 9.42 和式 3.24。
- 任务 2：推导出$\nabla_{\boldsymbol{W}^{\mathrm{T}}}E$（即$\frac{\partial E}{\partial w_{ji}}$或$\frac{\partial E}{\partial \boldsymbol{W}^{\mathrm{T}}}$）的表达形式，请见式 9.42 和式 3.24。
- 任务 3：推导出$\nabla_{\boldsymbol{U}^{\mathrm{T}}}E$（即$\frac{\partial E}{\partial u_{ji}}$或$\frac{\partial E}{\partial \boldsymbol{U}^{\mathrm{T}}}$）的表达形式，请见式 9.42 和式 3.24。

第三个阶段也有 3 个任务。

- 任务 1：推导出增量$\Delta v_{ji}$（或增量$\Delta\boldsymbol{V}$）的表达形式。
- 任务 2：推导出增量$\Delta w_{ji}$（或增量$\Delta\boldsymbol{W}$）的表达形式。
- 任务 3：推导出增量$\Delta u_{ji}$（或增量$\Delta\boldsymbol{U}$）的表达形式。

接下来正式推导 BPTT 算法。我们用$\boldsymbol{nett}_{(t)}$表示$t$时刻输出层的净输入（列）矢量（注意，$t$的范围是 1≤$t$≤$T$），即

$$\boldsymbol{nett}_{(t)} = \begin{bmatrix} nett_{(t),1} \\ nett_{(t),2} \\ \vdots \\ nett_{(t),L} \end{bmatrix} \tag{9.43}$$

式 9.43 中，$nett_{(t),1}$表示$t$时刻输出层的第 1 个神经元的净输入，$nett_{(t),2}$表示$t$时刻输出层的第 2 个神经元的净输入，依此类推。根据神经元的净输入的定义，我们有

$$\boldsymbol{nett}_{(t)} = \boldsymbol{V}\boldsymbol{s}_{(t)} \tag{9.44}$$

即

$$\begin{bmatrix} nett_{(t),1} \\ nett_{(t),2} \\ \vdots \\ nett_{(t),L} \end{bmatrix} = \begin{bmatrix} v_{11} & v_{12} & \cdots & v_{1N} \\ v_{21} & v_{22} & \cdots & v_{2N} \\ \vdots & \vdots & \vdots & \vdots \\ v_{L1} & v_{L2} & \cdots & v_{LN} \end{bmatrix} \begin{bmatrix} s_{(t),1} \\ s_{(t),2} \\ \vdots \\ s_{(t),N} \end{bmatrix} \tag{9.45}$$

也即

$$nett_{(t),j} = v_{j1}s_{(t),1} + v_{j2}s_{(t),2} + \cdots + v_{jN}s_{(t),N} \tag{9.46}$$

我们用$\xi_{(t),j}$表示$t$时刻输出层中第$j$个神经元的误差信号，$\boldsymbol{\xi}_{(t)}$表示$t$时刻输出层的误差信号矢量。$\boldsymbol{\xi}_{(t)}$是一个列矢量，其转置$\boldsymbol{\xi}_{(t)}^{\mathrm{T}}$是一个行矢量（注意，上标中的T不是斜体，而是正体，

它表示的是矩阵的转置操作。我们之前提到$T$时刻的$T$是斜体，二者不能混淆）。误差信号$\xi_{(t),j}$的定义为

$$\xi_{(t),j} = -\frac{\partial E_{(t)}}{\partial nett_{(t),j}} \tag{9.47}$$

或

$$\boldsymbol{\xi}_{(t)}^{\mathrm{T}} = -\frac{\partial E_{(t)}}{\partial \boldsymbol{nett}_{(t)}} \text{（见式 4.38）} \tag{9.48}$$

即

$$\begin{aligned}\boldsymbol{\xi}_{(t)}^{\mathrm{T}} &= -\left[\frac{\partial E_{(t)}}{\partial nett_{(t),1}} \quad \frac{\partial E_{(t)}}{\partial nett_{(t),2}} \quad \cdots \quad \frac{\partial E_{(t)}}{\partial nett_{(t),L}}\right] \\ &= \left[-\frac{\partial E_{(t)}}{\partial nett_{(t),1}} \quad -\frac{\partial E_{(t)}}{\partial nett_{(t),2}} \quad \cdots \quad -\frac{\partial E_{(t)}}{\partial nett_{(t),L}}\right]\end{aligned} \tag{9.49}$$

现在，我们来求$\xi_{(t),j}$的具体表达形式，如下：

$$\begin{aligned}\xi_{(t),j} &= -\frac{\partial E_{(t)}}{\partial nett_{(t),j}} \\ &= -\frac{\partial E_{(t)}}{\partial y_{(t),j}}\frac{\partial y_{(t),j}}{\partial nett_{(t),j}} \text{（求导的链式规则）}\end{aligned} \tag{9.50}$$

式 9.50 中，等号右边的第一项为

$$\frac{\partial E_{(t)}}{\partial y_{(t),j}} = \frac{\partial r}{\partial y_{(t),j}} \tag{9.51}$$

式 9.50 中，等号右边的第二项为

$$\frac{\partial y_{(t),j}}{\partial nett_{(t),j}} = g'(nett_{(t),j}) \tag{9.52}$$

将式 9.51 和式 9.52 代入式 9.50，就可以求出$\xi_{(t),j}$的具体表达形式，即

$$\xi_{(t),j} = -\frac{\partial r}{\partial y_{(t),j}} g'(nett_{(t),j}) \tag{9.53}$$

式 9.53 也可以写成矩阵形式：

$$\boldsymbol{\xi}_{(t)} = -\begin{bmatrix}\frac{\partial E_{(t)}}{\partial nett_{(t),1}} \\ \frac{\partial E_{(t)}}{\partial nett_{(t),2}} \\ \vdots \\ \frac{\partial E_{(t)}}{\partial nett_{(t),L}}\end{bmatrix}$$

$$= -\begin{bmatrix} g'(nett_{(t),1}) & 0 & \cdots \\ 0 & g'(nett_{(t),2}) & \cdots \\ \vdots & \vdots & 0 \\ \cdots & 0 & g'(nett_{(t),L}) \end{bmatrix} \begin{bmatrix} \frac{\partial r}{\partial y_{(t),1}} \\ \frac{\partial r}{\partial y_{(t),2}} \\ \vdots \\ \frac{\partial r}{\partial y_{(t),L}} \end{bmatrix} \tag{9.54}$$

$$= -\mathbf{diag}\left[g'\left(\boldsymbol{nett}_{(t)}\right)\right]\left[\frac{\partial r}{\partial \boldsymbol{y}_{(t)}}\right]^{\mathrm{T}} \text{（见式 4.38）} \tag{9.55}$$

或

$$\boldsymbol{\xi}_{(t)}^{\mathrm{T}} = -\frac{\partial r}{\partial \boldsymbol{y}_{(t)}}\mathbf{diag}\left[g'\left(\boldsymbol{nett}_{(t)}\right)\right] \text{（见式 4.15）} \tag{9.56}$$

注意，$\frac{\partial r}{\partial \boldsymbol{y}_{(t)}}$是一个行矢量，$\mathbf{diag}[\boldsymbol{a}]$表示一个对角矩阵，其主对角线上的各个元素依次为矢量$\boldsymbol{a}$的各个元素。对角矩阵$\mathbf{diag}[\boldsymbol{a}]$的转置矩阵还是它本身，并且$\mathbf{diag}[\boldsymbol{a}^{\mathrm{T}}] = \mathbf{diag}[\boldsymbol{a}]$。

求出了$\xi_{(t),j}$后，我们就能很容易地求出$\frac{\partial E_{(t)}}{\partial v_{ji}}$，如下：

$$\frac{\partial E_{(t)}}{\partial v_{ji}} = \frac{\partial E_{(t)}}{\partial nett_{(t),j}}\frac{\partial nett_{(t),j}}{\partial v_{ji}} \text{（求导的链式规则）} \tag{9.57}$$

$$= -\xi_{(t),j}\frac{\partial nett_{(t),j}}{\partial v_{ji}} \tag{9.58}$$

根据式 9.46 可知

$$\frac{\partial nett_{(t),j}}{\partial v_{ji}} = s_{(t),i} \tag{9.59}$$

所以（将式 9.59 代入式 9.58）

$$\frac{\partial E_{(t)}}{\partial v_{ji}} = -\xi_{(t),j}s_{(t),i} \tag{9.60}$$

式 9.60 就是$\frac{\partial E_{(t)}}{\partial v_{ji}}$的具体表达形式，它也可以表示为矩阵形式，如下：

$$\begin{bmatrix} \frac{\partial E_{(t)}}{\partial v_{11}} & \frac{\partial E_{(t)}}{\partial v_{12}} & \cdots & \frac{\partial E_{(t)}}{\partial v_{1N}} \\ \frac{\partial E_{(t)}}{\partial v_{21}} & \frac{\partial E_{(t)}}{\partial v_{22}} & \cdots & \frac{\partial E_{(t)}}{\partial v_{2N}} \\ \vdots & \vdots & \vdots & \vdots \\ \frac{\partial E_{(t)}}{\partial v_{L1}} & \frac{\partial E_{(t)}}{\partial v_{L1}} & \cdots & \frac{\partial E_{(t)}}{\partial v_{LN}} \end{bmatrix} = -\begin{bmatrix} \xi_{(t),1} \\ \xi_{(t),2} \\ \vdots \\ \xi_{(t),L} \end{bmatrix}\begin{bmatrix} s_{(t),1} & s_{(t),2} & \cdots & s_{(t),N} \end{bmatrix} \tag{9.61}$$

或

$$\left[\frac{\partial E_{(t)}}{\partial \boldsymbol{V}}\right]^{\mathrm{T}} = -\boldsymbol{\xi}_{(t)}\boldsymbol{s}_{(t)}^{\mathrm{T}} \text{（见式 4.42）} \tag{9.62}$$

或

$$\nabla_{\boldsymbol{V}^{\mathrm{T}}} E_{(t)} = \frac{\partial E_{(t)}}{\partial \boldsymbol{V}^{\mathrm{T}}} = -\boldsymbol{\xi}_{(t)}\boldsymbol{s}_{(t)}^{\mathrm{T}} \tag{9.63}$$

至此，我们便完成了第一阶段的任务 1。$\frac{\partial E_{(t)}}{\partial v_{ji}}$的表达式为式 9.60，式 9.60 中的$\xi_{(t),j}$可通过式 9.53 计算得到。$\nabla_{\boldsymbol{V}^{\mathrm{T}}} E_{(t)}$的表达式为式 9.63，式 9.63 中的$\boldsymbol{\xi}_{(t)}$可通过式 9.55 计算得到。

下面我们开始进行第一阶段的任务 2，即求出$\frac{\partial E_{(t)}}{\partial w_{ji}}$或$\frac{\partial E_{(t)}}{\partial \boldsymbol{W}^{\mathrm{T}}}$的表达形式。我们用$\boldsymbol{net}_{(t)}$表示$t$时刻隐含层的净输入矢量，即

$$\boldsymbol{net}_{(t)} = \begin{bmatrix} net_{(t),1} \\ net_{(t),2} \\ \vdots \\ net_{(t),N} \end{bmatrix} \tag{9.64}$$

式 9.64 中，$net_{(t),1}$表示$t$时刻隐含层的第 1 个神经元的净输入，$net_{(t),2}$表示$t$时刻隐含层的第 2 个神经元的净输入，依此类推。

因为

$$\boldsymbol{net}_{(t)} = \boldsymbol{U}\boldsymbol{x}_{(t)} + \boldsymbol{W}\boldsymbol{s}_{(t-1)} \tag{9.65}$$

$$\boldsymbol{s}_{(t-1)} = f(\boldsymbol{net}_{(t-1)}) \tag{9.66}$$

所以，根据求导的链式规则，我们有

$$\frac{\partial \boldsymbol{net}_{(t)}}{\partial \boldsymbol{net}_{(t-1)}} = \frac{\partial \boldsymbol{net}_{(t)}}{\partial \boldsymbol{s}_{(t-1)}}\frac{\partial \boldsymbol{s}_{(t-1)}}{\partial \boldsymbol{net}_{(t-1)}} \tag{9.67}$$

注意，在式 9.67 中，等号右边的第一项是矢量对矢量求导，其结果是一个雅克比矩阵，即

$$\frac{\partial \boldsymbol{net}_{(t)}}{\partial \boldsymbol{s}_{(t-1)}} = \begin{bmatrix} \frac{\partial net_{(t),1}}{\partial s_{(t-1),1}} & \frac{\partial net_{(t),1}}{\partial s_{(t-1),2}} & \cdots & \frac{\partial net_{(t),1}}{\partial s_{(t-1),N}} \\ \frac{\partial net_{(t),2}}{\partial s_{(t-1),1}} & \frac{\partial net_{(t),2}}{\partial s_{(t-1),2}} & \cdots & \frac{\partial net_{(t),2}}{\partial s_{(t-1),N}} \\ \vdots & \vdots & \vdots & \vdots \\ \frac{\partial net_{(t),N}}{\partial s_{(t-1),1}} & \frac{\partial net_{(t),N}}{\partial s_{(t-1),2}} & \cdots & \frac{\partial net_{(t),N}}{\partial s_{(t-1),N}} \end{bmatrix} \text{（见式 4.48）} \tag{9.68}$$

$$= \begin{bmatrix} w_{11} & w_{12} & \cdots & w_{1N} \\ w_{21} & w_{22} & \cdots & w_{2N} \\ \vdots & \vdots & \vdots & \vdots \\ w_{N1} & w_{N2} & \cdots & w_{NN} \end{bmatrix} \tag{9.69}$$

$$= \boldsymbol{W} \tag{9.70}$$

式 9.67 中，等号右边的第二项也是矢量对矢量求导，其结果也是一个雅克比矩阵，即

$$\frac{\partial \boldsymbol{s}_{(t-1)}}{\partial \boldsymbol{net}_{(t-1)}} = \begin{bmatrix} \frac{\partial s_{(t-1),1}}{\partial net_{(t-1),1}} & \frac{\partial s_{(t-1),1}}{\partial net_{(t-1),2}} & \cdots & \frac{\partial s_{(t-1),1}}{\partial net_{(t-1),N}} \\ \frac{\partial s_{(t-1),2}}{\partial net_{(t-1),1}} & \frac{\partial s_{(t-1),2}}{\partial net_{(t-1),2}} & \cdots & \frac{\partial s_{(t-1),2}}{\partial net_{(t-1),N}} \\ \vdots & \vdots & \vdots & \vdots \\ \frac{\partial s_{(t-1),N}}{\partial net_{(t-1),1}} & \frac{\partial s_{(t-1),N}}{\partial net_{(t-1),2}} & \cdots & \frac{\partial s_{(t-1),N}}{\partial net_{(t-1),N}} \end{bmatrix} \text{（见式 4.48）} \tag{9.71}$$

$$= \begin{bmatrix} f'(net_{(t-1),1}) & 0 & \cdots \\ 0 & f'(net_{(t-1),2}) & \cdots \\ \vdots & \vdots & 0 \\ \cdots & 0 & f'(net_{(t-1),N}) \end{bmatrix} \text{（对角矩阵！）} \tag{9.72}$$

$$= \mathbf{diag}[f'(\boldsymbol{net}_{(t-1)})] \tag{9.73}$$

将式 9.73 和式 9.70 代入式 9.67，得到

$$\frac{\partial \boldsymbol{net}_{(t)}}{\partial \boldsymbol{net}_{(t-1)}} = \frac{\partial \boldsymbol{net}_{(t)}}{\partial \boldsymbol{s}_{(t-1)}} \frac{\partial \boldsymbol{s}_{(t-1)}}{\partial \boldsymbol{net}_{(t-1)}}$$

$$= \boldsymbol{W}\,\mathbf{diag}[f'(\boldsymbol{net}_{(t-1)})] \tag{9.74}$$

$$= \begin{bmatrix} w_{11} & w_{12} & \cdots & w_{1N} \\ w_{21} & w_{22} & \cdots & w_{2N} \\ \vdots & \vdots & \vdots & \vdots \\ w_{N1} & w_{N2} & \cdots & w_{NN} \end{bmatrix} \begin{bmatrix} f'(net_{(t-1),1}) & 0 & \cdots \\ 0 & f'(net_{(t-1),2}) & \cdots \\ \vdots & \vdots & 0 \\ \cdots & 0 & f'(net_{(t-1),N}) \end{bmatrix} \tag{9.75}$$

$$= \begin{bmatrix} w_{11}f'(net_{(t-1),1}) & w_{12}f'(net_{(t-1),2}) & \cdots & w_{1N}f'(net_{(t-1),N}) \\ w_{21}f'(net_{(t-1),1}) & w_{22}f'(net_{(t-1),2}) & \cdots & w_{2N}f'(net_{(t-1),N}) \\ \vdots & \vdots & \vdots & \vdots \\ w_{N1}f'(net_{(t-1),1}) & w_{N2}f'(net_{(t-1),2}) & \cdots & w_{NN}f'(net_{(t-1),N}) \end{bmatrix} \tag{9.76}$$

类似地，我们用$\zeta_{(t),j}$表示$t$时刻隐含层中第$j$个神经元的误差信号，$\boldsymbol{\zeta}_{(t)}$表示$t$时刻隐含层的误差信号矢量。$\boldsymbol{\zeta}_{(t)}$是一个列矢量，其转置$\boldsymbol{\zeta}_{(t)}^{\mathrm{T}}$是一个行矢量。误差信号$\zeta_{(t),j}$的定义为

$$\zeta_{(t),j} = -\frac{\partial E_{(t)}}{\partial net_{(t),j}} \tag{9.77}$$

或

$$\boldsymbol{\zeta}_{(t)}^{\mathrm{T}} = -\frac{\partial E_{(t)}}{\partial \boldsymbol{net}_{(t)}} \text{（见式 4.38）} \tag{9.78}$$

即

$$\boldsymbol{\zeta}_{(t)}^{\mathrm{T}} = -\begin{bmatrix} \frac{\partial E_{(t)}}{\partial net_{(t),1}} & \frac{\partial E_{(t)}}{\partial net_{(t),2}} & \cdots & \frac{\partial E_{(t)}}{\partial net_{(t),N}} \end{bmatrix}$$

$$= \begin{bmatrix} -\frac{\partial E_{(t)}}{\partial net_{(t),1}} & -\frac{\partial E_{(t)}}{\partial net_{(t),2}} & \cdots & -\frac{\partial E_{(t)}}{\partial net_{(t),N}} \end{bmatrix} \tag{9.79}$$

我们假定$k$时刻是$t$时刻（$t$时刻即是所谓的当前时刻）之前的任意一个时刻（$k < t$），并且用$\boldsymbol{\zeta}_{(k)}^{\mathrm{T}}$来表示$-\frac{\partial E_{(t)}}{\partial \boldsymbol{net}_{(k)}}$。请特别注意，$\boldsymbol{\zeta}_{(k)}^{\mathrm{T}}$等于$-\frac{\partial E_{(t)}}{\partial \boldsymbol{net}_{(k)}}$，而不是等于$-\frac{\partial E_{(k)}}{\partial \boldsymbol{net}_{(k)}}$，但是，$\boldsymbol{\zeta}_{(t)}^{\mathrm{T}}$是等于$-\frac{\partial E_{(t)}}{\partial \boldsymbol{net}_{(t)}}$的。

利用式 9.74，如果已经知道了$t$时刻隐含层的误差信号矢量$\boldsymbol{\zeta}_{(t)}$，就可以求出$\boldsymbol{\zeta}_{(k)}$（$k = 0,1,2,\cdots,t-1$），如下：

$$\boldsymbol{\zeta}_{(k)}^{\mathrm{T}} = -\frac{\partial E_{(t)}}{\partial \boldsymbol{net}_{(k)}} \tag{9.80}$$

$$= -\frac{\partial E_{(t)}}{\partial \boldsymbol{net}_{(t)}}\frac{\partial \boldsymbol{net}_{(t)}}{\partial \boldsymbol{net}_{(k)}} \tag{9.81}$$

$$= -\frac{\partial E_{(t)}}{\partial \boldsymbol{net}_{(t)}}\frac{\partial \boldsymbol{net}_{(t)}}{\partial \boldsymbol{net}_{(t-1)}}\frac{\partial \boldsymbol{net}_{(t-1)}}{\partial \boldsymbol{net}_{(t-2)}}\cdots\frac{\partial \boldsymbol{net}_{(k+1)}}{\partial \boldsymbol{net}_{(k)}} \tag{9.82}$$

$$= \boldsymbol{\zeta}_{(t)}^{\mathrm{T}}\boldsymbol{W}\mathbf{diag}[f'(\boldsymbol{net}_{(t-1)})]\boldsymbol{W}\mathbf{diag}[f'(\boldsymbol{net}_{(t-2)})]\cdots\boldsymbol{W}\mathbf{diag}[f'(\boldsymbol{net}_{(k)})] \tag{9.83}$$

$$= \boldsymbol{\zeta}_{(t)}^{\mathrm{T}}\prod_{i=k}^{t-1}\boldsymbol{W}\mathbf{diag}[f'(\boldsymbol{net}_{(i)})] \tag{9.84}$$

式 9.84 表示了误差信号在隐含层是如何沿时间进行反向传播的。

下面看看误差信号是如何从输出层反向传播给隐含层的。因为

$$\boldsymbol{nett}_{(t)} = \boldsymbol{V}\boldsymbol{s}_{(t)} \tag{9.85}$$

$$\boldsymbol{net}_{(t)} = \boldsymbol{U}\boldsymbol{x}_{(t)} + \boldsymbol{W}\boldsymbol{s}_{(t-1)} \tag{9.86}$$

$$\boldsymbol{s}_{(t)} = f(\boldsymbol{net}_{(t)}) \tag{9.87}$$

所以，根据求导的链式规则，我们有

$$\frac{\partial \boldsymbol{nett}_{(t)}}{\partial \boldsymbol{net}_{(t)}} = \frac{\partial \boldsymbol{nett}_{(t)}}{\partial \boldsymbol{s}_{(t)}}\frac{\partial \boldsymbol{s}_{(t)}}{\partial \boldsymbol{net}_{(t)}} \tag{9.88}$$

又因为

$$\frac{\partial \boldsymbol{nett}_{(t)}}{\partial \boldsymbol{s}_{(t)}} = \boldsymbol{V} \tag{9.89}$$

$$\frac{\partial \boldsymbol{s}_{(t)}}{\partial \boldsymbol{net}_{(t)}} = \mathbf{diag}[f'(\boldsymbol{net}_{(t)})] \text{（见式 9.73）} \tag{9.90}$$

所以

$$\frac{\partial \boldsymbol{nett}_{(t)}}{\partial \boldsymbol{net}_{(t)}} = \boldsymbol{V}\mathbf{diag}[f'(\boldsymbol{net}_{(t)})] \tag{9.91}$$

于是

$$\boldsymbol{\zeta}_{(t)}^{\mathrm{T}} = -\frac{\partial E_{(t)}}{\partial \boldsymbol{net}_{(t)}}$$

$$= -\frac{\partial E_{(t)}}{\partial \boldsymbol{nett}_{(t)}} \frac{\partial \boldsymbol{nett}_{(t)}}{\partial \boldsymbol{net}_{(t)}} \tag{9.92}$$

$$= \boldsymbol{\xi}_{(t)}^{\mathrm{T}} \boldsymbol{V} \mathbf{diag}[f'(\boldsymbol{net}_{(t)})] \text{（见式 9.91）} \tag{9.93}$$

式 9.93 表示了误差信号是如何从输出层反向传播给隐含层的。

接下来我们来推导$\frac{\partial E_{(t)}}{\partial \boldsymbol{W}^{\mathrm{T}}}$。根据求导的链式规则，我们有

$$\frac{\partial E_{(t)}}{\partial \boldsymbol{W}^{\mathrm{T}}} = \frac{\partial E_{(t)}}{\partial \boldsymbol{net}_{(t)}} \frac{\partial \boldsymbol{net}_{(t)}}{\partial \boldsymbol{W}^{\mathrm{T}}} \tag{9.94}$$

因为

$$\boldsymbol{net}_{(t)} = \boldsymbol{U}\boldsymbol{x}_{(t)} + \boldsymbol{W} f(\boldsymbol{net}_{(t-1)}) \tag{9.95}$$

式 9.95 中的$\boldsymbol{U}\boldsymbol{x}_{(t)}$是与$\boldsymbol{W}$无关的，$\boldsymbol{W}$是与$\boldsymbol{W}$有关系的（相等关系），$f(\boldsymbol{net}_{(t-1)})$也是与$\boldsymbol{W}$有关系的，所以

$$\frac{\partial \boldsymbol{net}_{(t)}}{\partial \boldsymbol{W}^{\mathrm{T}}} = \frac{\partial(\boldsymbol{U}\boldsymbol{x}_{(t)} + \boldsymbol{W} f(\boldsymbol{net}_{(t-1)}))}{\partial \boldsymbol{W}^{\mathrm{T}}} \tag{9.96}$$

$$= \frac{\partial(\boldsymbol{W} f(\boldsymbol{net}_{(t-1)}))}{\partial \boldsymbol{W}^{\mathrm{T}}} \tag{9.97}$$

$$= \frac{\partial \boldsymbol{W}}{\partial \boldsymbol{W}^{\mathrm{T}}} f\big(\boldsymbol{net}_{(t-1)}\big) + \boldsymbol{W} \frac{\partial f(\boldsymbol{net}_{(t-1)})}{\partial \boldsymbol{W}^{\mathrm{T}}} \tag{9.98}$$

注意，从式 9.97 到式 9.98 需要利用如下的乘积求导规则（请读者自行查找资料对这一规则进行复习理解）：

$$(uv)' = (u)'v + u(v)' \tag{9.99}$$

式 9.98 中的$\frac{\partial \boldsymbol{W}}{\partial \boldsymbol{W}^{\mathrm{T}}}$是一个矩阵对矩阵求导，结果为一个 4 阶张量，如下：

$$\frac{\partial \boldsymbol{W}}{\partial \boldsymbol{W}^{\mathrm{T}}} = \begin{bmatrix} \frac{\partial w_{11}}{\partial \boldsymbol{W}^{\mathrm{T}}} & \frac{\partial w_{12}}{\partial \boldsymbol{W}^{\mathrm{T}}} & \cdots & \frac{\partial w_{1N}}{\partial \boldsymbol{W}^{\mathrm{T}}} \\ \frac{\partial w_{21}}{\partial \boldsymbol{W}^{\mathrm{T}}} & \frac{\partial w_{22}}{\partial \boldsymbol{W}^{\mathrm{T}}} & \cdots & \frac{\partial w_{2N}}{\partial \boldsymbol{W}^{\mathrm{T}}} \\ \vdots & \vdots & \vdots & \vdots \\ \frac{\partial w_{N1}}{\partial \boldsymbol{W}^{\mathrm{T}}} & \frac{\partial w_{N2}}{\partial \boldsymbol{W}^{\mathrm{T}}} & \cdots & \frac{\partial w_{NN}}{\partial \boldsymbol{W}^{\mathrm{T}}} \end{bmatrix} \text{（见式 4.60）} \tag{9.100}$$

$$= \begin{bmatrix} \begin{bmatrix} \frac{\partial w_{11}}{\partial w_{11}} & \frac{\partial w_{11}}{\partial w_{12}} & \cdots & \frac{\partial w_{11}}{\partial w_{1N}} \\ \frac{\partial w_{11}}{\partial w_{21}} & \frac{\partial w_{11}}{\partial w_{22}} & \cdots & \frac{\partial w_{11}}{\partial w_{2N}} \\ \vdots & \vdots & \vdots & \vdots \\ \frac{\partial w_{11}}{\partial w_{N1}} & \frac{\partial w_{11}}{\partial w_{N2}} & \cdots & \frac{\partial w_{11}}{\partial w_{NN}} \end{bmatrix} & \begin{bmatrix} \frac{\partial w_{12}}{\partial w_{11}} & \frac{\partial w_{12}}{\partial w_{12}} & \cdots & \frac{\partial w_{12}}{\partial w_{1N}} \\ \frac{\partial w_{12}}{\partial w_{21}} & \frac{\partial w_{12}}{\partial w_{22}} & \cdots & \frac{\partial w_{12}}{\partial w_{2N}} \\ \vdots & \vdots & \vdots & \vdots \\ \frac{\partial w_{12}}{\partial w_{N1}} & \frac{\partial w_{12}}{\partial w_{N2}} & \cdots & \frac{\partial w_{12}}{\partial w_{NN}} \end{bmatrix} & \cdots \\ \vdots & \vdots & \vdots \end{bmatrix} \text{（见式 4.60）} \tag{9.101}$$

$$=\begin{bmatrix}\begin{bmatrix}1&0&\cdots&0\\0&0&\cdots&0\\\vdots&\vdots&\vdots&\vdots\\0&0&\cdots&0\end{bmatrix}&\begin{bmatrix}0&1&\cdots&0\\0&0&\cdots&0\\\vdots&\vdots&\vdots&\vdots\\0&0&\cdots&0\end{bmatrix}&\cdots\\\vdots&\vdots&\vdots\\\vdots&\vdots&\vdots\end{bmatrix} \tag{9.102}$$

于是式 9.98 中等号右边的第一项为一个 4 阶张量乘以一个矢量，结果是一个 3 阶张量，如下：

$$\frac{\partial \boldsymbol{W}}{\partial \boldsymbol{W}^{\mathrm{T}}} f\left(\boldsymbol{net}_{(t-1)}\right)=\frac{\partial \boldsymbol{W}}{\partial \boldsymbol{W}^{\mathrm{T}}} \boldsymbol{s}_{(t-1)} \tag{9.103}$$

$$=\begin{bmatrix}\begin{bmatrix}1&0&\cdots&0\\0&0&\cdots&0\\\vdots&\vdots&\vdots&\vdots\\0&0&\cdots&0\end{bmatrix}&\begin{bmatrix}0&1&\cdots&0\\0&0&\cdots&0\\\vdots&\vdots&\vdots&\vdots\\0&0&\cdots&0\end{bmatrix}&\cdots\\\vdots&\vdots&\vdots\\\vdots&\vdots&\vdots\end{bmatrix}\begin{bmatrix}s_{(t-1),1}\\s_{(t-1),2}\\\vdots\\s_{(t-1),N}\end{bmatrix} \tag{9.104}$$

$$=\begin{bmatrix}\begin{bmatrix}s_{(t-1),1}\\0\\\vdots\\0\end{bmatrix}&\begin{bmatrix}s_{(t-1),2}\\0\\\vdots\\0\end{bmatrix}&\cdots\\\vdots&\vdots&\vdots\\\vdots&\vdots&\vdots\end{bmatrix}\text{（见式 4.61）} \tag{9.105}$$

现在回到式 9.94 计算$\frac{\partial E_{(t)}}{\partial \boldsymbol{W}^{\mathrm{T}}}$，如下：

$$\frac{\partial E_{(t)}}{\partial \boldsymbol{W}^{\mathrm{T}}}=\frac{\partial E_{(t)}}{\partial \boldsymbol{net}_{(t)}} \frac{\partial \boldsymbol{net}_{(t)}}{\partial \boldsymbol{W}^{\mathrm{T}}} \tag{9.106}$$

$$=-\boldsymbol{\zeta}_{(t)}^{\mathrm{T}} \frac{\partial \boldsymbol{net}_{(t)}}{\partial \boldsymbol{W}^{\mathrm{T}}}\text{（见式 9.78）} \tag{9.107}$$

$$=-\boldsymbol{\zeta}_{(t)}^{\mathrm{T}}\left[\frac{\partial \boldsymbol{W}}{\partial \boldsymbol{W}^{\mathrm{T}}} f\left(\boldsymbol{net}_{(t-1)}\right)+\boldsymbol{W} \frac{\partial f\left(\boldsymbol{net}_{(t-1)}\right)}{\partial \boldsymbol{W}^{\mathrm{T}}}\right]\text{（见式 9.98）} \tag{9.108}$$

$$=-\boldsymbol{\zeta}_{(t)}^{\mathrm{T}} \frac{\partial \boldsymbol{W}}{\partial \boldsymbol{W}^{\mathrm{T}}} f\left(\boldsymbol{net}_{(t-1)}\right)-\boldsymbol{\zeta}_{(t)}^{\mathrm{T}} \boldsymbol{W} \frac{\partial f\left(\boldsymbol{net}_{(t-1)}\right)}{\partial \boldsymbol{W}^{\mathrm{T}}} \tag{9.109}$$

式 9.109 中等号右边的第一项为

$$-\boldsymbol{\zeta}_{(t)}^{\mathrm{T}} \frac{\partial \boldsymbol{W}}{\partial \boldsymbol{W}^{\mathrm{T}}} f\left(\boldsymbol{net}_{(t-1)}\right)=-\begin{bmatrix}\zeta_{(t),1}&\zeta_{(t),2}&\cdots&\zeta_{(t),N}\end{bmatrix}\begin{bmatrix}\begin{bmatrix}s_{(t-1),1}\\0\\\vdots\\0\end{bmatrix}&\begin{bmatrix}s_{(t-1),2}\\0\\\vdots\\0\end{bmatrix}&\cdots\\\vdots&\vdots&\vdots\\\vdots&\vdots&\vdots\end{bmatrix} \tag{9.110}$$

$$=-\begin{bmatrix}\zeta_{(t),1}s_{(t-1),1}&\zeta_{(t),1}s_{(t-1),2}&\cdots&\zeta_{(t),1}s_{(t-1),N}\\\zeta_{(t),2}s_{(t-1),1}&\zeta_{(t),2}s_{(t-1),2}&\cdots&\zeta_{(t),2}s_{(t-1),N}\\\vdots&\vdots&\vdots&\vdots\\\zeta_{(t),N}s_{(t-1),1}&\zeta_{(t),N}s_{(t-1),2}&\cdots&\zeta_{(t),N}s_{(t-1),N}\end{bmatrix}\text{（见式 4.63）} \tag{9.111}$$

我们用$\left[\zeta_{(t),j}s_{(t-1),i}\right]_{N\times N}$来表示式 9.111 中等号右边的矩阵，即

$$\left[\zeta_{(t),j}s_{(t-1),i}\right]_{N\times N}=\begin{bmatrix}\zeta_{(t),1}s_{(t-1),1} & \zeta_{(t),1}s_{(t-1),2} & \cdots & \zeta_{(t),1}s_{(t-1),N}\\ \zeta_{(t),2}s_{(t-1),1} & \zeta_{(t),2}s_{(t-1),2} & \cdots & \zeta_{(t),2}s_{(t-1),N}\\ \vdots & \vdots & \vdots & \vdots\\ \zeta_{(t),N}s_{(t-1),1} & \zeta_{(t),N}s_{(t-1),2} & \cdots & \zeta_{(t),N}s_{(t-1),N}\end{bmatrix} \tag{9.112}$$

则有

$$\frac{\partial E_{(t)}}{\partial \boldsymbol{W}^{\mathrm{T}}}=-\boldsymbol{\zeta}_{(t)}^{\mathrm{T}}\frac{\partial \boldsymbol{W}}{\partial \boldsymbol{W}^{\mathrm{T}}}f\left(\boldsymbol{net}_{(t-1)}\right)-\boldsymbol{\zeta}_{(t)}^{\mathrm{T}}\boldsymbol{W}\frac{\partial f\left(\boldsymbol{net}_{(t-1)}\right)}{\partial \boldsymbol{W}^{\mathrm{T}}} \tag{9.113}$$

$$=-\left[\zeta_{(t),j}s_{(t-1),i}\right]_{N\times N}-\boldsymbol{\zeta}_{(t)}^{\mathrm{T}}\boldsymbol{W}\frac{\partial f\left(\boldsymbol{net}_{(t-1)}\right)}{\partial \boldsymbol{W}^{\mathrm{T}}} \tag{9.114}$$

$$=-\left[\zeta_{(t),j}s_{(t-1),i}\right]_{N\times N}-\boldsymbol{\zeta}_{(t)}^{\mathrm{T}}\boldsymbol{W}\frac{\partial f\left(\boldsymbol{net}_{(t-1)}\right)}{\partial \boldsymbol{net}_{(t-1)}}\frac{\partial \boldsymbol{net}_{(t-1)}}{\partial \boldsymbol{W}^{\mathrm{T}}} \tag{9.115}$$

$$=-\left[\zeta_{(t),j}s_{(t-1),i}\right]_{N\times N}-\boldsymbol{\zeta}_{(t)}^{\mathrm{T}}\boldsymbol{W}\frac{\partial \boldsymbol{s}_{(t-1)}}{\partial \boldsymbol{net}_{(t-1)}}\frac{\partial \boldsymbol{net}_{(t-1)}}{\partial \boldsymbol{W}^{\mathrm{T}}} \tag{9.116}$$

$$=-\left[\zeta_{(t),j}s_{(t-1),i}\right]_{N\times N}-\boldsymbol{\zeta}_{(t)}^{\mathrm{T}}\boldsymbol{W}\mathbf{diag}\left[f'\left(\boldsymbol{net}_{(t-1)}\right)\right]\frac{\partial \boldsymbol{net}_{(t-1)}}{\partial \boldsymbol{W}^{\mathrm{T}}}\text{（见式 9.73）} \tag{9.117}$$

$$=-\left[\zeta_{(t),j}s_{(t-1),i}\right]_{N\times N}-\boldsymbol{\zeta}_{(t-1)}^{\mathrm{T}}\frac{\partial \boldsymbol{net}_{(t-1)}}{\partial \boldsymbol{W}^{\mathrm{T}}}\text{（见式 9.84）} \tag{9.118}$$

我们发现式 9.118 中等号右边的第二项等同于将式 9.107 中的$t$换成了$t-1$，于是就有

$$\frac{\partial E_{(t)}}{\partial \boldsymbol{W}^{\mathrm{T}}}=-\left[\zeta_{(t),j}s_{(t-1),i}\right]_{N\times N}-\boldsymbol{\zeta}_{(t-1)}^{\mathrm{T}}\frac{\partial \boldsymbol{net}_{(t-1)}}{\partial \boldsymbol{W}^{\mathrm{T}}} \tag{9.119}$$

$$=-\left[\zeta_{(t),j}s_{(t-1),i}\right]_{N\times N}-\left[\zeta_{(t-1),j}s_{(t-2),i}\right]_{N\times N}-\boldsymbol{\zeta}_{(t-2)}^{\mathrm{T}}\frac{\partial \boldsymbol{net}_{(t-2)}}{\partial \boldsymbol{W}^{\mathrm{T}}} \tag{9.120}$$

将式 9.120 中等号右边的第三项循环地代入式 9.107，每次代入时，时刻的数值减 1，最终我们就得到

$$\nabla_{\boldsymbol{W}^{\mathrm{T}}}E_{(t)}=\frac{\partial E_{(t)}}{\partial \boldsymbol{W}^{\mathrm{T}}}=-\left[\zeta_{(t),j}s_{(t-1),i}\right]_{N\times N}-\left[\zeta_{(t-1),j}s_{(t-2),i}\right]_{N\times N}-\cdots-\left[\zeta_{(1),j}s_{(0),i}\right]_{N\times N} \tag{9.121}$$

$$=-\sum_{k=1}^{t}\left[\zeta_{(k),j}s_{(k-1),i}\right]_{N\times N} \tag{9.122}$$

至此，我们便完成了第一阶段的任务 2。$\nabla_{\boldsymbol{W}^{\mathrm{T}}}E_{(t)}$的表达式为式 9.122。

下面我们开始进行第一阶段的任务 3，即求出$\frac{\partial E_{(t)}}{\partial u_{ji}}$或$\frac{\partial E_{(t)}}{\partial \boldsymbol{U}^{\mathrm{T}}}$的表达形式。

根据求导的链式规则，我们有

$$\frac{\partial E_{(t)}}{\partial \boldsymbol{U}^{\mathrm{T}}}=\frac{\partial E_{(t)}}{\partial \boldsymbol{net}_{(t)}}\frac{\partial \boldsymbol{net}_{(t)}}{\partial \boldsymbol{U}^{\mathrm{T}}} \tag{9.123}$$

因为

$$\boldsymbol{net}_{(t)} = \boldsymbol{U}\boldsymbol{x}_{(t)} + \boldsymbol{W}f(\boldsymbol{net}_{(t-1)}) \tag{9.124}$$

式 9.124 中的$\boldsymbol{U}$是与$\boldsymbol{U}$有关的（相等关系），$f(\boldsymbol{net}_{(t-1)})$也是与$\boldsymbol{U}$有关的（请想想为什么），所以

$$\frac{\partial \boldsymbol{net}_{(t)}}{\partial \boldsymbol{U}^{\mathrm{T}}} = \frac{\partial(\boldsymbol{U}\boldsymbol{x}_{(t)}+\boldsymbol{W}f(\boldsymbol{net}_{(t-1)}))}{\partial \boldsymbol{U}^{\mathrm{T}}} \tag{9.125}$$

$$= \frac{\partial \boldsymbol{U}}{\partial \boldsymbol{U}^{\mathrm{T}}}\boldsymbol{x}_{(t)} + \boldsymbol{W}\frac{\partial f(\boldsymbol{net}_{(t-1)})}{\partial \boldsymbol{U}^{\mathrm{T}}} \tag{9.126}$$

参考并仿照式 9.105，可以知道式 9.126 中等号右边的第一项是如下的一个 3 阶张量

$$\frac{\partial \boldsymbol{U}}{\partial \boldsymbol{U}^{\mathrm{T}}}\boldsymbol{x}_{(t)} = \begin{bmatrix} \begin{bmatrix} x_{(t),1} \\ 0 \\ \vdots \\ 0 \end{bmatrix} & \begin{bmatrix} x_{(t),2} \\ 0 \\ \vdots \\ 0 \end{bmatrix} & \cdots \\ \vdots & \vdots & \vdots \\ \vdots & \vdots & \vdots \end{bmatrix} \tag{9.127}$$

现在回到式 9.123 计算$\frac{\partial E_{(t)}}{\partial \boldsymbol{U}^{\mathrm{T}}}$，如下：

$$\frac{\partial E_{(t)}}{\partial \boldsymbol{U}^{\mathrm{T}}} = \frac{\partial E_{(t)}}{\partial \boldsymbol{net}_{(t)}}\frac{\partial \boldsymbol{net}_{(t)}}{\partial \boldsymbol{U}^{\mathrm{T}}} \tag{9.128}$$

$$= -\boldsymbol{\zeta}_{(t)}^{\mathrm{T}}\frac{\partial \boldsymbol{net}_{(t)}}{\partial \boldsymbol{U}^{\mathrm{T}}}\text{（见式 9.78）} \tag{9.129}$$

$$= -\boldsymbol{\zeta}_{(t)}^{\mathrm{T}}\left[\frac{\partial \boldsymbol{U}}{\partial \boldsymbol{U}^{\mathrm{T}}}\boldsymbol{x}_{(t)} + \boldsymbol{W}\frac{\partial f(\boldsymbol{net}_{(t-1)})}{\partial \boldsymbol{U}^{\mathrm{T}}}\right]\text{（见式 9.126）} \tag{9.130}$$

$$= -\boldsymbol{\zeta}_{(t)}^{\mathrm{T}}\frac{\partial \boldsymbol{U}}{\partial \boldsymbol{U}^{\mathrm{T}}}\boldsymbol{x}_{(t)} - \boldsymbol{\zeta}_{(t)}^{\mathrm{T}}\boldsymbol{W}\frac{\partial f(\boldsymbol{net}_{(t-1)})}{\partial \boldsymbol{U}^{\mathrm{T}}} \tag{9.131}$$

式 9.131 中等号右边的第一项为

$$-\boldsymbol{\zeta}_{(t)}^{\mathrm{T}}\frac{\partial \boldsymbol{U}}{\partial \boldsymbol{U}^{\mathrm{T}}}\boldsymbol{x}_{(t)} = -\begin{bmatrix}\zeta_{(t),1} & \zeta_{(t),2} & \cdots & \zeta_{(t),N}\end{bmatrix}\begin{bmatrix} \begin{bmatrix} x_{(t),1} \\ 0 \\ \vdots \\ 0 \end{bmatrix} & \begin{bmatrix} x_{(t),2} \\ 0 \\ \vdots \\ 0 \end{bmatrix} & \cdots \\ \vdots & \vdots & \vdots \\ \vdots & \vdots & \vdots \end{bmatrix} \tag{9.132}$$

$$= -\begin{bmatrix} \zeta_{(t),1}x_{(t),1} & \zeta_{(t),1}x_{(t),2} & \cdots & \zeta_{(t),1}x_{(t),M} \\ \zeta_{(t),2}x_{(t),1} & \zeta_{(t),2}x_{(t),2} & \cdots & \zeta_{(t),2}x_{(t),M} \\ \vdots & \vdots & \vdots & \vdots \\ \zeta_{(t),N}x_{(t),1} & \zeta_{(t),N}x_{(t),2} & \cdots & \zeta_{(t),N}x_{(t),M} \end{bmatrix}\text{（见式 4.63）} \tag{9.133}$$

$$= -\left[\zeta_{(t),j}x_{(t),i}\right]_{N\times M} \tag{9.134}$$

于是

$$\frac{\partial E_{(t)}}{\partial \boldsymbol{U}^{\mathrm{T}}} = -\boldsymbol{\zeta}_{(t)}^{\mathrm{T}}\frac{\partial \boldsymbol{U}}{\partial \boldsymbol{U}^{\mathrm{T}}}\boldsymbol{x}_{(t)} - \boldsymbol{\zeta}_{(t)}^{\mathrm{T}}\boldsymbol{W}\frac{\partial f(\boldsymbol{net}_{(t-1)})}{\partial \boldsymbol{U}^{\mathrm{T}}} \tag{9.135}$$

$$= -\left[\zeta_{(t),j} x_{(t),i}\right]_{N\times M} - \boldsymbol{\zeta}_{(t)}^{\mathrm{T}} \boldsymbol{W} \frac{\partial f(\boldsymbol{net}_{(t-1)})}{\partial \boldsymbol{U}^{\mathrm{T}}} \tag{9.136}$$

$$= -\left[\zeta_{(t),j} x_{(t),i}\right]_{N\times M} - \boldsymbol{\zeta}_{(t)}^{\mathrm{T}} \boldsymbol{W} \frac{\partial f(\boldsymbol{net}_{(t-1)})}{\partial \boldsymbol{net}_{(t-1)}} \frac{\partial \boldsymbol{net}_{(t-1)}}{\partial \boldsymbol{U}^{\mathrm{T}}} \tag{9.137}$$

$$= -\left[\zeta_{(t),j} x_{(t),i}\right]_{N\times M} - \boldsymbol{\zeta}_{(t)}^{\mathrm{T}} \boldsymbol{W} \frac{\partial \boldsymbol{s}_{(t-1)}}{\partial \boldsymbol{net}_{(t-1)}} \frac{\partial \boldsymbol{net}_{(t-1)}}{\partial \boldsymbol{U}^{\mathrm{T}}} \tag{9.138}$$

$$= -\left[\zeta_{(t),j} x_{(t),i}\right]_{N\times M} - \boldsymbol{\zeta}_{(t)}^{\mathrm{T}} \boldsymbol{W} \mathbf{diag}[f'(\boldsymbol{net}_{(t-1)})] \frac{\partial \boldsymbol{net}_{(t-1)}}{\partial \boldsymbol{U}^{\mathrm{T}}} \text{（见式 9.73）} \tag{9.139}$$

$$= -\left[\zeta_{(t),j} x_{(t),i}\right]_{N\times M} - \boldsymbol{\zeta}_{(t-1)}^{\mathrm{T}} \frac{\partial \boldsymbol{net}_{(t-1)}}{\partial \boldsymbol{U}^{\mathrm{T}}} \text{（见式 9.84）} \tag{9.140}$$

我们发现式 9.140 中等号右边的第二项中的$\frac{\partial \boldsymbol{net}_{(t-1)}}{\partial \boldsymbol{U}^{\mathrm{T}}}$等同于将式 9.125 中的$t$换成了$t-1$，于是就有

$$\frac{\partial E_{(t)}}{\partial \boldsymbol{U}^{\mathrm{T}}} = -\left[\zeta_{(t),j} x_{(t),i}\right]_{N\times M} - \boldsymbol{\zeta}_{(t-1)}^{\mathrm{T}} \frac{\partial \boldsymbol{net}_{(t-1)}}{\partial \boldsymbol{U}^{\mathrm{T}}} \tag{9.141}$$

$$= -\left[\zeta_{(t),j} x_{(t),i}\right]_{N\times M} - \left[\zeta_{(t-1),j} x_{(t-1),i}\right]_{N\times M} - \boldsymbol{\zeta}_{(t-2)}^{\mathrm{T}} \frac{\partial \boldsymbol{net}_{(t-2)}}{\partial \boldsymbol{U}^{\mathrm{T}}} \tag{9.142}$$

将式 9.142 中等号右边的第三项中的$\frac{\partial \boldsymbol{net}_{(t-2)}}{\partial \boldsymbol{U}^{\mathrm{T}}}$循环地代入式 9.125，每次代入时，时刻的数值减 1，最终我们就得到

$$\nabla_{\boldsymbol{U}^{\mathrm{T}}} E_{(t)} = \frac{\partial E_{(t)}}{\partial \boldsymbol{U}^{\mathrm{T}}} = -\left[\zeta_{(t),j} x_{(t),i}\right]_{N\times M} - \left[\zeta_{(t-1),j} x_{(t-1),i}\right]_{N\times M} - \cdots - \left[\zeta_{(1),j} x_{(1),i}\right]_{N\times M} \tag{9.143}$$

$$= -\sum_{k=1}^{t} \left[\zeta_{(k),j} x_{(k),i}\right]_{N\times M} \tag{9.144}$$

至此，我们便完成了第一阶段的任务 3。$\nabla_{\boldsymbol{U}^{\mathrm{T}}} E_{(t)}$的表达式为式 9.144。第一阶段的 3 个任务的结果为

$$\nabla_{\boldsymbol{V}^{\mathrm{T}}} E_{(t)} = \frac{\partial E_{(t)}}{\partial \boldsymbol{V}^{\mathrm{T}}} = -\boldsymbol{\xi}_{(t)} \boldsymbol{s}_{(t)}^{\mathrm{T}} = -\left[\xi_{(t),j} s_{(t),i}\right]_{L\times N} \tag{9.145}$$

$$\nabla_{\boldsymbol{W}^{\mathrm{T}}} E_{(t)} = \frac{\partial E_{(t)}}{\partial \boldsymbol{W}^{\mathrm{T}}} = -\sum_{k=1}^{t} \left[\zeta_{(k),j} s_{(k-1),i}\right]_{N\times N} \tag{9.146}$$

$$\nabla_{\boldsymbol{U}^{\mathrm{T}}} E_{(t)} = \frac{\partial E_{(t)}}{\partial \boldsymbol{U}^{\mathrm{T}}} = -\sum_{k=1}^{t} \left[\zeta_{(k),j} x_{(k),i}\right]_{N\times M} \tag{9.147}$$

其中式 9.145 中的输出层的误差信号可根据式 9.55 计算得到，式 9.146 和式 9.147 中的隐含层的误差信号可根据式 9.93 和式 9.84 计算得到。式 9.93 表现了误差信号从输出层反向传播到隐含层的过程，式 9.84 表现了隐含层的误差信号沿时间进行反向传播的过程。

第二阶段的 3 个任务非常简单。根据式 9.42、式 9.145、式 9.146、式 9.147，我们很容易得到

$$\nabla_{\boldsymbol{V}^{\mathrm{T}}}E = \frac{\partial E}{\partial \boldsymbol{V}^{\mathrm{T}}} = \sum_{t=1}^{T}\frac{\partial E_{(t)}}{\partial \boldsymbol{V}^{\mathrm{T}}} = -\sum_{t=1}^{T}\left[\xi_{(t),j}s_{(t),i}\right]_{L\times N} \tag{9.148}$$

$$\nabla_{\boldsymbol{W}^{\mathrm{T}}}E = \frac{\partial E}{\partial \boldsymbol{W}^{\mathrm{T}}} = \sum_{t=1}^{T}\frac{\partial E_{(t)}}{\partial \boldsymbol{W}^{\mathrm{T}}} = -\sum_{t=1}^{T}\sum_{k=1}^{t}\left[\zeta_{(k),j}s_{(k-1),i}\right]_{N\times N} \tag{9.149}$$

$$\nabla_{\boldsymbol{U}^{\mathrm{T}}}E = \frac{\partial E}{\partial \boldsymbol{U}^{\mathrm{T}}} = \sum_{t=1}^{T}\frac{\partial E_{(t)}}{\partial \boldsymbol{U}^{\mathrm{T}}} = -\sum_{t=1}^{T}\sum_{k=1}^{t}\left[\zeta_{(k),j}x_{(k),i}\right]_{N\times M} \tag{9.150}$$

第三个阶段的 3 个任务更为简单。根据式 9.148、式 9.149、式 9.150，并根据梯度下降法的思想，我们很容易得到

$$\Delta\boldsymbol{V} = -\eta\nabla_{\boldsymbol{V}^{\mathrm{T}}}E = -\eta\frac{\partial E}{\partial \boldsymbol{V}^{\mathrm{T}}} = \eta\sum_{t=1}^{T}\left[\xi_{(t),j}s_{(t),i}\right]_{L\times N} \tag{9.151}$$

$$\Delta\boldsymbol{W} = -\eta\nabla_{\boldsymbol{W}^{\mathrm{T}}}E = -\eta\frac{\partial E}{\partial \boldsymbol{W}^{\mathrm{T}}} = \eta\sum_{t=1}^{T}\sum_{k=1}^{t}\left[\zeta_{(k),j}s_{(k-1),i}\right]_{N\times N} \tag{9.152}$$

$$\Delta\boldsymbol{U} = -\eta\nabla_{\boldsymbol{U}^{\mathrm{T}}}E = -\eta\frac{\partial E}{\partial \boldsymbol{U}^{\mathrm{T}}} = \eta\sum_{t=1}^{T}\sum_{k=1}^{t}\left[\zeta_{(k),j}x_{(k),i}\right]_{N\times M} \tag{9.153}$$

式 9.151、式 9.152、式 9.153 中的$\eta$为训练速率（学习速率）。最后，我们给出$\boldsymbol{U}$、$\boldsymbol{W}$、$\boldsymbol{V}$的更新公式，如下：

$$\boldsymbol{V}_{\text{新}} = \boldsymbol{V}_{\text{旧}} + \Delta\boldsymbol{V}_{\text{旧}} \qquad \boldsymbol{W}_{\text{新}} = \boldsymbol{W}_{\text{旧}} + \Delta\boldsymbol{W}_{\text{旧}} \qquad \boldsymbol{U}_{\text{新}} = \boldsymbol{U}_{\text{旧}} + \Delta\boldsymbol{U}_{\text{旧}} \tag{9.154}$$

至此，便完成了如图 9-7 所示的单隐层单向 RNN 的 BPTT 训练算法的推导过程。

## 9.5 填空问题

在 9.1 节中，我们遇到了如下的填空问题：

我 上班 迟到了，老板 批评了 （　）。

现在就来描述一下如何利用 9.4 节中讲解过的单隐层单向 RNN（见图 9-7）来处理这类填空问题。**在下面的描述中，如无特别说明，所提到的 RNN 均指图 9-7 所示的单隐层单向 RNN。** 我们的描述主要涉及 RNN 处理这类填空问题的基本方法原理，诸多实现的细节未作考虑或故意忽略，目的是让大家学习起来简单清爽一些，理解到要义即可。例如，在下面的描述中，我们故意忽略了语言句子中的标点符号问题。

显然，要让 RNN 能够处理语言问题，我们就得先为这个 RNN 建立一个**词库**，词库中包含

了这个 RNN 可能会使用到的所有词。词库的大小（词库中所包含的词的个数）是有讲究的，理论上讲，词库越大，RNN 的“知识量”就越大，表现出的智能水平就越高，但同时其存储需求和计算量也就越大。

不妨假设我们为 RNN 建立了一个包含 10000 个词的词库，词库中的词包括了“你”“我”“他”“迟到了”“老板”“办公室”“员工”“同事”“开始”“晴天”“结束”“表扬了”“批评了”“上班”等。词库中还必须有两个特殊的词，一个用来标识句子的开始，我们用符号⋉来表示，另一个用来标识句子的结束，我们用符号⋊来表示。注意，⋉与词库中的“开始”这个词完全不是一回事，后者只是一个普通的词而已；同样，⋊与词库中的“结束”这个词也不是一回事。

词库建立后，需要给词库中的每一个词分配一个唯一的编号，最小编号为 1，最大编号为词库所包含的词的个数。由于我们所建立的词库包含了 10000 个词，所以编号序列就是 1，2，3，…，9999，10000。图 9-9 所示为我们为 RNN 所建立的词库及编号方案的示意图。

| 编号 | 词 |
|---|---|
| 1 | ⋉ |
| 2 | ⋊ |
| 3 | 上班 |
| ⋮ | ⋮ |
| 6552 | 迟到了 |
| ⋮ | ⋮ |
| 8848 | 批评了 |
| ⋮ | ⋮ |
| 10000 | 我 |

图 9-9　词库

有了词库及编号方案之后，还需要对词库中的每一个词进行矢量化。这里所说的矢量化，就是将一个词映射表示为数学上的一个（列）矢量。在描述矢量化之前，我们需要知道**独热矢量（one-hot vector）**的概念。所谓独热矢量，就是某一个分量为 1，而其余所有分量都为 0 的矢量。例如，$[0\quad 1\quad 0]^{\mathrm{T}}$就是一个 3 维独热矢量，$[0\quad 0\quad 1]^{\mathrm{T}}$也是一个 3 维独热矢量，$[0\quad 0\quad 0\quad 1\quad 0]^{\mathrm{T}}$是一个 5 维独热矢量。

对一个词进行矢量化，就是将这个词映射表示为一个独热矢量，这个词的编号是几，其所对应的独热矢量的第几个分量就是 1。例如，图 9-9 显示⋉的编号为 1，所以⋉对应的独热矢量就是一个 10000 维的矢量$[1\ 0\ 0 \ldots \ldots \ldots \ldots \ldots \ldots 0]^{\mathrm{T}}$；“批评了”的编号是 8848，所以“批评了”矢量化后就是一个 10000 维的独热矢量$[0\ 0 \ldots \ldots \ldots \ldots 0\ 1\ 0 \ldots 0]^{\mathrm{T}}$，该矢量的第 8848 分量为 1，其余分量皆为 0。图 9-10 所示为图 9-9 中词库的矢量化情况。

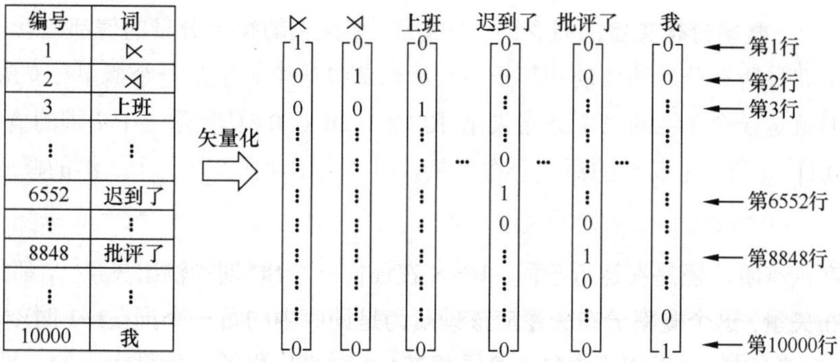


图 9-10 矢量化

在 9.4 节中说过，这个 RNN 的输入层有$M$个神经元，其中最后那个神经元是偏置神经元；隐含层有$N$个神经元，其中最后那个神经元也是偏置神经元；输出层的$L$个神经元中不包含偏置神经元。接下来，为了不让偏置神经元的概念干扰我们的描述，不妨假定 RNN 的输入层和隐含层都不存在偏置神经元（这并不会影响对所关注问题的理解）。也就是说，输入层的$M$个神经元中无一是偏置神经元，隐含层的$N$个神经元中也无一是偏置神经元。由于词库的大小是 10000，或者说每个词对应的是一个 10000 维独热矢量，所以$M$的取值必须为 10000，$L$的取值也必须为 10000（看完后面的描述后自然会更加清楚为何如此）。$N$的取值没有什么硬性规定，一般都是根据设计经验来确定的，所以不妨假设$N$为 20000。

无论是在 RNN 的训练阶段还是运行阶段，任何一个$t$时刻输入给 RNN 的都是一个词，也就是这个词对应的独热矢量$\boldsymbol{x}_{(t)}$（见图 9-8）。如果我们要输入给 RNN 一个完整的句子，就需要在一个时间段内顺序地输入句子中的每个词，并且第一个词必须是⋉，最后一个词必须是⋊。图 9-11 举例显示了在运行阶段（$\boldsymbol{U}$、$\boldsymbol{W}$、$\boldsymbol{V}$的值在运行阶段不会发生改变）连续向 RNN 输入“我 爱 你。”和“我 昨天 上班 迟到了。”这两个句子的情况。

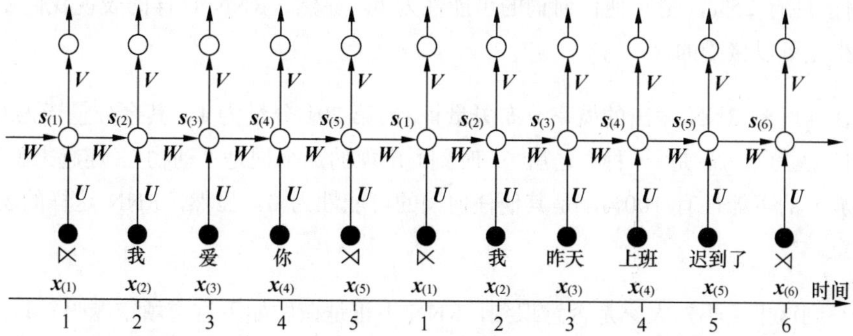


图 9-11 RNN 的输入

相较于 RNN 的输入矢量，RNN 的输出矢量的情况要复杂一些。在描述 RNN 的输出矢量之前，需要提一下**概率分布矢量**的概念。一个矢量，如果它的每个分量的值都在 0 与 1 之间（包括 0 和 1），并且所有分量的值的和等于 1，我们就说这个矢量是一个概率分布矢量。例如，$[0.2\ \ 0.7\ \ 0.1]^T$就是一个 3 维的概率分布矢量，$[0.12\ \ 0.28\ \ 0\ \ 0.6]^T$就是一个 4 维的概率分布矢量，$[0\ \ 0.9\ \ 0\ \ 0\ \ 0.1]^T$就是一个 5 维的概率分布矢量，$[0\ \ 1\ \ 0\ \ 0\ \ 0]^T$也是一个 5 维的概率分布矢量，如此等等。

**无论是在训练阶段还是在运行阶段，RNN 在任何一个$t$时刻的输出矢量$\boldsymbol{y}_{(t)}$都是一个 10000 维的概率分布矢量，这个概率分布矢量应该理解为是词库中的每一个词在$t$+1 时刻出现的概率，它反映了 RNN 在$t$时刻对于词库中的各个词将在$t$+1 时刻出现的可能性大小的一种预测。**

这段话理解起来比较绕，我们还是通过举例来说明。假定“猫”“动物”“晴天”“植物”“是”“一种”这几个词在词库中的编号分别是 101（猫）、201（动物）、305（晴天）、202（植物）、888（是）、999（一种）。假定 RNN 的训练阶段已经结束，目前正处于运行阶段。接下来，假定在 1 时刻我们向 RNN 输入了代表∝这个词的独热矢量，2 时刻输入了代表“猫”这个词的独热矢量，3 时刻输入了代表“是”这个词的独热矢量，4 时刻输入了代表“一种”这个词的独热矢量。

如果在 4 时刻 RNN 输出的概率分布矢量$\boldsymbol{y}_{(4)}$的第 202 分量为 0.7，第 305 分量为 0.3，其余分量皆为 0，则说明 RNN 预测（认为）“猫 是 一种”之后（5 时刻）出现的那个词是“植物”（连起来就是：猫 是 一种 **植物。**）的可能性有 70%，是“晴天”（连起来就是：猫 是 一种 **晴天。**）的可能性有 30%，是其他任何词的可能性为 0。显然，RNN 这样的表现会让我们非常失望。

如果在 4 时刻 RNN 输出的概率分布矢量$\boldsymbol{y}_{(4)}$的第 201 分量为 0.75，第 101 分量为 0.25，其余分量皆为 0，则说明 RNN 预测（认为）“猫 是 一种”之后（5 时刻）出现的那个词是“动物”（连起来就是：猫 是 一种 **动物。**）的可能性有 75%，是“猫”（连起来就是：猫 是 一种 **猫。**）的可能性有 25%，是其他任何词的可能性为 0。显然，RNN 这样的表现我们还是比较满意的，至少是可以接受的。

如果在 4 时刻 RNN 输出的概率分布矢量$\boldsymbol{y}_{(4)}$的第 201 分量为 1，其余分量皆为 0，则说明 RNN 预测（认为）“猫 是 一种”之后（5 时刻）出现的那个词是“动物”（连起来就是：猫 是 一种 **动物。**）的可能性有 100%，是其他任何词的可能性为 0。显然，RNN 这样的表现会让我们非常满意。

例子举到这里，不知大家是否意识到，RNN 不正是在做如下这道填空题吗？!

猫 是 一种 （ ）。

并且我们知道，**RNN 做这种填空题的方式是这样的：它把词库中的每一个词应该填写在（ ）**

中的把握程度（概率）以一个概率分布矢量的形式呈现给了我们。

那么，在假设 RNN 的训练阶段已经完成的情况下，该如何让 RNN 来做 9.1 节中的那道填空题呢？题目如下：

我 上班 迟到了，老板 批评了 （ ）。

窃以为，图 9-12 现在可以比文字叙述更好地回答上面的问题了。在图 9-12 中，$\boldsymbol{y}_{(1)}$、$\boldsymbol{y}_{(2)}$、$\boldsymbol{y}_{(3)}$、$\boldsymbol{y}_{(4)}$、$\boldsymbol{y}_{(5)}$不是我们所关心的对象，只有$\boldsymbol{y}_{(6)}$才提供了我们所需要的答案信息。根据之前描述的 RNN 的运行原理（见式 9.25），我们知道，$\boldsymbol{y}_{(6)}$的值不仅与 6 时刻的输入$\boldsymbol{x}_{(6)}$（“批评了”）有关，还与 5 时刻的输入$\boldsymbol{x}_{(5)}$（“老板”）、4 时刻的输入$\boldsymbol{x}_{(4)}$（“迟到了”）等所有历史输入信息有关。

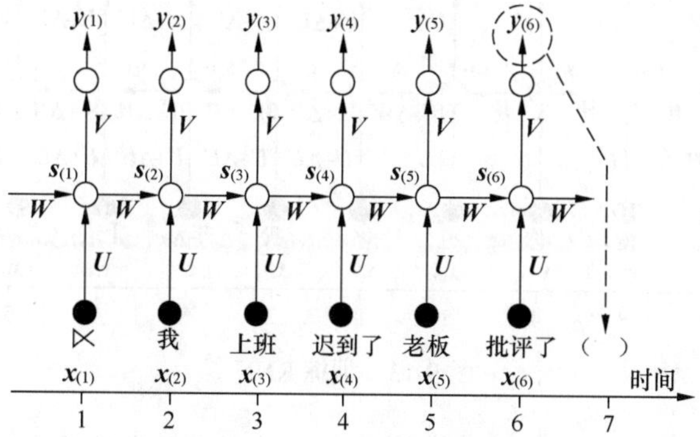

图 9-12 RNN 做填空题

可能有的读者会说，我们平时做填空题的时候，不管是对是错，括号中总是要填写一个具体的词呀。如果实在不知道该填什么，也不想乱填一个答案，就干脆把括号空在那里，而不是像 RNN 那样填写一个概率分布矢量，或者说填写一大堆词，同时列出每个词的概率值。那么，如何让 RNN 做填空题的方式也跟人一样呢？熟悉编程的读者回答起这个问题就非常简单了：我们可以事先设定一个概率阈值（例如 0.75 或 0.8），如果 RNN 输出的概率分布矢量的最大分量等于或超过了阈值，则 RNN 就选择该最大分量所对应的那个词来填空；如果最大分量未达到阈值，RNN 就明确表示它不会做这道填空题。

但问题似乎还没有完，我们凭什么指望 RNN 给出的填空题答案会让我们满意或比较满意呢？显然，这就要看 RNN 被训练得好不好了。下面就来说说如何训练 RNN。

事实上，除了要给 RNN 建立一个词库外，还需要给 RNN 准备好一个训练集和一个测试集，训练集和测试集中包含了大量长短不一的句子。例如，训练集中包含了 150000 个长短不一的句子，测试集中包含了 80000 个长短不一的句子。训练集和测试集中的句子又是取自一个规模非常大的数据库，我们称之为语料库。各种电子报刊杂志和网上小说、散文、新闻中的语言内容等都可以作为语料而进入语料库。在训练阶段结束（即训练误差收敛后）并且测试满意之后，才能让 RNN 进入运行阶段。

我们是用一个一个的句子（而不是用一个一个的词）作为基本的训练单位来对 RNN 进行训练的。也就是说，一个句子才是一个训练样本。如果训练集中有 150000 个句子，则训练样本就有 150000 个。图 9-13 举例说明了用“我 爱 你。”和“我 昨天 上班 迟到了。”这两个样本句子来训练 RNN 的方法。

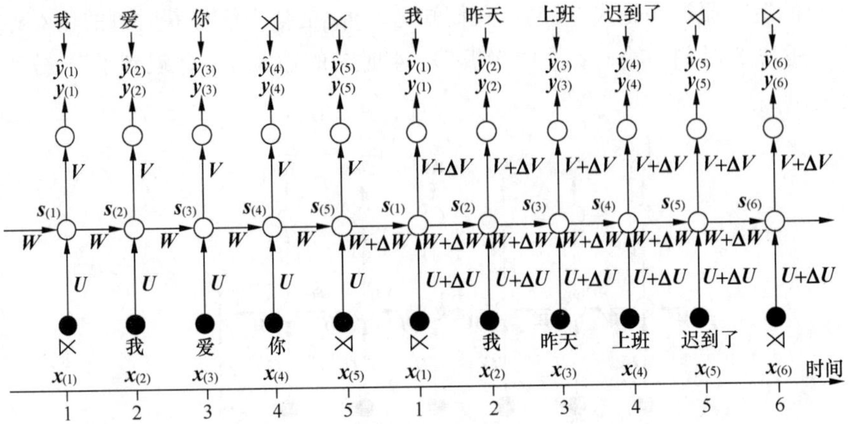

图 9-13　训练 RNN

注意，用一个样本句子来训练 RNN 时，某一个时刻 RNN 的期待输出矢量是一个独热矢量，并且这个独热矢量就等于下一个时刻 RNN 的输入矢量。例如，图 9-13 中，训练第一句话时，$\hat{\boldsymbol{y}}_{(1)} = \boldsymbol{x}_{(2)} =$ 我，$\hat{\boldsymbol{y}}_{(2)} = \boldsymbol{x}_{(3)} =$ 爱，$\hat{\boldsymbol{y}}_{(3)} = \boldsymbol{x}_{(4)} =$ 你，依此类推。有了期待输出矢量以及实际输出矢量，我们才能计算误差函数$E_{(t)}$和$E$，才能进而计算出$\boldsymbol{U}$、$\boldsymbol{W}$、$\boldsymbol{V}$的增量（请注意图 9-13 中$\boldsymbol{U}$、$\boldsymbol{W}$、$\boldsymbol{V}$被刷新的时间点）。

毫无疑问，我们的任务是要训练 RNN 并使之能够做下面这道填空题：

我 上班 迟到了，老板 批评了 （　）。

但别忘了，我们的最终目标显然不是让 RNN 只会做这一道填空题，而是要让 RNN 也会做别的填空题。那么，如果要让 RNN 能够正确地做出“我 上班 迟到了，老板 批评了 （　）。”这道填空题，“我 上班 迟到了，老板 批评了 我。”这句话是否一定要作为训练样本出现在训练集中，并被用来训练 RNN 呢？如果是那样的话，就说明这个 RNN 只是一个会死记硬背的机器，不具备举一反三的能力，无法处理之前没有遇到过的问题。

实际情况是，如果 RNN 是被“我 上班 迟到了，老板 批评了 我。”这句话训练过的，则

RNN 肯定能够正确地做对“我 上班 迟到了，老板 批评了 （  ）。”这道填空题的，即在（ ）中填“我”。另一方面，即使 RNN 没有被 “我 上班 迟到了，老板 批评了 我。”这句话训练过，RNN 也是可能（以一定的概率）正确地做对“我 上班 迟到了，老板 批评了 （  ）。”这道填空题的，但是做对的概率有多大，就要看 RNN 的结构设计得有多好，并且训练得有多好了。

但，问题似乎仍然还是没有完。我们之前曾说过，**无论是在训练阶段还是在运行阶段，RNN 在任何一个$t$时刻的输出矢量$\boldsymbol{y}_{(t)}$都是一个 10000 维的概率分布矢量**。那么，如何才能保证$\boldsymbol{y}_{(t)}$是一个概率分布矢量呢？要回答这个问题，我们就必需先介绍一下 **softmax** 函数。

如图 9-14 所示，我们有$L$个神经元，第$i$个神经元的输入为标量$net_i$，第$i$个神经元的输出为标量$y_i$，矢量$\boldsymbol{net} = [net_1\ net_2\ net_3\ \dots\ net_L]^{\mathrm{T}}$，矢量$\boldsymbol{y} = [y_1\ y_2\ y_3\ \dots\ y_L]^{\mathrm{T}}$。如果第$i$个神经元的激活函数是被称为 softmax 函数的$g_i(\,)$，定义为

$$y_i = g_i(\boldsymbol{net}) = \frac{e^{net_i}}{\sum_{k=1}^{L} e^{net_k}} \quad (i = 1,2,3,\dots,L\,) \tag{9.155}$$

则显然$\boldsymbol{y} = [y_1\ y_2\ y_3\ \dots\ y_L]^{\mathrm{T}}$就一定会是一个$L$维的概率分布矢量。式 9.155 中，$e$是自然常 2.7182818…，$e^{net_k}$不可能为负数或 0，所以分母$\sum_{k=1}^{L} e^{net_k}$也就不可能为 0。图 9-14 中，所有的神经元排成了一层，并且每个神经元的激活函数都是 softmax 函数，也就是说每个神经元都是 softmax 神经元，于是习惯上我们就把这一层神经元统称为 softmax 层。

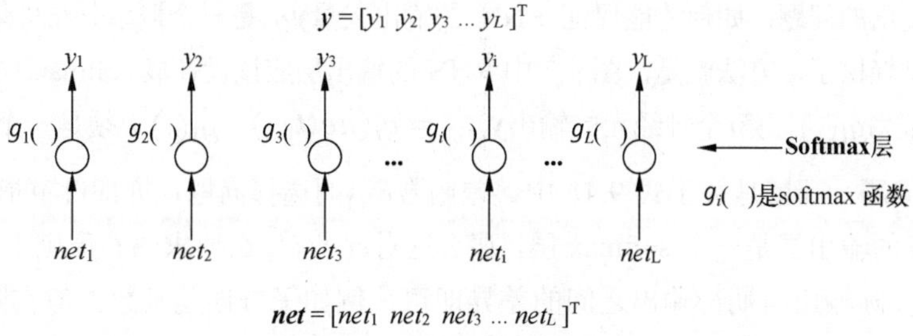


图 9-14　softmax 神经元

例如，图 9-15 展示了一个由 4 个神经元组成的 softmax 层。

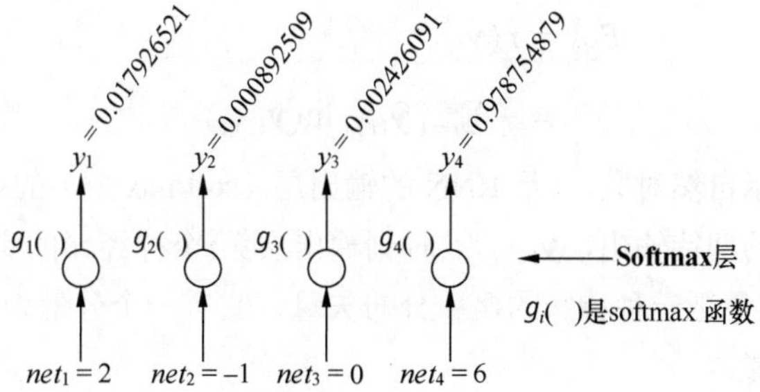


图 9-15　由 4 个神经元组成的 softmax 层

如果

$$\boldsymbol{net} = [net_1\ net_2\ net_3\ net_4]^{\mathrm{T}} = [2\quad -1\quad 0\quad 6]^{\mathrm{T}}$$

则

$$y_1 = g_1(\boldsymbol{net}) = \frac{e^{net_1}}{e^{net_1} + e^{net_2} + e^{net_3} + e^{net_4}} = \frac{e^2}{e^2 + e^{-1} + e^0 + e^6}$$
$$= 0.017926521$$

$$y_2 = g_2(\boldsymbol{net}) = \frac{e^{net_2}}{e^{net_1} + e^{net_2} + e^{net_3} + e^{net_4}} = \frac{e^{-1}}{e^2 + e^{-1} + e^0 + e^6}$$
$$= 0.000892509$$

$$y_3 = g_3(\boldsymbol{net}) = \frac{e^{net_3}}{e^{net_1} + e^{net_2} + e^{net_3} + e^{net_4}} = \frac{e^0}{e^2 + e^{-1} + e^0 + e^6}$$
$$= 0.002426091$$

$$y_4 = g_4(\boldsymbol{net}) = \frac{e^{net_4}}{e^{net_1} + e^{net_2} + e^{net_3} + e^{net_4}} = \frac{e^6}{e^2 + e^{-1} + e^0 + e^6}$$
$$= 0.978754879$$

回到刚才提出的问题：如何才能保证 RNN 的输出矢量$\boldsymbol{y}_{(t)}$是一个概率分布矢量呢？现在回答这个问题就非常轻松了，方法就是，图 9-7 中 RNN 的输出层应该设计成 softmax 层，其中第$i$个神经元的激活函数为$g_i(\ )$，第$i$个神经元的输出$\boldsymbol{y}_{(t),i} = g_i(\boldsymbol{nett}_{(t)})$，$g_i(\ )$必须是一个 softmax 函数。

还有一个问题，那就是关于式 9.41 中误差函数$E_{(t)}$的选择问题，亦即$r(\ )$的形式选择问题。既然现在 RNN 的输出层是一个 softmax 层，那么这对$r(\ )$有什么要求吗？原则上讲，$r(\ )$只要能反映出网络的实际输出与期待输出之间的差异即可，例如平方误差函数。但实际上$r(\ )$的具体函数形式不同，对网络的训练收敛过程、训练效果和运行效果也是不同的。通常情况下，如果网络的输出层是一个 softmax 层，则一般会选择**交叉熵误差函数（cross-entropy error function）**作为$r(\ )$，定义为

$$\begin{aligned} E_{(t)} &= r(\boldsymbol{y}_{(t)}) \\ &= -\textstyle\sum_{i=1}^{L} \hat{\boldsymbol{y}}_{(t),i} \ln(\boldsymbol{y}_{(t),i}) \end{aligned} \tag{9.156}$$

式 9.156 中，$\ln$表示自然对数，$L$是 RNN 的输出层（softmax 层）的神经元个数，$\hat{\boldsymbol{y}}_{(t),i}$为$t$时刻输出层第$i$个神经元的期待输出，$\boldsymbol{y}_{(t),i}$为$t$时刻输出层第$i$个神经元的实际输出。注意，$\hat{\boldsymbol{y}}_{(t)}$是一个独热矢量（独热矢量是一种特殊的概率分布矢量，它有一个分量为 1，其余分量皆为 0），$\boldsymbol{y}_{(t)}$是一个概率分布矢量。

例如，假设$L = 4$，$\boldsymbol{y}_{(t)} = [0.2\ 0.3\ 0.1\ 0.4]^{\mathrm{T}}$，$\hat{\boldsymbol{y}}_{(t)} = [0\ 1\ 0\ 0]^{\mathrm{T}}$，则有

$$E_{(t)} = -0 \times \ln(0.2) - 1 \times \ln(0.3) - 0 \times \ln(0.1) - 0 \times \ln(0.4) \quad (9.157)$$
$$= -1 \times \ln(0.3)$$
$$= 1.2039728$$

终于，我们还剩下最后一个问题，即 RNN 隐含层神经元的激活函数的选择问题，亦即 9.5 节中的$f()$的形式问题。通常情况下，$f()$多为 S 形函数，在这里也不例外，所以不妨可以用双曲正切函数作为$f()$。

至此，我们就描述完了如何利用 9.4 节中讲解过的单隐层单向 RNN（见图 9-7）来解决 9.1 节中的语言填空问题的过程。这里涉及的内容比较多，例如词的编号、词库的建立、独热矢量、概率分布矢量、训练方式、softmax 函数、交叉熵误差函数等。需要再次说明的是，所作的描述只是原理和方法上的描述，故意忽略了一些现实的考虑和实现细节，其目的是让读者学习起来简单清爽一些，理解到要义即可。

## 9.6 双向 RNN

先来看看前面举的两个填空问题的例子，如下：

我 上班 迟到了，老板 批评了 （ ）。

猫 是 一种 （ ）。

可以发现，括号都是在句子的最后位置，我们填空之前需要参考的信息都是出现在括号左边的那些词。相应地，我们可以利用单向 RNN 来解决这样的填空问题。

再来看看下面这个填空题：

运动会 九点 开始，我 （ ），因为 我 十点 才 到达 体育馆。

我们发现，括号的位置是出现在句子中间的，并且根据上下文（前后文）的内容，很容易确定出括号中应该填写“迟到了”这个词。如果只是根据括号左边的内容，就很难知道该如何填写这个空格了。相应地，如果用神经网络方法来解决这个填空问题，之前所介绍的单向 RNN 就不怎么合适了，而是应该使用一种叫做**双向 RNN** 的神经网络。

简单地讲，双向 RNN 就是将两个方向相反的单向 RNN 结合起来，使其既能向左看，又能向右看，并因此而可以拥有比单向 RNN 更好的能力表现。从这个意义上讲，单向 RNN 只是双向 RNN 的裁剪版本。

图 9-16 所示为一个**单隐层双向 RNN** 的结构。请特别留意那些头顶上有“⇀”或“↼”的

符号；所有带有“⇀”的那些符号都是与前向计算有关的，所有带有“↼”的那些符号都是与反向计算有关的。在$t$时刻，网络的输入矢量为$\boldsymbol{x}_{(t)}$，输出矢量为$\boldsymbol{y}_{(t)}$，隐含层的输出矢量有两个，分别为$\overrightarrow{\boldsymbol{s}_{(t)}}$和$\overleftarrow{\boldsymbol{s}_{(t)}}$。注意，$\overrightarrow{\boldsymbol{U}}$与$\overleftarrow{\boldsymbol{U}}$是不同的权值矩阵，$\overrightarrow{\boldsymbol{W}}$与$\overleftarrow{\boldsymbol{W}}$是不同的权值矩阵，$\overrightarrow{\boldsymbol{V}}$与$\overleftarrow{\boldsymbol{V}}$是不同的权值矩阵。在看图 9-16 时，千万不要错误地理解为该 RNN 的输入神经元有 3 个，输出神经元有 3 个，隐含神经元有 6 个。

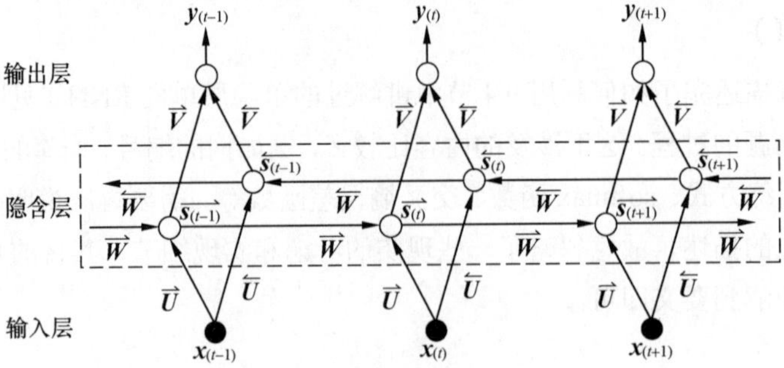


图 9-16　单隐层双向 RNN

根据图 9-16，我们直接给出该单隐层双向 RNN 的运行计算规则，如下：

$$\boldsymbol{y}_{(t)} = g(\overrightarrow{\boldsymbol{V}}\overrightarrow{\boldsymbol{s}_{(t)}} + \overleftarrow{\boldsymbol{V}}\overleftarrow{\boldsymbol{s}_{(t)}}) \tag{9.158}$$

$$\overrightarrow{\boldsymbol{s}_{(t)}} = f(\overrightarrow{\boldsymbol{U}}\boldsymbol{x}_{(t)} + \overrightarrow{\boldsymbol{W}}\overrightarrow{\boldsymbol{s}_{(t-1)}}) \tag{9.159}$$

$$\overleftarrow{\boldsymbol{s}_{(t)}} = f(\overleftarrow{\boldsymbol{U}}\boldsymbol{x}_{(t)} + \overleftarrow{\boldsymbol{W}}\overleftarrow{\boldsymbol{s}_{(t+1)}}) \tag{9.160}$$

其中$g(\,)$为输出层神经元的激活函数，$f(\,)$为隐含层神经元的激活函数。

双向 RNN 可以只包含一个隐含层，也可以包含多个隐含层。如果包含多个隐含层，我们就称之为**多隐层双向 RNN**。图 9-17 所示为一个包含 2 个隐含层的双向 RNN，图中的各种符号的含义可参考图 9-16 来理解，这里不再赘述。

根据图 9-17，我们直接给出该双隐层双向 RNN 的运行计算规则，如下：

$$\boldsymbol{y}_{(t)} = g(\overrightarrow{\boldsymbol{V}}\overrightarrow{\boldsymbol{s}^{(2)}_{(t)}} + \overleftarrow{\boldsymbol{V}}\overleftarrow{\boldsymbol{s}^{(2)}_{(t)}}) \tag{9.161}$$

$$\overrightarrow{\boldsymbol{s}^{(2)}_{(t)}} = f(\overrightarrow{\boldsymbol{U1}^{(2)}}\overrightarrow{\boldsymbol{s}^{(1)}_{(t)}} + \overrightarrow{\boldsymbol{U2}^{(2)}}\overleftarrow{\boldsymbol{s}^{(1)}_{(t)}} + \overrightarrow{\boldsymbol{W}^{(2)}}\overrightarrow{\boldsymbol{s}^{(2)}_{(t-1)}}) \tag{9.162}$$

$$\overleftarrow{\boldsymbol{s}^{(2)}_{(t)}} = f(\overleftarrow{\boldsymbol{U1}^{(2)}}\overrightarrow{\boldsymbol{s}^{(1)}_{(t)}} + \overleftarrow{\boldsymbol{U2}^{(2)}}\overleftarrow{\boldsymbol{s}^{(1)}_{(t)}} + \overleftarrow{\boldsymbol{W}^{(2)}}\overleftarrow{\boldsymbol{s}^{(2)}_{(t+1)}}) \tag{9.163}$$

$$\overrightarrow{\boldsymbol{s}^{(1)}_{(t)}} = f(\overrightarrow{\boldsymbol{U}^{(1)}}\boldsymbol{x}_{(t)} + \overrightarrow{\boldsymbol{W}^{(1)}}\overrightarrow{\boldsymbol{s}^{(1)}_{(t-1)}}) \tag{9.164}$$

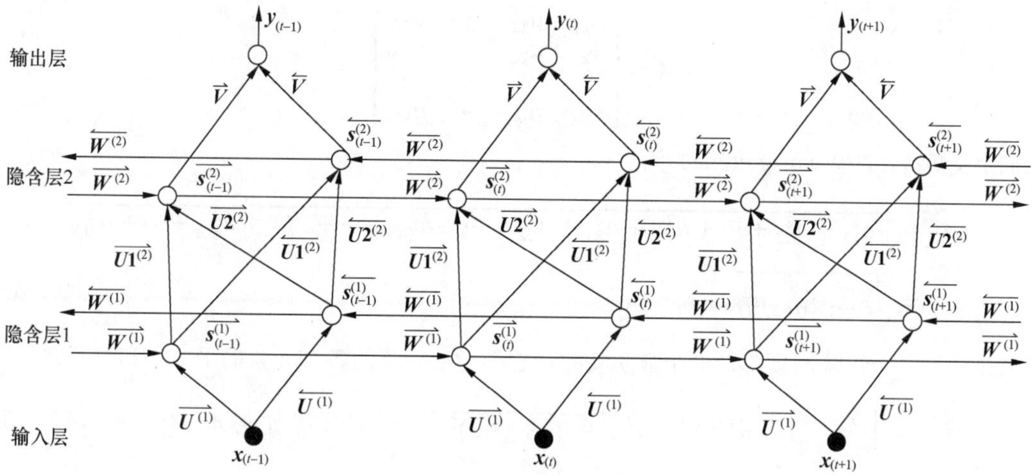


图 9-17 双隐层双向 RNN

$$\overleftarrow{s_{(t)}^{(1)}} = f(\overleftarrow{U^{(1)}} x_{(t)} + \overleftarrow{W^{(1)}} \overleftarrow{s_{(t+1)}^{(1)}}) \tag{9.165}$$

其中$g()$为输出层神经元的激活函数，$f()$为隐含层神经元的激活函数。

相较于单向 RNN，双向 RNN 的 BPTT 算法更为复杂一些，这主要是因为误差信号在时间上需要朝相反的两个方向传播，但其他方面都与单向 RNN 的 BPTT 算法非常类似。这里就不再占用篇幅去描述和讨论双向 RNN 的 BPTT 算法细节了，因为如果理解了 9.4 节中单隐层单向 RNN 的 BPTT 算法的推导过程，那么对于包括双向 RNN 在内的任何形式的 RNN 的 BPTT 算法都应该是能找到感觉的。通常的情况是，只要从大意上理解了 RNN 的结构和 BPTT 算法，我们就能够进行一般的 RNN 应用编程了，因为包括 BPTT 在内的许多神经网络训练算法都已经作为编程平台的库函数现成地供用户调用了。

## 9.7 梯度爆炸与梯度消失

**梯度爆炸（gradient explosion）**与**梯度消失（gradient vanishing）**是许多神经网络/深度学习网络模型在训练过程中经常会遇到的一个难题。例如，MLP 的层数较多时，其训练过程中就极有可能发生梯度的爆炸与消失现象，从而导致训练失败。这里要讲的梯度爆炸与消失问题，针对的是 9.3 节、9.4 节中所描述的单隐层单向 RNN。在讲解该 RNN 的梯度爆炸与消失问题之前，需要简单地了解关于矩阵的模的知识。

对于一个$M \times N$矩阵$\boldsymbol{A}$：

$$\boldsymbol{A}=\begin{bmatrix} a_{11} & a_{12} & \cdots & a_{1N} \\ a_{21} & a_{22} & \cdots & a_{2N} \\ \vdots & \vdots & \vdots & \vdots \\ a_{M1} & a_{M2} & \cdots & a_{MN} \end{bmatrix}$$

我们定义矩阵$\boldsymbol{A}$的模（magnitude）为

$$\begin{aligned}\|\boldsymbol{A}\| &= \sqrt{a_{11}^2+a_{12}^2+\cdots+a_{1N}^2+a_{21}^2+a_{22}^2+\cdots+a_{2N}^2+\cdots+a_{M1}^2+a_{M2}^2+\cdots+a_{MN}^2} \\ &= \sqrt{\sum_{i=1}^{M}\sum_{j=1}^{N}a_{ij}^2} \end{aligned} \tag{9.166}$$

也就是说，一个矩阵的模总是一个非负实数，它等于该矩阵的各个元素的平方之和再开方。例如，如果$\boldsymbol{A}=\begin{bmatrix} 1 & 3 \\ -2 & 0 \end{bmatrix}$，则$\|\boldsymbol{A}\|=\sqrt{1^2+3^2+(-2)^2+0^2}=\sqrt{14}$；如果$\boldsymbol{A}=[2 \quad 2 \quad \sqrt{8}]$，则$\|\boldsymbol{A}\|=\sqrt{2^2+2^2+(\sqrt{8})^2}=\sqrt{16}=4$。显然，零矩阵的模必然等于 0，而模等于 0 的矩阵必然为零矩阵。又显然，$\|\boldsymbol{A}\|=\|\boldsymbol{A}^{\mathrm{T}}\|$。

有的读者可能已经想起来了，我们曾在 3.4 节中定义过矢量的模，请见式 3.5。式 3.5 定义的只是一个 3 维矢量的模；更一般地，对于一个$N$维矢量$\boldsymbol{a}=[a_1 \quad a_2 \quad \cdots \quad a_N]^{\mathrm{T}}$，$\boldsymbol{a}$的模定义为

$$|\boldsymbol{a}|=\sqrt{a_1^2+a_2^2+\cdots+a_N^2} \tag{9.167}$$

我们之前说过，矢量可以看成是矩阵的特殊情况（请复习 4.3 节的内容），矢量的模相应地可以看成是矩阵的模的特殊情况，或者说，式 9.167 可以看成是式 9.166 的特殊情况。因此，接下来我们所说的矩阵的模，其实是包含了矢量的模的。顺便提一下，矩阵的模其实又是矩阵的**范数（norm）**的一种特殊情况。至于什么又是矩阵的范数，感兴趣的读者可自行去学习了解，本书对此概念不作描述。

根据式 9.166，我们很容易得出如下的关系式：

$$\|\boldsymbol{A}\| \geqslant \max(|a_{ij}|) \quad (i=1,2,\cdots,M; j=1,2,\cdots,N) \tag{9.168}$$

式 9.168 中的$|a_{ij}|$表示的是标量元素$a_{ij}$的绝对值。它的意思是说，一个矩阵的模总是大于或等于它的绝对值最大的那个元素的绝对值。由此可以得出一个结论：**如果一个矩阵的模趋于 0，则它的任何一个元素的绝对值也必然趋于 0 或者等于 0**。通俗而粗略的说法就是：如果一个矩阵的模很小很小，则它的每个元素的绝对值也一定很小很小。

在 9.4 节中，我们推导出了针对单隐层单向 RNN 的 BPTT 算法。为了方便接下来的描述，我们将式 9.84 重写如下：

$$\boldsymbol{\zeta}_{(k)}^{\mathrm{T}}=\boldsymbol{\zeta}_{(t)}^{\mathrm{T}}\prod_{i=k}^{t-1}\boldsymbol{W}\mathbf{diag}[f'(\boldsymbol{net}_{(i)})] \tag{9.169}$$

其中，$t$表示当前时刻，$k$表示当前时刻之前的某个时刻（$k=1,2,3,\ldots,t-1$）。注意，$t$是小于

或等于$T$的，而当前正在进行训练的这个样本的训练时间跨度是从时刻 1 到时刻$T$（请注意，当前正在进行训练的这个样本是由$T$个矢量组成的矢量序列，请见图 9-8）。式 9.169 是在 9.4 节中推导和描述单隐层单向 RNN 的 BPTT 算法时需要用到的一个非常关键的等式，该等式说明了误差信号在 RNN 的隐含层是如何沿时间进行反向传播的。

根据式 9.169，从数学上可以推导（推导过程在此略去）出如下的关系式：

$$\|\boldsymbol{\zeta}_{(k)}^{\mathrm{T}}\| = \|\boldsymbol{\zeta}_{(t)}^{\mathrm{T}} \textstyle\prod_{i=k}^{t-1} \boldsymbol{W}\mathbf{diag}[f'(\boldsymbol{net}_{(i)})]\| \le \|\boldsymbol{\zeta}_{(t)}^{\mathrm{T}}\| \textstyle\prod_{i=k}^{t-1}\|\boldsymbol{W}\|\|\mathbf{diag}[f'(\boldsymbol{net}_{(i)})]\| \tag{9.170}$$

因此有

$$\|\boldsymbol{\zeta}_{(k)}^{\mathrm{T}}\| \leqslant \|\boldsymbol{\zeta}_{(t)}^{\mathrm{T}}\| \textstyle\prod_{i=k}^{t-1}\|\boldsymbol{W}\|\,\beta \tag{9.171}$$

式 9.171 中，$\beta = \max\left(\left\|\mathbf{diag}\left[f'\left(\boldsymbol{net}_{(i)}\right)\right]\right\|\right), i = k, k+1, k+2, \ldots, t-1$。又因为$\prod_{i=k}^{t-1}\|\boldsymbol{W}\|\,\beta = (\|\boldsymbol{W}\|\beta)^{t-k}$，所以式 9.171 可变形为

$$\|\boldsymbol{\zeta}_{(k)}^{\mathrm{T}}\| \leqslant \|\boldsymbol{\zeta}_{(t)}^{\mathrm{T}}\|(\|\boldsymbol{W}\|\beta)^{t-k} \tag{9.172}$$

现在我们来分析一下式 9.172。在式 9.172 中，$t-k$出现在了指数的位置。如果$\|\boldsymbol{W}\|$与$\beta$的乘积$\|\boldsymbol{W}\|\beta$是小于 1 的（这种情况是很有可能发生的），那么随着$t-k$的值的增大，$(\|\boldsymbol{W}\|\beta)^{t-k}$的值就会按指数级速度迅速接近于 0，从而导致式 9.172 的“≤”右边的值迅速接近于 0，进而导致$\|\boldsymbol{\zeta}_{(k)}^{\mathrm{T}}\|$也迅速接近于 0。这意味着矢量$\boldsymbol{\zeta}_{(k)}$的每个分量的绝对值会迅速接近于 0，或者说$\boldsymbol{\zeta}_{(k)}$会迅速接近于成为一个零矢量。再来看看式 9.146 和式 9.147。式 9.146 和式 9.147 可以分别重新写成

$$\nabla_{\boldsymbol{W}^{\mathrm{T}}} E_{(t)} = \frac{\partial E_{(t)}}{\partial \boldsymbol{W}^{\mathrm{T}}} = -\sum_{k=1}^{t}\left[\zeta_{(k),j} s_{(k-1),i}\right]_{N\times N}$$

$$= -\left[\zeta_{(1),j} s_{(0),i}\right]_{N\times N} - \left[\zeta_{(2),j} s_{(1),i}\right]_{N\times N} \cdots - \left[\zeta_{(t-1),j} s_{(t-2),i}\right]_{N\times N} - \left[\zeta_{(t),j} s_{(t-1),i}\right]_{N\times N} \tag{9.173}$$

和

$$\nabla_{\boldsymbol{U}^{\mathrm{T}}} E_{(t)} = \frac{\partial E_{(t)}}{\partial \boldsymbol{U}^{\mathrm{T}}} = -\sum_{k=1}^{t}\left[\zeta_{(k),j} x_{(k),i}\right]_{N\times M}$$

$$= -\left[\zeta_{(1),j} x_{(1),i}\right]_{N\times M} - \left[\zeta_{(2),j} x_{(2),i}\right]_{N\times M} \cdots - \left[\zeta_{(t-1),j} x_{(t-1),i}\right]_{N\times M} - \left[\zeta_{(t),j} x_{(t),i}\right]_{N\times M} \tag{9.174}$$

由于$\mathrm{t-k}$的值较大或很大时，误差信号矢量$\zeta_{(\mathrm{k})}$已经接近于一个零矢量，所以式 9.173 或 9.174 所展示的各个矩阵求和项中，前面的大部分各项几乎都是接近于零矩阵的矩阵，它们对于整个求和的贡献几乎为零。也就是说，t时刻的误差梯度矩阵$\nabla_{\mathrm{W^T}}\mathrm{E}_{(\mathrm{t})}$和$\nabla_{\mathrm{U^T}}\mathrm{E}_{(\mathrm{t})}$的值仅仅与t时刻之前非常邻近的几个时刻的误差信号矢量有关，而与更早时刻的误差信号矢量几乎无关，这

就是所谓的梯度消失现象。进一步地，在式 9.149、式 9.150、式 9.152、式 9.153 中，由于梯度消失问题的存在，当$\mathrm{t}-\mathrm{k}$的值较大或很大时，相应的那些求和项同样都是一些接近于零矩阵的矩阵，对整个求和实质上是几乎没有任何贡献的。式 9.152 和式 9.153 直接表达的是 BPTT 应该在训练过程中如何修改调整 9.3 节、9.4 节中所描述的单隐层单向 RNN 的权值矩阵$\mathrm{W}$和$\mathrm{U}$，而基于上面的分析可知，这样的 RNN 及训练算法只能有效地利用到该 RNN 的短时（$\mathrm{t}-\mathrm{k}$的值较小）记忆信息；该 RNN 尚缺乏长时（$\mathrm{t}-\mathrm{k}$的值较大或很大）记忆功能。

另一方面，随着$t-k$的值的增大，式 9.170 中连乘项的数目也随之增大，这也很可能导致$\left\|\boldsymbol{\zeta}_{(t)}^{\mathrm{T}} \prod_{i=k}^{t-1} \boldsymbol{W} \mathbf{diag}[f'(\boldsymbol{net}_{(i)})]\right\|$的值变得非常大，也就是$\left\|\boldsymbol{\zeta}_{(k)}^{\mathrm{T}}\right\|$的值变得非常大。$\left\|\boldsymbol{\zeta}_{(k)}^{\mathrm{T}}\right\|$的值非常大，通常就意味着$\boldsymbol{\zeta}_{(k)}$中某些元素的绝对值非常大。根据式 9.146、式 9.147、式 9.149、式 9.150 可以推知，$\nabla_{\boldsymbol{W}^{\mathrm{T}}} E$和$\nabla_{\boldsymbol{U}^{\mathrm{T}}} E$这两个梯度矩阵中某些元素的绝对值就可能非常大，于是这就产生了所谓的梯度爆炸现象。进一步地，根据式 9.152 和式 9.153 可知，一旦出现梯度爆炸现象，$\Delta\boldsymbol{W}$和$\Delta\boldsymbol{U}$矩阵中某些元素的绝对值就可能非常大，其后果是训练出现强烈振荡，不易收敛；如果某些元素的绝对值太大，还有可能出现数值计算异常的现象，导致训练程序崩溃。

从上面的分析可以看到，$t-k$的值越大，发生梯度消失或爆炸的可能性就越大。首先容易想到的是，似乎可以通过限制$t-k$的大小（即要求$t-k$的值必须很小）来尽量避免梯度的消失与爆炸问题，但实际上这是行不通的。如果要求$t-k$的值必须很小，就意味着$T$的值也必须很小（$k=1,2,3,\ldots,t-1; t\leqslant T$）。$T$的值很小，就意味着训练该 RNN 的样本必须是短样本（即一个训练样本只能是由很少的几个矢量组成的一个序列，请见图 9-8），这样的要求在现实应用中通常是难以接受的。例如，如果该 RNN 是为处理 NLP 中的 N-Gram 问题而设计的，这样的要求就意味着我们只能采用很短的句子来训练这个 RNN 网络，如此训练后的 RNN 当然也就只能适合于处理 *N* 值很小的 N-Gram 问题，这显然是行不通的。

之所以要采用 RNN 来处理 N-Gram 问题，正是因为希望 RNN 能够更好地处理 *N* 值较大或很大的 N-Gram 问题（传统方法很难处理 *N* 值较大的 N-Gram 问题）。处理 *N* 值较大或很大的 N-Gram 问题，当然就需要用到许多长句来作为训练样本，同时当然也就需要我们的 RNN 拥有良好的长时记忆功能并能有效地利用这些长时记忆信息，而现在却要求$t-k$的值必须很小，也即$T$的值很小，这自然也就与我们的应用需求直接冲突了。

相较于梯度消失，梯度爆炸现象更容易被直接观察到，也更容易对付。例如，我们可以设置一个梯度阈值，训练过程中梯度矩阵中某些元素的绝对值一旦超过阈值，则超过的部分可直接削去，这样就能很好地抑制梯度爆炸现象的发生。相比之下，要有效地解决梯度消失问题就困难得多。尽管人们也想出了不少的方法来应对梯度消失问题，例如尽量合理地初始化权值矩阵，或选用更为合适的激活函数形式等，但总的来说效果都不尽如人意，直至出现了 **LSTM**（**Long Short-Term Memory**）这种新的 RNN 网络模型。

# 9.8 LSTM

LSTM 模型是 RNN 的一种变体形式，它仍属于 RNN 的范畴。为了术语的清晰性以及限定接下来的讨论范围，我们现在用 RNN 来特指 9.3 节、9.4 节中所描述的单隐层单向 RNN，用 LSTM 来特指该单隐层单向 RNN 的变体。

大家应该还记得，在 9.3 节和 9.4 节中，$M$维（列）矢量$\boldsymbol{x}_{(t)}$、$N$维（列）矢量$\boldsymbol{s}_{(t)}$、$L$维（列）矢量$\boldsymbol{y}_{(t)}$分别代表了$t$时刻 RNN 的输入矢量、隐含层的输出矢量、输出层的输出矢量。注意，$\boldsymbol{s}_{(t)}$只是$t$时刻隐含层的输出，而非整个 RNN 的对外输出，所以$\boldsymbol{s}_{(t)}$其实只是表达了$t$时刻 RNN 的内部状态，因为这种内部状态又会输出给输出层，因此，接下来我们就将$\boldsymbol{s}_{(t)}$称为 RNN 在$t$时刻的输出状态。对于该 RNN 的基本理解应该是：RNN 在$t$时刻的输出$\boldsymbol{y}_{(t)}$直接与隐含层在$t$时刻的输出状态$\boldsymbol{s}_{(t)}$有关（见式 9.33），而$t$时刻的输出状态$\boldsymbol{s}_{(t)}$又是与$t$时刻的输入$\boldsymbol{x}_{(t)}$以及所有的历史状态$\boldsymbol{s}_{(t-1)}, \boldsymbol{s}_{(t-2)}, \dots, \boldsymbol{s}_{(0)}$和历史输入$\boldsymbol{x}_{(t-1)}, \boldsymbol{x}_{(t-2)}, \dots, \boldsymbol{x}_{(1)}$有关（见式 9.34 并考虑该式的循环性），因此，RNN 在$t$时刻的输出间接地与所有的历史信息（历史状态信息和历史输入信息）都有关系。

然而，遗憾的是，由于 9.7 节中所描述的梯度消失问题的存在，历史信息的消失速度是非常快的，仅仅只有非常邻近的历史信息才能保留下来并对当前 RNN 隐含层的输出状态以及 RNN 的输出产生实质性的影响。也就是说，$t$时刻的隐含层输出状态$\boldsymbol{s}_{(t)}$只是对$t$时刻的输入$\boldsymbol{x}_{(t)}$和$t$时刻之前非常邻近的历史信息才敏感，或者说隐含层的输出状态$\boldsymbol{s}_{(t)}$事实上仅仅只是一种短时的记忆信息而已。

如图 9-18 所示，为了增强网络的长时记忆能力，LSTM 的做法是：保留 RNN 隐含层中刻画短时记忆信息的输出状态$\boldsymbol{s}_{(t)}$，同时在隐含层中引入一种新的状态$\boldsymbol{c}_{(t)}$。$\boldsymbol{c}_{(t)}$称为**单元状态（cell state）**，它可以用来有效地保留长时的历史（记忆）信息。注意，与$\boldsymbol{s}_{(t)}$一样，$\boldsymbol{c}_{(t)}$也是一个（列）矢量，它的维数原则上可以与$\boldsymbol{s}_{(t)}$的维数相同，也可以不相同。从图 9-18 中注意到，LSTM 隐含层的单元状态$\boldsymbol{c}_{(t)}$与输出状态$\boldsymbol{s}_{(t)}$之间有一条竖线相连，这表明这两种状态之间是存在某种联系的。

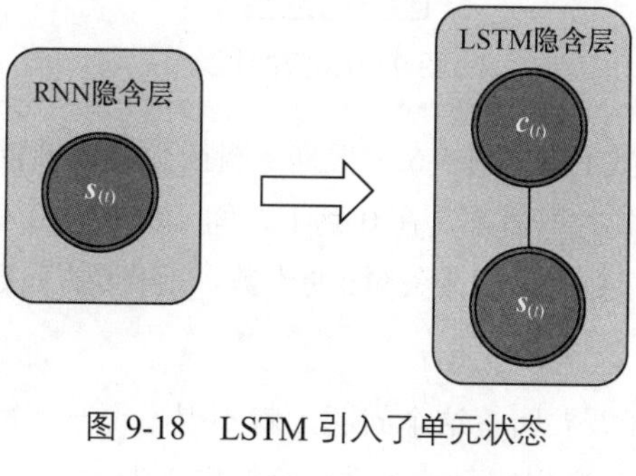


图 9-18　LSTM 引入了单元状态

将图 9-18 中的 LSTM 隐含层按时间维度展开，便得到图 9-19。图 9-19 告诉我们：LSTM 隐含层当前时刻的两种状态取决于当前时刻的输入以及上一个时刻的这两种状态。注意，图 9-19 没有展示 LSTM 的隐含层与输出层之间的关系。

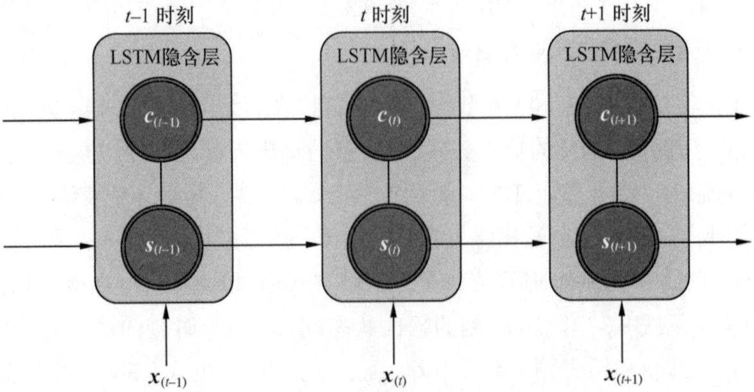


图 9-19 LSTM 隐含层的状态迁移过程

除了单元状态外，LSTM 还引入了**门（gate）**的概念。如图 9-20 所示，（列）矢量$\boldsymbol{a}$为门的输入控制矢量，矩阵$\boldsymbol{G}$和（列）矢量$\boldsymbol{b}$是门的两个内在参数，其中矩阵$\boldsymbol{G}$称为门的权值矩阵，矢量$\boldsymbol{b}$称为门的偏置项。门的输出控制（列）矢量为$\boldsymbol{z}$，它与$\boldsymbol{a}$、$\boldsymbol{G}$、$\boldsymbol{b}$的关系为

$$\boldsymbol{z}=\sigma(\boldsymbol{G}\boldsymbol{a}+\boldsymbol{b}) \tag{9.175}$$

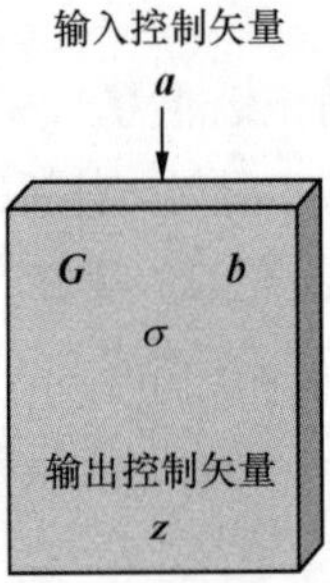


图 9-20 门的概念

式 9.175 中的$\sigma(\ )$为逻辑函数（请见图 5-6）。根据逻辑函数的值域范围，我们应该清楚地知道，输出控制矢量$\boldsymbol{z}$的每一个元素的取值都是在 0 到 1 之间（但不含 0 和 1 本身）。另外需要注意的是，式 9.175 中，矩阵$\boldsymbol{G}$的行数必须等于矢量$\boldsymbol{b}$的维数，矩阵$\boldsymbol{G}$的列数必须等于矢量$\boldsymbol{a}$的维数，否则运算是无法进行的。

那么门的作用是什么呢？要回答这个问题，就不得不说一下矩阵的**按元素相乘运算规则**。两个同型矩阵$\boldsymbol{E}_{M\times N}$和$\boldsymbol{F}_{M\times N}$，它们按元素相乘运算的定义为

$$E_{M\times N} * F_{M\times N} = (e_{ij})_{M\times N} * (f_{ij})_{M\times N} = (e_{ij}f_{ij})_{M\times N} \tag{9.176}$$

例如，如果$\boldsymbol{E}=\begin{bmatrix}1 & -2\\3 & 0\end{bmatrix}$，$\boldsymbol{F}=\begin{bmatrix}-1 & -3\\2 & 1\end{bmatrix}$，则

$$\boldsymbol{E}*\boldsymbol{F}=\begin{bmatrix}1\times(-1) & (-2)\times(-3)\\3\times 2 & 0\times 1\end{bmatrix}=\begin{bmatrix}-1 & 6\\6 & 0\end{bmatrix}$$

显然，按元素相乘运算是满足交换律的，即$\boldsymbol{E}*\boldsymbol{F}=\boldsymbol{F}*\boldsymbol{E}$。类似地，两个同维数的矢量也可以按元素进行相乘运算，这可视为矩阵按元素相乘的特例。例如，如果$\boldsymbol{e}=[1\quad 3\quad -2]^{\mathrm{T}}$，$\boldsymbol{f}=[2\quad 3\quad -2]^{\mathrm{T}}$，则

$$\boldsymbol{e}*\boldsymbol{f}=[1\times 2\quad 3\times 3\quad (-2)\times(-2)]^{\mathrm{T}}=[2\quad 9\quad 4)]^{\mathrm{T}}$$

门的作用就是对通过门的矢量进行一种增益处理。如图 9-21 所示，假设一个门的输出控制矢量为$\boldsymbol{z}$(请见式 9.175)，那么矢量$\boldsymbol{x}$在通过这个门后就将变为$\boldsymbol{z}*\boldsymbol{x}$。例如，如果$\boldsymbol{x}=[2\quad 1\quad -3]^{\mathrm{T}}$，$\boldsymbol{z}=[0.999\quad 0.999\quad 0.999]^{\mathrm{T}}$，则$\boldsymbol{z}*\boldsymbol{x}\approx[1.999\quad 0.999\quad -2.998]^{\mathrm{T}}$。这种情况可理解为门是几乎完全敞开的。又例如，如果$\boldsymbol{x}=[2\quad 1\quad -3]^{\mathrm{T}}$，$\boldsymbol{z}=[0.001\quad 0.001\quad 0.001]^{\mathrm{T}}$，则$\boldsymbol{z}*\boldsymbol{x}\approx[0.002\quad 0.001\quad -0.003]^{\mathrm{T}}$。这种情况可理解为门是几乎完全关闭的。又例如，如果$\boldsymbol{x}=[2\quad 1\quad -3]^{\mathrm{T}}$，$\boldsymbol{z}=[0.5\quad 0.001\quad 0.999]^{\mathrm{T}}$，则$\boldsymbol{z}*\boldsymbol{x}\approx[1\quad 0.001\quad -2.998]^{\mathrm{T}}$。这种情况可理解为门的有的位置是半开的，有的位置是几乎完全关闭的，有的位置是几乎完全敞开的。

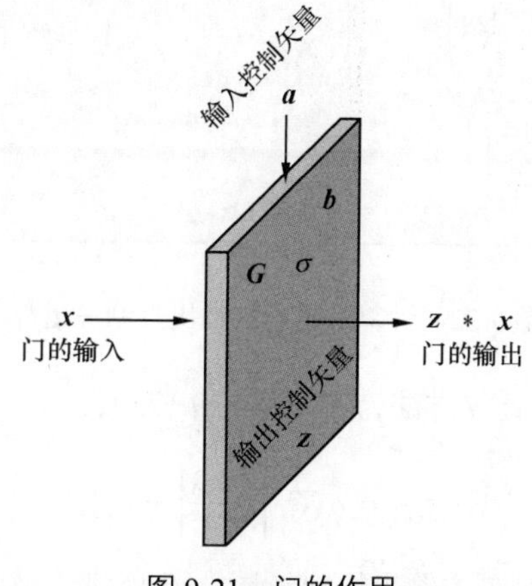


图 9-21　门的作用

LSTM 在其隐含层中一共设置了 3 个门：**遗忘门（forget gate）**，它决定了上一个时刻的单元状态$\boldsymbol{c}_{(t-1)}$有多少会保留进当前时刻的单元状态$\boldsymbol{c}_{(t)}$；**输入门（input gate）**，它决定了当前时刻的临时单元状态$\hat{\boldsymbol{c}}_{(t)}$（下文会介绍临时单元状态）有多少会保留进当前时刻的单元状态$\boldsymbol{c}_{(t)}$；**输出门（output gate）**，它决定了当前时刻的单元状态$\boldsymbol{c}_{(t)}$有多少会保留进当前时刻的输出状

态$\boldsymbol{s}_{(t)}$。

遗忘门的输出控制矢量的计算方法为（请见式 9.175）

$$\boldsymbol{f}_{(t)} = \sigma(\boldsymbol{G}_f \left[\frac{\boldsymbol{s}_{(t-1)}}{\boldsymbol{x}_{(t)}}\right] + \boldsymbol{b}_f) \quad (9.177)$$

式 9.177 中，$\boldsymbol{f}_{(t)}$为遗忘门在$t$时刻的输出控制矢量，$\sigma(\ )$为逻辑函数，$\boldsymbol{G}_f$为遗忘门的权值矩阵，$\left[\frac{\boldsymbol{s}_{(t-1)}}{\boldsymbol{x}_{(t)}}\right]$为$\boldsymbol{s}_{(t-1)}$和$\boldsymbol{x}_{(t)}$的行串接矩阵（关于行串接矩阵的描述，请复习 4.5 节），$\boldsymbol{b}_f$为遗忘门的偏置项。由于$\boldsymbol{s}_{(t-1)}$是一个$N \times 1$矩阵，$\boldsymbol{x}_{(t)}$是一个$M \times 1$矩阵，所以$\boldsymbol{G}_f$的列数必须等于$N + M$。图 9-22 所示为遗忘门的输出控制矢量$\boldsymbol{f}_{(t)}$的计算过程。

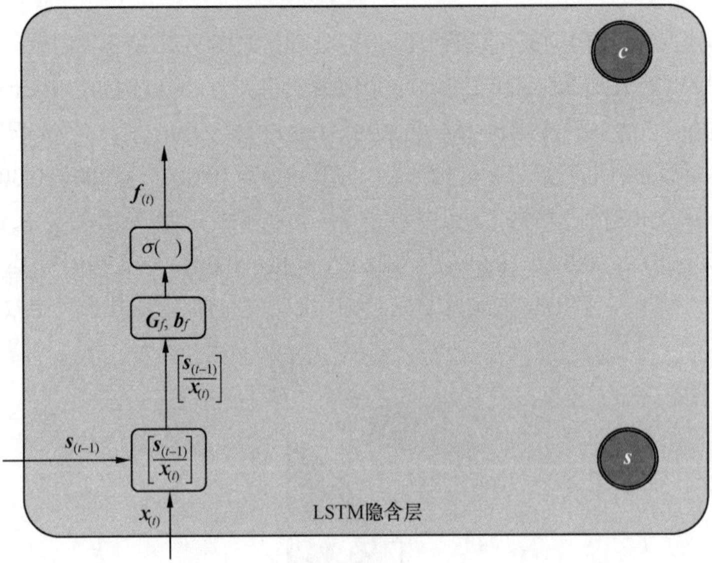


图 9-22 计算遗忘门的输出控制矢量$\boldsymbol{f}_{(t)}$

输入门的输出控制矢量的计算方法为（请见式 9.175）

$$\boldsymbol{i}_{(t)} = \sigma(\boldsymbol{G}_i \left[\frac{\boldsymbol{s}_{(t-1)}}{\boldsymbol{x}_{(t)}}\right] + \boldsymbol{b}_i) \quad (9.178)$$

式 9.178 中，$\boldsymbol{i}_{(t)}$为输入门在$t$时刻的输出控制矢量，$\sigma(\ )$为逻辑函数，$\boldsymbol{G}_i$为输入门的权值矩阵，$\boldsymbol{b}_i$为输入门的偏置项。由于$\boldsymbol{s}_{(t-1)}$是一个$N \times 1$矩阵，$\boldsymbol{x}_{(t)}$是一个$M \times 1$矩阵，所以$\boldsymbol{G}_i$的列数必须等于$N + M$。图 9-23 示意了输入门的输出控制矢量 $\boldsymbol{i}_{(t)}$的计算过程。

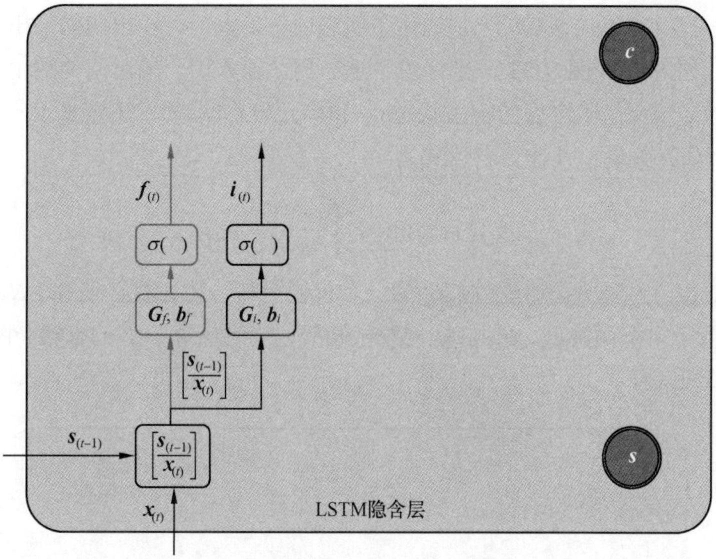


图 9-23 计算输入门的输出控制矢量 $\boldsymbol{i}_{(t)}$

输出门的输出控制矢量的计算方法为（请见式 9.175）

$$\boldsymbol{o}_{(t)} = \sigma(\boldsymbol{G}_o \begin{bmatrix} \boldsymbol{s}_{(t-1)} \\ \boldsymbol{x}_{(l)} \end{bmatrix} + \boldsymbol{b}_o) \tag{9.179}$$

式 9.179 中，$\boldsymbol{o}_{(t)}$为输出门在$t$时刻的输出控制矢量，$\sigma(\ )$为逻辑函数，$\boldsymbol{G}_o$为输出门的权值矩阵，$\boldsymbol{b}_o$为输出门的偏置项。由于$\boldsymbol{s}_{(t-1)}$是一个$N \times 1$矩阵，$\boldsymbol{x}_{(t)}$是一个$M \times 1$矩阵，所以$\boldsymbol{G}_o$的列数必须等于$N + M$。图 9-24 示意了输出门的输出控制矢量$\boldsymbol{o}_{(t)}$的计算过程。

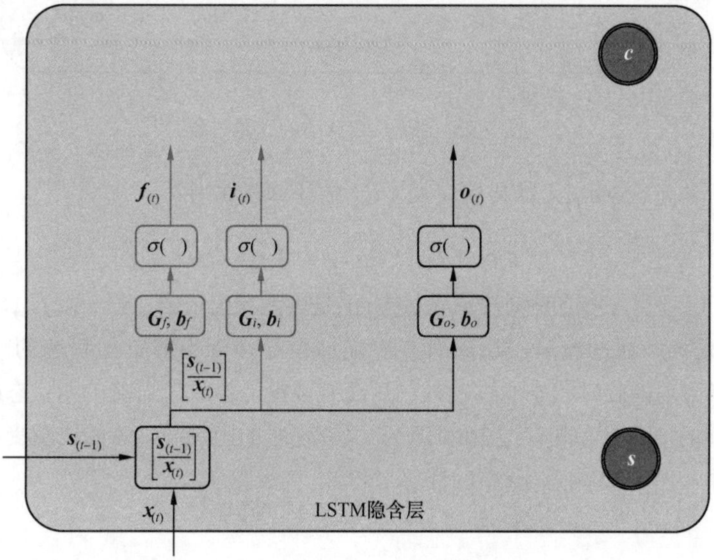


图 9-24 计算输出门的输出控制矢量$\boldsymbol{o}_{(t)}$

式 9.177、式 9.178、式 9.179 分别描述了遗忘门、输入门、输出门的输出控制矢量的计算方法。图 9-22、图 9-23、图 9-24 分别示意了遗忘门、输入门、输出门的输出控制矢量的计算过程。LSTM 除了定义了隐含层的输出状态$\boldsymbol{s}_{(t)}$和单元状态$\boldsymbol{c}_{(t)}$外，还定义了一种临时状态$\hat{\boldsymbol{c}}_{(t)}$，它表现为一个（列）矢量，其计算表达式为

$$\hat{\boldsymbol{c}}_{(t)} = \tanh(\boldsymbol{G}_c \begin{bmatrix} \boldsymbol{s}_{(t-1)} \\ \boldsymbol{x}_{(t)} \end{bmatrix} + \boldsymbol{b}_c) \tag{9.180}$$

式 9.180 中，tanh( )为双曲正切函数，$\boldsymbol{G}_c$为一个权值矩阵，其列数必须等于$N + M$。$\boldsymbol{b}_c$是一个（列）矢量，等效于一个偏置项。$\boldsymbol{b}_c$与$\hat{\boldsymbol{c}}_{(t)}$的维数相等，同时也等于$\boldsymbol{G}_c$的行数。图 9-25 所示为临时状态$\hat{\boldsymbol{c}}_{(t)}$的计算过程。

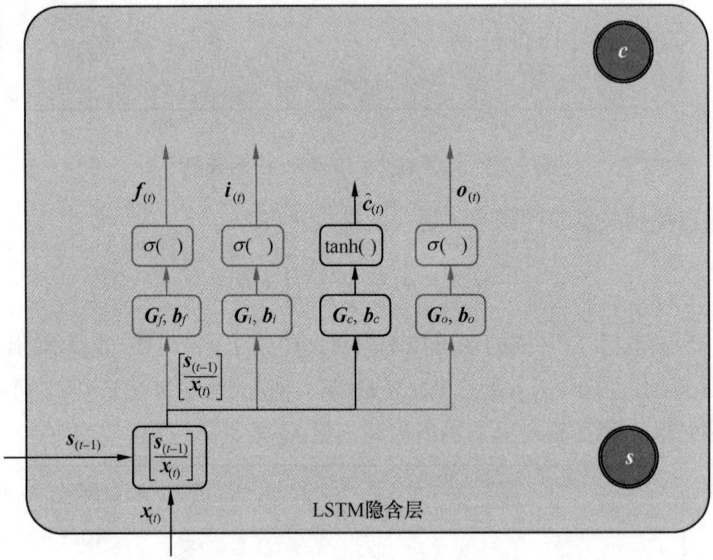


图 9-25　临时状态$\hat{\boldsymbol{c}}_{(t)}$的计算过程

现在来看看单元状态$\boldsymbol{c}_{(t)}$是如何确定的。$\boldsymbol{c}_{(t)}$的计算公式为

$$\boldsymbol{c}_{(t)} = \boldsymbol{f}_{(t)} * \boldsymbol{c}_{(t-1)} + \boldsymbol{i}_{(t)} * \hat{\boldsymbol{c}}_{(t)} \tag{9.181}$$

从式 9.181 中可以看到，当前时刻的单元状态$\boldsymbol{c}_{(t)}$是由两项组成的：第一项$\boldsymbol{f}_{(t)} * \boldsymbol{c}_{(t-1)}$反映了上一个时刻的单元状态通过遗忘门后还有多少能够留存作为当前单元状态的一部分；第二项$\boldsymbol{i}_{(t)} * \hat{\boldsymbol{c}}_{(t)}$反映了当前的临时状态通过输入门后还有多少能够成为当前单元状态的一部分。由此可以知道，当前的单元状态既有过去的印记，又有现时的影响，二者的比重受控于遗忘门和输入门的作用效果。图 9-26 示意了$\boldsymbol{c}_{(t)}$的计算过程。

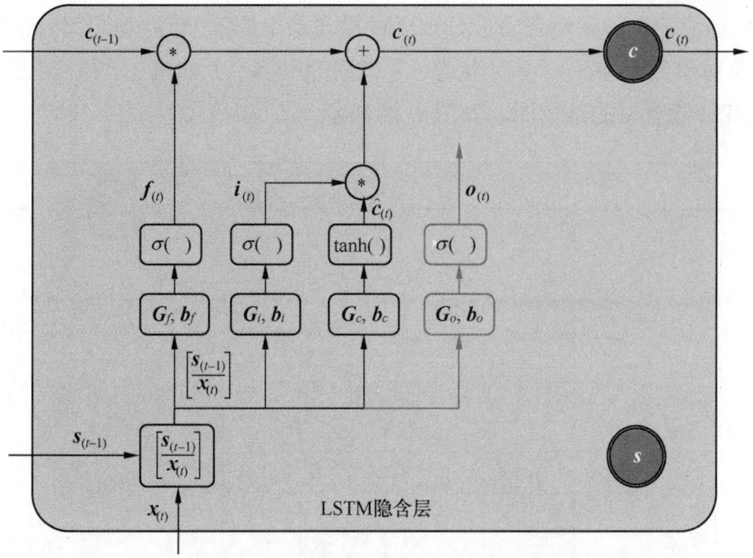


图 9-26　单元状态$\boldsymbol{c}_{(t)}$的计算过程

我们再来看看输出状态$\boldsymbol{s}_{(t)}$是如何确定的。$\boldsymbol{s}_{(t)}$的计算公式为

$$\boldsymbol{s}_{(t)} = \boldsymbol{o}_{(t)} * \tanh(\boldsymbol{c}_{(t)}) \tag{9.182}$$

式 9.182 表明，当前时刻的单元状态$\boldsymbol{c}_{(t)}$经过双曲正切函数的处理，再通过输出门之后，便得到了当前时刻的输出状态$\boldsymbol{s}_{(t)}$。图 9-27 示意了$\boldsymbol{s}_{(t)}$的计算过程。

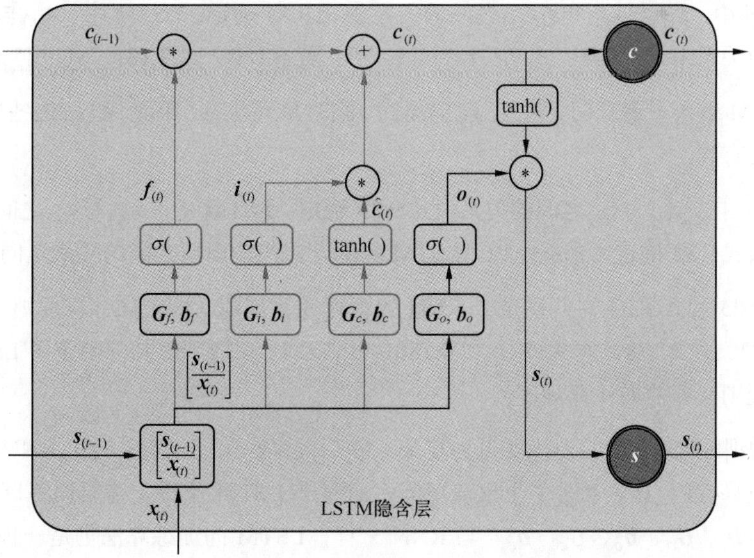


图 9-27　输出状态$\boldsymbol{s}_{(t)}$的计算过程

至此，我们已经一步一步地完成了对 LSTM 隐含层中的三个门（遗忘门、输入门、输出门）和三个状态（临时单元状态$\hat{\boldsymbol{c}}_{(t)}$、单元状态$\boldsymbol{c}_{(t)}$、输出状态$\boldsymbol{s}_{(t)}$）的描述。综合我们的描述，可以得到完整的 LSTM 隐含层的结构图，如图 9-28 所示。

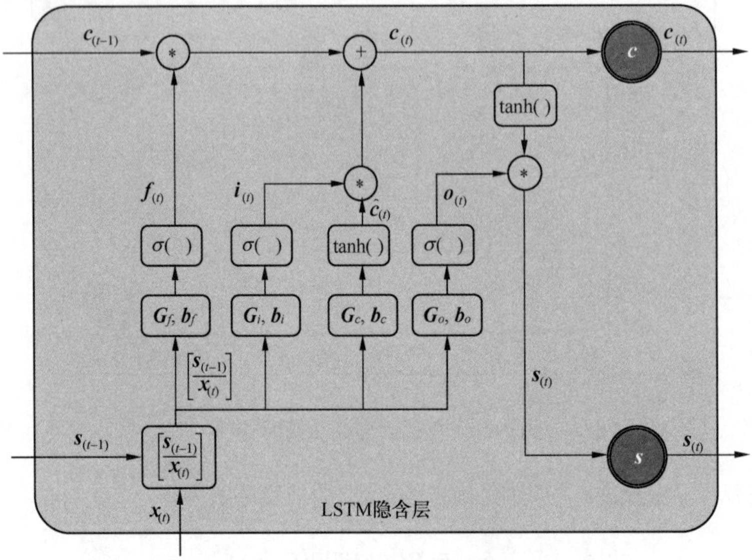


图 9-28　LSTM 隐含层结构

接下来，我们对 RNN 和 LSTM 作一个扼要的对比分析描述。

- RNN 中，$\boldsymbol{s}_{(t)}$与$\boldsymbol{x}_{(t)}$和$\boldsymbol{s}_{(t-1)}$之间的关系由式 9.34 确定；LSTM 中，$\boldsymbol{s}_{(t)}$与$\boldsymbol{x}_{(t)}$和$\boldsymbol{s}_{(t-1)}$之间的关系由式 9.177、式 9.178、式 9.179、式 9.180、式 9.181、式 9.182 共同确定。
- LSTM 引入了遗忘门、输入门、输出门、临时单元状态、单元状态，这些概念都是 RNN 所没有的。
- RNN 中，$\boldsymbol{y}_{(t)}$与$\boldsymbol{s}_{(t)}$之间的关系由式 9.33 确定；LSTM 中，$\boldsymbol{y}_{(t)}$与$\boldsymbol{s}_{(t)}$之间的关系同样也是由式 9.33 确定。也就是说，LSTM 的隐含层与输出层之间的关系是同 RNN 一样的。
- 式 9.33 和式 9.34 共同确定了 RNN 的运行计算规则（即前向计算规则）；式 9.33、式 9.177、式 9.178、式 9.179、式 9.180、式 9.181、式 9.182 共同确定了 LSTM 的运行计算规则（即前向计算规则）。

LSTM 的训练比 RNN 的训练要更为复杂一些。大家应该还记得，对于 RNN 来说，需要训练调整的参数只有$\boldsymbol{V}$、$\boldsymbol{W}$、$\boldsymbol{U}$这 3 个权值矩阵。而对于 LSTM 来说，需要训练调整的参数有$\boldsymbol{V}$、$\boldsymbol{G}_f$、$\boldsymbol{b}_f$、$\boldsymbol{G}_i$、$\boldsymbol{b}_i$、$\boldsymbol{G}_o$、$\boldsymbol{b}_o$、$\boldsymbol{G}_c$、$\boldsymbol{b}_c$。与 RNN 一样，LSTM 的训练算法仍是一种梯度下降法，其算法思想和推导思路也与 RNN 的 BPTT 完全类似。本书略去 LSTM 的训练算法推导和描述，

感兴趣的读者可自行查找资料进行学习研究。

到此为止，我们所分析描述的 LSTM 还只是单隐层单向 LSTM。如同有单隐层双向 RNN、多隐层单向 RNN、多隐层双向 RNN 等各种变化一样，LSTM 也有完全类似的变化。关于单隐层双向 LSTM、多隐层单向 LSTM、多隐层双向 LSTM 的知识，建议读者自行去学习研究，本书不再赘述。

# 结束语

在本书的开头，我们提出了一个似乎永远也不会有答案的问题，即什么是智能？尽管现在还无法给智能下一个精准的定义，但可以肯定地说，我们有智能，石头没有智能。我们拥有的智能是自然天成的，我们还想让机器也拥有类似的智能——人工智能。

自 AlphaGo 于 2016 年 3 月大胜世界围棋高手李世石以来，人工智能的话题便如井喷般热闹起来，各种宣传和炒作令人目不暇接，眼花缭乱。看热闹，更要看门道，希望本书能够从技术路线上引领读者进入人工智能的大门。

本书的内容仅仅是人工智能的子领域——人工神经网络/深度学习——的一个简约缩影，更多的知识还有待读者去学习，去研究，去创新！

最后，轻松一下，我们一起来欣赏一张照片和四首诗。

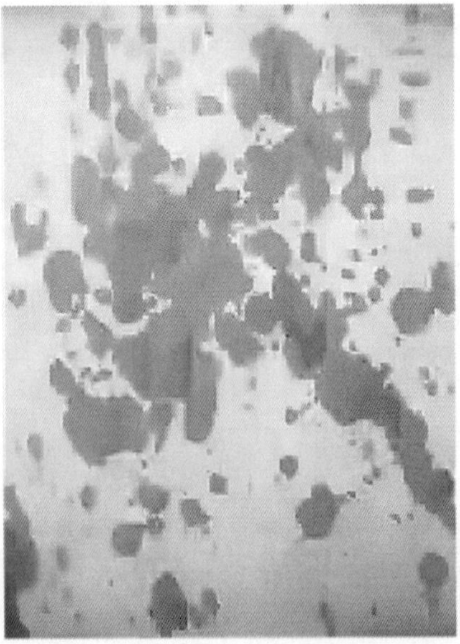

## 第一首

它已经游走了，我的朋友
掀起画框翻涌的浪花

它看到城市仿佛星星
倒映在山川夜色里，今夜

它就会游入我们的梦中
像一只精灵

为每颗因夏天而躁动的心
带来一场安静的雪

## 第二首

如果爱是这般梦幻
我愿从水晶似的光明中醒来
贪图的是什么
模糊的不分明的泪痕

也许忘记了自己的虚无
爱的女神抚慰这恋人的眼泪
生命消失前的一刹那空白
倒是人生的真谛

## 第三首

她桌洞的角落里

藏着一块

樱木的贴纸

## 第四首

他的心房

是一座开放的滑雪场

是一床月光

面庞是蘸着白糖的处方

他是我身上沉没的岛屿

是举起的白旗

是我爱过的所有诗句

绝对的爱等同于绝对的真理

以及，真理它狡黠的变形

其实，这是一个看图写诗竞赛，主要是测试诗人的想象力。照片是有人不小心将咖啡溅洒在白纸上形成的图案。这 4 首诗中有 3 首是 3 位真正的诗人看了这个图案后各自创作出来的，还有一首诗是该图案照片扫描进具有人工智能的电脑后，电脑用不到 1 秒的时间创作出来的。你最欣赏其中的哪一首诗呢？你能判断出哪一首诗是电脑创作的吗？